科研论文配图

绘制指南

基于Python

宁海涛(@DataCharm)著

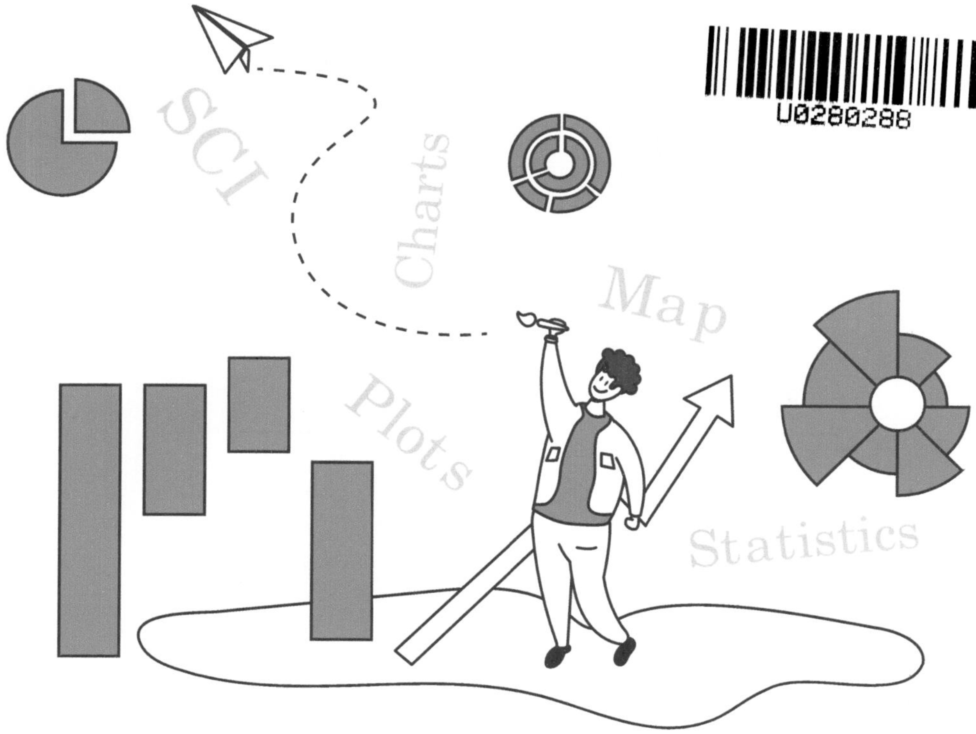
SCI
Charts
Map
Plots
Statistics

人民邮电出版社
北京

图书在版编目（CIP）数据

科研论文配图绘制指南 : 基于Python / 宁海涛著. -- 北京 : 人民邮电出版社, 2023.6
ISBN 978-7-115-60761-4

Ⅰ. ①科… Ⅱ. ①宁… Ⅲ. ①科学技术－论文－绘图技术 Ⅳ. ①TB232

中国版本图书馆CIP数据核字(2022)第252458号

内 容 提 要

全书分为 8 章，主要内容如下：第 1 章介绍学术论文插图绘制的规范性和基本原则以及学术论文插图的配色基础；第 2 章介绍绘制学术论文插图的主要工具，并重点介绍 Matplotlib、Seaborn、ProPlot 以及 SciencePlots 工具包的语法及其重要特征；第 3 章介绍学术论文中常见的单变量图及其绘制方法，包括直方图、密度图、Q-Q 图等；第 4 章介绍学术论文中常见的双变量图及其绘制方法，具体包括误差线、柱形图、箱线图、相关性散点图以及矩阵热力图等；第 5 章介绍学术论文中常见的多变量图及其绘制方法，包括等高线图、点图系列、三元相图、3D 图系列以及 RadViz 图等；第 6 章介绍学术论文中常见的空间数据型图及其绘制方法，包括分级统计地图、连接线地图、等值线地图以及子地图等；第 7 章介绍学术论文中常见的可视化图及其绘制方法，包括配对图系列、韦恩图、泰勒图以及漏斗图等；第 8 章通过案例介绍学术论文插图的绘制技术。

本书结构清晰，兼具美观性与实用性，既适合各大研究机构和高校等单位的工作者阅读，也适合各行业工作人员以及在读的研究生和准备考研的大学生阅读，还适合需要进一步掌握科研论文插图的设计思路和绘制技巧的群体学习。

◆ 著　　　　宁海涛
责任编辑　张　涛
责任印制　王　郁　焦志炜

◆ 人民邮电出版社出版发行　　北京市丰台区成寿寺路 11 号
邮编　100164　　电子邮件　315@ptpress.com.cn
网址　https://www.ptpress.com.cn
廊坊市印艺阁数字科技有限公司印刷

◆ 开本：787×1092　1/16
印张：18.25　　　2023 年 6 月第 1 版
字数：462 千字　　　2024 年 12 月河北第 10 次印刷

定价：109.80 元

读者服务热线：(010)81055410　印装质量热线：(010)81055316
反盗版热线：(010)81055315
广告经营许可证：京东市监广登字 20170147 号

前言

本书首先介绍了学术论文插图的制作原则和配色基础；其次系统地介绍了 Matplotlib、Seaborn、ProPlot 以及 SciencePlots 工具包及其重要特征；最后介绍如何使用 Python 中的 Matplotlib、Seaborn、ProPlot、SciencePlots 等工具包绘制学术论文中常见的插图。

本书定位

Python 作为最近几年越来越流行的编程语言，依靠其易学性和可拓展性，不仅在数据分析、机器学习、人工智能以及计算机视觉等领域得到充分利用，而且其优质的第三方拓展工具包，也使 Python 在以上领域得以发展，但是在数据可视化领域，特别是在学术论文插图绘制方面，Python 的强大功能还未被释放出来。此外，现阶段市场上关于使用 Python 绘制常见学术论文插图的图书相对较少，导致读者缺少可参考的资料。基于以上原因，笔者创作了本书，本书系统地介绍了用 Python 快速绘制美观的学术论文插图的方法和技巧。

读者对象

本书适合想通过 Python 进行数据分析、学术论文插图绘制的不同专业的在校学生，以及对数据分析与可视化感兴趣的科研人员和职场人士阅读。

阅读指南

全书内容分 8 章，主要内容如下。

第 1 章　介绍学术论文插图绘制的基本原则和配色基础。

第 2 章　介绍绘制学术论文插图的主要工具，并重点介绍 Matplotlib、Seaborn、ProPlot 以及 SciencePlots 工具包的语法及其重要特征。

第 3 章　介绍单变量图及其绘制方法，包括直方图、密度图、Q-Q 图等。

第 4 章　介绍学术论文中常见的双变量图及其绘制方法。

第 5 章　介绍学术论文中常见的多变量图及其绘制方法。

第 6 章　介绍学术论文中的空间数据型图及其绘制方法。

第 7 章　介绍学术论文中的可视化图及其绘制方法。

第 8 章　以一篇完整学术论文中的插图的绘制为例，详细讲解选择插图和绘制插图的方法。

适用范围

本书所讲的图的绘制方法都是基于 Python 的 Matplotlib、Seaborn、ProPlot、SciencePlots 等工具包实现的，囊括了目前学术论文中的各种常见插图类型。同时，本书详细介绍了各种空间地图的绘制方法，读者可将绘制方法应用到自己实际的项目中。

使用版本

本书使用的 Python 版本为 3.8.13，绘制工具包的版本为 Matplotlib(3.4.3)、Seaborn(0.11.2)、ProPlot(0.9.5)、Geopandas(0.11.0)；数据读取及处理分析工具包的版本为 Numpy(1.23.0)、Pandas(1.4.3) 和 SciPy(1.8.1)。

作为免费开源的工具，Python 自身及工具包的更新迭代很快，因此，读者根据实际使用情况或书中给出的指示更新自己的代码脚本。

绘图源代码

本书提供所有图的 Python 源文件 (.py 文件) 和 Excel（.xlsx 文件）、CSV/TXT 格式绘图示例的数据文件。注意：读者在运行代码脚本时，若遇到提示某一个数据分析与可视化工具包不存在的信息时，请根据提示安装相关的工具包。

配套资源获取方式

更多关于数据可视化的内容，读者既可关注作者的博客、专栏和微博，也可关注微信公众号（DataCharm），哔哩哔哩账号（DataCharm），抖音账号（DataCharm），小红书平台账号（DataCharm），还可以添加作者微信获取相关知识，作者的数据可视化文章会优先发布于这些平台。读者可通过关注微信公众号（DataCharm），在微信公众号中回复关键字“Python 科研论文配图配套资料”，获取本书的配套源代码及其他学习资料。

致谢

从 2021 年 8 月开始，我就着手写一本关于学术论文插图绘制的图书。究其原因，一是因为自己微信公众号积攒了足够多的原创内容，一直想对其进行整理；二是读者和朋友也鼓励我写一本这样的书。通过写书，笔者不仅能对自己总结的知识点进行系统整理，也能通过本书帮助到有需要的读者。

写书是一个艰苦的过程，再加上自己有点“完美”主义情结，笔者总希望把自己知道的内容全部完美呈现出来。所以，笔者写作过程也出现过因对已经写好的章节进行多次修改，导致图书的实际完稿时间和计划时间相差很多的情况。好在，总算有一个满意的成品出炉。此外，该书作为我的第一本书，无论在知识上，还是在感悟上都让我收获颇丰。

在这里，首先，感谢所有读者对我的理解和支持；其次，感谢我读硕士期间结识的好友，愿意在我编写瓶颈阶段时听我的唠叨并支持及鼓励我；最后，还要感谢自己的坚持和认真。

笔者希望本书能够成为读者在科研道路上的好伙伴！真心希望这本书能在实际工作中帮到您！

注：本书介绍的空间数据型图形的绘制内容，涉及的地图都是虚拟的，与真实地图无关，特此说明。

宁海涛

目 录

第 1 章 科研论文配图的绘制与配色基础

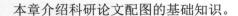

本章介绍科研论文配图的基础知识。

1.1 科研论文配图的绘制基础

首先，我们有必要了解什么是数据可视化（Data Visualization）：数据可视化是指借助于图形化手段来展现数据，以便对数据进行更直观和更深入的观察与分析。它是一种关于数据视觉表现形式的技术研究。“一图胜千言”更强调了可视化在信息表达中的重要性。

科研论文配图（插图）是实验数据和分析结论的可视化表达。科研论文绘图是一种将科学与艺术相结合的工作，既能用图片的艺术感来吸引读者，又能展现实验数据和分析结论的科学性，帮助读者理解科研工作者所研究的内容。

科研论文配图作为数据可视化在科研领域的重要应用场景，是研究结果直观、有效的呈现方式。它不仅是读者关注的对象，还是编辑和审稿人重点关注的对象，在学术论文、研究报告、专利申请、科研基金申请等方面起着举足轻重的作用。如何绘制有意义的科研论文配图，更好地呈现科研成果，是众多科研工作者需要思考的问题。本节将介绍科研论文配图的绘制规范和 3 条绘制原则，其中涉及科研论文配图绘制过程中容易被忽略的一些细节，帮助读者更好地理解科研论文配图绘制的重要性。

1.1.1 绘制规范

相比其他可视化呈现形式，对于科研论文配图，我们首先要确保的是它的规范性。科研论文配图的规范性是指绘制的配图要符合投稿期刊要求的配图格式。不同学术期刊在图名、字体、坐标轴，以及颜色选择、配图格式等方面都有其特有的要求。论文只有符合投稿期刊的配图要求，才能进行下一步的查阅和审核。

1. 科研论文配图的分类与构成

根据呈现方式，科研论文配图可分为线性图、灰度图、照片彩图和综合配图 4 种类型。其中，线性图是主要和常用的配图类型，也是本书重点介绍的配图类型。线性图是指由包括 Python、R、MATLAB 等编程软件，以及 Excel、SPSS、Origin（OriginLab 公司出品）等集成软件在内的绝大多数数据分析工具输出的多种插图样式，如折线图、散点图、柱形图等。这类插图是科技论文中常见的图表类型，也是一种加工费时、设置细节较多的图表类型。本书主要介绍的就是这种科研论文配图的绘制方法。由于使用场景、专业性等方面的限制较大，因此其他诸如灰度图、照片彩图和综合配图等则不在本书的介绍范畴。

科研论文配图主要包括 *X* 轴（*X* axis，又称横轴）、*Y* 轴（*Y* axis，又称纵轴）、*X* 轴标签（*X* axis label）、*Y* 轴标签（*Y* axis label）、主刻度（Major tick）、次刻度（Minor tick）和图例（Legend）等，如图 1-1-1 所示。对于科研论文配图的绘制，每个构成部分都有详细的要求，如坐标轴，作为科研论文配图的尺度标注，是其重要的组成部分。在对坐标轴进行设置时，我们要做到布局合理且数据表达不冗余。此外，对于插图中的标签文本的大小、是否使用斜体、是否添加图例边框、是否添加网格线等，我们都需要进行合理、有据的设置。除数据统计图以外，科研论文配图还包括照片、流程图等类型。

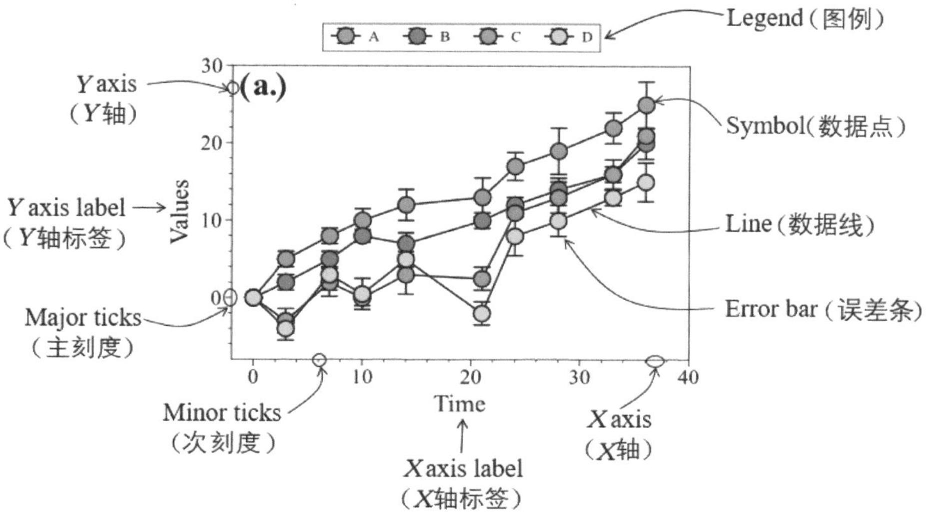
Legend（图例）
A
B
C
D
Y axis
（Y轴）
(a.)
Symbol(数据点)
Y axis label
（Y轴标签）
Values
Line（数据线）
Error bar（误差条）
Major ticks
（主刻度）
Minor ticks
（次刻度）
Time
X axis
（X轴）
X axis label
（X轴标签）

图 1-1-1 科研论文配图基本构成示例

2. 科研论文配图的格式和尺寸

科研论文中常见的插图格式有像素图和矢量图。其中，像素图（位图）是以单个像素为单位，通过对像素进行组合和排列来显示图片格式。像素图在放大到一定程度后，会失真，变得模糊。常见的像素图格式包括 JPEG、PSD、PNG、TIFF，其中，JEPG 是一种常用的有损压缩图片格式，处理起来较容易，但像素分辨率低、清晰度差、色彩损失大。矢量图是使用点、直线或多边形等基于数学方程的几何图元表示的图像。矢量图的图像文件包含独立的分离图像，可以自由、无限制地进行重新组合，其特点是放大后图像不会失真，也就是说，与分辨率无关。常见的矢量图格式包括 EPS、PDF、AI、SVG，其中，EPS 格式的图片文件小、显示质量高、色彩保真度高，印刷时的字样较为清晰，是常用的论文配图格式；AI 格式是一种可以二次修改的图片格式，也是常用的插图格式，其体积较大，包含图片各图层的所有信息。

对于像素图，一般的科学引文索引（Science Citation Index，SCI）期刊都要求插图的分辨率大于 300dpi（dpi 是表示空间分辨率的计量单位，即每英寸可分辨的点数）。注意，我们不能一味地追求高分辨率的像素图，因为分辨率太高，相应的插图文件就很大，易造成投稿困难。

对于科研论文中每幅插图的尺寸，期刊往往不会有严格的要求，但为了插图的可阅读性和论文排版的整洁性，我们需要考虑图片尺寸与图框、图中文本大小和上下文的协调性，进行合理设置，避免文章版面空间的浪费，保持排版整体的美观性。在对插图进行单、双栏排版时，不同尺寸的插图有它们各自的放置规则。一般情况下，单栏排版的插图的宽度不宜过大。在对某个含有多个子图的插图进行单栏排版时，我们应考虑将这些子图进行竖向排列。在对插图进行双栏排版（这样的插图一般含有多个子图）时，我们应先考虑每行可排列的子图数量，再考虑子图之间的对齐问题，如图例、图编号、*X* 轴坐标等都应对齐。

3. 科研论文配图中的字体和字号设置

有些科技期刊明确规定了科研论文配图中文字的字体和字号，有些则无特定要求。一些中文科技期刊将科研论文配图中的文本对象（横、纵坐标的标签，以及图例文本）的字体设置为宋体或黑体，英文科技期刊大多使用 Arial、Helvetica 或 Times New Roman 字体。值得注意的是，单篇科研论文中的所有插图的字体、字号要尽量保持一致，同一幅插图中的字体必须一致。如果插图中确有需要突出的部分，则可以将它们设置为粗体或斜体形式，或者更改文字颜色。

4. 科研论文配图的版式设计、结构布局和颜色搭配

想要使科研论文配图美观，我们需要在版式设计、结构布局和颜色搭配方面多下功夫。在版式设计方面，配图中文字的字体要保持一致，字号不大于正文字体的字号，行距、文字间距应与正文协调一致；在结构布局方面，配图应出现在引用文字的下方或右侧，即“先文后图”，不同尺寸的配图不要安排在同一列或同一行；在颜色搭配方面，我们应避免使用过亮或过暗的颜色，相邻的图层元素不宜采用相近的颜色（特别是在分类插图中）。此外，对于彩色图，我们要使用原图，慎用灰度图表示。

1.1.2 绘制原则

科研论文配图在科研结果展示方面的作用明显，本节将介绍其绘制过程中的 3 条原则。

1. 必要性原则

科研论文配图的主要应用场景包括结构表达、体系构建、模型研究、数据预处理及分析、调查统计等，而在这些应用场景中，是否真的需要使用配图？对于这个问题，我们要具体问题具体分析，如果配图可以起到补充说明文字、直观展示结果、引出下文内容等作用，那么它就是必要的。

另外，科研论文中要避免出现文字较少、图表较多的情况，即无须将原始数据和中间处理过程涉及的插图全部展示在论文中，而应在有复杂和多维数据的情况下，提高精选插图的能力，而非简单地堆砌插图。过多的插图不仅会消耗大量的绘制时间，还会给科技期刊编辑的审核工作带来难度。

2. 易读性原则

为了方便读者准确理解科研论文配图的内容，我们在绘制它时应遵守易读性原则。完整、准确的标题、标签和图例等可以有效地增强科研论文配图的易读性。

3. 一致性原则

在科研论文配图的绘制过程中，我们需要遵守一致性原则。

- 配图所表达出的内容与上下文或者指定内容描述一致：科研论文中的插图虽然可以独立存在，但也应与上下文中介绍插图的内容或者指定的内容一致。此外，论文配图中的物理量缩写、符号等都应与论文正文中介绍的保持一致。
- 配图数据与上下文保持一致：论文配图中的有效数字是根据配图上下文中的实数据或者不同测量、转换方法等最终确定的，所以配图数据应与上下文保持一致。
- 插图比例尺和缩放比例大小保持一致：涉及地理空间插图的绘制时，插图中包含的比例尺等图层元素，在修改时应保持与缩放的比例大小相一致；在修改插图的大小时，也应与缩放的比例大小相一致。
- 类似配图各图层要素保持一致：当论文中出现多个类似配图时，我们应当保证各配图中的文本属性（大小、字体、颜色）、符号，以及配图中各图层结构等保持一致。

1.2　科研论文配图的配色基础

配色是科研论文配图绘制过程中的重要维度。优秀的配色方案不但可以提高论文的美观度，而且可以高效表达配图内容。本节将介绍科研论文配图的配色基础内容，包括色彩模式、色轮配色原理、颜色主题和配色工具 4 个方面。

1.2.1　色彩模式

色彩模式是众多可视化设计者在设计作品时常用的色彩工具。其实，在科研论文配图的绘制过程中，我们也可以选择使用色彩模式。常见的色彩模式包括 RGB 色彩模式、CMYK 色彩模式和 HEX 色彩模式。

1. RGB 色彩模式

RGB 色彩模式是指通过混合红（Red）、绿（Green）、蓝（Blue）3 种颜色来表现各种色彩。该色彩模式利用红、绿、蓝 3 个颜色通道的变化，以及它们相互之间的叠加来得到各种颜色值，是目前使用较为广泛的颜色系统。RGB 色彩模式为图片中每一个像素的 R、G、B 各分配一个强度值（取值范围为 0 ～ 255），如黑色可表示为 (0,0,0)，白色可表示为 (255,255,255)。图 1-2-1 所示为利用三维坐标形式展示了 RGB 色彩模式，其中，图 1-2-1（a）所示为 RGB 色彩模式的三维立方体示意图，图 1-2-1（b）所示为使用 Python 的 Matplotlib 库绘制的对应立方体颜色映射效果图。我们可以看出，红色、绿色、蓝色分别位于立方体在坐标轴上的 3 个顶点，黑色在原点处，白色位于离原点最远的顶点，黄色（Yellow）、品红色（Magenta）和青色（Cyan）分别位于立方体的其余 3 个顶点。不同的颜色距离黑色顶点越近，颜色越深，距离白色顶点越近，颜色越浅。

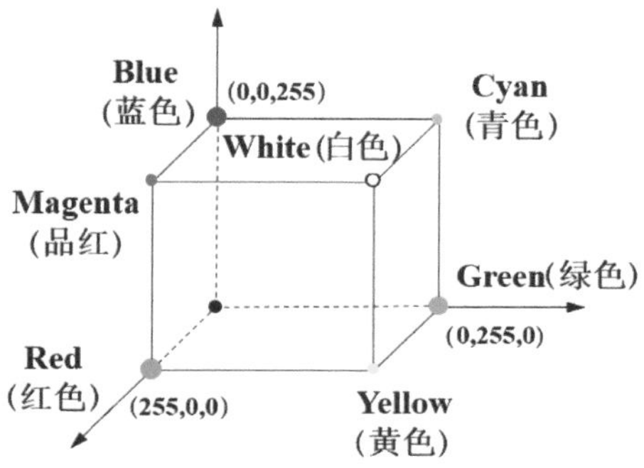
Blue
(蓝色)
(0,0,255)
Cyan
(青色)
White (白色)
Magenta
(品红)
Green(绿色)
(0,255,0)
Red
(红色)
(255,0,0)
Yellow
(黄色)

（a）RGB 色彩模式的三维立方体示意图

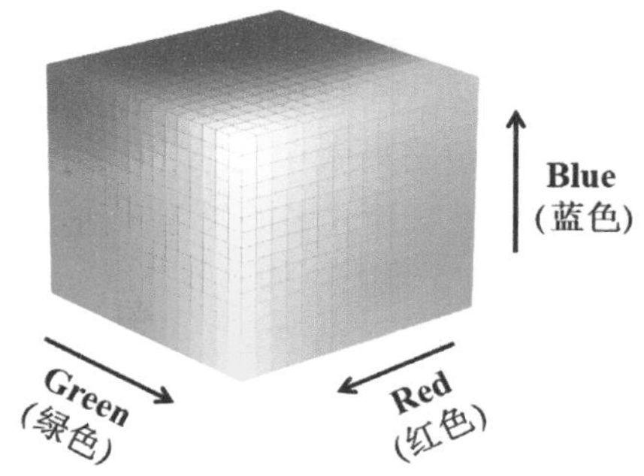
Blue
(蓝色)
Green
(绿色)
Red
(红色)

（b）使用 Python 的 Matplotlib 库绘制的对应立方体颜色映射效果图

图 1-2-1　RGB 色彩模式示意图

2. CMYK 色彩模式

CMYK 色彩模式可以看作 RGB 色彩模式的子集。它是一种主要用于彩色印刷的四色模型，其中，C 表示青色（Cyan），M 表示品红色（Magenta），Y 表示黄色（Yellow），K 表示黑色（blacK）。与 RGB 色彩模式的不同之处在于，CMYK 色彩模式是一种印刷色彩模式，也是一种依靠反光的色彩模式。尽管 RGB 色彩模式表示的颜色更多，但并不表示它们能够全部印刷出来。理论上，把青色、品红色、黄色混合在一起，就可以得到黑色，但是，依照目前的工艺制造水平，三者混合后得到的实际结果是暗红色，因此，我们需要加入一种专门的黑墨来中和，即使用定位套版色（黑色）（Key Plate（Black）），以确保输出黑色。在现阶段，大多数纸质期刊在稿件出版阶段都会要求图片使用 CMYK 色彩模式。对于网络版本的期刊，我们应该使用 RGB 色彩模式，因为使用该色彩模式的图片，其表现效果好，色彩靓丽，更适合在网络上传播。图 1-2-2 所示为 CMYK 色彩模式示意图，其中，图 1-2-2（a）所示为三维立方体示意图，图 1-2-2（b）所示为使用 Python 的 Matplotlib 库绘制的对应立方体颜色映射效果图。我们可以看出，与 RGB 色彩模式正好相反，在 CMYK 色彩模式中，黄色、品红色和青色分别位于立方体在坐标轴上的 3 个顶点，白色在原点处，黑色位于离原点最远的顶点上，红色、绿色和蓝色则位于其余 3 个顶点。

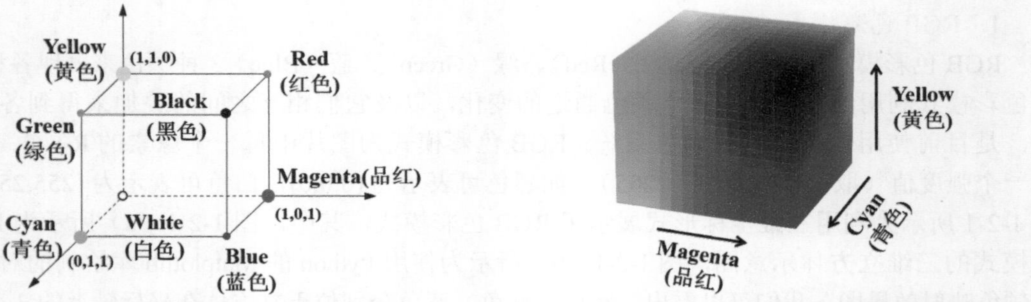
Yellow
(黄色)
(1,1,0)
Red
(红色)
Black
(黑色)
Green
(绿色)
Magenta(品红)
(1,0,1)
Cyan
(青色)
White
(白色)
(0,1,1)
Blue
(蓝色)
Yellow
(黄色)
Cyan
(青色)
Magenta
(品红)

（a）CMYK 色彩模式三维立方体示意图　　（b）使用 Python 的 Matplotlib 库绘制的对应立方体颜色映射效果图

图 1-2-2　CMYK 色彩模式示意图

3. HEX 色彩模式

HEX 色彩模式，又称十六进制色彩模式，它和 RGB 色彩模式的原理类似，都是通过红、绿、蓝三原色的混合而产生各种颜色。HEX 色彩模式常用于在代码中表示颜色，这一点方便我们在利用代码绘制科研论文配图时更换颜色。HEX 色彩模式采用 6 位十六进制数来表示颜色，而 RGB 色彩模式中的 R、G、B 则采用 1 个十进制数来表示。简单来说，HEX 色彩模式就是将 RGB 色彩模式中的每个十进制数转换为对应的两位十六进制数来表示，并以“#”号开头，且 3 个字节的顺序如下，字节 1 表示红色值（颜色类型为红色），字节 2 表示绿色值（颜色类型为绿色），字节 3 表示蓝色值（颜色类型为蓝色），1 个字节表示 00 ～ FF 范围内的数字。需要注意的是，HEX 色彩模式中每个字节必须包含两位十六进制数，对于经过十进制数（0 ～ 255）转换后只有一位十六进制数的情况，我们应在这个十六进制数之前补零。例如，十进制数 0 转换为十六进制数后仍为 0，但是，我们要在 HEX 色彩模式中将它表示为“00”。图 1-2-3 所示为 HEX 色彩模式示意图，其中，图 1-2-3（a）所示为 HEX 色彩模式的十六进制数表示，图 1-2-3（b）所示为 HEX 色彩模式中的颜色示例。

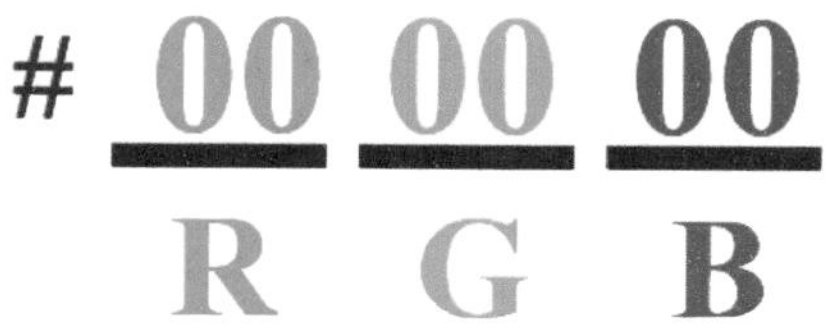

00 00 00
R G B

（a）HEX 色彩模式的十六进制数表示

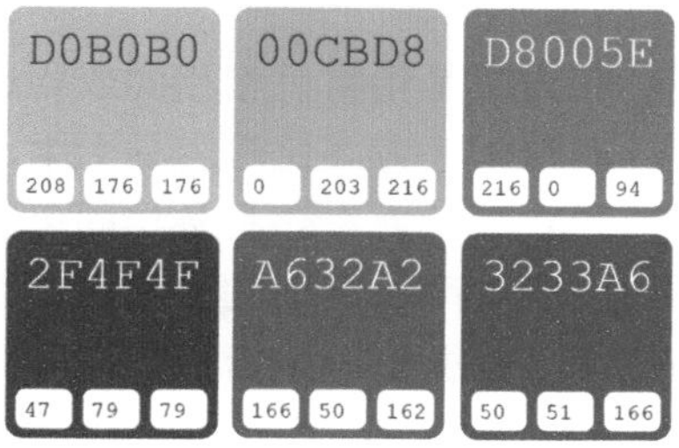

D0B0B0
208 176 176
00CBD8
0 203 216
D8005E
216 0 94
2F4F4F
47 79 79
A632A2
166 50 162
3233A6
50 51 166

（b）HEX 色彩模式中的颜色示例

图 1-2-3 HEX 色彩模式示意图

提示：对于 HEX 色彩模式，很多读者可能对其转码（如将 RGB 色彩模式转换为 HEX 色彩模式）过程比较陌生，可通过 ColorPix、FastStone 等屏幕取色工具直接获取颜色码，或者通过 Encycolorpedia 等网站直接搜索不同颜色对应的 HEX 颜色码。

1.2.2 色轮配色原理

色轮（color wheel）又称色环，一般由 12 种基本颜色按照圆环方式排列组成。它是一种人为规定的色彩排列方式。它不但可以帮助用户更好地研究色彩变换和色彩搭配规律，而且允许用户自行设计具有个人风格的配色方案。常见的色轮配色方案有单色配色方案（monochromatic color scheme）、互补色配色方案（complementary color scheme）、等距三角配色方案（triadic color scheme）和四角配色方案（tetradic color scheme）等。图 1-2-4 所示为具有 12 色的 4 种配色方案示意图。

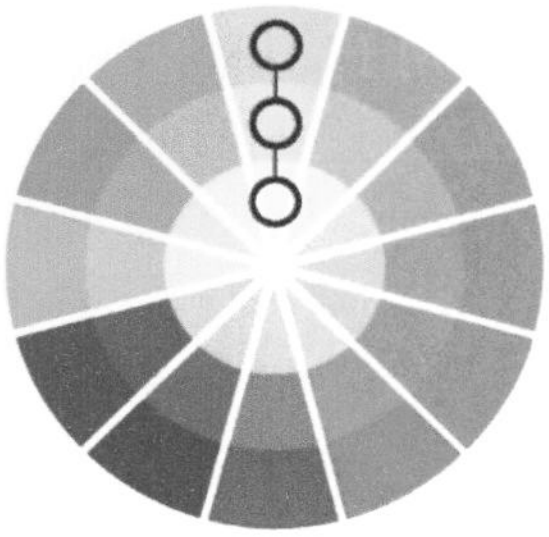

（a）单色配色方案

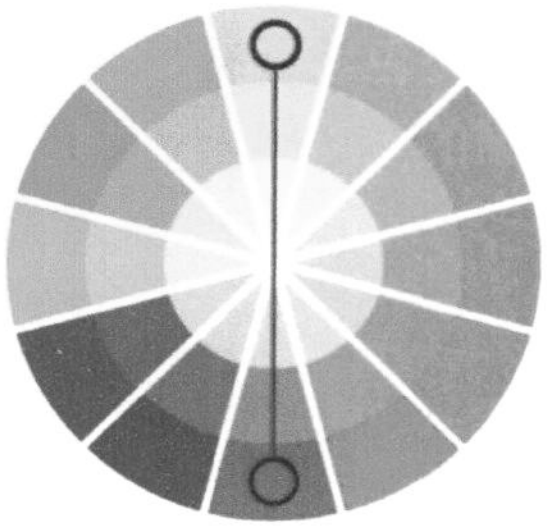

（b）互补色配色方案

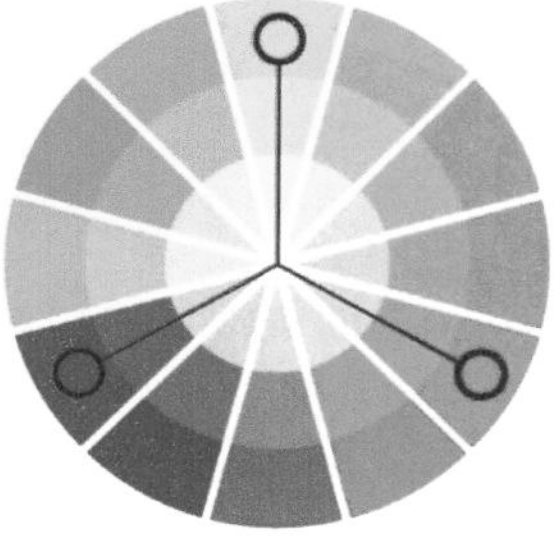

（c）等距三角配色方案

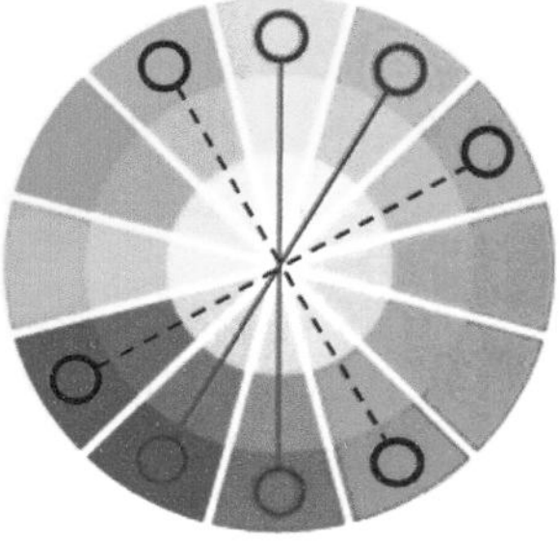

（d）四角配色方案

图 1-2-4 12 色的 4 种配色方案示意图

1. 单色配色方案

单色配色方案是指将色相相同或相近的一组颜色进行组合。单色配色方案的饱和度和明暗层次明显。单色配色方案比较容易上手，因为用户只需要考虑同一色相下饱和度和明暗度的变化。此外，单色配色方案还具备相同色系的协调性，在使用过程中，不会出现颜色过于鲜艳的情况，保证了所选颜色之间的平衡性。在科研论文配图的绘制过程中，单色配色方案常被用于表示有直接关系、关系较为密切或同系列的数据。需要注意的是，对于单色配色方案中颜色的选择，其种类不宜过多，3 ～ 5 种较为合适。图 1-2-5 所示为利用单色配色方案绘制的可视化配图示例。

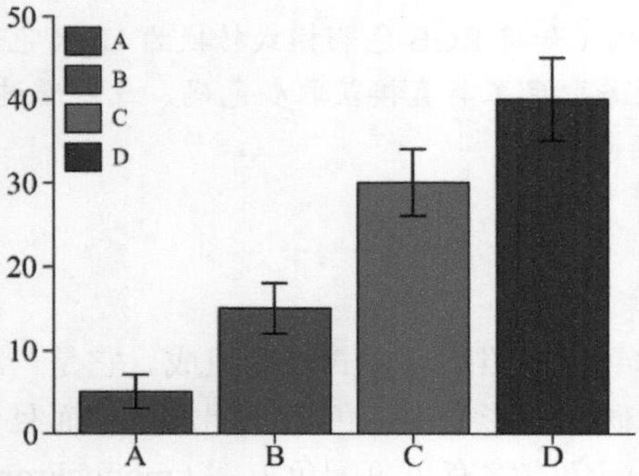
50
40
30
20
10
0
A
B
C
D

（a）利用单色配色方案绘制的可视化配图示例 1

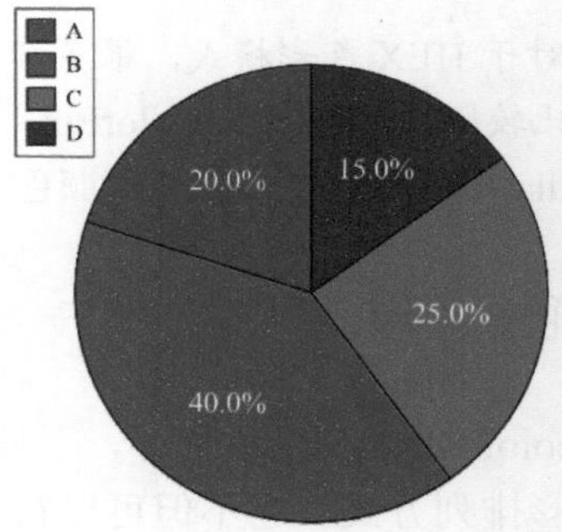
A
B
C
D
15.0%
20.0%
25.0%
40.0%

（b）利用单色配色方案绘制的可视化配图示例 2

图 1-2-5 利用单色配色方案绘制的可视化配图示例

2. 互补色配色方案

当只能选择两种颜色时，我们可参考互补色配色方案进行选择。色轮上间隔 180°（相对）的两种颜色为互补色。互补色具有强烈的对比效果，因此，它可用于科研论文配图中观察组数据和对照组数据的可视化表达。图 1-2-6 所示为利用互补色配色方案绘制的可视化配图示例。

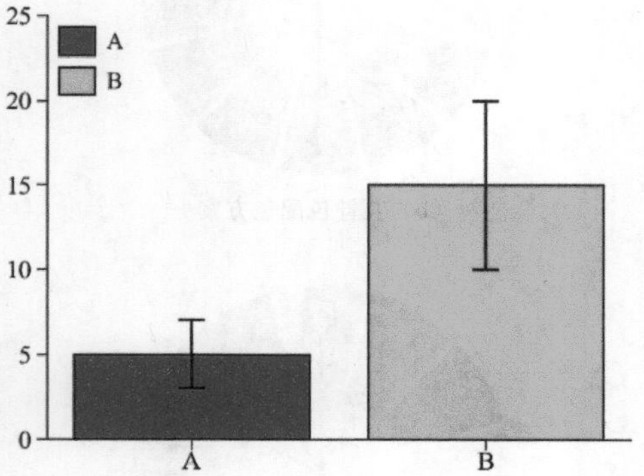
25
20
15
10
5
0
A
B

（a）利用互补色配色方案绘制的可视化配图示例 1

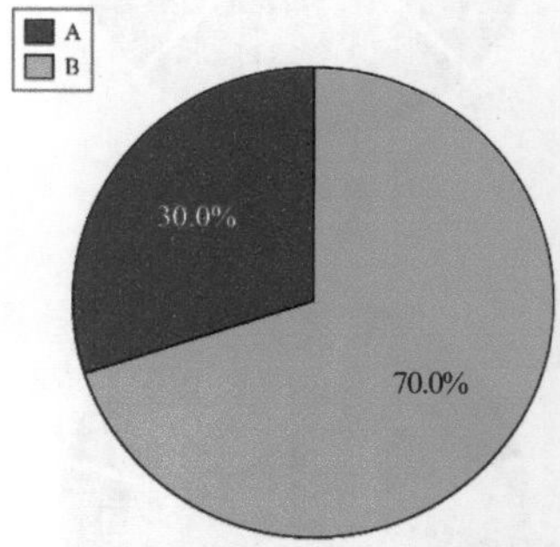
A
B
30.0%
70.0%

（b）利用互补色配色方案绘制的可视化配图示例 2

图 1-2-6 利用互补色配色方案绘制的可视化配图示例

3. 等距三角配色方案

等距三角配色方案是指将色轮上彼此间隔 120° 的 3 种颜色进行组合。等距三角配色方案会让配图的颜色更加丰富，但它在科研论文配图绘制的过程中应用较少。在使用等距三角配色方案时，我们可以将其中一种颜色选为主色，将另外两种颜色作为辅色。图 1-2-7 为利用等距三角配色方案绘制的可视化配图示例。

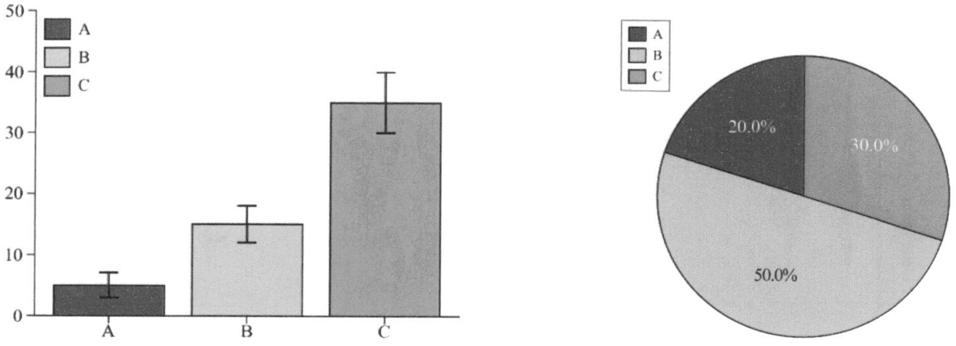
50
40
30
20
10
0
A
B
C
A
B
C
A
B
C
20.0%
30.0%
50.0%

（a）利用等距三角配色方案绘制的可视化配图示例 1

（b）利用等距三角配色方案绘制的可视化配图示例 2

图 1-2-7 利用等距三角配色方案绘制的可视化配图示例

4. 四角配色方案

四角配色方案有两种，一种是图 1-2-4（d）中实线表示的两对互补色组成的矩阵配色方案，另一种是图 1-2-4（d）中虚线表示的方形配色方案（square color scheme）。四角配色方案的优点是能够使配图的颜色更加丰富，缺点是使用时具有很大的挑战性，容易造成色彩杂乱，很多用户其实很难平衡自己选择的多种颜色。在科研论文配图的颜色选择过程中，我们要尽量避免使用四角配色方案。图 1-2-8 所示为利用四角配色方案绘制的可视化配图示例。

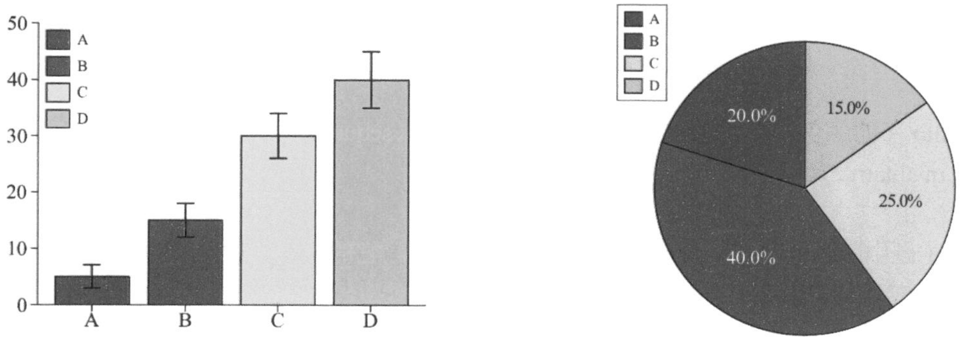
50
40
30
20
10
0
A
B
C
D
A
B
C
D
A
B
C
D
20.0%
15.0%
25.0%
40.0%

（a）利用四角配色方案绘制的可视化配图示例 1

（b）利用四角配色方案绘制的可视化配图示例 2

图 1-2-8 利用四角配色方案绘制的可视化配图示例

1.2.3 颜色主题

不同的绘图工具（如 Python 中常用的绘图工具 Matplotlib 和 Seaborn）都有其颜色主题。颜色主题是按照一定的美学规律设计出来的，对其灵活使用可以提高插图的美观度。颜色主题对用户（尤其是初学者）友好，使用户不必将大量时间浪费在配色的选择上。用户可根据自身绘图需求选择合适的颜色主题或自定义颜色主题。一些英文期刊会有自己的一套颜色主题，用户在投稿时将插图配色更改为期刊要求的颜色主题即可。图 1-2-9 展示的是 Python 中 3 种绘图工具的默认颜色主题的可视化效果。图 1-2-10 展示的是 3 种期刊的默认颜色主题的可视化效果。

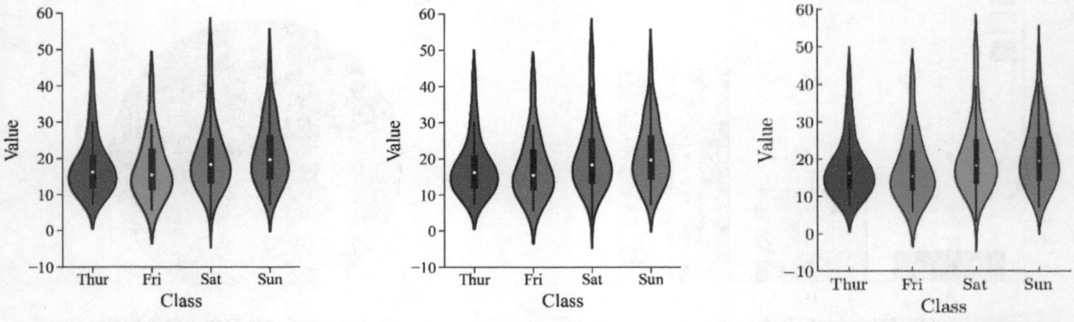
Value
Class
Thur
Fri
Sat
Sun

（a）Matplotlib 的默认颜色主题　（b）Seaborn 的默认颜色主题　（c）SciencePlots 的默认颜色主题

图 1-2-9　Python 中 3 种绘图工具的默认颜色主题的可视化效果

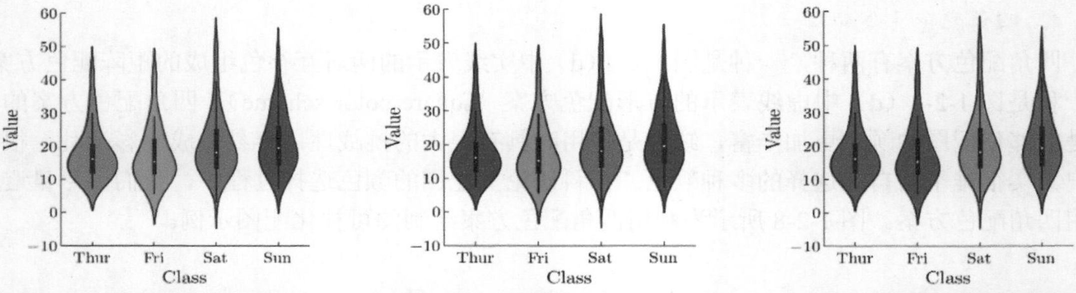
Value
Class
Thur
Fri
Sat
Sun

（a）NPG 期刊的默认颜色主题　（b）AAAS 期刊的默认颜色主题　（c）NEJM 期刊的默认颜色主题

图 1-2-10　3 种期刊的默认颜色主题的可视化效果

Matplotlib 库的颜色主题主要包括 3 种类型：单色系（sequential）、双色渐变色系（diverging）和多色系（qualitative）。

1. 单色系

单色系主题中颜色的色相基本相同，饱和度单调递增。它的主要维度是颜色亮度（lightness），一般情况下，较低的数值对应较亮的颜色，较高的数值对应较暗的颜色，这是因为可视化配图往往是在白色或浅色背景上绘制的，而在深色背景中，则会出现相反的情况，即更亮的颜色用更高的数值表示。单色系主题的次要维度是色调（hue），即较暖的颜色出现在较亮的一端，较冷的颜色则会出现在较暗的一端。例如，人口密度的变化就可以使用单色系颜色进行表示。图 1-2-11 所示为 Matplotlib 库中部分单色系颜色主题示意图。

2. 双色渐变色系

双色渐变色系颜色主题主要用在有一个关键中心值（midpoint）的数值变量中，其本质是两个连续单色系的组合，把关键的中心值作为中间点，一般使用白色表示，大于中心值的分配给中间点一侧的颜色，而小于中心值的分配给中间点另一侧的颜色。此外，我们可以通过颜色的深浅进行判断，即中心值通常被指定为浅色，距中心点越远，颜色越深。图 1-2-12 所示为 Matplotlib 库中双色渐变色系颜色主题示意图。

greys
purples
blues
greens
oranges
reds
ylorbr
ylorrd
orrd
purd
rdpu
bupu
gnbu
pubu
ylgnbu
pubugn
bugn
ylgn

图 1-2-11 Matplotlib 库中部分单色系颜色主题 (Sequential colormaps)

piyg
prgn
brbg
puor
rdgy
rdbu
rdylbu
rdylgn
spectral
coolwarm
bwr
seismic

图 1-2-12 Matplotlib 库中双色渐变色系颜色主题 (Diverging colormaps)

3. 多色系

当所表示的数据为类别型数值（类别变量）时，我们可以使用多色系颜色主题。在多色系颜色主题的使用过程中，需要给每个组分配不同的颜色。一般情况下，可尝试将颜色主题中的颜色类别设置为 10 种或更少，而使用过多的颜色类别，可能造成分组混乱，导致杂乱的视觉效果。当现有的颜色类别无法涉及全部数值时，可将某个数值类别叠加在一起，形成单个其他类别。图 1-2-13 所示为 Matplotlib 库中部分多色系颜色主题示意图。

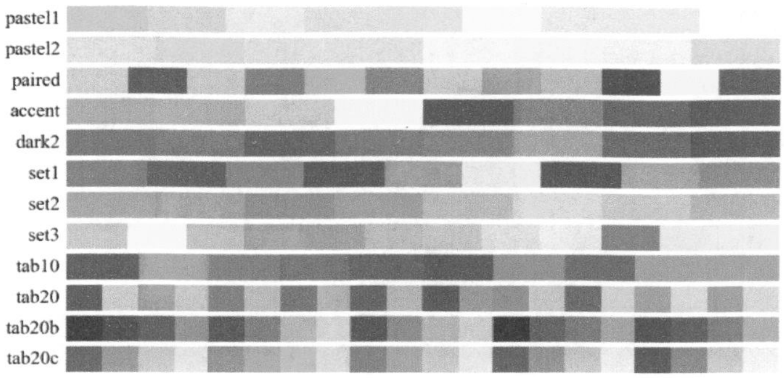
pastel1
pastel2
paired
accent
dark2
set1
set2
set3
tab10
tab20
tab20b
tab20c

图 1-2-13 Matplotlib 库中部分多色系颜色主题 (Qualitative colormaps)

图 1-2-14 所示为使用 Seaborn 库中 Tips 数据集绘制的单色系、双色渐变色系和多色系可视化配图示例，具体为单色系中的 ylgnbu 色系、双色渐变色系中的 seismic 色系和多色系中的 set1 色系。

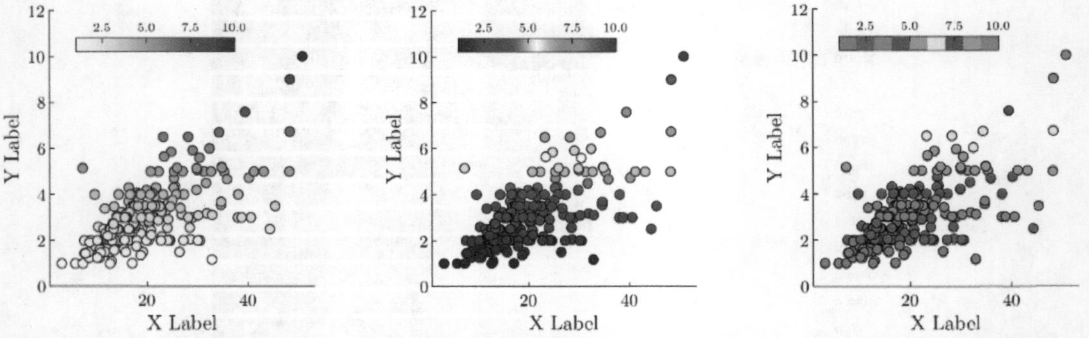
Y Label
X Label
2.5 5.0 7.5 10.0
0 2 4 6 8 10 12
20 40

（a）单色系可视化绘制示例　（b）双色渐变色系可视化绘制示例　（c）多色系可视化绘制示例

图 1-2-14　使用 Seaborn 库中 Tips 数据集绘制的单色系、双色渐变色系和多色系可视化配图示例

1.2.4 配色工具

想要高效地给科研论文配图选择合适的配色，除了使用绘图工具自带的颜色主题以外，我们还可以使用一些优秀的配色工具。通过配色工具，我们可以进行灵活的配色。常用的配色工具有 Color Scheme Designer 网站中的高级在线配色器、Adobe 旗下的在线配色工具 Adobe Color 和颜色主题搭配网站 ColorBrewer 2.0。

1. Color Scheme Designer 网站中的高级在线配色器

Color Scheme Designer 网站中的高级在线配色器是一个免费的在线配色工具，主要以色环（色轮）的方式为使用者选择配色，包括单色搭配、互补色搭配、三角形搭配、矩形搭配、类似色搭配和“类似色搭配互补色”6 种色环配色方案，如图 1-2-15 所示。

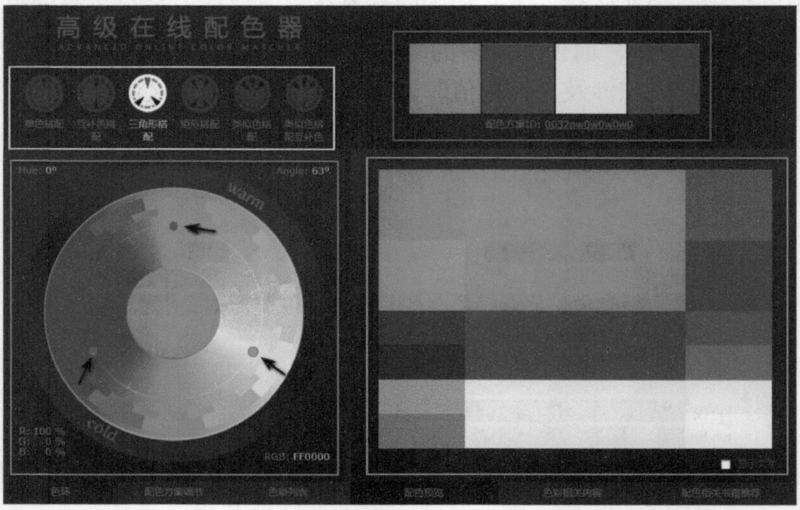
高级在线配色器
Hue: 0°
Angle: 63°
warm
cold
RGB: FF0000

图 1-2-15　Color Scheme Designer 网站中的高级在线配色器界面

该界面包含 4 个区域，介绍如下。

- 黄色框区域为色环配色选择区域，有 6 种色环配色方案可供使用者选择。
- 红色框区域为色环显示区域，图 1-2-15 中的黑色箭头指向的是根据“三角形搭配”方案选择的颜色在色环中的位置。
- 蓝色框区域为配色方案 ID（编号）。
- 绿色框区域为色环配色方案的预览区域。

在这个高级在线配色器的左上角，选择一个配色方案，根据所选方案的不同，色环上会出现不同数量的圆点。单击或拖动色环上的圆点，右侧“配色预览”区域将即时呈现所选配色的预览图。

在选好色环配色方案后，我们可以通过“配色方案调节”选项（见图 1-2-16）进行颜色亮度和饱和度的调整，还可以进行配色对比度的调整；“色彩列表”区域展示该色环配色方案对应的所有 HEX 颜色码。

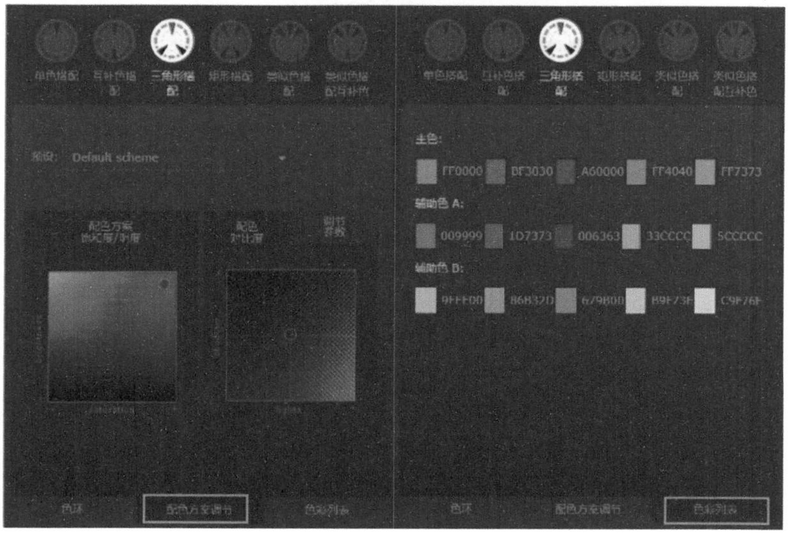
三角形搭配
Default scheme
主色:
FF0000
BF3030
A60000
FF4040
FF7373
辅助色 A:
009999
1D7373
006363
33CCCC
5CCCCC
辅助色 B:
色环
配色方案调节
色彩列表

图 1-2-16　配色方案调节选项

2. Adobe Color

Adobe Color 是 Adobe 官方推出的免费在线配色方案工具。它提供了配色模式、图片取色、图片渐变色提取等多个功能，用户无须注册或下载即可使用。这里主要介绍 Adobe Color 的色轮配色工具，它提供了 9 种智能调色模式和 1 种自定义模式，支持 RGB、HSB、LAB 色彩模式。Adobe Color 的色轮配色工具界面如图 1-2-17 所示。

Adobe Color 的色轮配色工具界面包括以下 6 个模块。

- 黄色框区域包含常用的色轮配色方案，有类别色系、单色系、三角色系、互补色系、正方形色系等。
- 红色框区域为选择色轮配色方案后对应的色轮，拖动白色箭头 (红色箭头指示)，可以统一调整色相和饱和度。
- 蓝色框区域为选定色轮配色方案对应的颜色，中间色块中的白色三角对应色轮中的白色箭头。

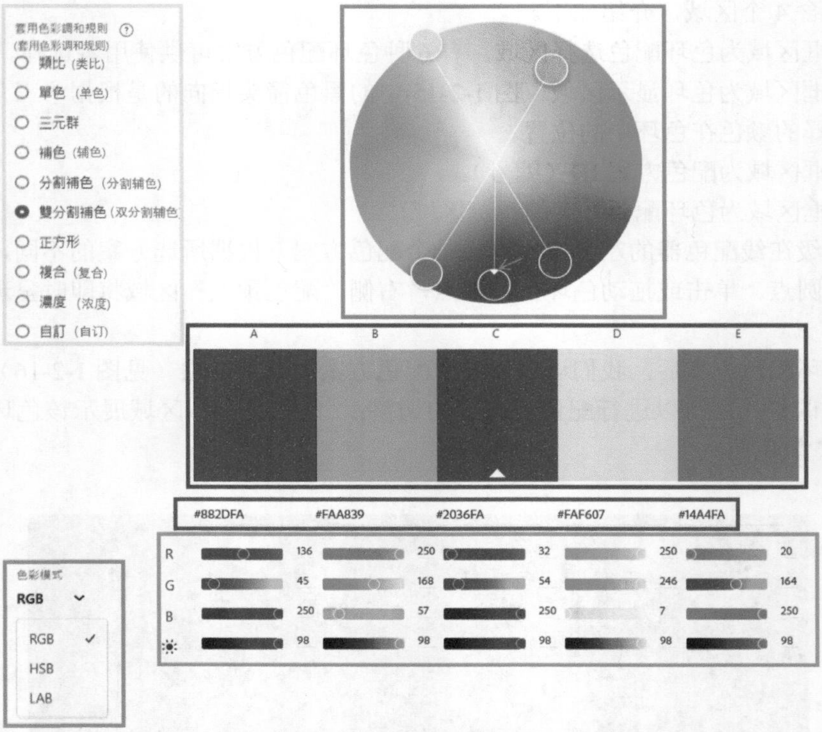
套用色彩調和規則（套用色彩调和规则）
類比（类比）
單色（单色）
三元群
補色（辅色）
分割補色（分割辅色）
雙分割補色（双分割辅色）
正方形
複合（复合）
濃度（浓度）
自訂（自订）
A
B
C
D
E
#882DFA
#FAA839
#2036FA
#FAF607
#14A4FA
R
G
B
136
45
250
98
250
168
57
98
32
54
250
98
250
246
7
98
20
164
250
98
色彩模式
RGB
RGB
HSB
LAB

图 1-2-17　Adobe Color 的色轮配色工具界面

- 紫色框区域为色块对应的 HEX 颜色码。
- 橙色框区域为可选的色彩模式，包括 RGB、HSB 和 LAB。
- 绿色框区域为色彩模式对应的单个维度颜色值，如 R、G、B 值。

在选定对应的色轮配色方案后，我们可根据它提供的 HEX 颜色码或 R、G、B 值进行配色的拾取，从而完成插图颜色的选择。其他诸如图片颜色拾取、渐变色生成等功能，读者可自行探索。图片颜色主题拾取功能可以帮助科研工作者获取优质科研论文配图的优秀配色，从而高质量地完成论文插图的绘制。

3. ColorBrewer 2.0

ColorBrewer 2.0 是一个专业的在线配色方案网站，它提供了大量的颜色搭配主题，这些主题是众多绘图工具（如 Matplotlib、ggplot2 等）内置的绘图颜色主题。ColorBrewer 2.0 提供的颜色主题包括单色系、双色渐变色系和多色系。ColorBrewer 2.0 的操作界面如图 1-2-18 所示。

ColorBrewer 2.0 的操作界面包括下列 8 个模块。

① 表示可选的数据类别数。ColorBrewer 2.0 提供的数据类别数最多 12 个，我们建议将数据类别数设置为 5 ～ 8 个。

② 表示可选择的颜色主题。ColorBrewer 2.0 提供了单色系（sequential）、双色渐变色系（diverging）和多色系（qualitative）3 种选项。

③ 表示选定颜色主题后的配色方案。在单色系主题中，还涉及色调的选择，可供选择的色调类型包括多色调（Multi-hue）和单色调（Single hue）。

④ 表示配色方案输出时的注意事项，即用户是否需要考虑色盲情形（colorblind safe）、是否友好打印（print friendly）等。

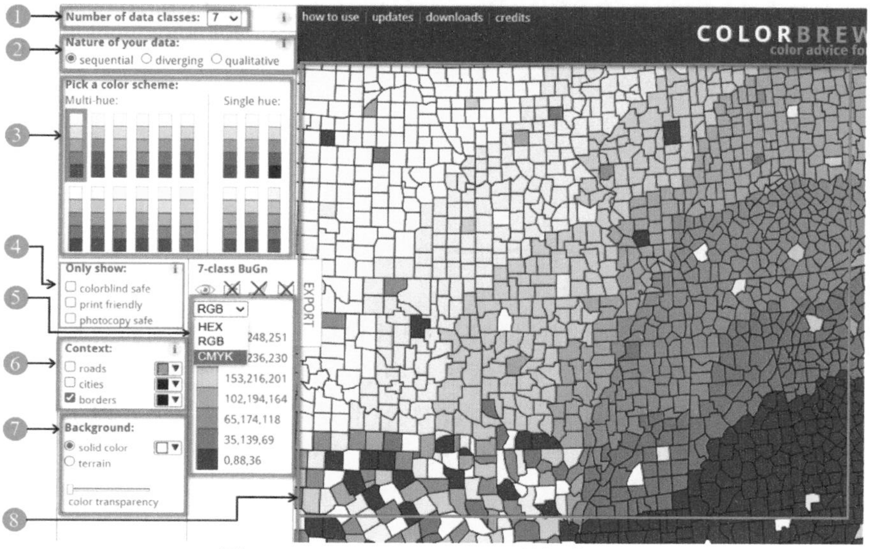
Number of data classes: 7
Nature of your data:
sequential diverging qualitative
Pick a color scheme:
Multi-hue:
Single hue:
Only show:
colorblind safe
print friendly
photocopy safe
Context:
roads
cities
borders
Background:
solid color
terrain
color transparency
7-class BuGn
RGB
HEX
RGB
CMYK
248,251
236,230
153,216,201
102,194,164
65,174,118
35,139,69
0,88,36
EXPORT
how to use | updates | downloads | credits
COLORBREW
color advice fo

图 1-2-18　ColorBrewer 2.0 的操作界面

⑤ 表示具体搭配色系的输出模式及对应的颜色码，可选择的格式包括 HEX、RGB 和 CMYK。

⑥ 用于控制不同颜色搭配方案的一些属性，包括道路（roads）、城市（cities）和边界线（borders），用户可以用不同的颜色表示它们。

⑦ 表示背景设置区域。背景设置包括纯色（solid color）和地形（terrain）两个选项。用户还可以设置背景颜色的透明度（color transparency）。

⑧ 展示不同颜色搭配方案的预览效果。

图 1-2-19 展示了 ColorBrewer 2.0 中 3 种颜色主题对应的配色方案的选择和预览效果。

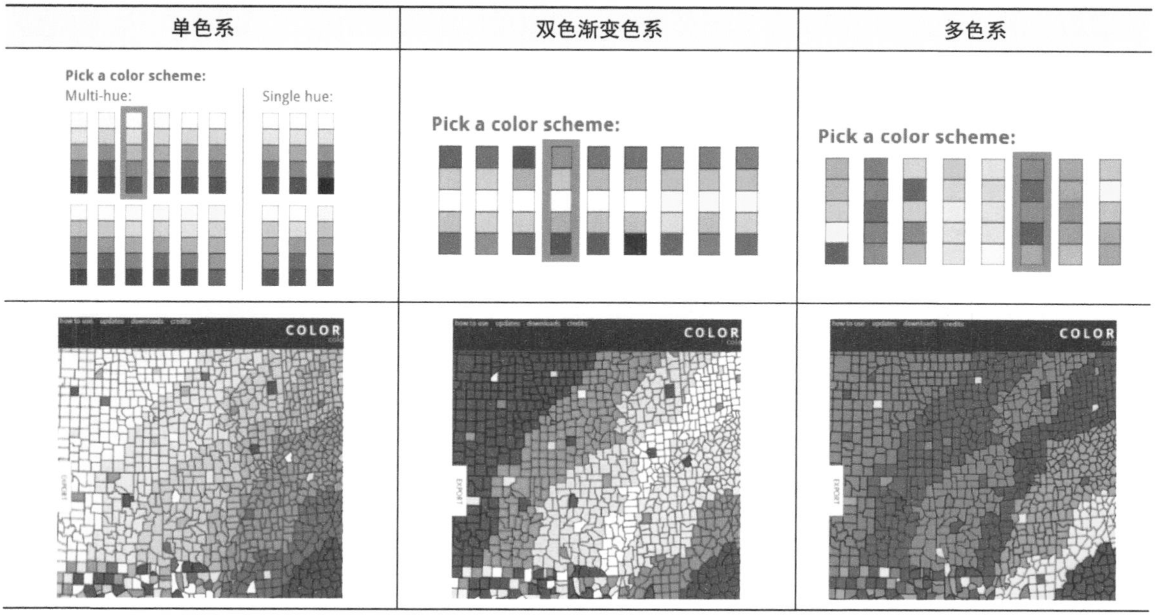
单色系
双色渐变色系
多色系
Pick a color scheme:
Multi-hue:
Single hue:
Pick a color scheme:
Pick a color scheme:

图 1-2-19　ColorBrewer 2.0 中 3 种颜色主题对应的配色方案和预览效果

Python 的 Matplotlib 库和 R 的 RColorBrewer 包中几乎包含了 ColorBrewer 2.0 的全部颜色主题，用户可以在绘制可视化作品时方便地选择颜色。在使用 Matplotlib 库时，用户可直接通过绘图函数的 cmap 参数来设置绘图的颜色主题。

1.3　本章小结

本章介绍了科研论文配图绘制的基础知识，具体包括科研论文配图的绘制规范、绘制的基本原则，除此之外，还介绍了科研论文配图绘制中的色彩搭配，包括色彩模式、色轮配色原理、配图的颜色主题以及选择色彩的配色工具，其目的是为了让读者更好地了解科研论文配图的绘制规范，重视颜色选择在配图制作中的作用。

第 2 章　绘制工具及其重要特征

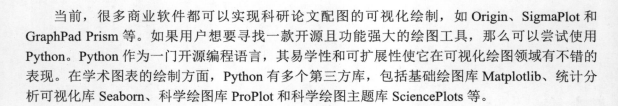

当前，很多商业软件都可以实现科研论文配图的可视化绘制，如 Origin、SigmaPlot 和 GraphPad Prism 等。如果用户想要寻找一款开源且功能强大的绘图工具，那么可以尝试使用 Python。Python 作为一门开源编程语言，其易学性和可扩展性使它在可视化绘图领域有不错的表现。在学术图表的绘制方面，Python 有多个第三方库，包括基础绘图库 Matplotlib、统计分析可视化库 Seaborn、科学绘图库 ProPlot 和科学绘图主题库 SciencePlots 等。

2.1 Matplotlib

Matplotlib 是 Python 中较为常用和知名的可视化绘图工具。它提供了几十种绘图函数。用户可以根据需求定制可视化视觉样式和排版布局。Matplotlib 得益于 Python 简单、易学的特点，以及 Python 在数据科学领域的广泛应用，成为目前众多科研工作者、社会工作者等人士首选的绘图工具。Matplotlib 面向对象的可视化绘制特点衍生出了多个优秀的第三方绘图工具，但是 Matplotlib 面向对象的绘制语法导致学习者在熟悉每个绘图函数的细节方面增加了学习成本。此外，在面对绘制较多规则数据和多个图层属性的情况时，相比 R 中的 ggplot2 包，Matplotlib 的便捷性和逻辑性还存在一定的差距。

2.1.1 图形元素

利用 Matplotlib 绘制图形的主要图形元素包括画布（figure）、坐标图形（axes）、轴（axis）和艺术对象（aritist），如图 2-1-1 所示。其中坐标图形中包括大部分绘图所需的图层属性，如图名（title）、刻度（tick）、刻度标签（tick label）、轴标签（axis label）、轴脊（spine）、图例（legend）、网格（grid）、线（line）和数据标记（marker）等。

在使用 Matplotlib 绘图时，用户要重点理解不同图形元素的含义和使用方法。Matplotlib 包含基础类（primitive）元素和容器类（container）元素。基础类元素包括常见的点（point）、线（line）、文本（text）、网格（grid）、标题（title）、图例（legend）等；容器类元素则是指一种或多种基础类元素的合集，主要包括图形、坐标图形、轴和刻度。了解容器类元素对灵活使用 Matplotlib 至关重要。

① 画布 (figure)。作为 Matplotlib 中的基础图形元素，它又包含其他多个图形元素。它既可以代表图形本身进行图的绘制（包含图例、图名、数据标记等多个图形艺术对象，又可以被划分为多个子区域，而每个子区域可用于单独图形类型 (子图) 的绘制。用户可以在画布 (figure) 中设置画布大小（figsize）、分辨率（dpi）和背景颜色等其他参数。

② 坐标图形 (axes)，也称为子图。作为 Matplotlib 的绘图核心，它主要为绘图数据提供展示区域，同时包括组成图的众多艺术对象 (artist)。在大多数情况下，一个画布 (figure) 对象中包含一个子图区域，子图区域由上、下、左、右 4 个轴脊以及其他构成子图的组成元素组成。

③ 轴 (axis)：数据轴对象，即坐标轴线。每个轴对象都含有位置（locator）对象和格式（formatter）对象，它们分别用于控制坐标轴刻度的位置和格式。

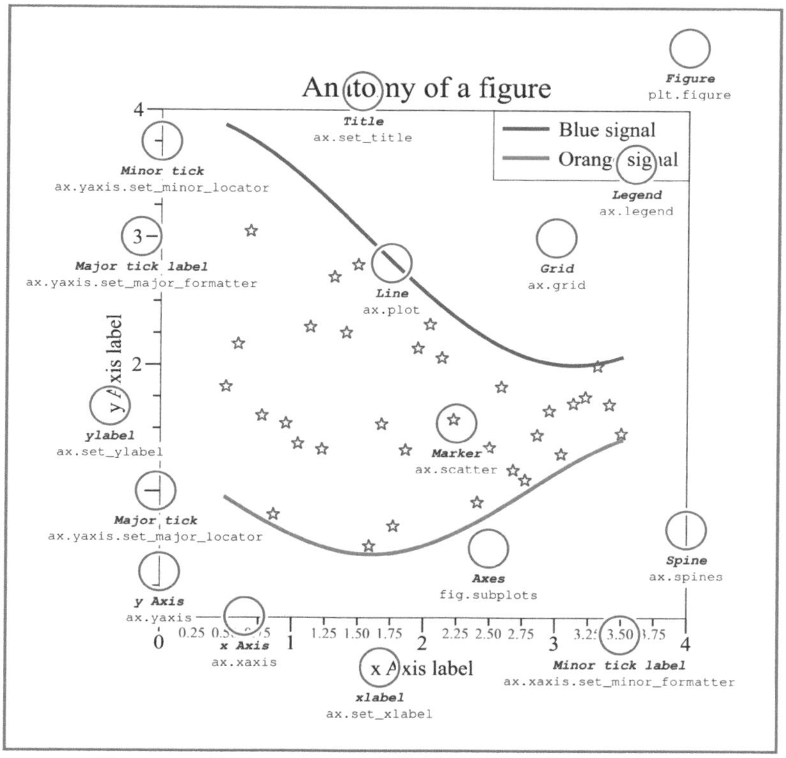
Figure
plt.figure
Title
ax.set_title
Blue signal
Legend
ax.legend
Minor tick
ax.yaxis.set_minor_locator
Major tick label
ax.yaxis.set_major_formatter
Grid
ax.grid
Line
ax.plot
ylabel
ax.set_ylabel
Marker
ax.scatter
Major tick
ax.yaxis.set_major_locator
Spine
ax.spines
Axes
fig.subplots
y Axis
ax.yaxis
x Axis
ax.xaxis
xlabel
ax.set_xlabel
Minor tick label
ax.xaxis.set_minor_formatter

图 2-1-1 利用 Matplotlib 库绘制的图形的主要构成元素

④ 刻度 (tick)，即刻度对象。每个坐标图形都有水平方向的横轴（*X* axis）对象和垂直方向的纵轴（*Y* axis）对象。每个坐标轴上含有刻度对象。刻度对象包括主刻度（Major tick）、次刻度（Minor tick）、主刻度标签（Major tick label）和次刻度标签（Minor tick label）。

基础类元素和容器类元素统称为 Matplotlib 库中的艺术对象 (artist)。在通常情况下，艺术对象与坐标图形 (axes) 对象绑定且不能被其他或多个坐标图形对象共享，也不能从一个坐标图形区域移动到另一个坐标图形区域。

2.1.2 图层顺序

与 R 的 ggplot2 包中使用“+”号对每个数据图层进行顺序叠加绘制的方式不同，Matplotlib 采用的是面向对象的绘图方式。在同一个坐标图形中绘制不同的数据图层时，Matplotlib 可通过设置每个绘图函数中的 zorder 参数来设定不同的图层。不同的艺术对象在坐标图形中的默认图层顺序如表 2-1-1 所示。

表 2-1-1 不同的艺术对象在坐标图形中默认的图层顺序

艺术对象	z-order
Images(AxesImage, FigureImage, BboxImage)	0
Patch / PatchCollection	1

续表

艺术对象	z-order
Line2D / LineCollection	2
Text	3
Inset axes & Legend	4

画布对象和坐标图形对象（子图 axes）则位于表 2-1-1 中的绘图对象图层之下；图 2-1-2 所示为 Matplotlib 不同绘图对象图层顺序示意图；图 2-1-3 则是修改绘图函数中 zorder 参数值后绘制的可视化示例。

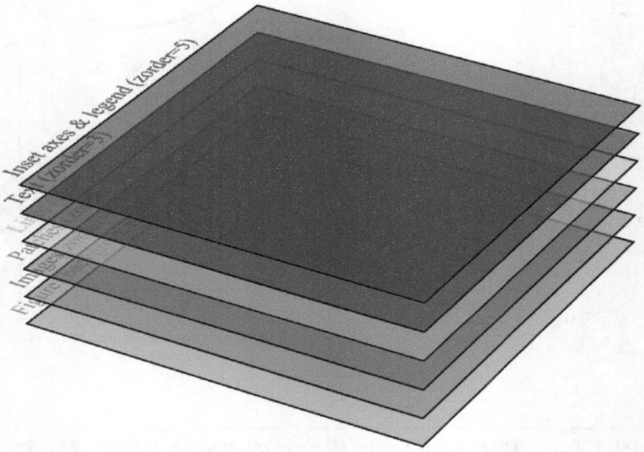
Inset axes & legend (zorder=5)
Text (zorder=3)

图 2-1-2　Matplotlib 不同绘图对象图层顺序示意图

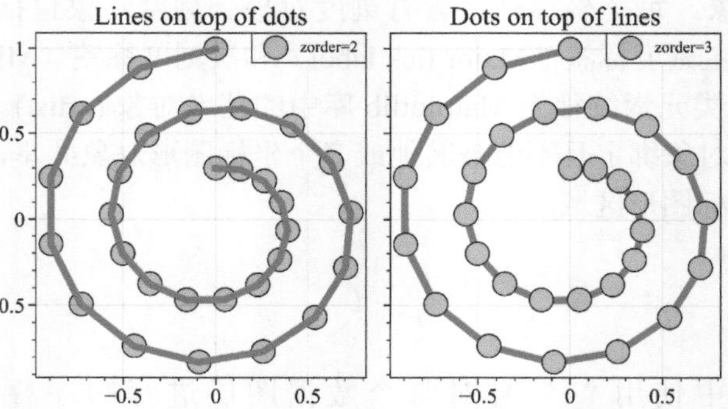
Lines on top of dots
Dots on top of lines
zorder=2
zorder=3
1
0.5
0
−0.5
−0.5
0
0.5
−0.5
0
0.5

图 2-1-3　修改绘图函数中 zorder 参数值后绘制的可视化示例

2.1.3　轴比例和刻度

坐标轴刻度的合理设置将提升图的可读性，方便读者理解所呈现的数据。然而，很多绘图工具中默认的刻度形式是不符合学术期刊图的绘制要求的，Matplotlib 亦是如此。Matplotlib 中的每个坐标图形对象至少包含两个轴对象，它们分别用来表示 *X* 轴和 *Y* 轴。轴对象还可以控制轴比例（axis scale）、刻度位置（tick locator）和刻度格式（tick formatter）。

1. 轴比例

轴比例规定了数值与给定轴之间的映射方式，即数值在轴上以何种方式进行缩放。Matplotlib 中的默认轴比例方式为线性（linear）方式，其他诸如 log、logit、symlog 和自定义函数比例（function scale）方式也是常用的轴比例方式。需要注意的是，当我们采用不同的轴比例方式时，刻度位置和刻度格式也会相应产生变动。图 2-1-4 展示了 Matplotlib 库中 4 种轴比例方式的绘制效果。

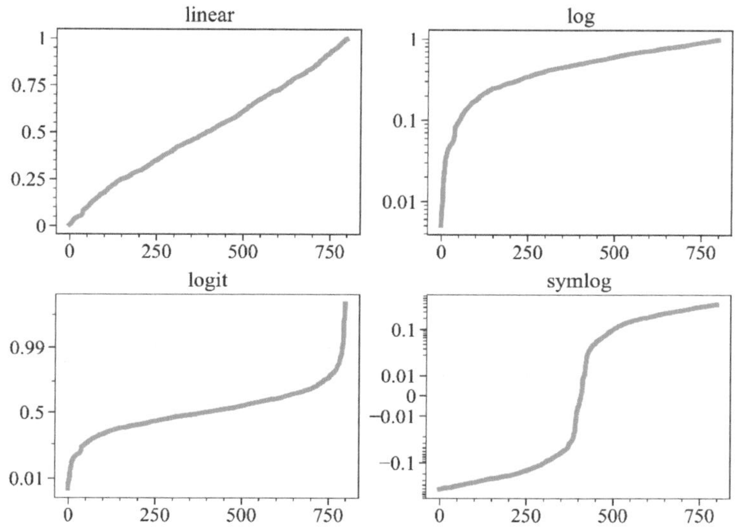
linear
log
logit
symlog
1
0.75
0.5
0.25
0
0.1
0.01
0.99
-0.01
-0.1
250
500
750

图 2-1-4 Matplotlib 库中 4 种轴比例方式的绘制效果

2. 刻度位置和刻度格式

刻度位置和刻度格式分别规定了每个轴对象上刻度的位置与格式。图 2-1-5 和图 2-1-6 分别展示了 Matplotlib 中常见的刻度位置与刻度格式。

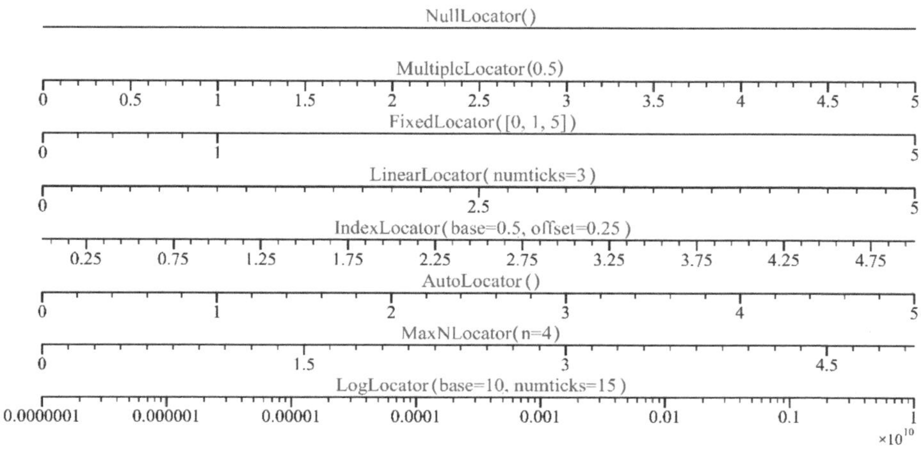
NullLocator()
MultipleLocator(0.5)
FixedLocator([0, 1, 5])
LinearLocator(numticks=3)
IndexLocator(base=0.5, offset=0.25)
AutoLocator()
MaxNLocator(n=4)
LogLocator(base=10, numticks=15)
0.0000001
0.000001
0.00001
0.0001
0.001
0.01
0.1
1
×10^10

图 2-1-5 Matplotlib 中常见的刻度位置

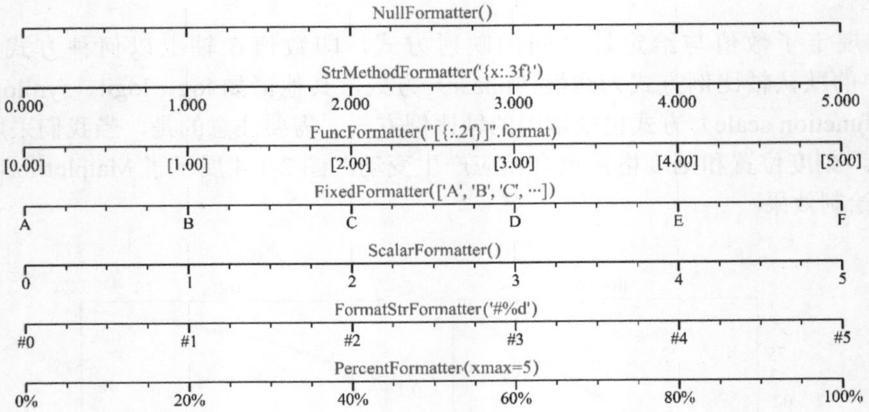

NullFormatter()
StrMethodFormatter('{x:.3f}')
0.000 1.000 2.000 3.000 4.000 5.000
FuncFormatter("[{:.2f}]".format)
[0.00] [1.00] [2.00] [3.00] [4.00] [5.00]
FixedFormatter(['A', 'B', 'C', …])
A B C D E F
ScalarFormatter()
0 1 2 3 4 5
FormatStrFormatter('#%d')
#0 #1 #2 #3 #4 #5
PercentFormatter(xmax=5)
0% 20% 40% 60% 80% 100%

图 2-1-6　Matplotlib 中常见的刻度格式

2.1.4　坐标系

常见的坐标系有直角坐标系（rectangular coordinate system）、极坐标系（polar coordinate system）和地理坐标系（geographic coordinate system），其中直角坐标系和地理坐标系在科研论文绘图中出现的频率较高。图 2-1-7 所示为 Matplotlib 中使用的 3 种坐标系的示意图。

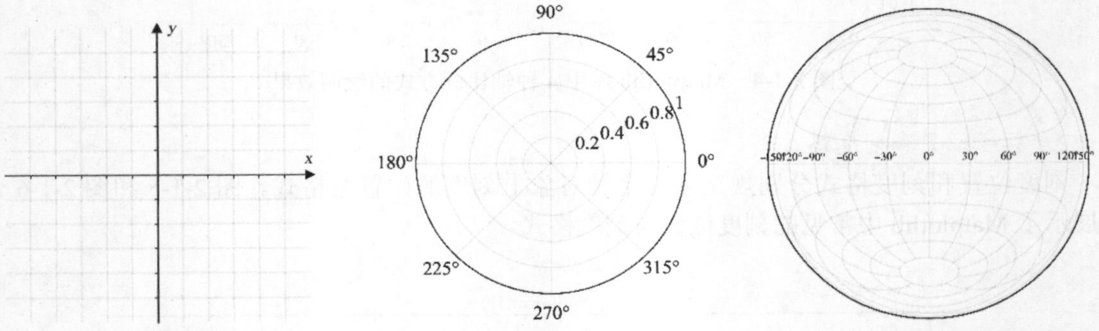

y
x
90°
135°
45°
180°
0°
225°
315°
270°
0.2
0.4
0.6
0.8
1

（a）直角坐标系　（b）极坐标系　（c）地理坐标系

图 2-1-7　Matplotlib 中使用的 3 种坐标系的示意图

1．直角坐标系

直角坐标系又称笛卡儿坐标系（Cartesian coordinate system），是一种用代数公式表达几何形状的正交坐标系统，也是可视化绘图中常见的一种坐标系。在二维的直角坐标系中，坐标系通常由两个互相垂直的坐标轴（*X* 轴、*Y* 轴）构成，两个坐标轴相交的点称为原点。*X* 轴和 *Y* 轴把坐标平面分成 4 个象限，从右上角开始，沿逆时针方向，依次为第一象限、第二象限、第三象限和第四象限。二维直角坐标系中的任何一个点在平面的位置都可以根据该点在坐标轴上对应的坐标 (x,y) 来进行表达。

如果在二维直角坐标系中添加一个垂直于 *X* 轴和 *Y* 轴的坐标轴——*Z* 轴，则该坐标系转变为三维直角坐标系（也称为笛卡儿空间坐标系）。*X* 轴、*Y* 轴、*Z* 轴相互正交于原点，三维直角坐标系中任何一个点的位置都可以用对应的坐标 (x,y,z) 来表达。在 Matplotlib 中，我们可通过设置绘图函数（如 add_subplot()）中的参数 projection='3d' 或引入 axes3d 对象来绘制三维直角坐标系。图 2-1-8 所示为 Matplotlib 中三维直角坐标系的绘图示例。

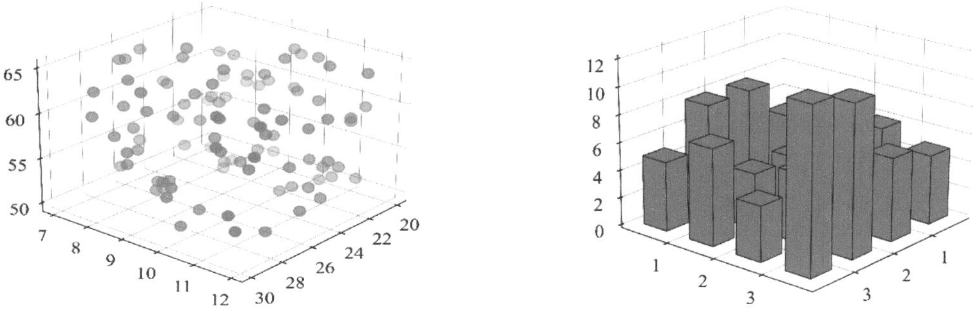
65
60
55
50
7 8 9 10 11 12
20 22 24 26 28 30
12 10 8 6 4 2 0
1 2 3
1 2 3

（a）三维直角坐标系中的散点图绘制示例　　（b）三维直角坐标系中的柱形图绘制示例

图 2-1-8　Matplotlib 中三维直角坐标系的绘图示例

2. 极坐标系

极坐标系（polar coordinate system）是一种在平面内由极点（pole）、极轴（polar axis）和极径（数据点到极点的距离）组成的坐标系统。在极坐标系平面内取一个定点，称之为极点，从极点引出一条射线，称之为极轴。对于平面内的任意一点，极点与该点的距离为该点的极径，记为 r，该点和极点的连线与极轴所形成的夹角称为该点的极角（polar angle），记为 θ，则该点在极坐标中的位置可用有序数对 (r,θ) 来表示。(r,θ) 为点的极坐标，如 $(5,60^\circ)$ 表示一个距离极点 5 个单位长度，与极轴的夹角为 60° 的点。图 2-1-9 所示为 Matplotlib 中的极坐标系的绘图示例。

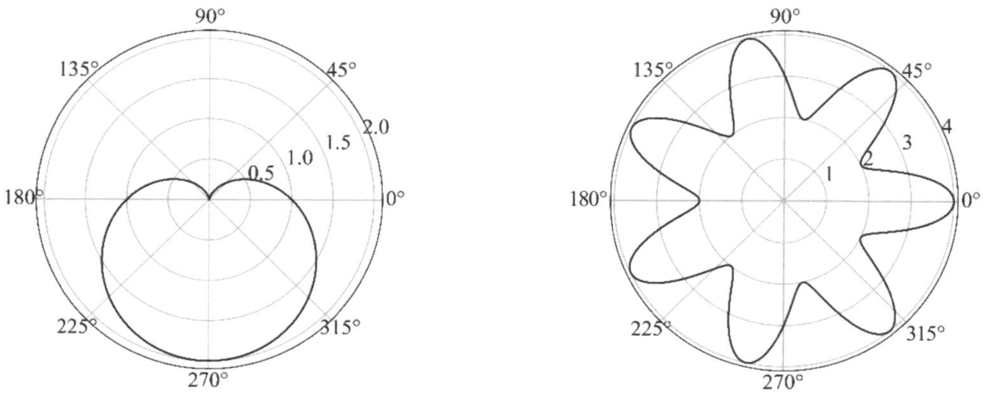
90°
135°
45°
180°
0°
225°
315°
270°
0.5 1.0 1.5 2.0
1 2 3 4

（a）Matplotlib 中的极坐标系绘图示例 1　　（b）Matplotlib 中的极坐标系绘图示例 2

图 2-1-9　Matplotlib 中的极坐标系的绘图示例

极坐标系和直角坐标系是常用的绘图坐标系，二者的坐标可以相互转换。极坐标系中的点坐标 $P(r,\theta)$ 转换成直角坐标系中的点坐标 $Q(x,y)$ 的公式如下：

$$x = r\cos\theta$$
$$y = r\sin\theta$$

直角坐标系中的点坐标 $Q(x,y)$ 转换成极坐标系中的点坐标 $P(r,\theta)$ 的公式如下：

$$r = \sqrt{(x^2 + y^2)}$$

$$\theta = \tan^{-1}\left(\frac{y}{x}\right)(x \neq 0)$$

极坐标系往往体现数据的周期性，即它可以更好地展示数据的周期性变化，这就要求数据较为完整且有明显的周期性特征。而对于常见的科研论文配图，由于数据本身的问题，因此导致很少使用极坐标系绘制它们（地理空间类图表除外）。特别是在对变量连续时间变化趋势分析的情况下，极坐标系对数据的展示效果不如直角坐标系。图 2-1-10 为 Matplotlib 中直角坐标系和极坐标系的展示效果对比。

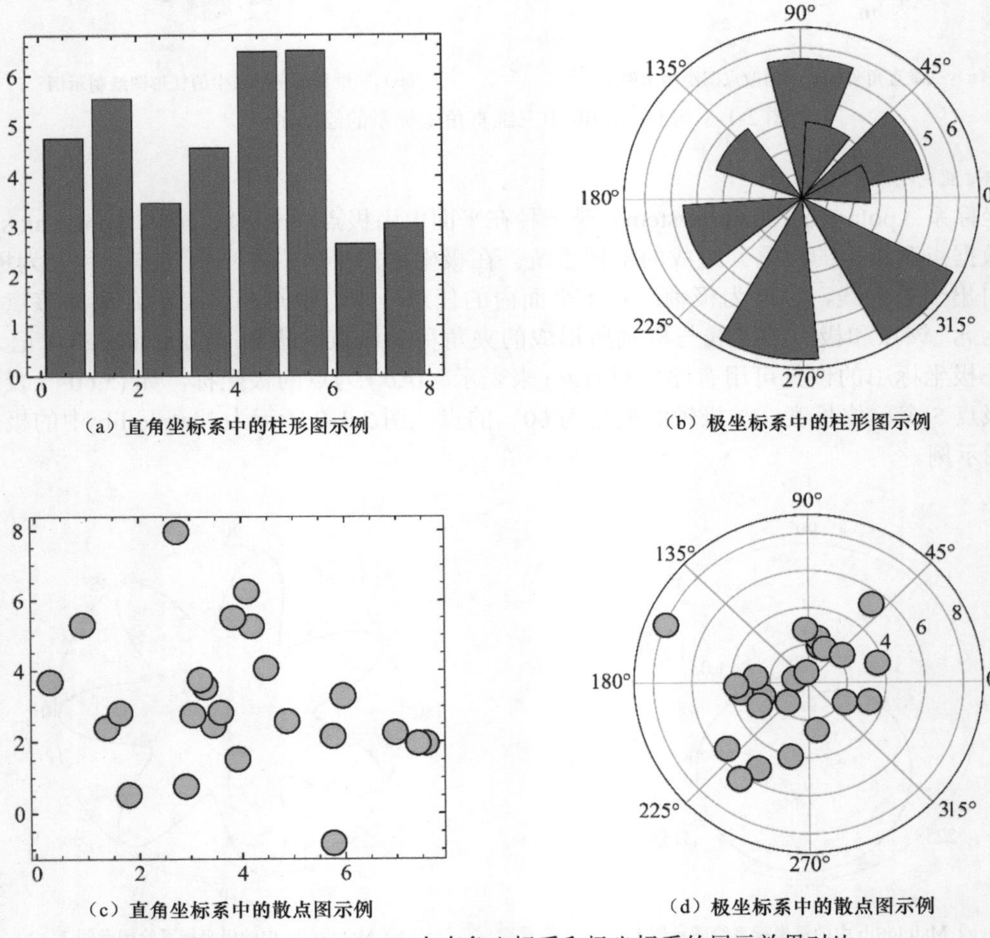

0
1
2
3
4
5
6
8
90°
45°
0°
315°
270°
225°
180°
135°
(a) 直角坐标系中的柱形图示例
(b) 极坐标系中的柱形图示例
(c) 直角坐标系中的散点图示例
(d) 极坐标系中的散点图示例

图 2-1-10　Matplotlib 中直角坐标系和极坐标系的展示效果对比

3. 地理坐标系

Matplotlib 地理坐标系中的地理投影方式较少，仅有 Aitoff 投影、Hammer 投影、Lambert 投影和 Mollweide 投影 4 种，图 2-1-11 展示了 Lambert 和 Mollweide 投影方式。Matplotlib 不适合绘制地理图表，我们可使用 Python 的第三方库（如 cartopy、ProPlot 等库）绘制地理图表。

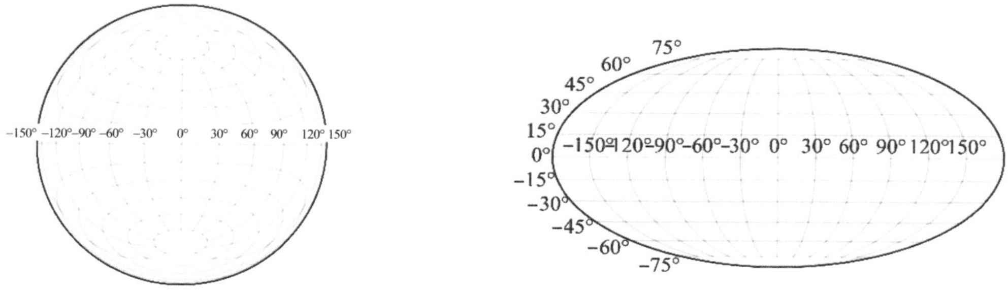

−150° −120°−90° −60° −30° 0° 30° 60° 90° 120° 150°
75°
60°
45°
30°
15°
0°
−15°
−30°
−45°
−60°
−75°

（a）Lambert 投影方式　　（b）Mollweide 投影方式

图 2-1-11　Matplotlib 的地理坐标系中的 2 种地理投影方式

2.1.5　多子图的绘制

如果我们想要在一个图形中绘制多个子图，则需要使用 Matplotlib 中的多子图绘制功能。Matplotlib 中提供了多个用来绘制多子图的函数。

1. subplot() 函数

Matplotlib 提供的 subplot() 函数可以对当前画布对象添加单个子图，且每次添加子图都会规定其位置顺序。示例代码如下。

```
import matplotlib.pyplot as plt
ax1 = plt.subplot(212)
ax2 = plt.subplot(221)
ax3 = plt.subplot(222)
```

绘制结果如图 2-1-12 所示。

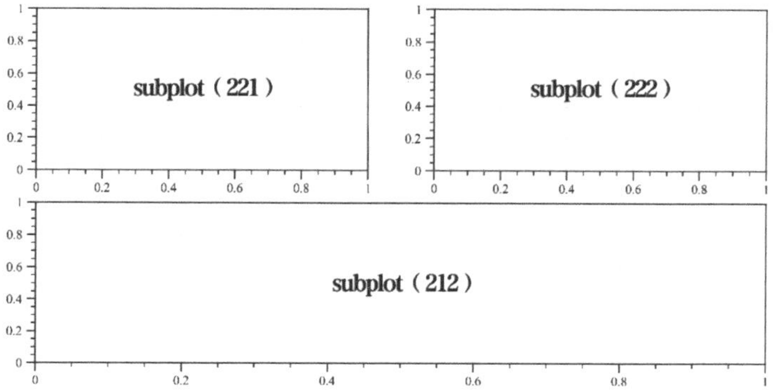

subplot（221）
subplot（222）
subplot（212）

图 2-1-12　subplot() 函数绘制子图示例结果

2. add_subplot() 函数

Matplotlib 中的 add_subplot() 函数的使用方法和 subplot() 函数类似，不同之处是，add_subplot() 函数先产生 figure 对象，然后在该对象的基础上依次添加子图，示例代码如下。

```
import matplotlib.pyplot as plt
fig = plt.figure()
ax1 = fig.add_subplot(212)
ax2 = fig.add_subplot(221)
ax3 = fig.add_subplot(222)
```

该示例的结果如图 2-1-13 所示。

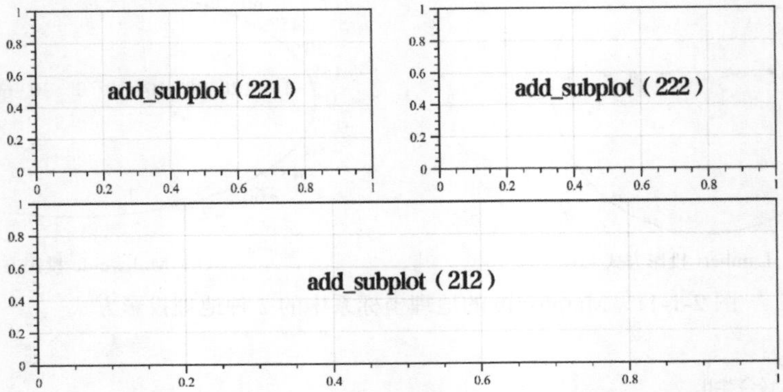
add_subplot（221）
add_subplot（222）
add_subplot（212）

图 2-1-13　add_subplot() 函数绘制子图示例结果

3. subplots() 函数

Matplotlib 提供的 subplots() 函数是常见的用于绘制子图的函数。该函数的语法格式如下。

```
subplots(nrows, ncols, sharex, sharey)
```

该函数的第 1 个参数 nrows 表示绘制子图的行数，第 2 个参数 ncols 表示绘制子图的列数，行数与列数的乘积即绘制的总子图数，第 3 个参数 sharex 可以用来设定是否共享 *X* 轴，第 4 个参数 sharey 可以用来设定是否共享 *Y* 轴。该函数会返回一个坐标数组对象，该对象用于每个子图的单独绘制。示例代码如下。

```
fig, axs = plt.subplots(2, 3, sharex=True, sharey=True)
axs[0,0].text(0.5, 0.5, "subplots(0,0)")
axs[0,1].text(0.5, 0.5, "subplots(0,1)")
axs[0,2].text(0.5, 0.5, "subplots(0,2)")
axs[1,0].text(0.5, 0.5, "subplots(1,0)")
axs[1,1].text(0.5, 0.5, "subplots(1,1)")
axs[1,2].text(0.5, 0.5, "subplots(1,2)")
```

绘制结果如图 2-1-14 所示。

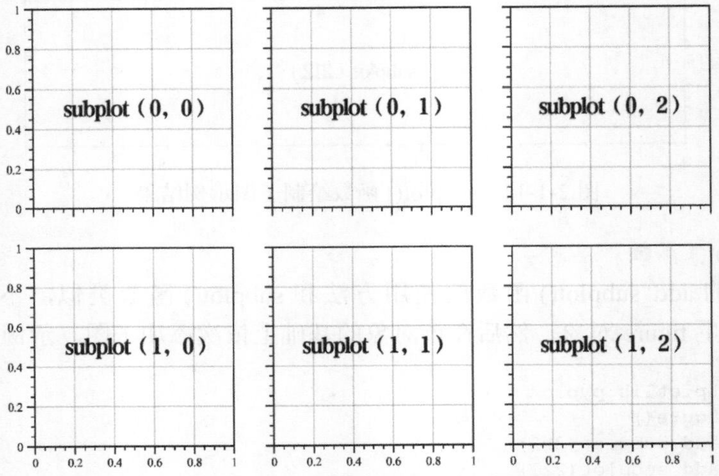
subplot（0，0）
subplot（0，1）
subplot（0，2）
subplot（1，0）
subplot（1，1）
subplot（1，2）

图 2-1-14　subplots() 函数绘制子图示例结果

4. axes()

Matplotlib 中的 axes() 函数的主要功能是为当前画布 (figure) 对象添加坐标图形 (axes) 对象，使其成为当前的坐标图形（axes）对象。此外，还需要提供 rect 参数（一个四元组：left、bottom、width、height）。axes() 函数的常见用法包括对当前画布 (figure) 对象中的坐标图形 (axes) 对象添加颜色和大小映射等，或者在已有的坐标图形 (axes) 对象上添加另一个坐标图形 (axes) 对象。示例代码如下。

```
import numpy as np
import matplotlib.pyplot as plt
from colormaps import parula
np.random.seed(19680801)
plt.subplot(211)
plt.imshow(np.random.random((100, 100)),cmap=parula)
plt.subplot(212)
plt.imshow(np.random.random((100, 100)),cmap=parula)
plt.subplots_adjust(bottom=0.1, right=0.8, top=0.9)
cax = plt.axes(rect=[0.8, 0.15, 0.05, 0.6])
plt.colorbar(cax=cax)
```

绘制结果如图 2-1-15 所示。

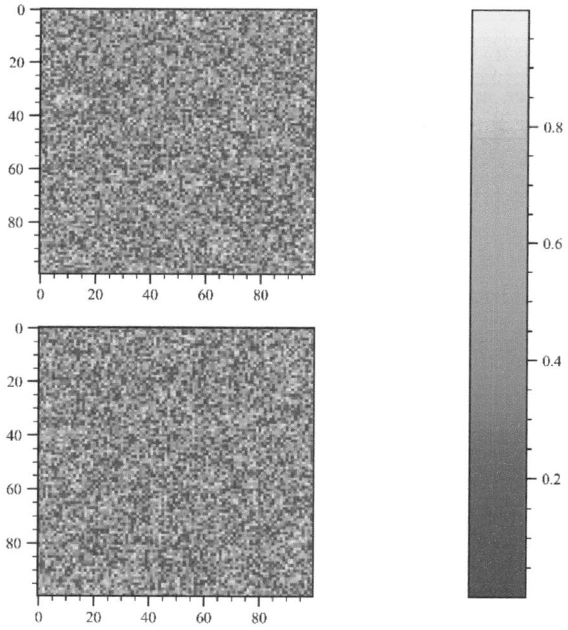
0
20
40
60
80
0.8
0.6
0.4
0.2

图 2-1-15　axes() 函数绘制子图示例结果

5. subplot2grid() 函数

Matplotlib 中的 subplot2grid() 函数可以实现对不规则多子图的绘制，即在当前画布对象上绘制网格（grid），网格可用于在特定位置绘制布局和大小不同的子图对象。subplot2grid() 函数的语法格式如下。

```
subplot2grid(shape, location, rowspan/colspan)
```

该函数的第 1 个参数 shape 规定了的网格的行数和列数，第 2 个参数 location 决定了子图在网格内的行号和列号，第 3 个参数为 rowspan 或 colspan，它们分别规定了每个子图向下跨越的行数和向右跨越的列数，也就实现了大小不一的子图的绘制。示例代码如下。

```
import matplotlib.pyplot as plt
fig = plt.figure()
ax1 = plt.subplot2grid((3, 3), (0, 0), colspan=3)
ax2 = plt.subplot2grid((3, 3), (1, 0), colspan=2)
ax3 = plt.subplot2grid((3, 3), (1, 2), rowspan=2)
ax4 = plt.subplot2grid((3, 3), (2, 0))
ax5 = plt.subplot2grid((3, 3), (2, 1))
```

绘制结果如图 2-1-16 所示。

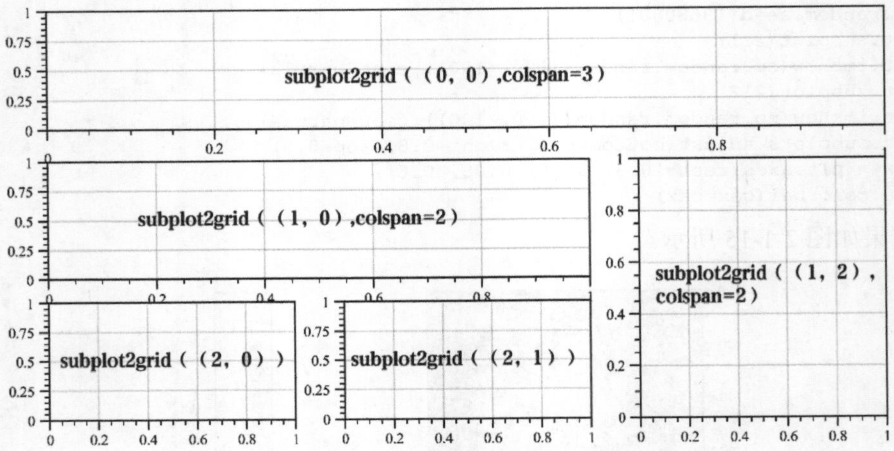
subplot2grid（（0，0），colspan=3）
subplot2grid（（1，0），colspan=2）
subplot2grid（（1，2），colspan=2）
subplot2grid（（2，0））
subplot2grid（（2，1））

图 2-1-16　subplot2grid () 函数绘制子图示例结果

6. gridspec.GridSpec() 函数

Matplotlib 中的 gridspec.GridSpec() 函数用于指定放置子图的网格的几何形状。该函数的语法构式如下。

```
gridspec.GridSpec(nrows, ncols, figure, left, bottom, right, top)
```

其中，参数 nrows 表示网格中的行数；参数 ncols 表示网格中的列数；left、bottom、right 和 top 是可选参数，用于将子图的范围定义为图形宽度或高度的一部分。

在绘制子图时，首先使用 gridspec.GridSpec() 函数中的 nrows 和 ncols 参数分别设定网格中的行数与列数；然后使用 left、bottom、right 和 top 参数设定网格在图形中的具体位置；最后针对 gridspec.GridSpec() 函数的结果，利用 subplot() 函数进行具体子图的选择和定制化操作。示例代码如下。

```
import matplotlib.pyplot as plt
import matplotlib.gridspec as gridspec
fig = plt.figure(constrained_layout=True)
gspec = gridspec.GridSpec(ncols=3, nrows=3, figure=fig)
ax1=plt.subplot(gspec[0,:])
ax2=plt.subplot(gspec[1,0:2])
ax3=plt.subplot(gspec[1:,2])
ax4=plt.subplot(gspec[2,0])
ax5=plt.subplot(gspec[-1,-2])
```

绘制结果如图 2-1-17 所示。

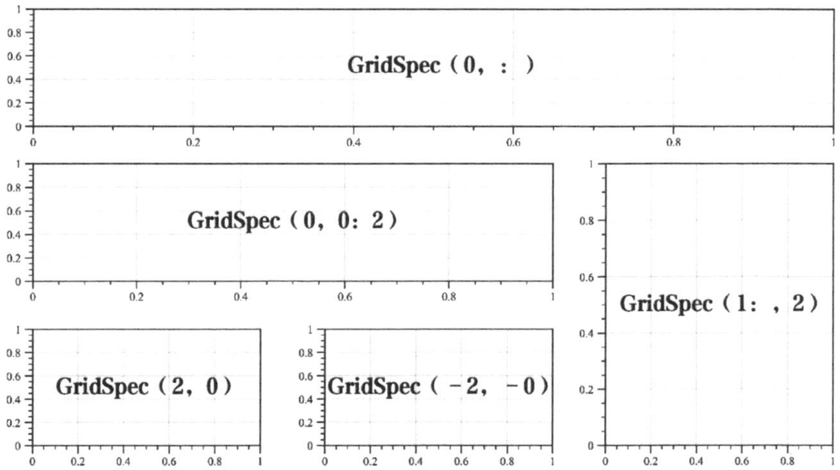
GridSpec（0，：）
GridSpec（0，0：2）
GridSpec（1：，2）
GridSpec（2，0）
GridSpec（－2，－0）

图 2-1-17　gridspec.GridSpec() 函数绘制子图示例结果

7. subplot_mosaic() 函数

Matplotlib 中的 subplot_mosaic() 函数的语法格式如下。

```
subplot_mosaic(mosaic,…)
```

subplot_mosaic() 函数绘制子图的最大特点是它可利用 mosaic 参数设置特定字符串符号（重复次数、顺序等）来进行子图的视觉布局。示例代码如下。

```
def annotate_axes(ax, text, fontsize=fontsize):
    ax.text(0.5, 0.5, text, transform=ax.transAxes,
                fontsize=fontsize, alpha=0.75, ha="center",
                va="center", weight="bold")
fig, axd = plt.subplot_mosaic([['upper left', 'right'],
            ['lower left', 'right']],figsize=(6,3),
             constrained_layout=True)
for k in axd:
    annotate_axes(axd[k], f'axd["{k}"]', fontsize=14)
```

绘制结果如图 2-1-18 所示。

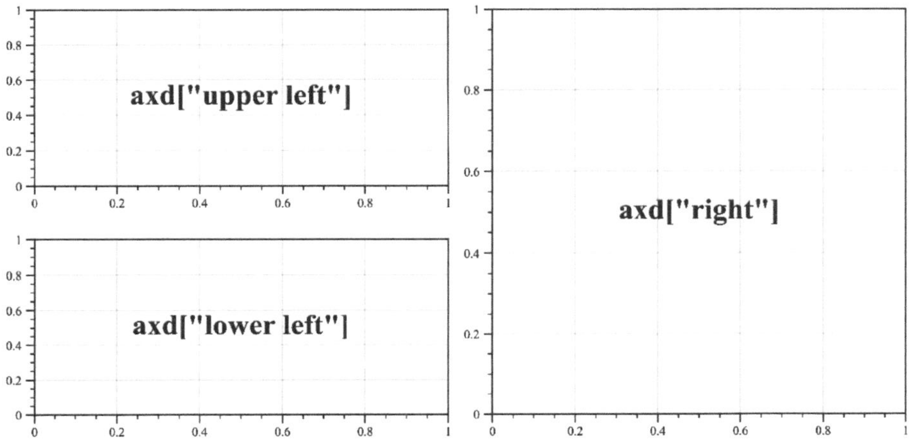
axd["upper left"]
axd["lower left"]
axd["right"]

图 2-1-18　subplot_mosaic() 函数绘制子图示例结果

mosaic 参数还可以设置如下：

```
x = [['A panel', 'A panel', 'edge'],
     ['C panel', '.',       'edge']]
#或者如下：
'''
AAE
C.E
'''
```

提示：Matplotlib 绘制多子图的每一个方法都有它特定的使用环境。本书中大多数子图均采用 subplots() 函数绘制。根据作者的经验，子图的数量尽量控制在 4 个以内。如果多于 4 个子图，那么，不仅会增加绘制的代码量（科研论文配图的定制化绘制需求较高），而且可能导致子图的排列和显示出现问题，如字体大小显示错误，以及刻度的长短、粗细与设置不符等。

2.1.6　常见的图类型

Matplotlib 可用于绘制常见的图，如误差图、散点图、柱形图、饼图、直方图和箱线图等。绘制每类图的函数都提供了详细的参数，可用于设置图中的颜色、线条宽度、透明度、形状等。想要使用 Matplotlib 绘制高度定制化的图，就必须了解不同绘制函数的参数。表 2-1-2 列出了 Matplotlib 中常见的绘图函数及其核心参数，以及对应的图类型。

表 2-1-2　Matplotlib 中常见的绘图函数及其核心参数，以及对应的图类型

绘图函数	函数的核心参数	图类型
plot()	x、y、color、fmt（数据点 / 线链接样式）、linestyle、linewidth、marker、markeredgecolor、markeredgewidth、markerfacecolor、markerfacecoloralt、markersize、label、alpha、zorder	线图、点图、带连接线的点图
scatter()	x、y、s（大小）、c（颜色）、marker（形状）、linewidths、edgecolors	散点图
bar()/barh()	x/y、height（柱高）、width（柱宽）、color（填充颜色）、edgecolor（边框颜色）、linewidth（边框宽度）、xerr（x 误差）、yerr（y 误差）、error_kw（误差参数）	柱形图 / 条形图、堆积柱形图 / 堆积条形图
axhline()/ axvline()	y、xmin、xmax/（x、ymin、ymax）、color、linestyle、linewidth、label、zorder	垂直于 *X*/*Y* 轴的直线
axhspan()/ axvspan()	ymin、ymax/（xmin、xmax）、facecolor、edgecolor、label、linestyle、linewidth、zorder	垂直于 *X*/*Y* 轴的矩形块
text()	x、y、s（文本）、fontdict、zorder、horizontalalignment、verticalalignment	文本
fill_between()	x、y1、y2、where、facecolor、edgecolor、label、zorder	面积图、填充图
pie()	x、labels、colors、shadow（阴影）、startangle（开始角度）	饼图
contour()	X、Y、Z、levels、colors、cmap、vmin、vmax、linewidths（等高线宽度）	等高线图
step()	x、y、fmt（数据点 / 线链接样式）、where、label、zorder	步阶图
stem()	locs、heads、linefmt（连接线形状）、label	茎叶图
boxplot()	x、notch（有无缺口）、widths、meanline（均值线）、labels、zorder	箱线图
errorbar()	x、y、xerr、yerr、fmt（数据点 / 线链接样式）、ecolor（误差棒颜色）、capsize（误差棒横杠大小）、capthick（误差棒横杠粗细）、marker、markeredgecolor、zorder	误差线

续表

绘图函数	函数的核心参数	图类型
hist()	x、bins（箱总数）、range、density（是否频率统计）、color、label、zorder	直方图
violinplot()	dataset、positions（位置）、widths、showmeans、showextrema、showmedians、zorder	“小提琴”图

2.1.7 结果保存

Matplotlib 绘制的图对象可以保存为多种格式，如 PNG、JPG、TIFF、PDF 和 SVG 等。注意，结果保存函数 savefig() 必须出现在 show() 函数之前，可避免保存结果为空白等问题。另外，在使用 savefig() 的过程中，我们需要设置参数 bbox_inches='tight'，去除图表周围的空白部分。将图对象保存为 PDF 文件和 PNG 文件的示例代码如下。

```
fig.savefig('结果.pdf',bbox_inches='tight')
fig.savefig('结果.png', bbox_inches='tight',dpi=300)
plt.show()
```

2.2 Seaborn

Seaborn 是 Python 中一个非常受用户欢迎的可视化库。Seaborn 在 Matplotlib 的基础上进行了更加高级的封装，用户能够使用极少的代码绘制出拥有丰富统计信息的科研论文配图。Seaborn 基于 Matplotlib，Matplotlib 中大多数绘图函数的参数都可在 Seaborn 绘图函数中使用，这大大降低了用户的学习成本和绘制定制化统计图的烦琐程度。本书第 4 章中的大多数学术统计图都是使用 Seaborn 库绘制的。当然，在面对需要绘制更加复杂的统计图的情况时，我们可根据绘图要求和使用的 Seaborn 函数所能支持的修改参数来进行图定制化操作。

注意：在编写本书时，笔者使用的 Seaborn 的版本为 0.11.2。但 Seaborn 在未来进行大版本更新（其绘图语法与现有版本有较大不同）。届时，笔者将在公众号 DataCharm 中更新绘图脚本。

2.2.1 图类型

Seaborn 在创建之初就将可绘制的图进行了分类，读者可根据数据类型选择绘制相应的图，从而实现高效绘图。Seaborn 提供的可绘制图类型包括统计关系型（statistical relationships）、数据分布型（distributions of data）、分类数据型（categorical data）、回归模型分析型（regression models）和多子图网格型（multi-plot grids），下面介绍前 4 种。

1. 关系型图

数据集变量间的相互关系和相互依赖的程度都可以通过统计分析变量间的相关性获知。在这一过程中，合理的可视化表示可以帮助读者更好地理解数据和发掘数据间的内在联系。Seaborn 提供的 scatterplot()、relplot() 和 lineplot() 函数可用于绘制反映数据间关系的图。表 2-2-1 提供了 Seaborn 中的关系型图绘制函数。

表 2-2-1　Seaborn 中的关系型图绘制函数

绘图函数	函数的核心参数	图类型
scatterplot()	x、y、hue（颜色映射）、size（大小映射）、data（DataFrame/ndarray 数据类型）、palette（颜色系）、sizes（数据标记大小）、estimator（评估聚类方法）、ci（置信区间）	散点图、气泡图
relplot()	x、y、hue、palette、legend、kind、markers	数据拟合散点图
lineplot()	x、y、hue、palette、legend、kind、markers、estimator、ci、err_style、err_kws（误差棒额外参数）	线图、带标记的线图

2. 数据分布型图

在对数据进行分析或建模之前，我们需要先了解数据的分布情况，以及数据的覆盖范围、中心趋势、异常值等基本情况。Seaborn 提供的多个绘图函数可用于可视化数据的分布情况。表 2-2-2 提供了 Seaborn 中的数据分布型图绘制函数。

表 2-2-2　Seaborn 中的数据分布型图绘制函数

绘图函数	函数的核心参数	图类型
displot()	data、x、y、hue、kind（绘图类别）、rug（数据分布短线）、rug_kws、color	数据分布图
histplot()	data、x, y、hue、weights（分布权重）、bins（箱的总数）、binwidth、binrange、kde（密度曲线）、kde_kws、line_kws、cbar（双变量图颜色柱）、cbar_kws	直方图
kdeplot()	x、y、shade（是否填充）、kernel（内核）、hue、palette、bw_method（平滑带宽方法）	核密度图
ecdfplot()	data、x, y、hue、stat（计算分布统计）、palette	经验分布函数（或称为经验累积分布函数，即 ECDF）图
rugplot()	x、y、height（覆盖轴范围比例）、hue、palette、expand_margins（是否增加 rug 与轴的高度，避免它与其他元素重合）	轴底部毯形图

3. 分类数据型图

在面对数据组中具有离散型变量（分类变量）的情况时，我们可使用以 X 轴或 Y 轴作为分类轴的绘图函数来绘制分类数据型图。表 2-2-3 提供了 Seaborn 中常见的分类数据型图绘制函数。

表 2-2-3　Seaborn 中常见的分类数据型图绘制函数

绘图函数	函数的核心参数	图类型
stripplot()	x、y、hue、data、jitter（抖动系数）、color、palette、size、edgecolor、linewidth	抖动散点图
swarmplot()	x、y、hue、data、color、palette、size、edgecolor、linewidth	蜂巢图
boxplot()	x、y、hue、data、width 、fliersize（异常点大小）、linewidth、saturation（饱和度）	箱线图
violinplot()	x、y、hue、data、bw（核密度估计宽度）、width、inner（内部数据展示类型）、linewidth、color、palette、saturation	带误差线“小提琴”图
boxenplot()	x、y、hue、data、width、fliersize、linewidth、saturation（饱和度）	增强型箱线图

续表

绘图函数	函数的核心参数	图类型
pointplot()	x、y、hue、data、estimator（评估聚类方法）、ci（置信区间）、markers（数据点形状）、linestyles（线形状）、color、errwidth（误差线宽度）、capsize（误差棒横杠大小）	带误差线点图
barplot()	x、y、hue、data、estimator、ci、errcolor（误差线颜色）、errwidth、capsize、saturation	带误差线柱形图
countplot()	x、y、hue、data、color、palette、saturation	分类统计柱形图

4. 回归模型分析型图

我们可以使用回归模型分析型图表示数据集中变量间的关系，使用统计模型来估计两组变量间的关系。Seaborn 提供了多个展示线性回归模型的可视化图绘制函数。表 2-2-4 提供了 Seaborn 中的回归分析型图绘制函数。

表 2-2-4 Seaborn 中的回归分析型图绘制函数

绘图函数	函数的核心参数	图类型
lmplot()	x、y、data、hue、col、row（子图绘制维度）、markers、ci（置信区间）x_estimator（X 轴方向评估聚类方法）、x_ci（X 轴方向置信区间）、palette	数据拟合回归图
regplot()	x、y、data、marker、color、label、ci、x_estimator、x_ci	线性回归模型拟合图
residplot()	x、y、data、lowess（残差平滑）、dropna（是否删除空值）、color	线性回归残差图

2.2.2 多子图网格型图

相比 Matplotlib，Seaborn 提供了多个子图网格绘图函数，它们可快速实现分面图的展示。在面对按数据子集绘图、分行或分列显示子图和不同类型图组合等绘图要求时，多子图网格绘制功能不但可以一次性可视化展示数据集中各变量的变化情况，而且可以减少绘制复杂图的时间。

1. FacetGrid() 函数

Seaborn 提供的 FacetGrid() 函数可实现数据集中任一变量的分布和数据集子集中多个变量之间关系的可视化展示。FacetGrid() 函数可以实现行、列、色调 3 个维度的数值映射，其中，行、列维度与所得的轴阵列有明显的对应关系，色调变量可被视为沿深度轴的第三维，用不同的颜色绘制不同级别的数据。使用 FacetGrid() 函数绘制分面图示例的核心代码如下。

```
import Seaborn as sns
import matplotlib.pyplot as plt
g = sns.FacetGrid(df, col ='time', hue ='smoker')
g.map(sns.regplot, "total_bill", "tip")
g.add_legend()
```

可视化结果如图 2-2-1 所示。

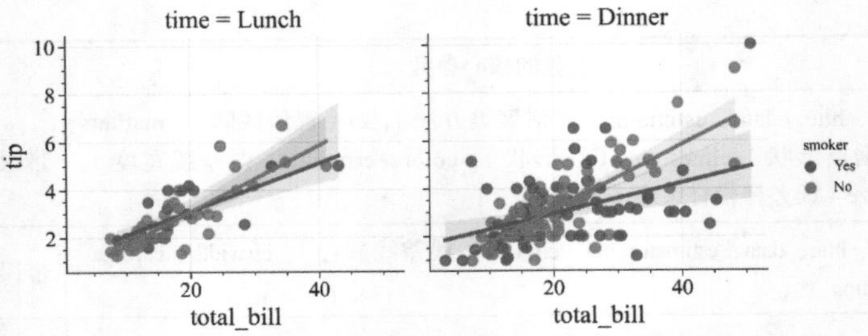
time = Lunch
time = Dinner
tip
total_bill
total_bill
smoker
Yes
No

图 2-2-1　FacetGrid () 函数绘制分面图结果

2. PairGrid() 函数

Seaborn 提供的 PairGrid() 函数主要用于绘制数据集中具有成对关系的多子图网格型图。在 PairGrid() 函数中，每个行和列都会被分配一个不同的变量，这就导致绘制结果为显示数据集中成对变量间关系的图。这种图也被称为“散点图矩阵”。PairGrid() 函数的绘图逻辑和 FacetGrid() 函数类似。使用 PairGrid() 函数绘制分面图示例的核心代码如下。

```
import Seaborn as sns
import matplotlib.pyplot as plt
penguins = sns.load_dataset("penguins")
x_vars = ["body_mass_g", "bill_length_mm", "bill_depth_mm",]
y_vars = ["body_mass_g"]
g = sns.PairGrid(penguins, hue="species", x_vars=x_vars, y_vars=y_vars)
g.map_diag(sns.histplot, color=".3")
g.map_offdiag(sns.scatterplot)
g.add_legend()
```

可视化结果如图 2-2-2 所示。

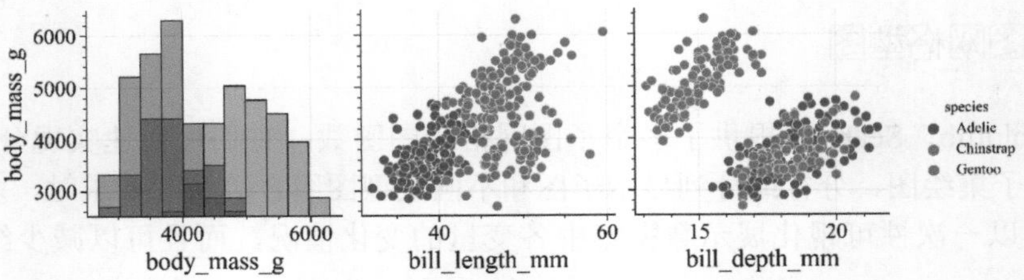
body_mass_g
body_mass_g
bill_length_mm
bill_depth_mm
species
Adelie
Chinstrap
Gentoo

图 2-2-2　PairGrid() 函数绘制分面图结果

2.2.3　绘图风格、颜色主题和绘图元素缩放比例

和 Matplotlib 相比，Seaborn 有更多的绘图风格和颜色主题，它们可用于绘制不同样式的图。Seaborn 通过下列函数设置颜色主题、绘图风格和绘图元素缩放比例。

```
sns.set_style("style_name")          #设置绘图风格
sns.set_palette("palette_name")      #设置颜色主题
sns.set_context("context_name")      #设置绘图元素缩放比例
```

提示：Seaborn 提供的 set_theme() 函数包含了上述 3 个函数的所有功能，即通过设置 set_theme() 函数中的参数 palette、style 和 context，就可分别控制颜色主题、绘图风格和绘图元素缩放比例。

1. 绘图风格

使用 Seaborn 的 set_style() 函数并设置其参数 style，即可设定图的绘制风格。参数 style 的可选值包括 darkgrid、whitegrid、dark、white 和 ticks，参数 rc 则用于覆盖预设 Seaborn 样式字典中的值的参数映射，只更新样式中的一部分参数。图 2-2-3 展示了使用 Seaborn 的 set_style() 函数设置的 4 种绘图风格的可视化效果。

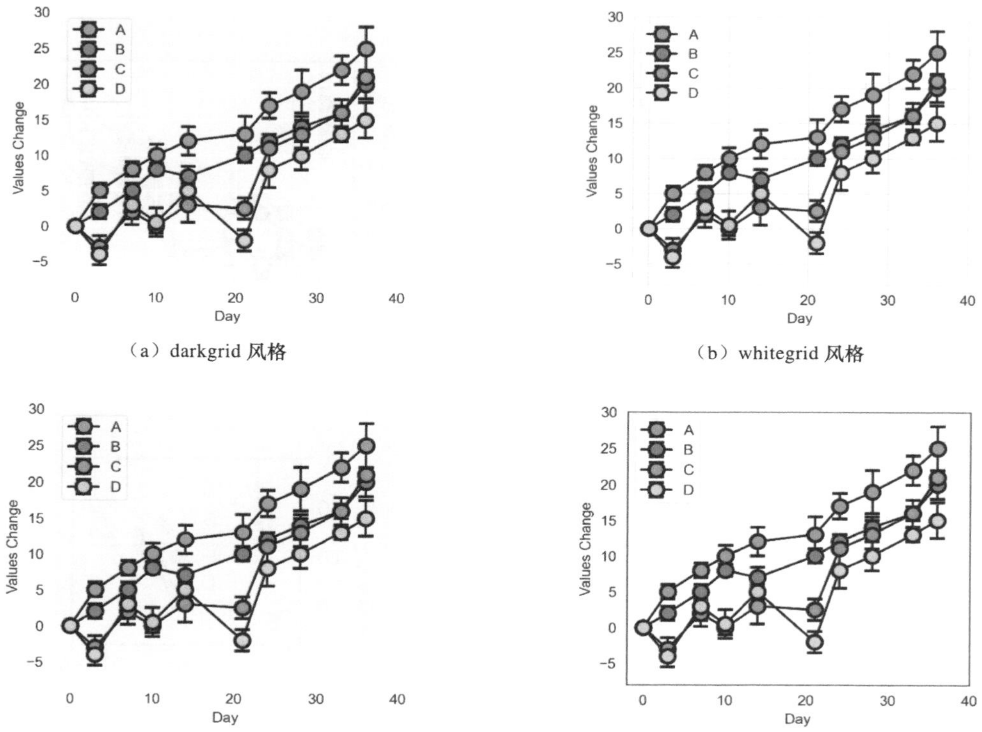
A
B
C
D
Values Change
Day

（a）darkgrid 风格　（b）whitegrid 风格

（c）dark 风格　（d）white 风格

图 2-2-3　4 种绘图风格的可视化效果

2. 颜色主题

我们可通过 Seaborn 的 set_palette() 函数更改颜色主题，该函数包含多色系、单色系和双色渐变色系 3 类颜色主题，不同颜色主题的显示效果可通过 sns.color_palette() 函数来查看。图 2-2-4 为 Seaborn 中部分颜色主题选项的可视化效果。

多色系		单色系		双色渐变色系	
Palette（颜色系）	**Result**	**Palette（颜色系）**	**Result**	**Palette（颜色系）**	**Result**
accent		crest		vlag	
set1		flare		spectral	
set3		magma		brbg	
tab20		viridis		piyg	
dark2		ylorbr		rdgy	

图 2-2-4　Seaborn 中部分颜色主题选项的可视化效果

3．绘图元素缩放比例

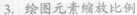

通过设置 Seaborn 中 set_context() 函数的参数 context，我们可以实现对绘图元素的缩放处理。参数 context 的可选值为 paper、notebook（默认）、talk 和 poster，缩放比例依次增大。图 2-2-5 展示了 context 参数 4 种值对应的缩放效果。注意，此处仅为展示缩放效果，其他图层细节忽略。

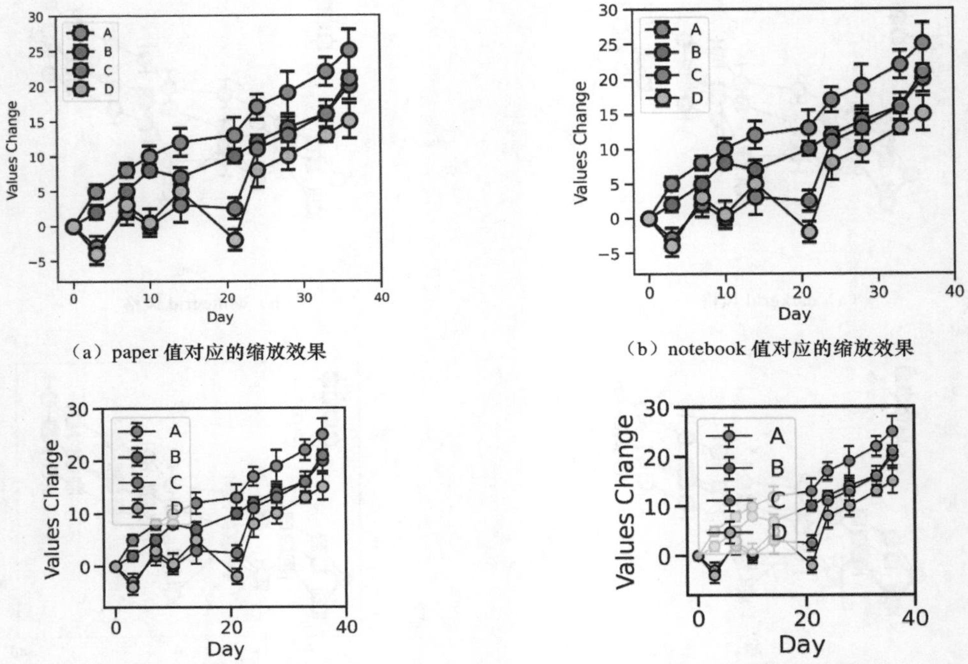
A
B
C
D
Values Change
Day

（a）paper 值对应的缩放效果　（b）notebook 值对应的缩放效果

（c）talk 值对应的缩放效果　（d）poster 值对应的缩放效果

图 2-2-5　context 参数 4 种值对应的缩放效果

2.3 ProPlot

通过 Matplotlib、Seaborn，我们可以绘制出种类多样的可视化图，但科研论文配图多图层元素（字体、坐标轴、图例等）的绘制条件给我们提出了更高的要求，我们需要更改 Matplotlib 和 Seaborn 中的多个绘制参数，特别是在绘制含有多个子图的复杂图形时，容易造成绘制代码冗长。作为一个简洁的 Matplotlib 包装器，ProPlot 库是 Matplotlib 面向对象绘图方法（object-oriented interface）的高级封装，整合了 cartopy/Basemap 地图库、xarray 和 pandas，可弥补 Matplotlib 的部分缺陷。ProPlot 可以让 Matplotlib 爱好者拥有更加顺滑的绘图体验。

2.3.1 多子图绘制处理

1．共享轴标签

在使用 Matplotlib 绘制多子图时，我们不可避免地要进行轴刻度标签、轴标签、颜色条

（colorbar）和图例的重复绘制操作，这种情况也经常出现在一些科研论文配图的绘制过程中，不但造成了页面空间的浪费，而且导致绘图代码冗长。此外，在绘制科研论文配图中的多子图时，我们还需要为每个子图添加顺序标签（如 a、b、c 等）。ProPlot 可以直接通过其内置方法来绘制不同样式的子图标签，而 Matplotlib 则需要通过自定义函数进行绘制。

ProPlot 中的 figure() 函数的 sharex、sharey、share 参数可用于控制不同的轴标签样式，它们的可选值及说明见表 2-3-1。

表 2-3-1　figure() 函数的 sharex、sharey、share 参数的可选值及说明

sharex、sharey、share 参数的可选值	**说明**
0 或 False	子图没有轴标签共享
labels 或 labs	仅在子图的最下面一行或最左侧一列上绘制轴标签。刻度标签仍出现在每个子图上
limits 或 lims	强制轴范围（limits）、比例和刻度位置相同。刻度标签仍然出现在每个子图上
3 或 True	共享轴、刻度标签仅在子图的最下面一行和最左侧一列上显示

图 2-3-1 是使用 ProPlot 绘制的多子图轴标签共享示意图，其中图 2-3-1（a）为无共享轴标签样式；图 2-3-1（b）为设置 Y 轴共享标签样式；图 2-3-1（c）展示了设置 Y 轴共享方式为 limits 时的样式，可以看出，每个子图的刻度范围被强制设置为相同，导致有些子图显示不全；图 2-3-1(d) 展示了设置 Y 轴共享方式为 True 时的样式，此时，轴标签、刻度标签都实现了共享。

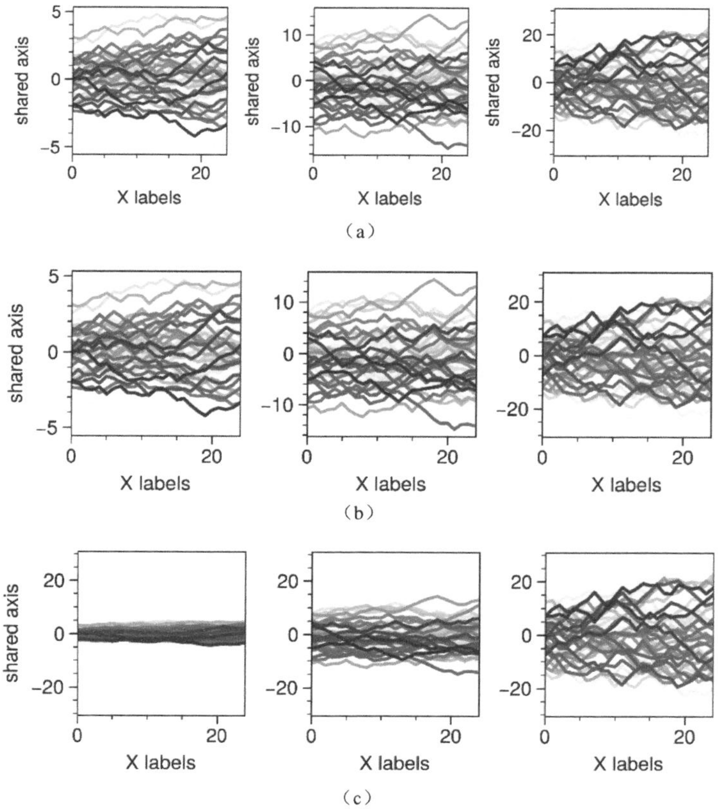
shared axis
X labels
(a)
(b)
(c)

图 2-3-1　使用 ProPlot 绘制的多子图轴标签共享示意图

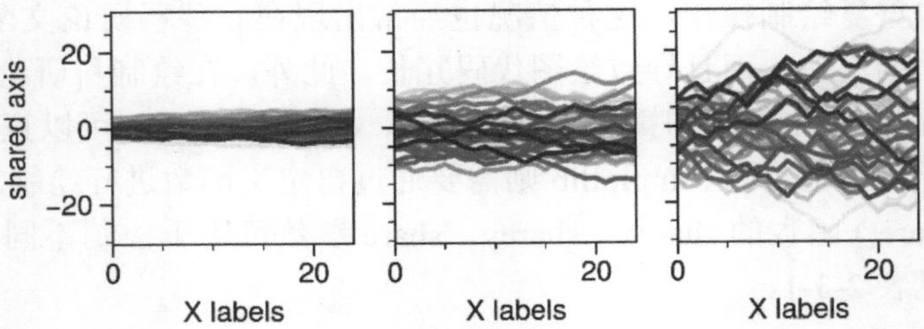
shared axis
20
0
−20
0
20
X labels
0
20
X labels
0
20
X labels

(d)

图 2-3-1　使用 ProPlot 绘制的多子图轴标签共享示意图（续）

2. “跨度”轴标签

figure() 函数中的 spanx、spany 和 span 参数用于控制是否对 *X* 轴、*Y* 轴或两个轴使用“跨度”轴标签，即当多个子图的 *X* 轴、*Y* 轴标签相同时，使用一个轴标签替代即可。图 2-3-2 为 ProPlot 中多子图使用“跨度”轴标签绘制示例。

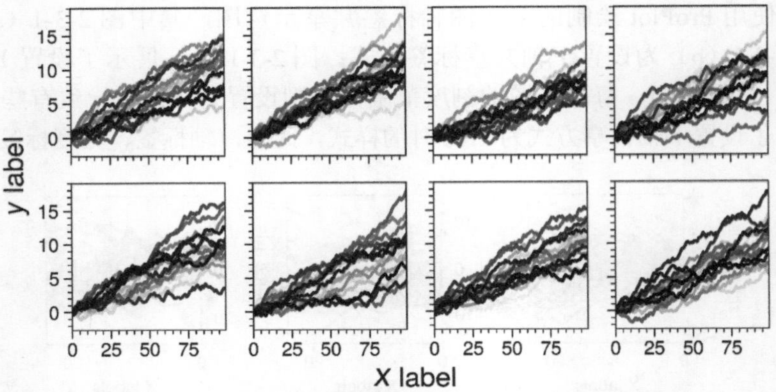
y label
15
10
5
0
0
25
50
75
X label

图 2-3-2　ProPlot 中多子图使用“跨度”轴标签绘制示例

3. 多子图序号的绘制

在科研论文配图中存在多个子图的情况下，我们的一项重要工作是对每个子图进行序号标注。ProPlot 库为绘图对象（figure.Figure 和 axes.Axes）提供了灵活的 format() 方法，该方法可用于绘制不同的子图序号样式和位置。format() 函数中的位置参数（abcloc）的可选值见表 2-3-2。

表 2-3-2　format() 函数中的位置参数的可选值

有效位置参数（abcloc）的可选值	位置（location）
'center' 或 'c'	子图上轴上方中间
'left' 或 'l'	子图上轴上方左侧
'right' 或 'r'	子图上轴上方右侧
'lower center' 或 'lc'	子图下轴上方中间
'upper center' 或 'uc'	子图上轴下方中间
'upper right' 或 'ur'	子图上轴下方右侧
'upper left' 或 'ul'	子图上轴下方左侧

续表

有效位置参数（abcloc）的可选值	位置（location）
'lower left' 或 'll'	子图下轴上方左侧
'lower right' 或 'lr'	子图下轴上方右侧

图 2-3-3 为不同的子图序号样式和位置效果图。其中，子图序号 G ～ I 添加了背景边框，这是通过将 format() 函数的参数 abcbbox 设置为 True 实现的。此外，参数 abcborder、abc_kw 和 abctitlepad 分别用于控制子图序号的文本边框、文本属性（颜色、粗细等）、子图序号与子图标题间距属性。更多关于子图属性的添加和修改示例见 ProPlot 官方教程。

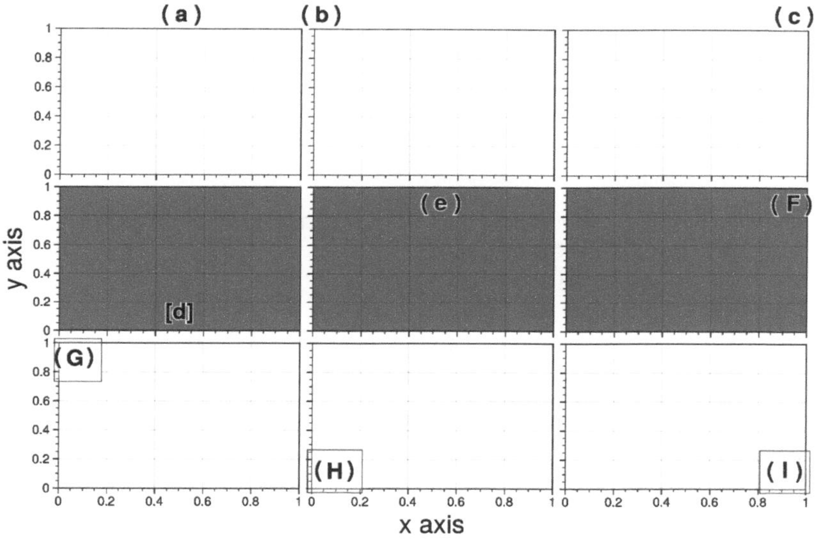
(a)
(b)
(c)
[d]
(e)
(F)
(G)
(H)
(I)
y axis
x axis
0
0.2
0.4
0.6
0.8
1

图 2-3-3　不同的子图序号样式和位置效果图

2.3.2　更简单的颜色条和图例

在使用 Matplotlib 的过程中，在子图外部绘制图例有时比较麻烦。通常，我们需要手动定位图例并调整图形和图例之间的间距，为图例在绘图对象中腾出绘制空间。此外，在子图外部绘制颜色条（colorbar）时，如 fig.colorbar(..., ax=ax)，需要从父图中借用部分空间，这可能导致具有多个子图的图形对象的显示出现不对称问题。而在 Matplotlib 中，绘制插入绘图对象内部的颜色条和生成宽度一致的子图外部颜色条通常也很困难，因为插入的颜色条会过宽或过窄，与整个子图存在比例不协调等问题。

ProPlot 库中有一个专门用于绘制单个子图或多个连续子图的颜色条和图例的简单框架，该框架将位置参数传递给 ProPlot 的 axes.Axes.colorbar 或 axes.Axes.legend，完成特定子图不同位置颜色条或图例的绘制。想要沿图形边缘绘制颜色条或图例，使用 proplot.figure.Figure.colorbar 和 proplot.figure.Figure.legend 即可。

图 2-3-4 为 ProPlot 的 Axes 对象的颜色条和图例的绘制效果图，图 2-3-5 为 Figure 对象的颜色条和图例的绘制效果图。

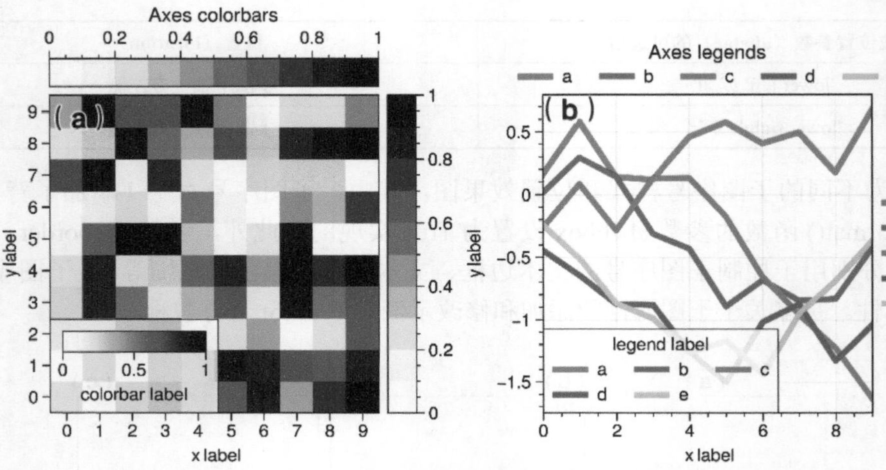
Axes colorbars
(a)
colorbar label
y label
x label
Axes legends
(b)
legend label
y label
x label

图 2-3-4　ProPlot 的 Axes 对象的颜色条和图例的绘制效果图

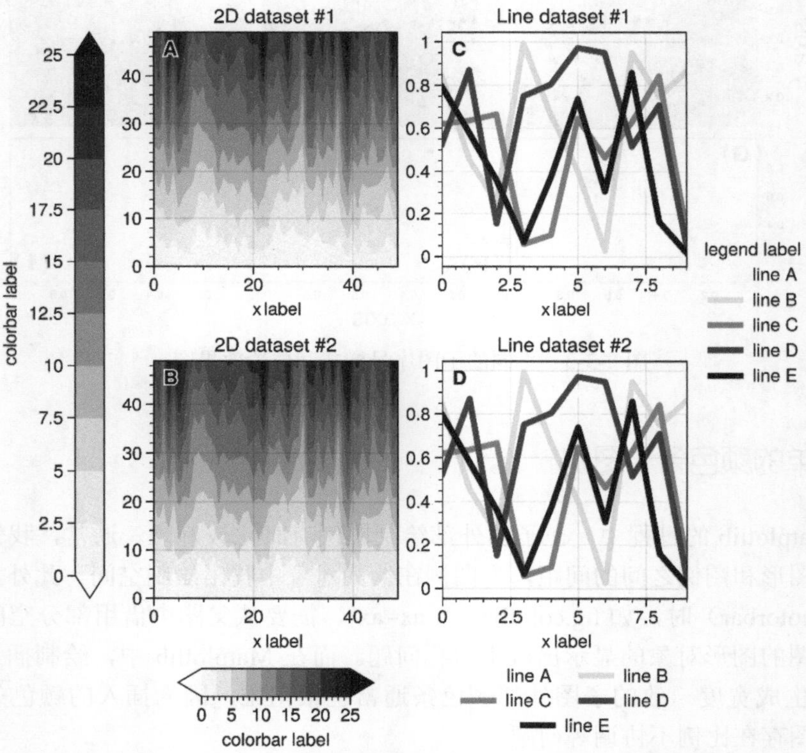
2D dataset #1
Line dataset #1
2D dataset #2
Line dataset #2
colorbar label
x label
legend label
line A
line B
line C
line D
line E

图 2-3-5　ProPlot 的 Figure 对象的颜色条和图例的绘制效果图

2.3.3　更加美观的颜色和字体

科学可视化展示中的一个常见问题是使用像“jet”这样的存在误导的颜色映射（colormap）去映射对应数值，这种颜色映射在色相、饱和度和亮度上都存在明显的视觉缺陷。Matplotlib

中可供选择的颜色映射选项较少，仅存在几个色相相似的颜色映射，无法应对较复杂的数值映射场景。ProPlot 库封装了大量的颜色映射选项，不但提供了来自 Seaborn、cmOcean、SciVisColor 等的拓展包和 Scientific colour maps 等项目中的多个颜色映射选项，而且定义了一些默认颜色选项和一个用于生成新颜色条的 PerceptualColormap 类。

Matplotlib 的默认绘图字体为 DejaVu Sans，这种字体是开源的，但是，从美学角度来说，它并不太讨人喜欢。ProPlot 库还附带了其他几种无衬线字体和整个 TeX Gyre 字体系列，这些字体更加符合一些科技期刊对科研论文配图的绘制要求。图 2-3-6 为使用 ProPlot 的不同颜色映射选项绘制的不同颜色映射的效果图。其中，图 2-3-6（a）为灰色（grays）系颜色映射，图 2-3-6（b）为 Matplotlib 默认的 viridis 颜色映射，图 2-3-6（c）为 Seaborn 中的 mako 颜色映射，图 2-3-6（d）为 ProPlot 中的 marine 颜色映射，图 2-3-6（e）为 cmOcean 中的 dense 颜色映射，图 2-3-6（f）为 Scientific colour maps 中的 batlow 颜色映射。更多颜色映射的绘制请参考 ProPlot 官方教程。

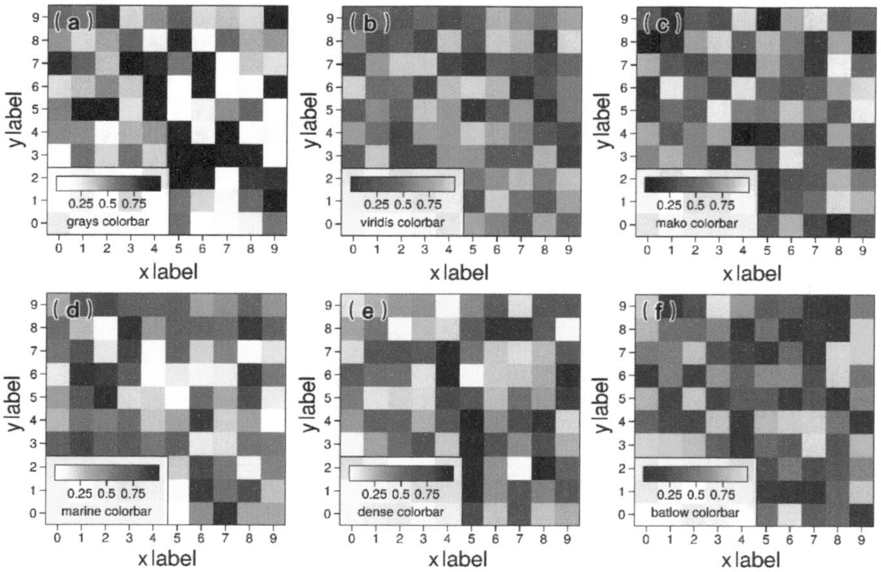
(a)
grays colorbar
(b)
viridis colorbar
(c)
mako colorbar
(d)
marine colorbar
(e)
dense colorbar
(f)
batlow colorbar
0.25 0.5 0.75
y label
x label

图 2-3-6　ProPlot 中可选择的颜色映射绘制示例

图 2-3-7 为 ProPlot 中部分字体绘制的可视化结果，其中图 2-3-7（a）、（b）、（c）中展示的 3 种字体是科研论文配图绘制中的常用字体。

提示：本节介绍的 ProPlot 绘图工具库为基于 Python 基础绘图工具 Matplotlib 的第三方优质拓展库，既可使用它自身的绘图函数绘制不同类型的图，也可仅使用其优质的绘图主题，即导入 ProPlot 库。除此之外，我们还需要注意以下两点。

- 本节介绍的 ProPlot 基于 0.9.5 版本，不包括后续版本的新增优点和 Matplotlib 3.4.3 的后续版本的升级优化部分。
- ProPlot 0.9.5 版本不支持 Matplotlib 3.5 系列版本。想要使用 ProPlot 绘制不同需求的图形结果或使用 ProPlot 优质学术风格绘图主题，读者可自行安装 Matplotlib 3.4 系列版本。

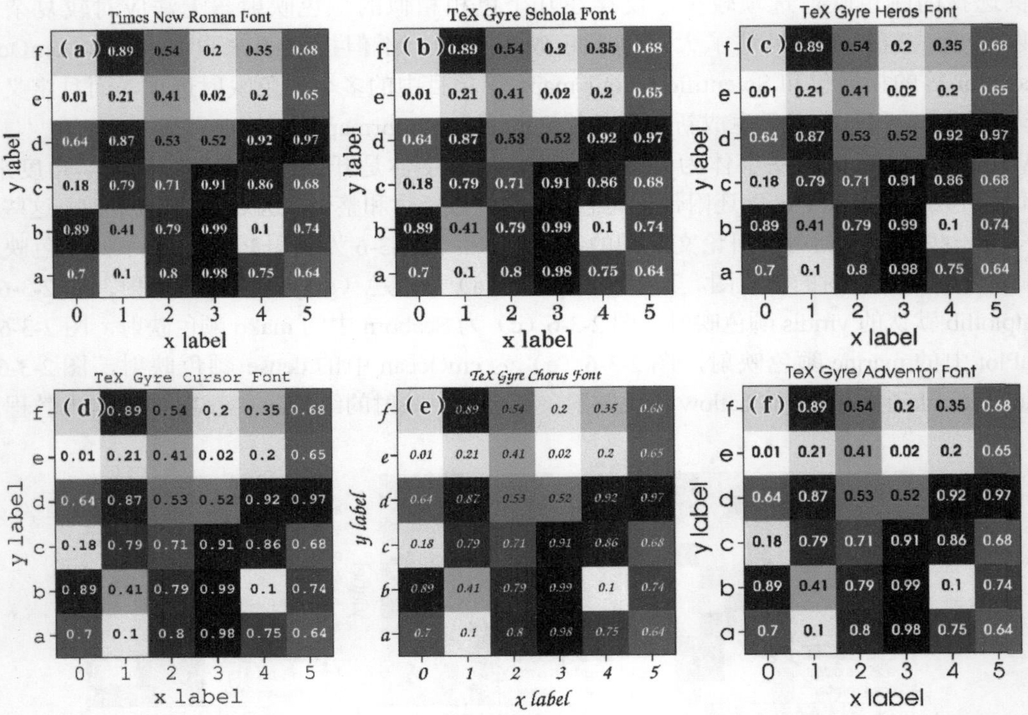
Times New Roman Font
(a)
TeX Gyre Schola Font
(b)
TeX Gyre Heros Font
(c)
TeX Gyre Cursor Font
(d)
TeX Gyre Chorus Font
(e)
TeX Gyre Adventor Font
(f)
y label
x label

图 2-3-7　ProPlot 中部分字体绘制的可视化结果

2.4　SciencePlots

虽然 Matplotlib 或 ProPlot 库能够绘制出插图结果，但用户还需要根据期刊的配图绘制要求进行诸如字体、刻度轴、轴脊、图例等图层属性的定制化修改，这不但会增加论文插图的绘制时间，而且容易导致用户忽略一些图层细节要求。

SciencePlots 作为一个专门用于科研论文绘图的第三方拓展工具包，提供了主流英文科技期刊（如 Nature、Science 和 IEEE 等）的 Matplotlib 图样式（Matplotlib Styles）。SciencePlots 的安装代码如下。

```
pip install SciencePlots
```

1. 安装 LaTeX

为了更好地显示学术论文插图和方便后续印刷，插图中的字体样式一般要求为 LaTeX 编写样式，SciencePlots 可以简单地实现该要求。SciencePlots 库实现 LaTeX 编写样式需要使用者在计算机上安装 LaTeX。因此，本书仅介绍在 Windows 操作系统中安装 LaTeX 的步骤。在 macOS 和 Linux（Ubuntu）操作系统中的安装步骤可参考 SciencePlots 官方教程。

① 安装 MikTex 和 Ghostscript

ScienePlots 库官方建议用户使用 MikTex 软件安装 LaTeX，用户直接从 MikTex 官网下载其最新版本并安装即可。Ghostscript 是一套建基于 Adobe、PostScript 及可移植文档格式（PDF）的页面描述语言等而编译成的免费软件，用户可从其官网下载最新版本并安装。

② 将软件的安装路径添加到系统环境变量中

在安装了上述两款软件后，用户还需要将它们的安装路径添加到系统环境变量中，具体为“\...\miktex\bin\x64”和“\...\gs__(版本号)\bin”。一般情况下，在添加完系统环境变量后，重启机器，相关配置即可生效。

2. SciencePlots 绘图示例

本小节，作者对同一份数据使用不同的绘图风格，以便读者比较不同绘图风格的特点。需要注意的是，本小节，我们使用了 LaTeX 符号表示，如果读者投稿的期刊有特殊字体要求，那么读者可设置不使用 LaTeX 绘图：plt.style.use(['science',' no-latex'])。图 2-4-1 为 SciencePlots 中多种绘图风格示例，其中，图 2-4-1（a）为 Matplotlib 的默认颜色主题和绘图风格，图 2-4-1（b）为 Science 系列期刊风格绘制结果，图 2-4-1（c）为 IEEE 期刊风格绘制结果，图 2-4-1（d）为 Nature 期刊风格绘制结果，图 2-4-1（e）为使用了 vibrant 颜色主题的 Science 期刊绘图风格，图 2-4-1(f) 为使用了 bright 颜色主题的 Science 期刊绘图风格。更多绘图风格见 SciencePlots 官网。

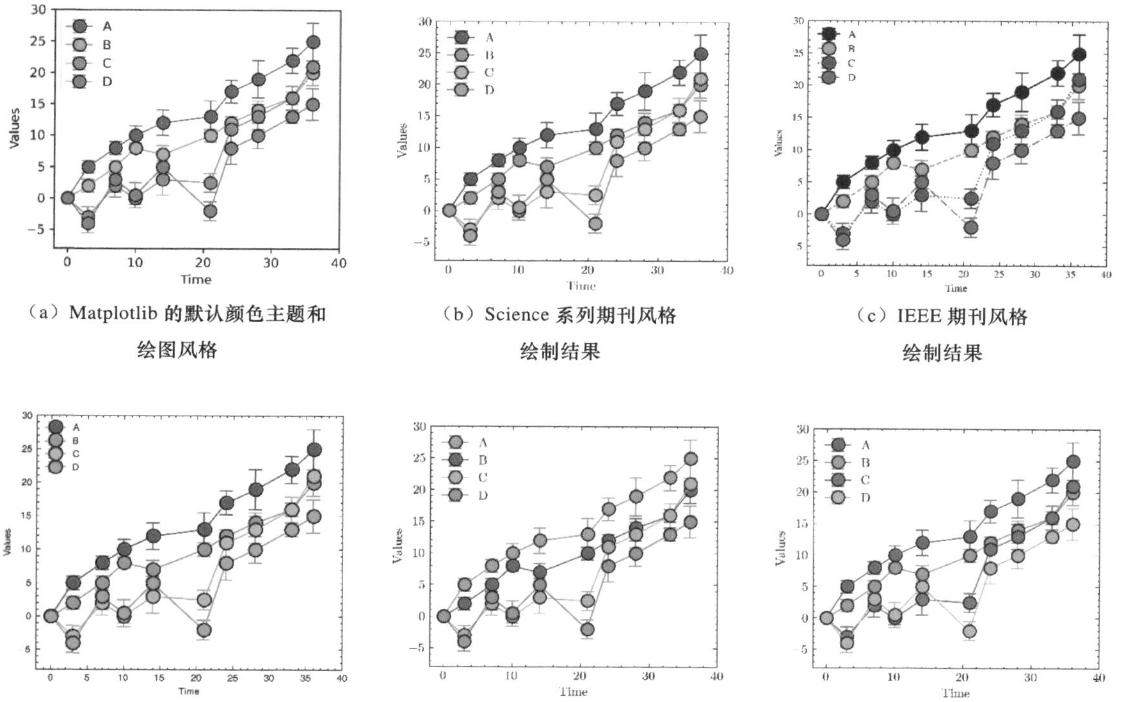
A
B
C
D
Values
Time

（a）Matplotlib 的默认颜色主题和绘图风格

（b）Science 系列期刊风格绘制结果

（c）IEEE 期刊风格绘制结果

（d）Nature 期刊风格绘制结果

（e）使用了 vibrant 颜色主题的 Science 期刊绘图风格

（f）使用了 bright 颜色主题的 Science 期刊绘图风格

图 2-4-1　SciencePlots 中多种绘图风格示例

提示：SciencePlots 库不但提供了主流英文科技期刊的绘图风格模板，而且能够实现不同绘图风格的混合使用。此外，在使用该库的绘图风格时，读者可通过 plt.style.use('science') 设置全局绘图风格，也可通过以下语句来临时使用绘图风格。

```
with plt.style.context('science'):
    plt.figure()
    plt.plot(x, y)
    plt.show()
```

作者建议使用全局设置，因为在使用临时绘图风格，特别是使用了 LaTeX 字符时，将导致绘制图例、轴标签等图层属性时，无法使用 LaTeX 字符风格，造成绘图结果整体不协调问题。引入 SciencePlots 绘图主题样式的方式可能会随着版本的更新有所不同，读者应查看 SciencePlots 官网，使用其最新的引入方式。

2.5　本章小结

本章介绍了使用 Python 绘制科研论文配图的常用工具，包括基础绘图库 Matplotlib、统计数据可视化库 Seaborn、用于绘制出版级别插图的 ProPlot 和满足主流英文科技期刊插图绘制要求的 Matplotlib 风格主题库 SciencePlots。

补充：Python 中还有一个优秀的静态图绘制工具（拓展包）plotnine，该拓展包的核心是基于 R 语言的 ggplot2，其绘图语法和 ggplot2 类似，可以说是 ggplot2 包的 Python 版本。

第 3 章　单变量图形的绘制

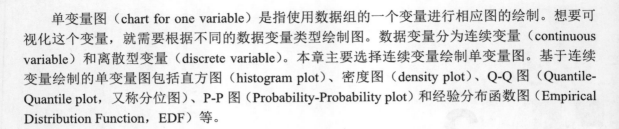

单变量图（chart for one variable）是指使用数据组的一个变量进行相应图的绘制。想要可视化这个变量，就需要根据不同的数据变量类型绘制图。数据变量分为连续变量（continuous variable）和离散型变量（discrete variable）。本章主要选择连续变量绘制单变量图。基于连续变量绘制的单变量图包括直方图（histogram plot）、密度图（density plot）、Q-Q 图（Quantile-Quantile plot，又称分位图）、P-P 图（Probability-Probability plot）和经验分布函数图（Empirical Distribution Function，EDF）等。

3.1 基于连续变量绘制的单变量图的类型

由于本章使用连续变量绘制单变量图形，因此涉及的图类型有限，包括下列 5 种。

1. 直方图

直方图是一种用于表示数据分布和离散情况的统计图形，它的外观和柱形图相近，但它所表达的含义和柱形图却相差较大。首先需要对数据组进行分组，然后统计每个分组内数据元的个数，最后使用一系列宽度相等、高度不等的长方形来表示相应的每个分组内的数据元个数。在常见的平面直角坐标系中，横轴（X 轴）表示每个分组的起始位置，纵轴（Y 轴）表示该组内数据的频数，即长方形的高度。直方图不但可以显示各组数据的分布情况，而且可以有效体现组间数据差异、数据异常等情况。基于"统计数据频数"的绘图思想在一些带颜色映射的图绘制中较为常用，本书中出现的不少图都是基于此思想绘制的。

2. 密度图

密度图（又称为密度曲线图）作为直方图的一个变种类型，使用曲线（多数情况下为平滑样式，但也会因核函数的不同而出现直角样式）来体现数值水平，其主要功能是体现数据在连续时间段内的分布状况。和直方图相比，密度图不会因分组个数而导致数据显示不全，从而能够帮助用户有效判断数据的整体趋势。当然，选择不同的核函数，绘制的核密度估计图不尽相同。值得注意的是，在一些科研论文绘图过程中，密度图的纵轴可以是频数（count）或密度（density）。

3. Q-Q 图

Q-Q 图的本质是概率图，其作用是检验数据分布是否服从某一个分布。Q-Q 图检验数据分布的关键是通过绘制分位数来进行概率分布比较。首先选好区间长度，Q-Q 图上的点 (x,y) 对应第一个分布（X 轴）的分位数和第二个分布（Y 轴）相同的分位数。因此可以绘制一条以区间个数为参数的曲线。如果两个分布相似，则该 Q-Q 图趋近于落在 $y = x$ 线上。如果两个分布线性相关，则点在 Q-Q 图上趋近于落在一条直线上。例如，对于正太分布的 Q-Q 图，就是以标准正太分布的分位数作为横坐标，样本数据值为纵坐标的散点图。而想要使用 Q-Q 图对某一样本数据进行正态分布的鉴别时，只需观察 Q-Q 图上的点是否近似在一条直线附近，且该条直线的斜率为标准差，截距为均值。

Q-Q 图不但可以检验样本数据是否符合某种数据分布，而且可以通过对数据分布形状的比较，来发现数据在位置、标度和偏度方面的属性。但需要注意的是，想要理解 Q-Q 图，读者需要具备一定的专业知识水平，因此，在一般的学术研究中，使用直方图或密度图观察数据分布的频次要远高于 Q-Q 图。

4. P-P 图

P-P 图是根据变量的累积概率与指定的理论分布累积概率的关系绘制的图形，用于直观地检验样本数据是否符合某一概率分布。当检验样本数据符合预期分布时，P-P 图中的各点将会呈现一条直线。P-P 图与 Q-Q 图都用来检验样本数据是否符合某种分布，只是检验方法不同而已。

5. 经验分布函数图

在统计学中，经验分布函数也被称为经验累积分布函数。经验分布函数是一个与样本的检验测度相关的分布函数。对于被测变量的某个值，该值的分布函数值表示所有检验样本中小于或等于该值的样本的比例。经验分布函数图用来检验样本数据是否符合某种预期分布。

3.2 单变量图形的绘制方法

本节主要介绍如何使用 Python 的可视化库绘制 3.1 节中提到的 5 种单变量图形，这些可视化库包括 Matplotlib、ProPlot、SciencePlots 和 plotnine 等。限于篇幅，本节中的一些绘图脚本仅提供核心代码，读者可在本书配套资料中获取完整的绘图脚本。

3.2.1 直方图

在 Matplotlib 中，我们可使用 axes.Axes.hist() 函数绘制直方图。在 axes.Axes.hist() 函数中，参数 x 为要绘制的样本数据；参数 bins 用于定义分布区间，该参数的值可设置成整数、给定数值序列或字符串，默认为数值类型且值为 10。当参数 bins 的值为整数时，定义范围内等宽 bin 的数量。当参数 bins 的值为自定义数值序列时，定义 bin 边缘数值，包括第一个 bin 的左边缘和最后一个 bin 的右边缘。注意，在上述这种情况下，bin 的间距可能不相等。当参数 bins 的值为字符串类型时，可选“auto”“fd”“rice”和“sqrt”等值。axes.Axes.hist() 函数的参数 density 对应的值为布尔类型，该参数决定绘图结果是否为密度图，默认值为 False。图 3-2-1 为分别使用 Matplotlib、ProPlot 和 SciencePlots（它是一个基于 Matplotlib 的补充包）绘制的直方图示例。

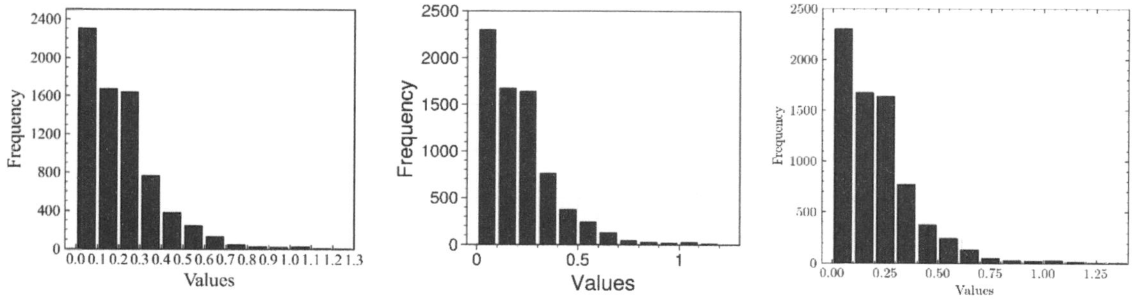
Frequency
Values
Frequency
Values
Frequency
Values

（a）Matplotlib 绘制的直方图　（b）ProPlot 绘制的直方图　（c）SciencePlots 绘制的直方图

图 3-2-1　Python 的直方图绘制示例

技巧：直方图绘制

图 3-2-1（a）和图 3-2-1（c）都是基于 Matplotlib 绘制的可视化结果，且图 3-2-1（c）是使用

SciencePlots 包中的绘图主题进行绘制。下面先给出图 3-2-1（a）的核心绘制代码。

```
import numpy as np
import pandas as pd
import matplotlib.pyplot as plt
plt.rcParams["ytick.right"] = False
hist_data = pd.read_excel(r"/单变量图表绘制/柱形图绘制数.xlsx")
hist_x_data = hist_data["hist_data"].values
bins = np.arange(0.0,1.5,0.1)
fig,ax = plt.subplots(figsize = (4,3.5),dpi = 100)
hist = ax.hist(x = hist_x_data, bins = bins,
               color = "#3F3F3F", edgecolor = 'black',
               rwidth = 0.8)
ax.tick_params(axis = "x",which = "minor",top = False,
               bottom = False)
ax.set_xticks(np.arange(0,1.4,0.1))
ax.set_yticks(np.arange(0.,2500,400))
ax.set_xlim(-.05,1.3)
ax.set_ylim(0.0,2500)
ax.set_xlabel('Values', )
ax.set_ylabel('Frequency')
plt.show()
```

图 3-2-1（b）的核心绘制代码如下。

```
import proplot as pplt
from proplot import rc
rc["axes.labelsize"] = 15
rc['tick.labelsize'] = 12
rc["suptitle.size"] = 15
fig= pplt.figure(figsize=(3.5,3))
ax = fig.subplot()
ax.format(abc = 'a.', abcloc = 'ur', abcsize = 16,
          xlabel = 'Values', ylabel = 'Frequency',
          xlim = (-.05,1.3), ylim=(0,2500))
hist = ax.hist(x = hist_x_data, bins = bins,
               color = "#3F3F3F",
               edgecolor = 'black', rwidth = 0.8)
```

图 3-2-1(c) 使用了 SciencePlots 中优秀的绘图主题，用户只需要在绘制脚本前添加如下代码。

```
with plt.style.context(['science']):
…
```

有时，为了显示一些必要的统计信息，我们需要在直方图中添加正态分布曲线（normal distribution curve）、均值线（mean line）和中位数线（median line）等，或者以短竖线样式在 *X* 轴位置处表示数据点（该内容将在 3.2.2 节详细介绍）。图 3-2-2 为 Matplotlib 绘制的添加了正态分布曲线和中位数线的直方图示例。

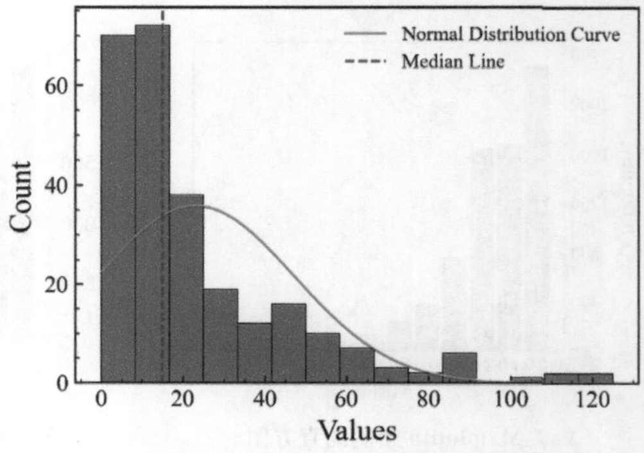
Normal Distribution Curve
Median Line
Count
Values
0
20
40
60
0
20
40
60
80
100
120

图 3-2-2　带统计信息的直方图绘制示例

利用 Python 绘制图 3-2-2 所示的带统计信息的直方图的难点在于正态分布曲线的计算和绘制。我们可以使用 scipy.stats.norm() 函数对绘制数据实现正态拟合，计算出概率密度函数（Probability Density Function，PDF）结果。由于概率密度函数结果是归一化的，即曲线下方的面积为 1，而直方图的总面积是样本数和每个 bin 宽度的乘积，因此，对概率密度函数结果与样本个数、bin 宽度值相乘的结果进行绘制，即可将绘制的曲线缩放到直方图的高度。图 3-2-2 的核心绘制代码如下。

```
import numpy as np
import pandas as pd
from scipy.stats import norm
import matplotlib.pyplot as plt
hist_data02 = pd.read_csv(r"\单变量图表绘制\\直方图绘制02.csv")
bins=15
hist_x_data = hist_data02["hist_data"].values
Median = np.median(hist_x_data)
mu,std = norm.fit(hist_x_data)
fig,ax = plt.subplots(figsize=(5,3.5),dpi=100)
hist = ax.hist(x=hist_x_data, bins=bins,color="gray",
                    edgecolor ='black',lw=.5)
# 绘制正态分布曲线(Plot the PDF)
xmin, xmax = min(hist_x_data),max(hist_x_data)
x = np.linspace(xmin, xmax, 100) # 100为随机选择，值越大，绘制曲线越密集
p = norm.pdf(x, mu, std)
N = len(hist_x_data)
bin_width = (x.max() - x.min()) / bins
ax.plot(x, p*N*bin_width,linewidth=1,color="r",
          label="Normal Distribution Curve")
# 添加均值线
ax.axvline(x=Median,ls="--",lw=1.2,color="b",
             label="Median Line")
ax.set_xlabel('Values')
ax.set_ylabel('Count')
ax.legend(frameon=False)
plt.show()
```

图 3-2-3 是使用 ProPlot 和 SciencePlots 绘制的带统计信息的直方图示例。

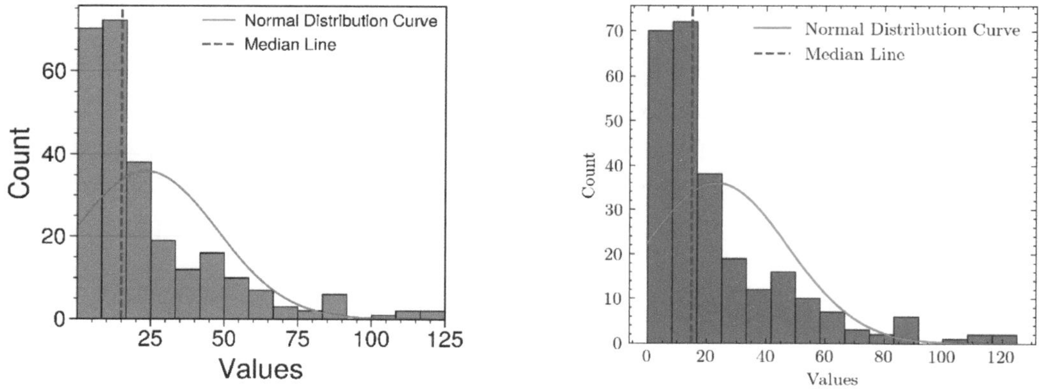
Normal Distribution Curve
Median Line
Count
Values
Normal Distribution Curve
Median Line
Count
Values

（a）使用 ProPlot 绘制的带统计信息的直方图示例　　（b）使用 SciencePlots 绘制的带统计信息的直方图示例

图 3-2-3　使用 ProPlot 和 SciencePlots 绘制的带统计信息的直方图示例

提示：图 3-2-3（a）中的 a. 为图形序号，可根据实际情况添加。除使用上述方式绘制直方图以外，我们还可以使用 Seaborn 中的 histplot() 函数绘制，该函数在使用上更加灵活。

3.2.2 密度图

Seaborn 的 kdeplot() 函数是 Python 中绘制密度图的方式之一，Matplotlib 在现阶段则没有

具体的绘制密度图的函数，一般是结合 Scipy 库中的 gaussian_kde() 函数结果进行绘制。本节将详细介绍多个与密度图绘制相关的可视化技巧。

Python 的 scikit-learn 库中 neighbors.KernelDensity() 模块提供 Gaussian、Tophat、Epanechnikov、Exponential、Linear 和 Cosine 6 种核函数来进行核密度估计计算。Python 的 KDEpy 库更是提供了多达 9 种核函数，包括 Gaussian、Exponential、Box、Tri、Epa、Biweight、Triweight、Tricube、Cosine，如图 3-2-4 所示。

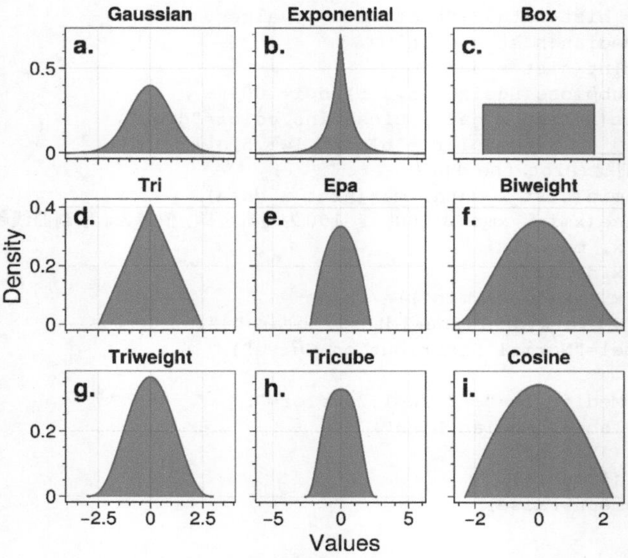
Gaussian
Exponential
Box
a.
b.
c.
Tri
Epa
Biweight
d.
e.
f.
Triweight
Tricube
Cosine
g.
h.
i.
Density
Values

图 3-2-4　KDEpy 库中的 9 种核函数示意图

1. 3 种绘制密度图方法对比

下面使用 Seaborn 中的 kdeplot() 函数、Scipy 库中的 gaussian_kde() 函数，以及 KDEpy 库的计算结果结合 Matplotlib 中的 axes.Axes.plot()、axes.Axes.fill() 函数 3 种方法分别绘制密度图，如图 3-2-5 所示。使用 Seaborn 中的 kdeplot() 函数绘制密度图较为简单，结合 rugplot() 函数可以绘制沿 X 轴的数据分布情况。其他两种方法较 kdeplot() 函数麻烦一些，但这两种方法绘制出的密度图更为清楚。注意，这里的核密度估计结果都是通过高斯核函数得到的。

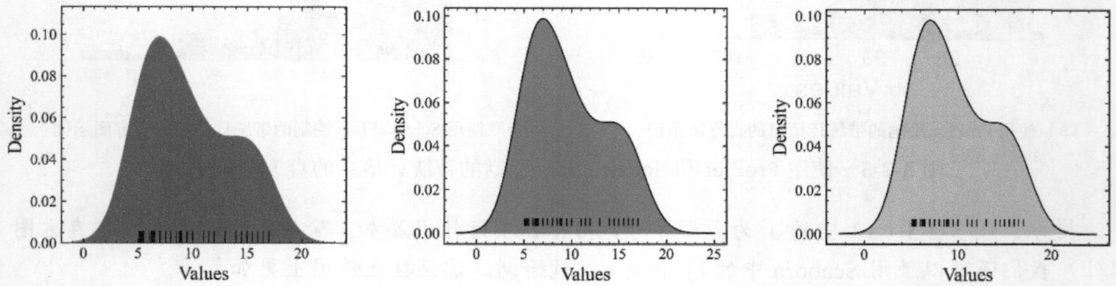
Density
Values

（a）kdeplot() 函数绘制密度图示例

（b）gaussian_kde() 函数绘制密度图示例

（c）KDEpy 库计算结果结合 axes.Axes.plot()、axes.Axes.fill() 函数绘制密度图示例

图 3-2-5　3 种方法绘制密度图示例

图 3-2-5 的核心绘制代码如下。

```
# 图3-2-5(a) 核心绘制代码
import Seaborn as sns
fig,ax = plt.subplots(figsize=(4,3.5),dpi=100,)
kde_01 = sns.kdeplot(x="data_01",data=data_df,
            color="#1180D5",alpha=1,shade=True,ax=ax)
sns.rugplot(data=data_df, x="data_01",color='k',
               height=.05,ax=ax)
# 图3-2-5(b) 核心绘制代码
from scipy import stats
density = stats.kde.gaussian_kde(data_01)
x = np.linspace(-2,25,500)
y = density(x)
fig,ax = plt.subplots(figsize=(4,3.5),dpi=100)
ax.plot(x,y, lw=1,color="k")
ax.fill(x,y,color="#07A6C5")
# 添加单独的数据
ax.plot(data_01, [0.005]*len(data_01), '|',color='k',lw=1)
# 图3-2-5(c) 核心绘制代码
from KDEpy import FFTKDE
x, y = FFTKDE(bw=2).fit(data_01).evaluate()
fig,ax = plt.subplots(figsize=(4,3.5),dpi=100)
ax.plot(x,y, lw=1,color="k",)
ax.fill(x,y,color="#FBCD2D")
# 添加单独的数据
ax.plot(data_01, [0.005]*len(data_01), '|', color='k',lw=1)
```

2. 多组数据、同一个核函数

对于具有不同数值分布情况的多组样本数据，我们经常使用同一个核函数对它进行拟合并将结果绘制成密度图。这种情况一般发生在数据探索阶段，上述方法常用于查看每个维度数据的分布情况或对不同数据间的差异进行对比。图 3-2-6 为 Matplotlib 绘制的多组样本数据使用同一个核函数的核密度图，展示了不同数据的分布情况，涉及多子图绘制、X 轴和 Y 轴共享、子图间布局等绘图技巧。

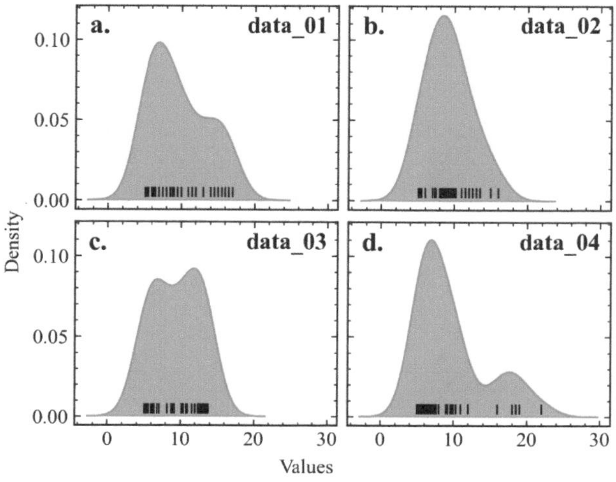
a.
data_01
b.
data_02
c.
data_03
d.
data_04
Density
Values
0.00
0.05
0.10
0
10
20
30

图 3-2-6　不同数据、同一个核函数绘制密度图示例

图 3-2-6 的核心绘制代码如下。

```python
import numpy as np
import pandas as pd
from KDEpy import NaiveKDE
import matplotlib.pyplot as plt
nrow = 2
ncol = 2
ax_label = ["a.","b.","c.","d."]
titles = ["Type One","Type Two","Type Three","Type Four"]
indexs = [i for i in data_df.columns]
fig,axs = plt.subplots(nrow,ncol,figsize=(5,4),dpi=100,
             sharey=True,sharex=True,constrained_layout=True)
for ax, index,label in zip(axs.flat, indexs,ax_label):
    x,y = NaiveKDE(kernel="Gaussian",bw=2)\
          .fit(data_df[index].values).evaluate()
    ax.plot(x,y, lw=1,color="#1BB71B")
    ax.fill(x,y,color="#1BB71B",alpha=.6)
    # 添加单独的数据
    ax.plot(data_df[index].values,
           [0.005]*len(data_df[index].values), '|', lw=1,
            color='k')
    ax.text(0.05, 0.95, label, transform=ax.transAxes,
            fontsize=16, fontweight='bold', va='top')
    ax.text(0.65, 0.95, index,transform=ax.transAxes,
            fontsize=14, fontweight='bold', va='top')
# 添加子图共用坐标轴标签
fig.supxlabel('Values')
fig.supylabel('Density')
plt.show()
```

针对同一组样本数据使用不同核函数计算并绘制核密度图结果的操作，更倾向于研究不同的核函数，涉及的内容很单一。图 3-2-7 为对同一组数据使用不同核函数绘制的核密度图结果。

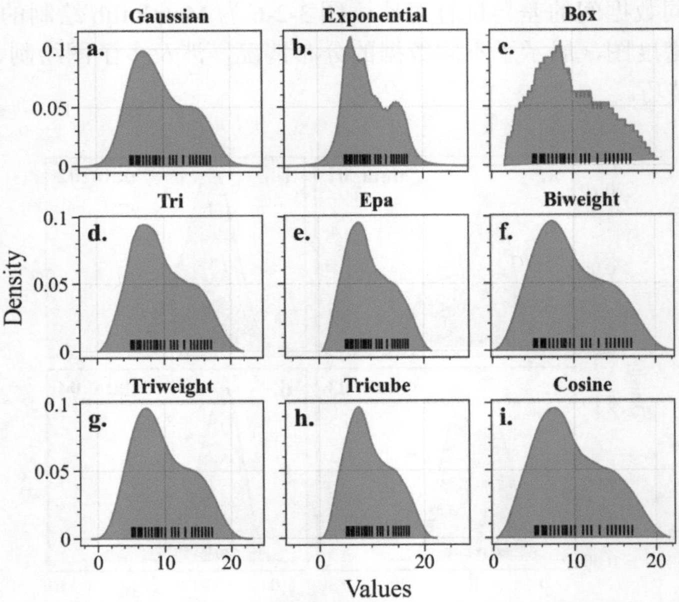
Gaussian
Exponential
Box
Tri
Epa
Biweight
Triweight
Tricube
Cosine
a.
b.
c.
d.
e.
f.
g.
h.
i.
Density
Values
0.1
0.05
0
0
10
20

图 3-2-7　对同一组数据使用不同核函数绘制的核密度图

3. *渐变颜色填充*

有时，为了更好地呈现绘图数据的数值范围和密度图的视觉效果，我们需要对绘制密度图的原始数据值进行颜色映射，即用一个连续渐变颜色条表示具体的绘图数值，且对应颜色填充在密度图曲线范围内。在 R 语言中，这一效果的实现较为简单，因为 R 的 ggplot2 包及拓展包具有数据映射功能。而在 Python 绘图体系中，我们需要通过自定义绘制方式实现该效果。图 3-2-8 展示了利用 Matplotlib、ProPlot、SciencePlots 库分别绘制的带渐变颜色（gradient color）填充的密度图。需要注意的是，这里的连续填充颜色系为自定义的 parula 颜色系（MATLAB 经典的颜色系），只需将 colormaps.py 文件添加到当前绘制环境中即可导入定义好的 parula 颜色系。

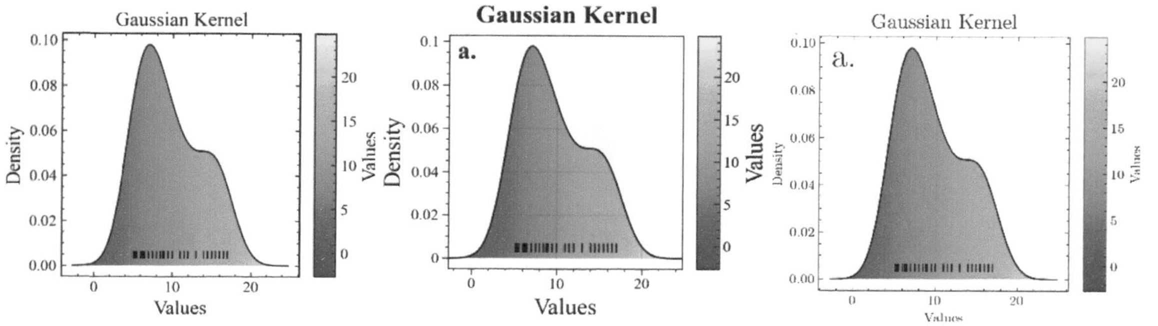
Gaussian Kernel
Density
Values
a.

（a）利用 Matplotlib 绘制的带渐变颜色填充的密度图　（b）利用 ProPlot 绘制的带渐变颜色填充的密度图　（c）利用 SciencePlots 绘制的带渐变颜色填充的密度图

图 3-2-8　带渐变颜色填充的密度图

图 3-2-8 的核心绘制代码如下。

```
import numpy as np
import pandas as pd
from KDEpy import FFTKDE
from colormaps import parula
from matplotlib.axes import Axes
import matplotlib.pyplot as plt

cmap = parula
x, y = FFTKDE(kernel="gaussian", bw=2).fit(data_01).
         evaluate()
img_data = x.reshape(1, -1)

fig,ax = plt.subplots(figsize=(4,3.5),dpi=100)
ax.plot(x,y, lw=1,color="k")
# 添加单独的数据
ax.plot(data_01, [0.005]*len(data_01), '|', color='k',
         lw=1)
extent=[*ax.get_xlim(), *ax.get_ylim()]
im = Axes.imshow(ax, img_data, aspect='auto',cmap=cmap,extent=extent)
# 注意，这是使用了","符号
fill_line,= ax.fill(x, y, facecolor='none')
# 利用set_clip_path()方法进行裁剪
im.set_clip_path(fill_line)
colorbar = fig.colorbar(im,ax=ax,aspect=12,label="Values")
```

对于“多组数据、同一个核函数”或“同组数据、不同核函数”的情况，它们颜色填充密度图的绘制方法与同组数据一致。图 3-2-9 为利用 ProPlot 库绘制的“同组数据、不同核函数”情况对应的渐变颜色填充密度图。

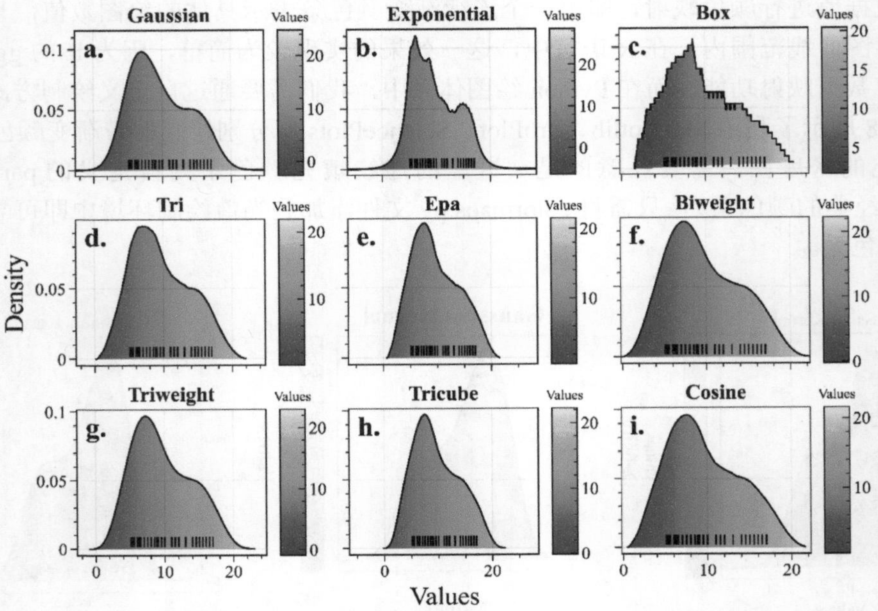
Gaussian
Exponential
Box
Tri
Epa
Biweight
Triweight
Tricube
Cosine
a.
b.
c.
d.
e.
f.
g.
h.
i.
Values
Density
0.1
0.05
0
10
20
Values

图 3-2-9　利用 ProPlot 库绘制的“同组数据、不同核函数”情况对应的渐变颜色填充密度图

4.“山脊”图

在对多组数据进行密度图绘制时，除上述介绍的使用子图对每组数据进行绘制以外，我们还可以将多组数据绘制结果进行堆叠摆放，即使用“山脊”图（ridgeline chart）进行表示。“山脊”图通常用来表示不同类别的数据在同一因素的分布差异情况。在 Matplotlib 中，我们可以使用 Matplotlib 的“原生”方法绘制“山脊”图，也可以使用 JoyPy 库绘制。图 3-2-10 为利用 Matplotlib 库原生方法和 JoyPy 库分别绘制的“山脊”图。

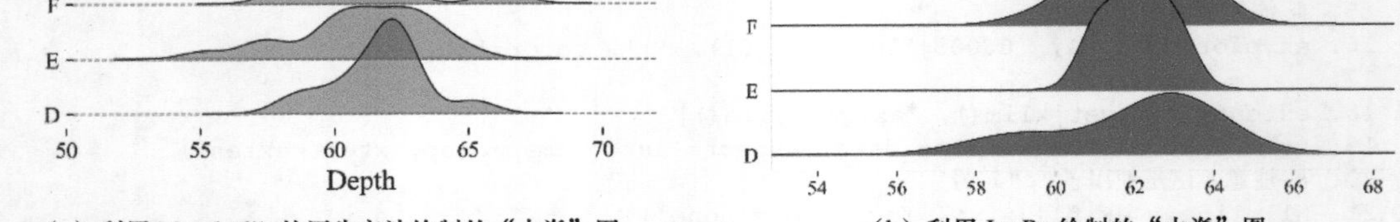
J
I
H
G
F
E
D
Color
50
55
60
65
70
Depth
54
56
58
60
62
64
66
68

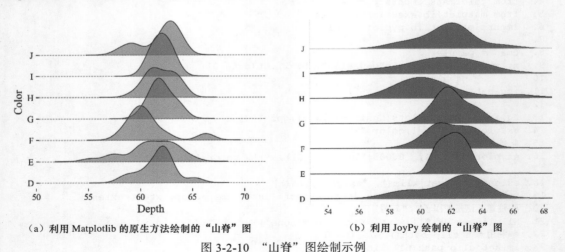

（a）利用 Matplotlib 的原生方法绘制的“山脊”图　　（b）利用 JoyPy 绘制的“山脊”图

图 3-2-10　“山脊”图绘制示例

图 3-2-10 的核心绘制代码如下。

```
sord_index = [i for i in group_data.color.unique()]
sord_index = sorted(sord_index, key=str.lower)
```

```
fig,ax = plt.subplots(figsize=(5.5,4.5), dpi=100)
for i,index in zip(range(len(sord_index)), sord_index):
    data = group_data.loc[group_data["color"]==index,
                          "depth"].values
    x,y = NaiveKDE(kernel="Gaussian", bw=.8).
           fit(data).evaluate()
    ax.plot(x, 6*y+i, lw=.6, color="k", zorder=100-i)
    ax.fill(x, 6*y+i, lw=1, color="gray", alpha=.6,
            zorder=100-i)
    ax.grid(which="major", axis="y", ls="--", lw=.7,
            color="gray", zorder=-1)
    ax.yaxis.set_tick_params(labelleft=True)
    ax.set_yticks(np.arange(len(sord_index)))
    ax.set_yticklabels(sord_index)
```

我们可以使用 JoyPy 库绘制每组数据的直方“山脊”图（见图 3-2-11（a）），将 joyplot() 函数中的参数 hist 设置为 True 即可，还可以通过设置 colormap 参数来对“山脊”图进行颜色映射（见图 3-2-11（b））。

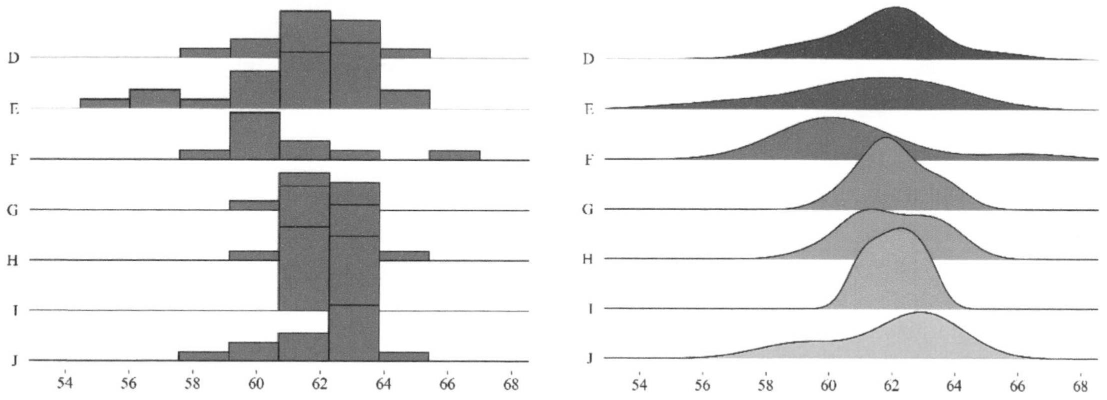
D
E
F
G
H
I
J
54
56
58
60
62
64
66
68
D
E
F
G
H
I
J
54
56
58
60
62
64
66
68

（a）使用 JoyPy 库绘制每组数据的直方“山脊”图示例　　（b）“山脊”图渐变颜色填充效果（颜色映射）

图 3-2-11　使用 JoyPy 绘制每组数据的直方“山脊”图示例和“山脊”图渐变颜色填充效果

图 3-2-11 的核心绘制代码如下。

```
# 直方"山脊"图的绘制
fig, axes = joypy.joyplot(group_data, by="color",
    column="depth", labels=sord_index, grid="y",
    linewidth=1, figsize=(7,6), color="gray",
    hist=True, xlabelsize=15, ylabelsize=15)
# 渐变颜色填充"山脊"图的绘制
from colormaps import parula
fig, axes = joypy.joyplot(group_data, by="color",
     column="depth", labels=sord_index, grid="y",
     linewidth=1, figsize=(7,6), hist=False,
     colormap=parula, xlabelsize=15, ylabelsize=15)
```

注意：由于 JoyPy 库的功能还不够完善，因此，作者建议读者使用 Matplotlib 的原生方法绘制“山脊”图。

如果想使用连续渐变颜色对“山脊”图中的每组数据进行填充，并且用连续渐变颜色值表示数据大小，那么可以参考渐变颜色填充密度图的绘制方法。需要注意的是，由于绘制脚本中涉及循环绘制语句，因此，在保存成矢量文件（如 PDF 文件）时，会出现裁剪失败问题。想要解决这一问题，我们只需要在编写脚本前添加如下代码。

```
# 在将多个绘图对象保存为PDF文件时，需要进行如下设置
plt.rcParams["image.composite_image"] = False
```

图 3-2-12 为利用 Matplotlib 绘制的渐变颜色填充“山脊”图，其中，图 3-2-12（a）使用了颜色映射样式“plasma”，图 3-2-12（b）使用了颜色映射样式“parula”，不同颜色代表不同的变量（Depth）数值大小。

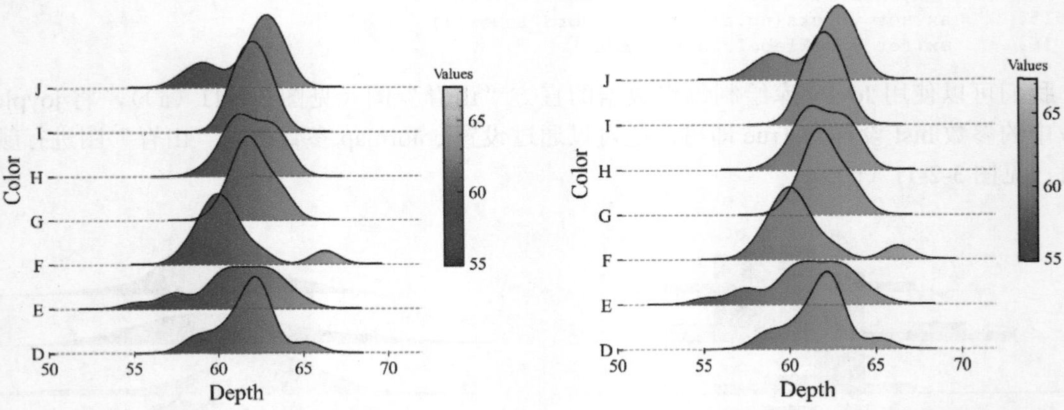
Values
65
60
55
J
I
H
G
F
E
D
Color
50
55
60
65
70
Depth

（a）利用 Matplotlib 绘制的渐变颜色填充“山脊”图（plasma）

（b）利用 Matplotlib 绘制的渐变颜色填充“山脊”图（parula）

图 3-2-12　根据两种颜色映射样式绘制的渐变颜色填充“山脊”图

图 3-2-12 的核心绘制代码如下。

```
# 在将多个绘图对象保存为PDF文件时，需要进行如下设置
plt.rcParams["image.composite_image"] = False
fig,ax = plt.subplots(figsize=(5.5, 4.5), dpi=100)
for i,index in zip(range(len(sord_index)), sord_index):
    data = group_data.loc[group_data["color"]
           ==index,"depth"].values
    x,y = NaiveKDE(kernel="Gaussian", bw=.8).
         fit(data).evaluate()
    img_data = x.reshape(1, -1)
    ax.plot(x,6*y+i, lw=1, color="k", zorder=100-i)
    fill_line, = ax.fill(x, 6*y+i, facecolor="none")
    ax.grid(which="major", axis="y", ls="--",
           lw=.7, color="gray", zorder=-1)
    ax.set_xlim(50,72)
    ax.yaxis.set_tick_params(labelleft=True)
    ax.set_yticks(np.arange(len(sord_index)))
    ax.set_yticklabels(sord_index)
    ax.set_xlabel("Depth")
    ax.set_ylabel("Color")
    ax.tick_params(which ="both",top=False,right=False)
    ax.tick_params(which = "minor", axis="both", left=False,
                  bottom=False)
    for spin in ["top", "right", "bottom", "left"]:
        ax.spines[spin].set_visible(False)
    extent=[*ax.get_xlim(), *ax.get_ylim()]
    im = Axes.imshow(ax, img_data, aspect='auto',
```

```
                            cmap="plasma", extent=extent)
    im.set_clip_path(fill_line)
colorbar = fig.colorbar(im, aspect=10, shrink=0.5)
colorbar.ax.set_title("Values", fontsize=10)
```

图 3-2-13 是使用 ProPlot 和 SciencePlots 库分别绘制的渐变颜色填充“山脊”图。

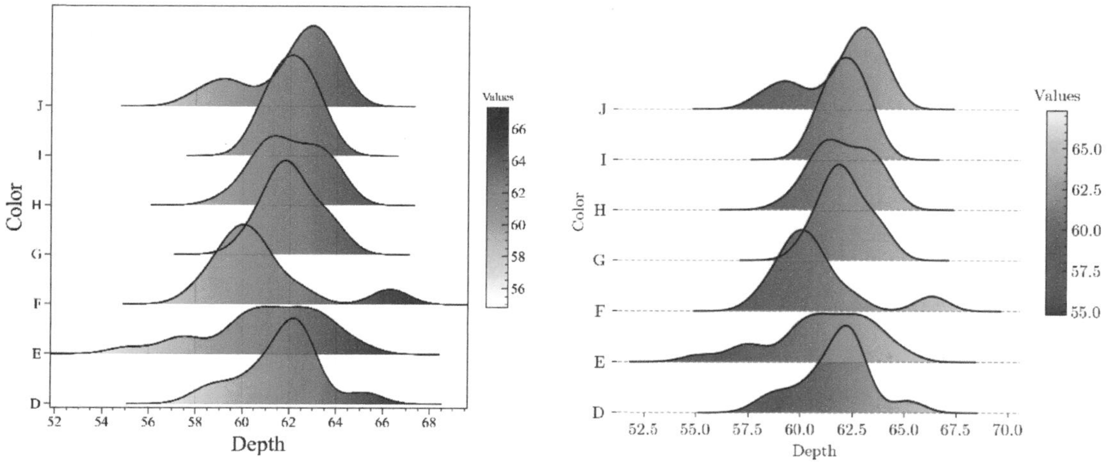
Color
J
I
H
G
F
E
D
52 54 56 58 60 62 64 66 68
Depth
Values
66 64 62 60 58 56
Color
J
I
H
G
F
E
D
52.5 55.0 57.5 60.0 62.5 65.0 67.5 70.0
Depth
Values
65.0 62.5 60.0 57.5 55.0

（a）利用 ProPlot 绘制的渐变颜色填充“山脊”图（fire）

（b）利用 SciencePlots 绘制的渐变颜色填充“山脊”图（plasma）

图 3-2-13　利用 ProPlot、SciencePlots 绘制的渐变颜色填充“山脊”图示例

5. 同一坐标系中多个密度图的绘制

在将多个密度图绘制在同一坐标系时，除了使用 Matplotlib 库进行循环绘制以外，还可以使用 Seaborn 库进行快速绘制。图 3-2-14 为使用 Matplotlib 和 Seaborn 分别绘制的“同一坐标系中的多个密度图”。注意，使用 Seaborn 绘制的同一坐标系中的多个密度图的默认顺序与 Matplotlib 绘制结果不同。

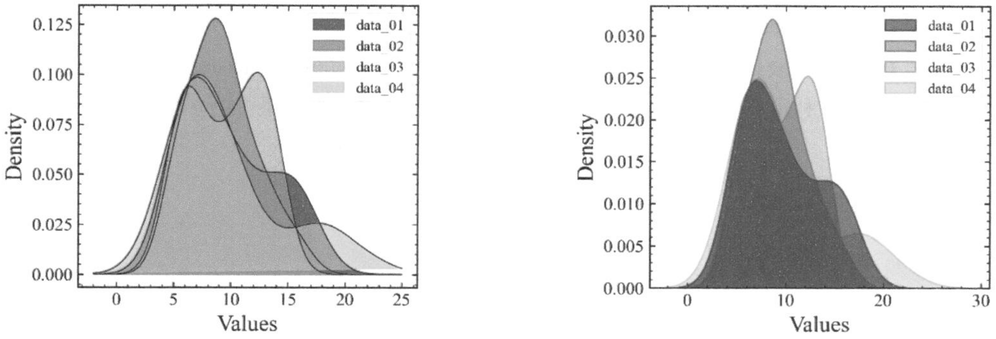
Density
0.125
0.100
0.075
0.050
0.025
0.000
0 5 10 15 20 25
Values
data_01
data_02
data_03
data_04
Density
0.030
0.025
0.020
0.015
0.010
0.005
0.000
0 10 20 30
Values
data_01
data_02
data_03
data_04

（a）利用 Matplotlib 绘制的同一坐标系中的多个密度图

（b）利用 Seaborn 绘制的同一坐标系中的多个密度图

图 3-2-14　多组密度图绘制示例

图 3-2-14 的核心绘制代码如下。

```python
# 利用Matplotlib 绘制
from scipy import stats
palette = ["#352A87", "#108ED2", "#65BE86", "#FFC337"]
fig,ax = plt.subplots(figsize=(4, 3.5), dpi=100)
for i, index, color in
zip(range(len(palette)), data_df.columns, palette):
    data = data_df[index].values
    density = stats.kde.gaussian_kde(data)
    x = np.linspace(-2, 25, 500)
    y = density(x)
    ax.plot(x, y, lw=.5, color="k", zorder=5-i)
    ax.fill(x, y, color=color, label=index, alpha=.7)
ax.set_xlabel("Values")
ax.set_ylabel("Density")
ax.legend()

# 利用Seaborn绘制
fig,ax = plt.subplots(figsize=(4, 3.5), dpi=100)
sns.kdeplot(data=data_df, shade=True, palette= palette, alpha=.6, ax=ax)
ax.set_xlabel("Values")
```

在 ProPlot 库的编辑环境中绘制 Seaborn 的绘图对象时，两者虽然都是基于 Matplotlib 开发的高级封装库，但二者之间还存在较大的差异，无法较好地在特定图形绘制中形成统一的语法标准，导致 ProPlot 库在绘制 Seaborn 图形对象时的绘图定制化操作较弱。图 3-2-15 为使用 ProPlot、SciencePlots 库分别绘制的“同一坐标系中的多个密度图”。

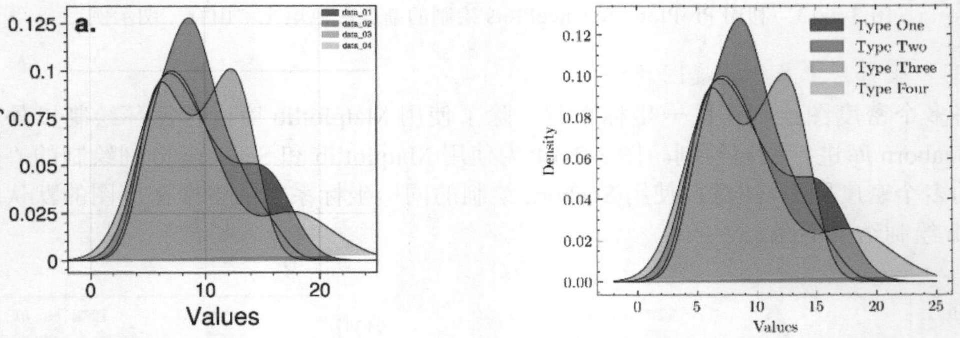
a.
data_01
data_02
data_03
data_04
Density
Values
Type One
Type Two
Type Three
Type Four
Density
Values

（a）利用 ProPlot 绘制的结果　　（b）利用 SciencePlots 绘制的结果

图 3-2-15　利用 ProPlot、SciencePlots 分别绘制的“同一坐标系中的多个密度图”

3.2.3 Q-Q 图和 P-P 图

在 Python 中，我们可通过自定义函数的计算结果结合 Matplotlib 的 plot() 函数来进行 Q-Q 图、P-P 图的绘制。当然，我们也可以使用一些优秀的第三方库的内置绘图函数进行绘制，如 SciPy 库中的 stats.probplot() 函数和 statsmodels 库中 graphics.gofplots.ProbPlot 类的 qqplot()、ppplot() 函数。由于 Q-Q 图和 P-P 图主要用于对数据分布类型进行检验，因此，本书仅列出常用的均匀（uniform）分布、正态（normal）（高斯）分布和指数（exponential）分布的 Q-Q 图与 P-P 图，如图 3-2-16 所示，逻辑斯谛（logistic）分布、帕累托（Pareto）分布、泊松（Poisson）分布和卡方（chi-square）分布等的 Q-Q 图与 P-P 图的绘制方法与上述 3 种分布类似。

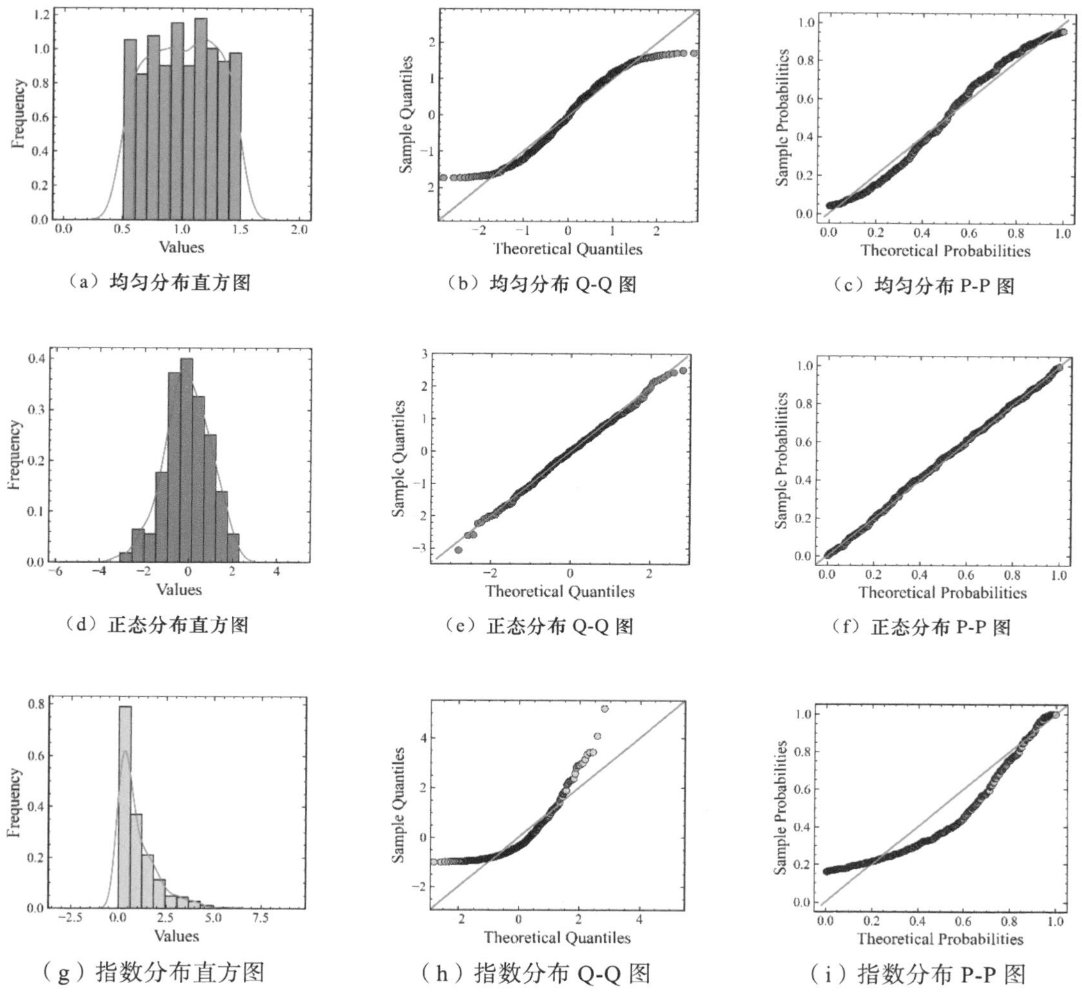
Frequency
Values
Sample Quantiles
Theoretical Quantiles
Sample Probabilities
Theoretical Probabilities

（a）均匀分布直方图　（b）均匀分布 Q-Q 图　（c）均匀分布 P-P 图

（d）正态分布直方图　（e）正态分布 Q-Q 图　（f）正态分布 P-P 图

（g）指数分布直方图　（h）指数分布 Q-Q 图　（i）指数分布 P-P 图

图 3-2-16　3 种分布的直方图、Q-Q 图和 P-P 图对比

图 3-2-16 中均匀分布的直方图、Q-Q 图和 P-P 图的核心绘制代码如下。

```
import numpy as np
import pandas as pd
import matplotlib.pyplot as plt
import statsmodels.graphics.gofplots as sm
# ***均匀分布类型***
# 直方图
uniform_data = np.random.uniform(0.5, 1.5, 400)
uniform_data_df = pd.Series(uniform_data)
fig,ax = plt.subplots(figsize=(4, 3.5), dpi=100)
uniform_data_df.plot.kde(ax=ax, color="r", lw=1,
                              legend=False)
uniform_data_df.plot.hist(density=True, color="#FF5B9B",
                               ec="k", lw=.8, ax=ax)
# Q-Q图
qq_x = sm.ProbPlot(uniform_data, fit=True)
qq_x.qqplot(line='45', marker='o',
          markerfacecolor='#FF5B9B', markeredgecolor='k',
```

```
            markeredgewidth=.5, markersize=6, ax=ax)
# P-P图
pp_x.ppplot(line='45', marker='o',
            markerfacecolor='#FF5B9B', markeredgecolor='k',
            markeredgewidth=.5, markersize=6, ax=ax)
```

提示：这里的原始数据直方图是使用 pandas 库的 plot.hist() 函数绘制的，此方法对涉及较多数据处理的绘图操作比较友好。Pandas 的绘图结果为 Matplotlib 对象，可以直接使用 Matplotlib 绘图的相关语法，实现定制化图形绘制较为方便。

3.2.4 经验分布函数图

在 Python 中，我们可根据经验分布函数的定义编写自定义函数，实现对用于绘制经验分布函数图的结果数值的计算。下面这段自定义函数代码可实现绘制经验分布函数图所需的 x 值、y 值，我们将它们与 Matplotlib 中的 plot() 函数结合，即可绘制经验分布函数图。

```
def ecdf_values(x):
    x = np.sort(x)
    n = len(x)
    y = np.arange(1, n + 1, 1) / n
    return x, y
```

从上面这个自定义函数中可以看出，经验分布函数的定义较为简单，即在对一组数据进行排序后，按照从小到大的顺序（*X* 轴）绘制每一个数据的百分位数（*Y* 轴），即可实现绘制经验分布函数图。

除自定义函数以外，Seaborn 库中的 ecdfplot() 函数也可以绘制经验分布函数图。statsmodels 库中的 ECDF() 函数可返回经验分布函数的一系列结果。图 3-2-17 分别展示了原始数据直方图（双峰正态分布）、利用 Seaborn 库中的 ecdfplot() 函数绘制的经验分布函数图和利用 statsmodels 库中的 ECDF() 函数绘制的经验分布函数图。

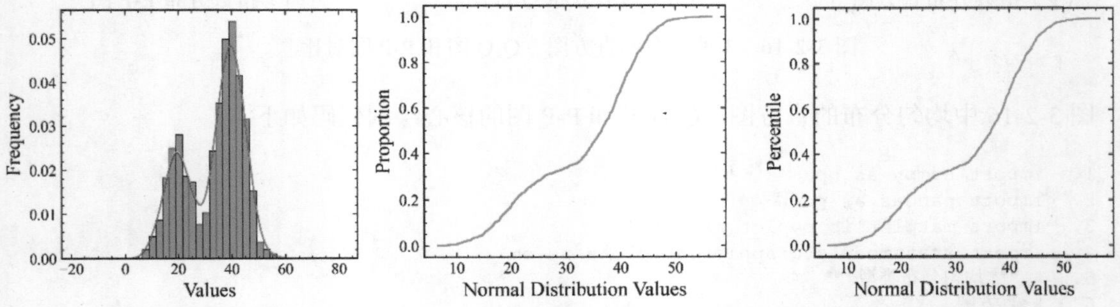
Frequency
Values
Proportion
Normal Distribution Values
Percentile
Normal Distribution Values

（a）双峰正态分布直方图　（b）利用 Seaborn 库中的 ecdfplot() 函数绘制的经验分布函数图　（c）利用 statsmodels 库中的 ECDF() 函数绘制的经验分布函数图

图 3-2-17　正态分布数据的经验分布函数图绘制示例

图 3-2-17 的核心绘制代码如下。

```
import numpy as np
import pandas as pd
import Seaborn as sns
```

```
import matplotlib.pyplot as plt
from statsmodels.distributions.empirical_distribution import ECDF
data1 = np.random.normal(loc=20, scale=5, size=400)
data2 = np.random.normal(loc=40, scale=5, size=800)
ecdf_data = np.hstack((data1, data2))
# 原始数据直方图（双峰正态分布）
ecdf_data_df = pd.Series(ecdf_data)
fig,ax = plt.subplots(figsize=(4, 3.5), dpi=100)
ecdf_data_df.plot.kde(ax=ax, color="r", lw=1, legend=False)
ecdf_data_df.plot.hist(density=True, color="#2FBE8F",
                       ec="k", lw=.5, bins=20, ax=ax)
# 利用Seaborn库中的ecdfplot()函数绘制
sns.ecdfplot(x=ecdf_data, color="#2FBE8F", ax=ax)
# 利用statsmodels库中的ECDF()函数绘制
ecdf = ECDF(ecdf_data)
ax.plot(ecdf.x, ecdf.y, color="#2FBE8F", lw=1.5)
```

有时，我们需要在经验分布函数图上添加必要的属性（如百分位数线、测试点）和用于对比的理论（theoretical）经验分布函数图。图 3-2-18 为添加了测试点、测试点文本信息、理论经验分布函数图（图中黑色曲线）的绘图结果。

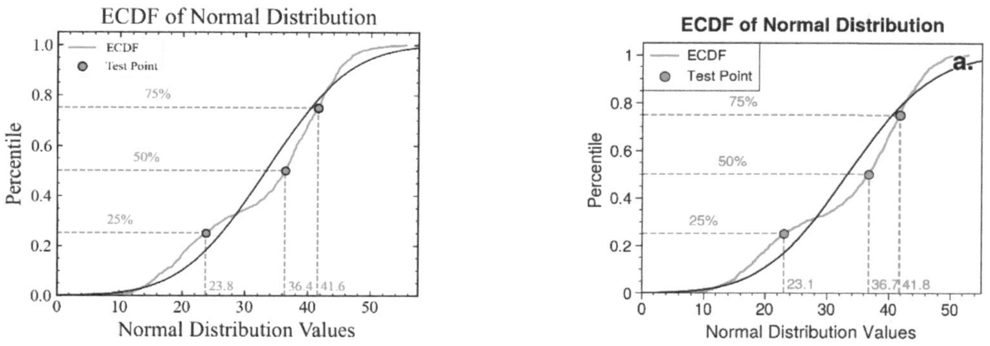
ECDF of Normal Distribution
ECDF
Test Point
75%
50%
25%
23.8
36.4
41.6
Percentile
Normal Distribution Values
ECDF of Normal Distribution
ECDF
Test Point
a.
75%
50%
25%
23.1
36.7
41.8
Percentile
Normal Distribution Values

（a）Matplotlib 中经验分布函数图的属性添加示例　（b）ProPlot 中经验分布函数图的属性添加示例

图 3-2-18　添加了测试点、测试点文本信息、理论经验分布函数图的绘图结果

图 3-2-18 的核心绘制代码如下。

```
from statsmodels.distributions.empirical_distribution import ECDF
ecdf = ECDF(ecdf_data)
ecdf_full = ECDF(np.random.normal(loc = ecdf_data.mean(),
                 scale = ecdf_data.std(), size = 100000))
ax.plot(ecdf.x, ecdf.y, color = "#2FBE8F", label = "ECDF")
ax.plot(ecdf_full.x, ecdf_full.y, "k", lw = 1)
xs, ys = ecdf.x, ecdf.y
percent_values = [.25,.50,.75]
# 循环绘制
for p in percent_values:
    value = xs[np.where(ys > p)[0][0] - 1]
    pvalue = ys[np.where(ys > p)[0][0] - 1]
    ax.scatter(value,pvalue,s=30,color="#2FBE8F",ec="k")
    ax.hlines(y=p, xmin=0, xmax = value, color="r",
              ls="-- ", lw=1)
    ax.text(x=value/3, y=pvalue+.05, s=f'{int(100*p)}%',
            color="r", va="center")
    ax.vlines(x=value, ymin=0, ymax = pvalue, color="r",
```

```
                ls="--", lw=1)
    ax.text(x = value+.5, y = 0.02, s = f'{value:.1f}',
                color="r", ha="left")
```

为了更好地理解经验分布函数，我们可以进行基于不同数量的样本数据的经验分布函数图的对比分析。图 3-2-19 为基于不同数量（n=50、100、500、1000）的正态分布数据的经验分布函数图，图中还绘制了对应的累积分布函数（Cumulative Distribution Function，CDF）曲线和置信带（Confidence Band），用于对比分析。从图 3-2-19 中可以看出，随着数据量的增加，经验分布函数曲线和累积分布函数曲线趋于一致。

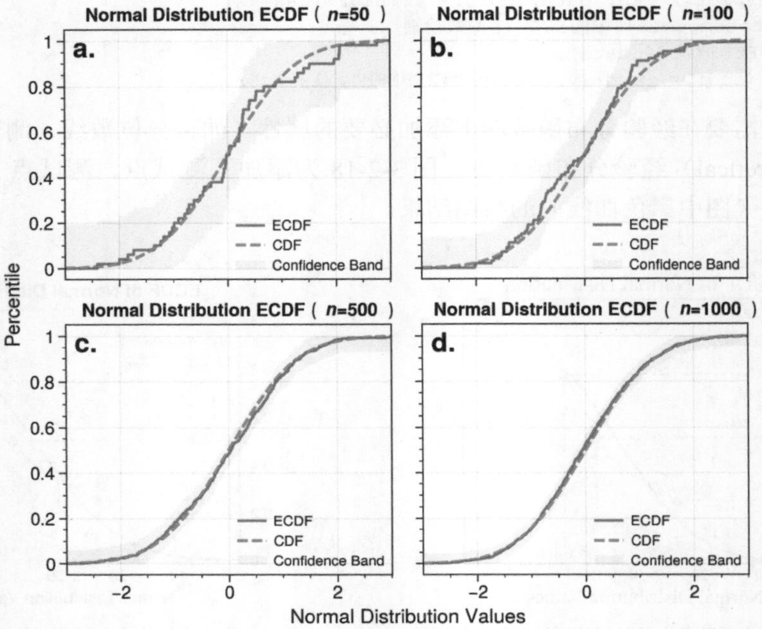
Normal Distribution ECDF (n=50)
Normal Distribution ECDF (n=100)
Normal Distribution ECDF (n=500)
Normal Distribution ECDF (n=1000)
a.
b.
c.
d.
ECDF
CDF
Confidence Band
Percentile
Normal Distribution Values

图 3-2-19　基于不同数量（n=50、100、500、1000）的正态分布数据的经验分布函数图（ProPlot）

图 3-2-19 的核心绘制代码如下。

```
from scipy import stats
from statsmodels.distributions.empirical_distribution import ECDF
#绘制置信带
def epsilon(n, alpha=0.05):
    return np.sqrt(1. / (2. * n) * np.log(2. / alpha))
low = -3
high = 3
name = "Normal Distribution"
sample_num = [50,100,500,1000]
# 利用ProPlot库绘制
fig,axs = pplt.subplots(ncols=2, nrows=2, refwidth=2.5,  refheight=2)
axs.format(abc='a.', abcloc='ul', abcsize=15,
xlabel='Normal Distribution Values', ylabel='Percentile')
for ax, num in zip(axs, sample_num):
    norm = stats.norm(0,1)
    samples = norm.rvs(num)
    ecdf = ECDF(samples)
    x = np.linspace(low, high, 10000)
    eps = epsilon(n=len(samples))
```

```
df = pd.DataFrame(ecdf(x), index=x)
# 经验分布函数图
ax.plot(x,ecdf(x), color="#459DFF", label='ECDF')
# 累积分布函数图
ax.plot(x, norm.cdf(x), 'r--', label='CDF')
df['upper'] = pd.Series(ecdf(x), index=x).apply(lambda x: min(x + eps, 1.))
df['lower'] = pd.Series(ecdf(x), index=x).apply(lambda x: max(x - eps, 0.))
# 置信带
ax.fill_between(x, df['upper'], df['lower'],
                color="gray", alpha=0.15, lw=.05,
                label='Confidence Band')
ax.legend(ncols=1, loc='lower right', frame=False)
ax.format(title='%s ECDF (n=%d)' %(name, len(samples)),
          titleweight='bold', titlesize=10)
```

3.3 本章小结

本章详细介绍了科研论文绘图中常见的单变量图形的含义和绘制方法，首先介绍了基于连续变量的单变量图形类型及每种图形的含义，其次，使用 Python 中基础绘图工具 Matplotlib、拓展绘图工具包 Proplot 以及 SciencePlots 包的学术图形主题，分别绘制了相应单变量图形结果，帮助读者更好地对比使用 3 种绘图工具结果的不同。需要注意的是，本章介绍的单变量图形只是最为常见的类型，经常在样本数据的预处理过程中使用，用于观察样本数据的分布情况，其他如特定学科或特定研究处理结果等所设计的单变量图形则不涉及，有此需求的读者可自行探索。

第 4 章　双变量图形的绘制

双变量图形的绘制是指使用样本数据集中的某两个特征变量进行相关图形的绘制。与单变量图形只关注单组数据的规律和特点不同，我们可以通过双变量图形发掘样本数据集中不同特征变量间的关系，继而对比分析样本数据集变量间的规律。实际上，在科研论文插图的绘制过程中，双变量图形一直是一种最为常见且涉及领域较广的统计类图形。

常见的数据变量可分为定量变量（quantitative variable）和类别变量（categorical variable），定量变量又可分为离散型变量（discrete vriable）和连续变量（continuous vriable）。类别变量包含有限的类别数或可区分组数，如性别、材料类型和目标种类等。离散型变量是指任意两个值之间具有可计数值的数值变量，如某一研究指标的变量数等。此外，离散变量还可以细分为离散数值型变量和离散类别型变量。连续变量是指任意两个值之间具有无限个值的数值变量，可以为数值型变量或时间 / 日期型变量。双变量图形可根据绘制数据的变量类型分为两大类：一类是以类别变量为一个图形变量数值，以离散型变量或连续变量为另一个变量数值的图形，如箱线图 (box plot)、“小提琴”图 (violin plot)、点图 (dot plot)、柱形图 (column plot) 以及误差图 (error plot)；另一类是以连续变量作为图形变量数值的图，如散点图（scatter plot）。

除介绍每种双变量图形的含义、绘制方法和具体使用场景以外，本章还会对每种双变量图形进行拓展，如添加必要的统计信息和进行多种图形 (如单变量图形和双变量图形) 的组合等。本章绘制的图形以 Matplotlib 和 Seaborn 绘制的结果样式为主，以对应的 ProPlot 和 SciencePlots 库的图形结果样式为辅，帮助读者选择满足需求的科研绘图风格。

4.1 绘制离散变量和连续变量

由离散变量和连续变量绘制的双变量图形在学术论文中较为常见，通常情况下，该类双变量图形的横、纵轴映射数据可设置为类别变量、离散变量或连续变量，即横轴（*X* 轴）设置为类别变量，纵轴（*Y* 轴）设置为数值变量，或者，横轴设置为数值变量，纵轴设置为类别变量。

4.1.1 误差线

1. 介绍

作为统计图形的一种功能增强图层属性，严格来说，误差线（error bar）不是一种图类型，但它在柱形图（条形图）、折线图、点图等图形上显示数据变化，提供了额外的细节属性，这在统计学方面有重要意义。误差线主要用于显示数据估计误差或数据本身计算的不确定性，以便用户了解数据测量的精确度。通常情况下，误差线以“工”字形状标记数据点，主要用于显示数据集的标准差（ Standard Deviation，SD）、标准误差（ Standard Error，SE）、置信区间（Confidence Interval，CI）、最小值（min）、最大值（max）和自定义函数数值。

2. 绘制方法

误差线的具体绘制方法：在数据点的中心位置或柱形图（条形图）的边缘位置，向外延伸并绘制线。误差线的实际长度表示数据点的不确定性，即较短误差线表示数据较为集中，平均值更加准确；反之，则表示数据较为分散。误差线两端长度相同且都存在一个“帽子”(cap)，有时可不绘制该属性。误差线总是平行于坐标轴的轴线，即垂直或水平显示。当两个绘图变量都为数值类型时，我们可在数据点上绘制横、纵两条误差线。我们经常将误差线与线图、柱形图、箱线图、“小提琴”图等统计图一起使用。图 4-1-1 为使用 Python 基础绘图工具 Matplotlib 绘制的误差线，其中，图 4-1-1（a）为基本的误差线样式，图 4-1-1（b）为在柱形图上添加纵向误差线样式。

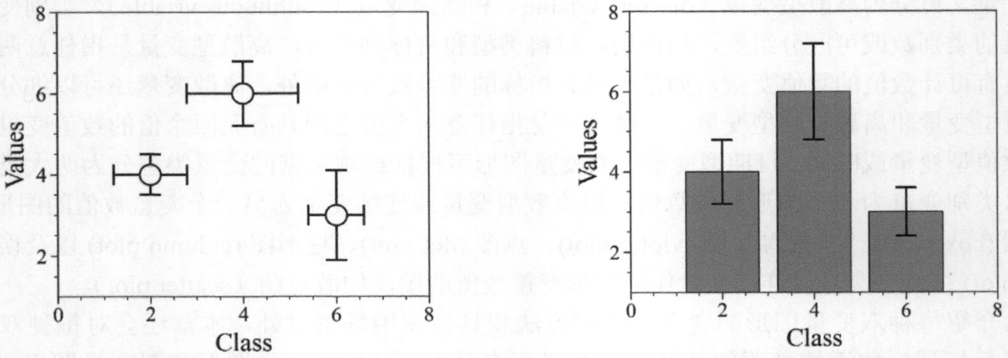
Values
Class
0
2
4
6
8
Values
Class
0
2
4
6
8

（a）基本的误差线样式　　（b）在柱形图上添加误差线样式

图 4-1-1　误差线绘制示例

技巧：误差线的绘制

我们既可使用 Matplotlib 库中的 axes.Axes.errorbar() 函数绘制误差线，也可通过设置该函数中的 xerr 或 yerr 参数分别绘制横、纵方向上的误差线。图 4-1-1 的核心绘制代码如下。

```
import proplot as pplt
import matplotlib.pyplot as plt
x = [2, 4, 6]
y = [4, 6, 3]
xerr = [0.5, 0.8, 1.1]
yerr = [0.8, 1.2, 0.6]
# 图4-1-1(a) 的核心绘制代码
fig,ax = plt.subplots,figsize=(4, 3.5, dpi=100)
ax.errorbar(x, y, xerr, yerr, fmt="o", ecolor="k",
         elinewidth=1.2, capsize=6, capthick=1.2, ms=12,
         mfc="w", mec="k")
# 图4-1-1(b) 的核心绘制代码
ax.bar(x, y, color="gray", ec="k", yerr=yerr,
      error_kw=dict(elinewidth=1.2, capsize=6, capthick=1.2))
ax.grid(False)
```

提示：在科研论文绘图过程中，绘制误差线所需的数据来源多为多组绘图数据（实验、测量、检测数据等）的平均值或标准误差值。

3. 使用场景

在物理、化学、农学、临床医学、生物学和测量学等学科中，在对某一研究目标进行测量或观察时，每一次测量都不可避免地产生误差。为此，可进行多次测量，用测量值的平均值表示测量的数据值，用误差线表示多次测量数据的标准误差或置信区间等，以此结果进行统计图的绘制则更具解释性。理论上，误差线适用于所有研究目标涉及多次计算、测试等步骤的科学研究。

4.1.2 点图

1. 介绍和绘制

点图也是一种统计图，它使用点的个数来表示数据集类别或组内计数情况。点图中定位数据点位置的 x、y 值可以是连续变量或离散型变量。当将分类变量作为横轴（X 轴）的数值时，纵轴（Y 轴）方向上点图个数等于该类别的项目总数。点图只适用于中小型数据集（$N \leqslant 20$，N 为数据个数），当处理数据量较大时（N>20），我们可使用避免数据重叠的图进行替换。点图可以有效显示样本数据的“形状”和分布情况，对比较频率分布特别有用。频率分布表示数据集中的值的出现频率。图 4-1-2 为分别使用 Matplotlib、ProPlot 和 SciencePlots 库绘制的点图。

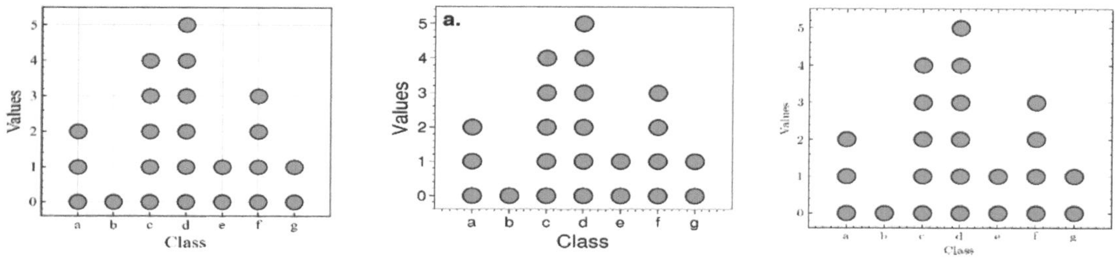
Values
Class
a.
a b c d e f g

（a）利用 Matplotlib 绘制的点图　（b）利用 ProPlot 绘制的点图　（c）利用 SciencePlots 绘制的点图

图 4-1-2　点图绘制示例

技巧：点图的绘制

在 Python 中，我们可使用 Matplotlib 中的 axes.Axes.plot() 函数绘制点图。需要注意的是，我们需要将 plot() 函数中的参数 linestyle（线形状）设置为空。图 4-1-2（a）的核心绘制代码如下。

```
labels = ['a', 'b', 'c', 'd', 'e', 'f', 'g']
counts = [3, 1, 5, 6, 2, 4, 2, 1]
x = np.arange(len(labels))
fig,ax = plt.subplots, (figsize=(4, 3.5), dpi=100)
for value, count in zip(x, counts):
    ax.plot([value]*count, list(range(count)), marker='o',
            color="#2FBE8F", mec="k", ms=13, ls="")
ax.set_xticks(x)
ax.set_xticklabels(labels)
```

2. 使用场景

在面对小样本数据集时，虽然柱形图能够较好地展示分类样本数据出现的频次，但对于数据的个数和样式，却无法较好地进行表示。点图则可以有效展示分类样本数据出现的频次、具体样本的个数和数据“形状”等信息。在研究数据的预处理阶段，点图用于突出显示数据集中不同簇之间的对比关系。

4.1.3 克利夫兰点图和“棒棒糖”图

1. 介绍

作为点图的另一种形式，克利夫兰点图（Cleveland dot plot，又称滑珠散点图）中的每个数据点都属于一个数据类别。这类似于水平条形图，但克利夫兰点图不使用长度来编码数据值，而是使用每个类别关联值处的点进行替代。因此，它不需要从坐标轴的“0”位置开始，从而使得在对比数据时更加清晰，读者更容易理解图的含义。

2. 绘制方法

在克利夫兰点图中点的位置和坐标轴起始位置之间添加一条连接线，则可绘制出“棒棒糖”图（lollipop chart），而绘制多组数据的克利夫兰点图，则是在不同组数据间使用连接线连接。“棒棒糖”图通常以纵向排列方式（见图 4-1-4（b））出现，特别是针对多组数据且每组具有两个变量值时。图 4-1-3 为分别使用 ProPlot 和 Seaborn 绘制的克利夫兰点图。

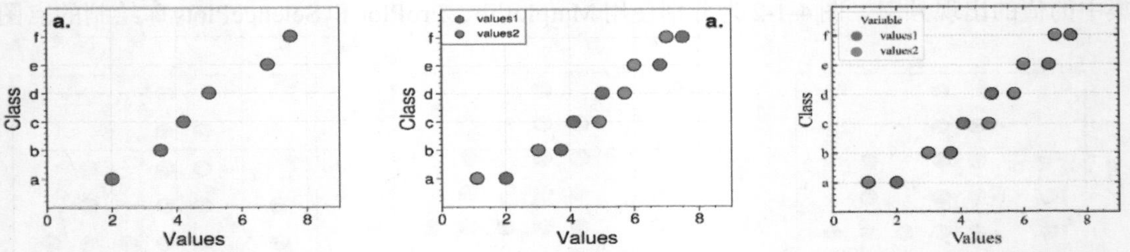
a.
Class
Values
values1
values2
Variable

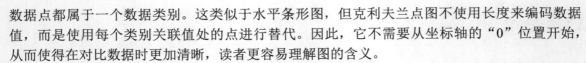

（a）利用 ProPlot 绘制的单组克利夫兰点图　（b）利用 ProPlot 绘制的多组克利夫兰点图　（c）利用 Seaborn 绘制的多组克利夫兰点图

图 4-1-3　克利夫兰点图绘制示例

技巧：克利夫兰点图和“棒棒糖”图的绘制

在 Python 中，我们可以使用 Matplotlib 中的 axes.Axes.scatter() 函数和 Seaborn 中的 stripplot()、scatterplot() 函数绘制单组、多组克利夫兰点图。为了展示较多分类类别，克利夫兰点图一般选择横向排列形式进行数据表示，同时，结合 Matplotlib 的 axes.Axes.hlines() 函数，即可实现单组、多组“棒棒糖”图的绘制。图 4-1-3（a）、图 4-1-3（b）的核心绘制代码如下。

```
#图4-1-3(a) 的核心绘制代码
values = [2, 3.5, 4.2, 5, 6.8, 7.5]
labels = ['a', 'b', 'c', 'd', 'e', "f"]
index = np.arange(len(labels))
fig = pplt.figure(figsize=(3.5, 3))
ax = fig.subplot()
ax.format(abc='a.', abcloc='ul', abcsize=16,
          xlabel='Values', ylabel='Class',
          xlim=(0, 9), ylim=(-1,6))
for x,y in zip(values, index):
    ax.scatter(x=x, y=y, s=100, color="gray", ec="k")
ax.set_yticks(index)
ax.set_yticklabels(labels)
#图4-1-3(b) 的核心绘制代码
values1 = [2, 3.7, 4.1, 5, 6.8, 7.5]
values2 = [1.1, 3, 4.9, 5.7, 6, 7]
labels = ['a', 'b', 'c', 'd', 'e', "f"]
index = np.arange(len(labels))
fig = pplt.figure(figsize=(3.5, 3))
ax = fig.subplot()
ax.format(abc='a.', abcloc='ur', abcsize=16,
          xlabel='Values', ylabel='Class',
```

```
             xlim=(0, 9), ylim=(-1, 6))
for x1,x2,y in zip(values1, values2, index):
ax.scatter(x=x1,y=y,s=100,color="#459DFF",ec="k",zorder=2)
ax.scatter(x=x2,y=y,s=100,color="#FF5B9B",ec="k",zorder=2)
ax.set_yticks(index)
ax.set_yticklabels(labels)
#单独添加图例
ax.scatter([],[],color="#459DFF",ec="k",label="values1")
ax.scatter([],[],color="#FF5B9B",ec="k",label="values2")
ax.legend(ncol=1,loc="ul")
```

在 Matplotlib 中，我们可使用 axes.Axes.stem() 函数绘制“棒棒糖”图。但由于该函数自定义设置的灵活性较差，因此，这里使用 axes.Axes.hlines()/vlines() 函数结合 axes.Axes.scatter() 或 axes.Axes.plot() 函数进行“棒棒糖”图的绘制。图 4-1-4 为利用 ProPlot 分别绘制的横向、纵向和多组“棒棒糖”图（又称“哑铃”图，dumbbell plot）示例。

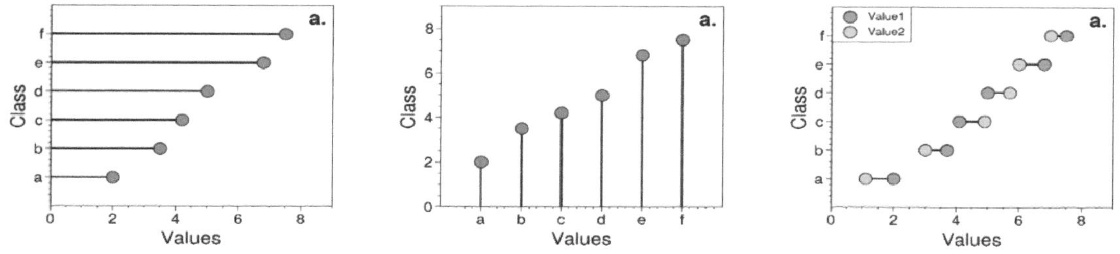
a.
Class
Values
Value1
Value2

（a）利用 ProPlot 绘制的横向“棒棒糖”图

（b）利用 ProPlot 绘制的纵向“棒棒糖”图

（c）利用 ProPlot 绘制的多组“棒棒糖”图

图 4-1-4 “棒棒糖”图绘制示例

图 4-1-4 的核心绘制代码如下。

```
图4-1-4(a) 的核心绘制代码
values = [2,3.5,4.2,5,6.8,7.5]
labels = ['a','b','c','d','e',"f"]
index = np.arange(len(labels))
fig = pplt.figure(figsize=(3.5,3))
ax = fig.subplot()
ax.format(abc='a.', abcloc='ur', abcsize=16,
          xlabel='Values', ylabel='Class',
          xlim=(0,9),ylim=(-1,6))
#图4-1-4(b)
ax.format(abc='a.', abcloc='ur', abcsize=16,
          xlabel='Values', ylabel='Class',
          xlim=(-1,6), ylim=(0,9))
ax.scatter(x=index, y=values, s=100, color="gray", ec="k",
           zorder=2)
ax.vlines(x=index, y1=0, y2=values, color="k", zorder=1)
#图4-1-4(c)
values1 = [2,3.7,4.1,5,6.8,7.5]
values2 = [1.1,3,4.9,5.7,6,7]
index = np.arange(len(labels))
fig = pplt.figure(figsize=(3.5,3))
ax = fig.subplot()
ax.format(abc='a.', abcloc='ur', abcsize=16,
          xlabel='Values', ylabel='Class',
          xlim=(0, 9), ylim=(-1,6))
ax.scatter(x=values1, y=index, s=100, color="#FF5B9B",
           ec="k", label="Value1")
```

```
ax.scatter(x=values2, y=index, s=100, color="#FFCC37",
           ec="k", label="Value2")
#绘制连接线
ax.hlines(y=index, x1=values1, x2=values2, color="k",
          zorder=-1)
```

3. 使用场景

从本质上来说，克利夫兰点图和“棒棒糖”图都是使用点、线图形元素展示单、多系列数据的频次、分布等情况。克利夫兰点图强调用数据的排序展示和体现数据之间的差距，可用于展示不同组实验数据在时间尺度上的对比分析结果。在生存分析和可靠性分析中，测试对象的开始（有效）和结束（失效）时间点的对比展示，涉及的数据集不宜过多。“棒棒糖”图被用来展现测试数据集的个数和频次。单系列数据的“棒棒糖”图突出展现分类数据的个数，适合数据较多的研究任务；多系列数据的“棒棒糖”图则突出展现同一组数据不同时间点的数值情况或同一时间段两个目标研究变量的相对位置，常用于比较两个类别的数据值差异。

4.1.4　类别折线图

1. 介绍和绘制方法

类别折线图就是使用分类数据绘制的折线图。类别折线图的 X 轴为类别变量，具体为有限的类别数或可分组数；Y 轴为对应类别的具体数据值。类别折线图主要使用点 - 线的形式体现不同类别数据的估计和置信区间。其中，带数据点的折线图表示对分类变量数值集中趋势的估计。类别折线图的优势是，可观察一个分类变量层次之间的关系如何在第二个分类变量层次之间变化的情况。图 4-1-5 为使用 Seaborn 的 pointplot() 函数绘制的以样本数据中不同组数据集为分类变量和添加不同类型误差线（图 4-1-5（b）、图 4-1-5（c）、图 4-1-5（d）的类别折线图示例。

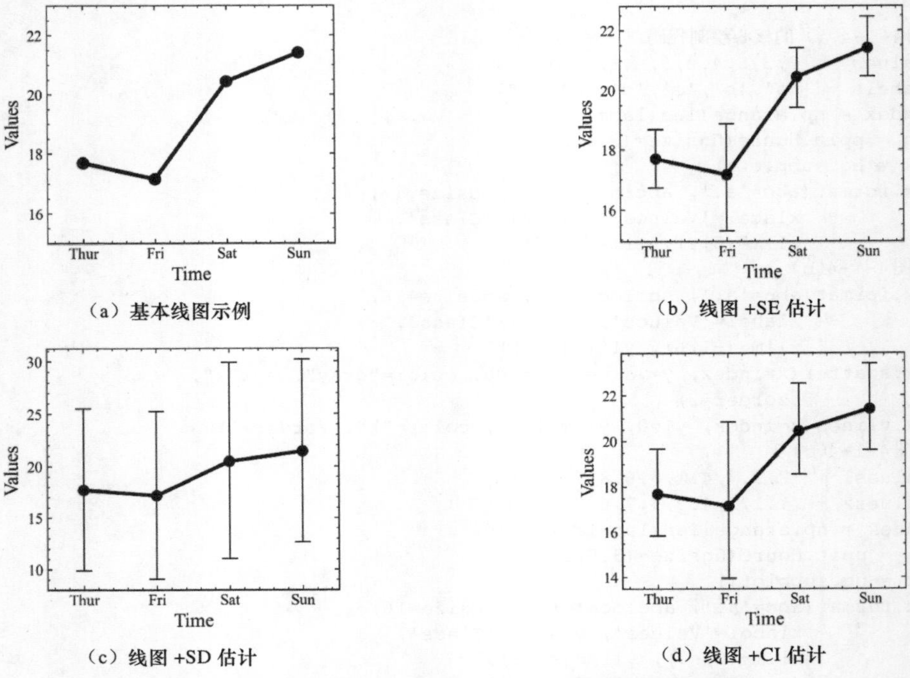

Values
Time
Thur
Fri
Sat
Sun

（a）基本线图示例　（b）线图 +SE 估计

（c）线图 +SD 估计　（d）线图 +CI 估计

图 4-1-5　利用 pointplot() 函数绘制的类别折线图示例

技巧：类别折线图的绘制

我们将 pointplot() 函数中的参数 estimator 设置为 mean，即可绘制 *Y* 轴为各分组数据均值的图；将参数 estimator 设置为 median，即可绘制 *Y* 轴为中位数的图。图 4-1-5 的核心绘制代码如下。

```
from numpy import mean, median
import Seaborn as sns
tips = sns.load_dataset("tips")
# 图4-1-5(a) 的核心绘制代码
colors = ["#2FBE8F","#459DFF","#FF5B9B","#FFCC37"]
fig,ax = plt.subplots(figsize=(4,3.5),dpi=100,)
lineplot = sns.pointplot(x="day", y="total_bill",
              data=tips, scale=1.1, estimator=mean, ci=None,
              errwidth=1.5, color='k', ax=ax, zorder=2)
# 图4-1-5(b) 的核心绘制代码
lineplot = sns.pointplot(x="day", y="total_bill",
      data=tips, siestimator=mean, ci=68, errwidth=1,
      capsize=.2, color='k', ax=ax)
# 图4-1-5(c) 的核心绘制代码
lineplot = sns.pointplot(x="day", y="total_bill",
             data=tips, siestimator=mean, ci="sd", errwidth=1,
             capsize=.2, color='k', ax=ax)
# 图4-1-5(d) 的核心绘制代码
lineplot = sns.pointplot(x="day", y="total_bill",
             data=tips, siestimator=mean, ci=95, errwidth=1,
             capsize=.2, color='k', ax=ax)
```

提示：Seaborn 具有高度集成性，在对 Pandas 的 DataFrame 类型数据集进行统计图的绘制时，无须过多进行额外统计指标（如均值、中位数等）的计算，即可实现图的绘制需求。Seaborn 是科研人员整理实际实验数据后的首选统计绘图工具之一。

2. 使用场景

类别折线图的主要使用场景是针对多组或多类别数据的科研绘图。例如，在比较多组实验或测试数据的不同值（均值、中位数等）的分布情况时，使用类别折线图不仅能够展示样本数据中单组数据的分布情况，还能够体现不同组数据间的对比关系。

4.1.5 点带图和分簇散点图

1. 介绍

点带图（strip plot）又称单值图（individual value plot）或单轴散点图（single-axis scatter plot），用于可视化多个单独一维数据值的分布情况。点带图中每组数据值在坐标系中会被绘制成沿着单一轴排列的散点，具有相同数值的点可以重叠绘制，也可以通过设置散点透明度（opacity）、颜色（color）和抖动（jitter）参数等方式来避免出现数据点重叠问题。通常，我们会并排绘制多组数据的点带图，用于比较一组数据值自身的分布情况以及不同数据组之间的数值分布差异。

2. 绘制方法

在具有大样本数据的情况下，即使设置抖动属性，还是会造成点带图中部分数据点重叠问题。想要绘制完全不重叠的点，可使用分簇散点图（swarm plot）。分簇散点图在绘制数据点时会自动调整点的位置，以避免重叠。需要注意的是，点带图和分簇散点图都不适用于较多数据的绘制。图 4-1-6（a）、4-1-6（b）为设置了不同抖动参数值的点带图的绘制示例，图 4-1-6（c）为对应的分簇散点图。

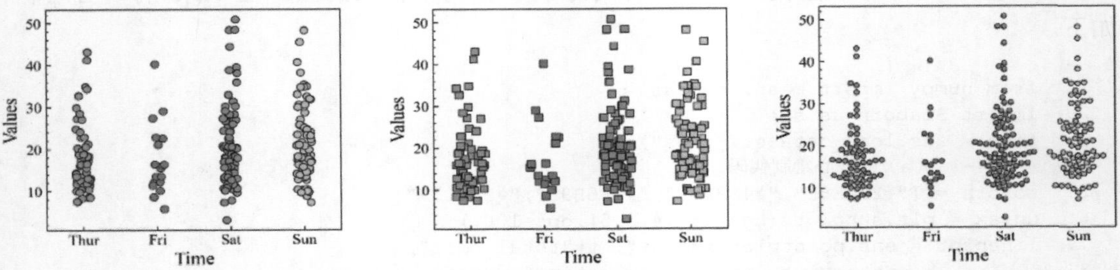
Values
Thur
Fri
Sat
Sun
Time

（a）利用 Seaborn 绘制的点带图（jitter= 0.1）

（b）利用 Seaborn 绘制的点带图（jitter=0.2）

（c）利用 Seaborn 绘制的分簇散点图

图 4-1-6　点带图、分簇散点图的绘制示例

技巧：点带图和分簇散点图的绘制

在 Python 的统计绘图库 Seaborn 中，我们可分别使用 stripplot() 和 warmplot() 函数绘制点带图与分簇散点图。上述两个函数的差别在于绘制的散点是否有重叠。我们可以通过 stripplot() 函数的参数 jitter 来设置数据点的抖动属性，通过参数 marker 来修改数据点的形状。图 4-1-6 的核心绘制代码如下。

```
# 图4-1-6(a) 的核心绘制代码（点带图的绘制）
import Seaborn as sns
colors = ["#2FBE8F","#459DFF","#FF5B9B","#FFCC37"]
tips = sns.load_dataset("tips")
fig,ax = plt.subplots(figsize=(4,3.5),dpi=100,)
stripplot = sns.stripplot(x="day", y="total_bill", size=6,
data=tips, palette=colors, edgecolor="k", linewidth=.6)
# 图4-1-6(b) 的核心绘制代码（修改点的形状和抖动参数）
sns.stripplot(x="day", y="total_bill", data=tips, size=6,
    palette=colors, edgecolor="k", linewidth=.6, marker="s",
    jitter=.2)
# 4-1-6(c) 的核心绘制代码（分簇散点图的绘制）
sns.swarmplot(x="day", y="total_bill", data=tips, size=4,
              palette=colors, edgecolor="k", linewidth=.6)
```

提示：可以绘制点带图和分簇散点图的数据集的规模一般不会太大，如多组、多条件下的实验数据集。在面对数据集规模较大的情况时，我们可使用箱线图和“小提琴”图等替代点带图与分簇散点图。

3. 使用场景

点带图、分簇散点图可用于对多组测试数据或使用不同方法处理的对照实验数据间的数据点的数值分布操作，帮助用户发现数据点在哪一个数值范围的个数最多或最少。可在农学、植物学和生物学等科研任务中应用。

4.1.6　柱形图系列

1. 介绍

柱形图（column plot）又称柱状图，是一种统计不同类别离散数据值的统计图形。在柱形图中，分类变量的每个实体都被表示为一个矩形（即“柱子”），数值决定了类别“柱子”的高度。一般情况下，柱形图以 X 轴表示类别属性，以 Y 轴表示数值属性，当相反时，又称为条形图（bar chart）。相较于柱形图，条形图更加强调绘图数据间的大小对比，尤其是在涉及的类别数据较多时，使用条形图展示的结果更加美观和清晰。

2. 绘制方法

在绘制柱形图时，我们通常需要将统计信息，如显著性差异 p 值、误差线（SD、SE、CI）等，作为额外图层进行添加。在面对多组数据时，为了更好地体现每组数据间的数值差异，在绘制之前，我们还需要将数据进行排序（升序、降序），同时需要合理设置不同类别柱形或条形的间距。图 4-1-7 为不同间距的柱（条）形图的展示效果。

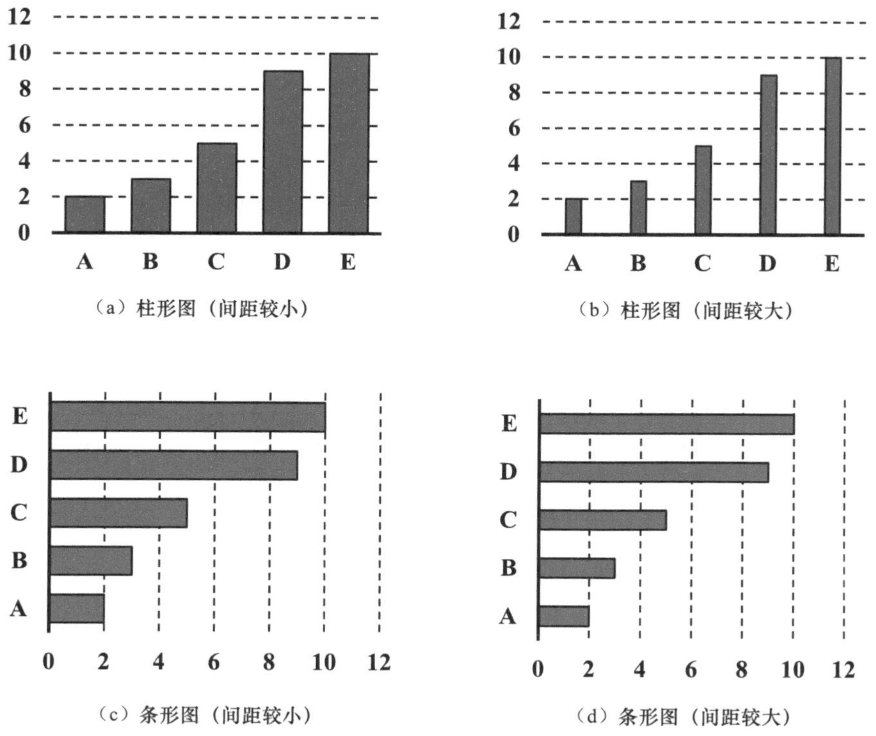
12
10
8
6
4
2
0
A
B
C
D
E
（a）柱形图（间距较小）
（b）柱形图（间距较大）
（c）条形图（间距较小）
（d）条形图（间距较大）

图 4-1-7　柱（条）形图不同间距示例

对于即将绘制的数据，我们可以先排序再绘制，这样可以帮助我们更好地发掘数据规律，突出展示某个类别数据。图 4-1-8 分别展示了未排序柱形图、升序柱形图和降序柱形图。

我们将柱形图中的 X 轴和 Y 轴的映射属性进行互换，即可绘制条形图。在面对较多类数据时，条形图可以更好地展示数据，想要表达的意思更加清晰。图 4-1-9 分别展示了未排序条形图、升序条形图和降序条形图。

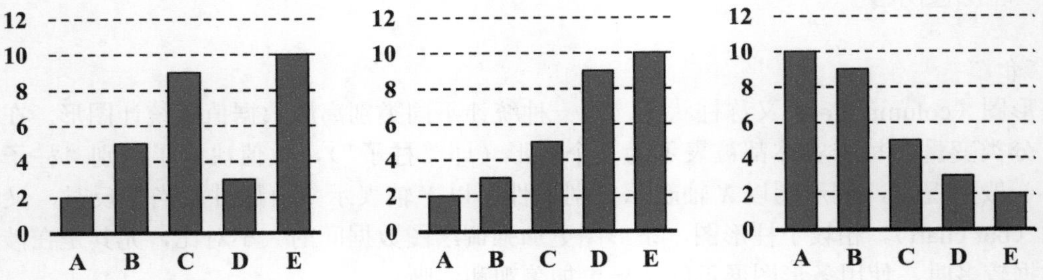
12
10
8
6
4
2
0
A B C D E

（a）未排序柱形图　（b）升序柱形图　（c）降序柱形图

图 4-1-8　未排序柱形图和排序柱形图示例

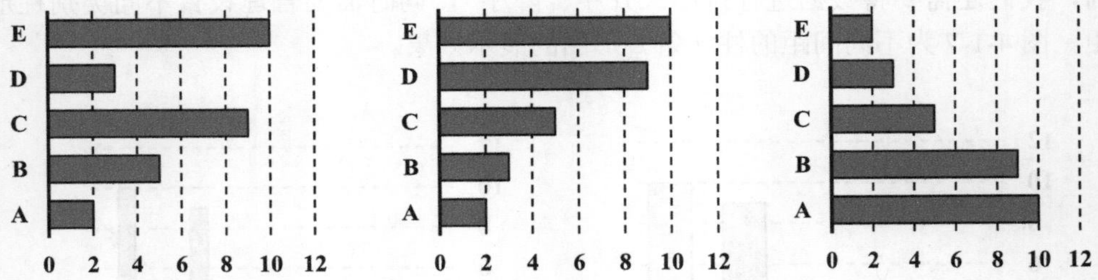
E
D
C
B
A
0 2 4 6 8 10 12

（a）未排序条形图　（b）升序条形图　（c）降序条形图

图 4-1-9　未排序条形图和排序条形图示例

当在分类刻度轴上并排表示两个或多个数据集时，我们可使用分组柱形（条形）图（grouped column/bar chart）。图 4-1-10 分别展示了分组柱形图和分组条形图。

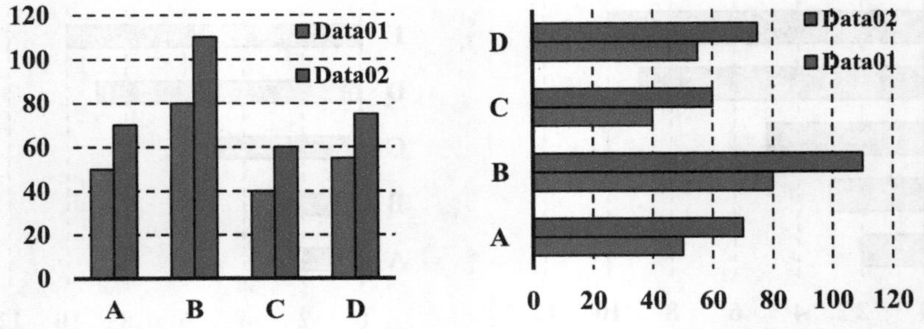
120
100
80
60
40
20
0
Data01
Data02
A B C D
0 20 40 60 80 100 120

（a）分组柱形图　（b）分组条形图

图 4-1-10　分组柱形图和分组条形图示例

当面对问卷调查等涉及“喜欢”和“不喜欢”两种评价或对喜欢程度打分等多个等级评价时，我们可以使用条形图的一种变体——发散（堆积）条形图（diverging stacked bar chart）。发散条形图的独特之处在于，向下或向左流动的标记不一定表示负值，发散分割线可以表示 0，也可以作为分隔两个维度数据的标记。图 4-1-11 为发散条形图示例。

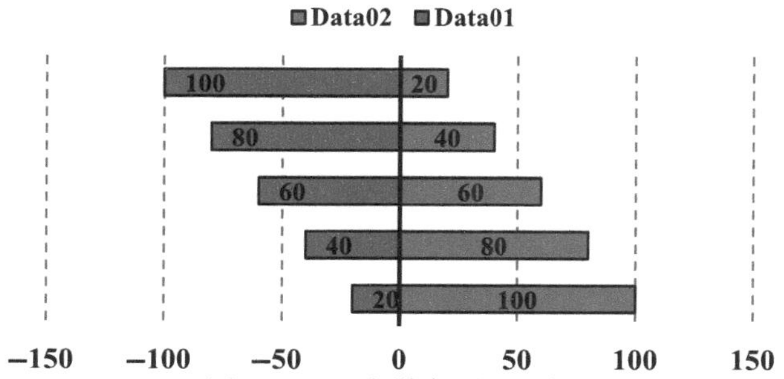
Data02
Data01
100
20
80
40
60
60
40
80
20
100
−150
−100
−50
0
50
100
150

图 4-1-11 发散条形图示例

技巧：柱形图系列

在 Python 中，我们使用其基础绘图库 Matplotlib 的 axes.Axes.bar() 和 barh() 函数绘制柱形图与条形图，但这两个绘图函数不存在通过设置参数特定值进行不同类型的结果绘制的情况。在绘制不同类型的图时，我们需要按照如下方法设置相关参数。

- 通过设置合理的位置 (x,y) 和宽度（width）参数，我们可以绘制垂直（水平）并排柱形（条形）图。
- 通过设置 bottom（left）参数，我们可以绘制垂直堆积柱形（条形）图。
- 通过计算不同类别的占比，并结合 bottom 参数，我们可以绘制百分比堆积柱形（条形）图。

（1）单数据系列柱形图

在 Matplotlib 库的 axes.Axes.bar() 函数中，参数 x、height 和 width 分别映射为柱形图的类别、数值与宽度。对 DataFrame 类型绘图数据使用 sort_values() 函数，即可实现数值排序。sort_values() 函数默认为升序，将参数 ascending 的值设置为 False，即可实现降序排列。另外，ax.bar_label() 函数可自动添加柱形图的数据值标签属性，plt.Rectangle() 函数可用于单独绘制图例。图 4-1-12 分别展示了升序和降序的单数据系列数据柱形图示例。

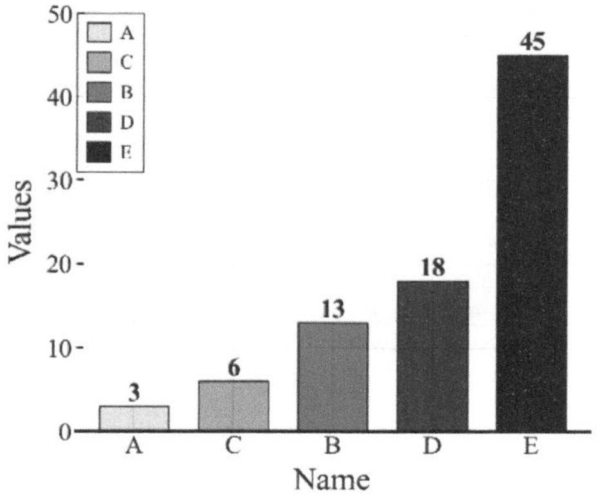
Values
Name
A
C
B
D
E
3
6
13
18
45
0
10
20
30
40
50

（a）单数据柱形图绘制示例（升序）

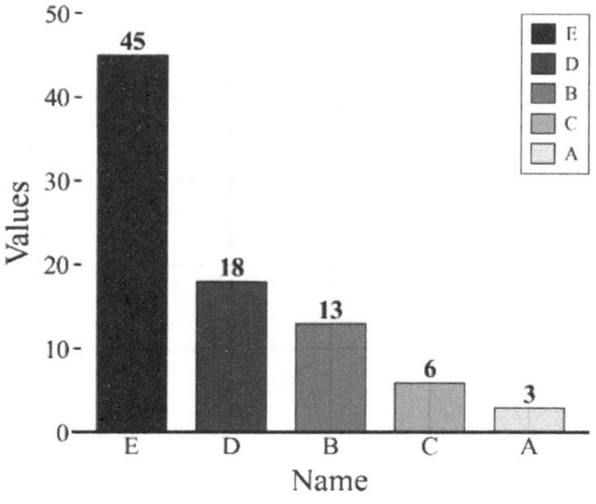
Values
Name
E
D
B
C
A
45
18
13
6
3
0
10
20
30
40
50

（b）单数据柱形图绘制示例（降序）

图 4-1-12 单数据系列柱形图示例（升降序样式）

图 4-1-12 的核心绘制代码如下：

```
name = ["A","B","C","D","E"]
value = [3,13,6,18,45]
bar_01 = pd.DataFrame(data={"name":name,"value":value})
# 对数据进行升序排序
bar_01 = bar_01.sort_values(['value'], ascending=True)
# 图4-1-11(b) 降序排列修改如下
bar_01 = bar_01.sort_values(['value'], ascending=False)
# 构建图例所需内容
grey_color_palette =
["#d0d0d0","#a8a8a8","#808080","#484848","#181818"]
legend_label = [i for i in bar_01.name]
legend_dict = dict(zip(legend_label,grey_color_palette))

fig,ax = plt.subplots(figsize=(4,3.5), dpi=100)
bar01 = ax.bar(bar_01.name,bar_01.value,
               color=grey_color_palette,ec='k',width=.7)
# 添加柱形图文本标签
ax.bar_label(bar01, labels=bar_01.value, size=12,
             fontweight="bold")
```

提示：ax.bar_label() 函数可自动为 Matplotlib 绘制的柱形图系列添加文本标签，其参数 container 为要添加的柱形图对象，参数 labels 为要添加的文本。相比循环使用 ax.text() 函数添加标签，这种方式更加有效，而且不易出现文本位置不准确等问题。

（2）多数据系列柱形图

多数据柱形图一般用于展示分组数据，即使用分组柱形图进行表示。相比一般柱形图，这种柱形图主要用于显示数据点的分布或对不同类别的数据进行组内和组间比较。当想要查看一种类别变量在另一种类别变量中每个级别内如何变化时，可以使用“组间”比较；当查看一个类别变量中不同级别之间的变化时，可以使用“组内”比较。图 4-1-13 分别展示了灰色系、NEJM 色系分组柱形图绘制示例。

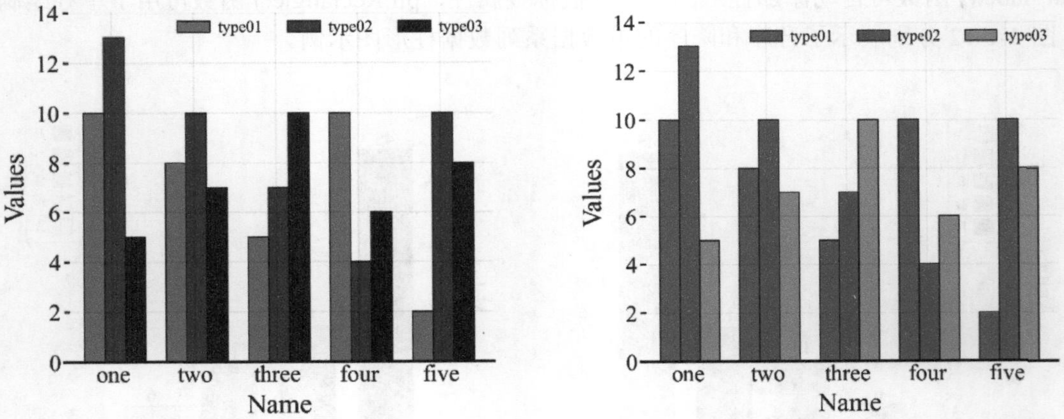
type01
type02
type03
Values
Name
one
two
three
four
five
0
2
4
6
8
10
12
14

（a）多数据柱形图示例（灰色系）　　（b）多数据柱形图示例（NEJM 色系）

图 4-1-13　多数据柱形图示例（灰、NEJM 色系）

通过设置 Matplotlib 绘图库中 axes.Axes.bar() 函数的参数 x 的值，我们可以确定分组柱形图的中心位置；通过参数 x 与宽度 width 的组合：x-width/2、x+width/2 和 x+width*3/2，我们可以确定各个类别柱形的位置。通过更改每种类别的参数 color 的值，我们可得到图 4-1-13（b）所示的可视化效果。图 4-1-13（a）绘制代码如下。

```
# 构建数据
labels = ['one', 'two', 'three', 'four', 'five']
type01 = [10, 8, 5, 10, 2]
type02 = [13, 10,7, 4, 10]
type03 = [5, 7, 10,6, 8]
# 设置X轴刻度位置
x = np.arange(len(labels))
width = .25
fig,ax = plt.subplots(figsize=(4,3.5),dpi=100)
bar_a = ax.bar(x-width/2,
    type01,width,label='type01',color="#808080",ec='k')
bar_b = ax.bar(x+width/2, type02,
            width,label='type02',color="#484848",ec='k')
bar_c = ax.bar(x+width*3/2,
        type03,width,label='type03',color="#181818",ec='k')
ax.tick_params(which='major',direction='in',length=3,
            width=1,bottom=False)
for spine in ["top","left","right"]:
    ax.spines[spine].set_visible(False)
ax.spines['bottom'].set_linewidth(1.5)
ax.set(xlabel="Name",ylabel="Values",xticklabels=labels,
 yticks=np.arange(0,15,step=2),xticks=x+.1,ylim=(0,14))
ax.legend(ncol=3,frameon=False)
```

提示：分组柱形图绘制的重点在于如何有效地确定每个分组柱形图的具体位置，如本例中参数值 x-width/2、x+width/2 和 x+width*3/2 的调整操作。

（3）堆积柱形图

堆积柱形图（stacked column chart）表示一个大类别中每个小类的数据以及每个小类的占比情况，可显示单个类别与整体的关系。在堆积柱形图中，每一个柱子上的值表示不同数据的大小，各小类的数据总和表示每个类别柱子的高度。通过设置 Matplotlib 库中 axes.Axes.bar() 函数的 bottom 参数，可实现堆积柱形图的绘制。图 4-1-14 分别展示了灰色系和 NEJM 色系堆积柱形图绘制示例。

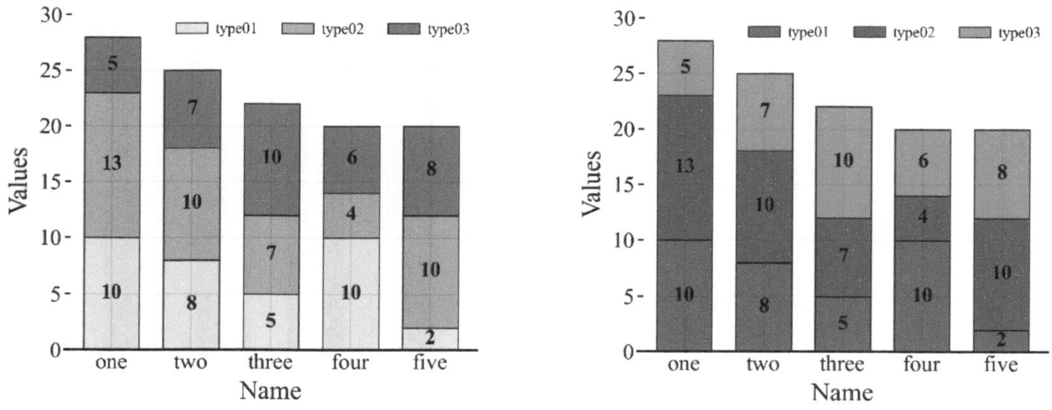
type01
type02
type03
Values
Name
one
two
three
four
five
0
5
10
15
20
25
30

（a）灰色系堆积柱形图绘制示例

（b）NEJM 色系堆积柱形图绘制示例

图 4-1-14 堆积柱形图示例

```
labels = ['one', 'two', 'three', 'four', 'five']
type01 = np.array([10, 8, 5, 10, 2])
type02 = np.array([13, 10,7, 4, 10])
type03 = np.array([5, 7, 10, 6, 8])
width = .7
# 灰色系/NEJM色系堆积柱形图，修改对应颜色值即可
fig,ax = plt.subplots(figsize=(4,3.5),dpi=100)
bar_a = ax.bar(labels, type01, width, label='type01',
               color="#d0d0d0",ec='k')
bar_b = ax.bar(labels, type02, width, bottom=type01,
               label='type02',color="#a8a8a8",ec='k')
bar_c = ax.bar(labels,type03,width,bottom=type01+type02,
    label='type03',color="#808080",ec='k')
ax.tick_params(which='major',direction='in',length=3,
               width=1.,bottom=False)
for spine in ["top","left","right"]:
    ax.spines[spine].set_visible(False)
ax.spines['bottom'].set_linewidth(1.5)
ax.set(xlabel="Name",ylabel="Values",
      xticklabels=labels,ylim=(0,30))
# 添加标签
for c in ax.containers:
    ax.bar_label(c, label_type='center', size=12,
                fontweight="bold")
ax.legend(ncol=3, frameon=False)
```

提示：在使用 ax.bar() 与 barh() 函数绘制堆积柱形图时，需要设置合理的 bottom 和 left 参数值，注意上述例子中堆积柱形图中不同位置的柱形图对应 bottom 参数的设置。对 ax.containers 对象依次进行循环操作，可添加堆积柱形图中每个柱形的文本标签。

（4）百分比堆积柱形图

和堆积柱形图不同，百分比堆积柱形图（100% stacked column chart）用于比较每个小类数值的占比。Matplotlib 同样是通过设置 axes.Axes.bar() 函数中的 bottom 参数来绘制百分比堆积柱形图的，但不同的是，需要分别计算每个柱子的总和、各小类的占比，以及需要对 bottom 进行灵活设置。可使用 Matplotlib 的 ticker.PercentFormatter() 函数进行刻度标签的定制化操作（百分比样式）。图 4-1-15 分别展示了灰色系和 NEJM 色系百分比堆积柱形图绘制示例。

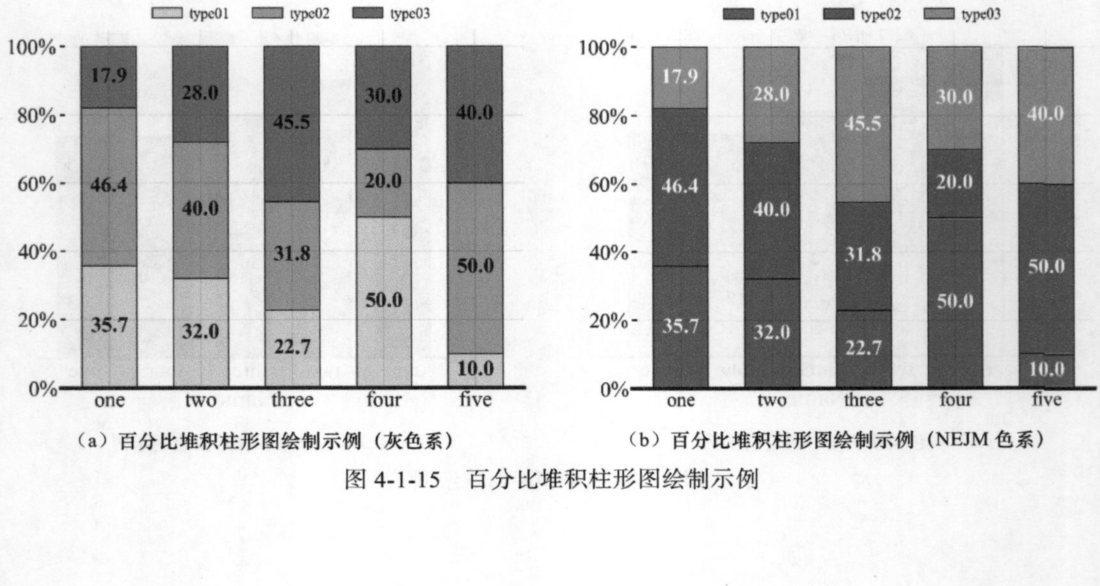
type01
type02
type03
100%
80%
60%
40%
20%
0%
one
two
three
four
five
17.9
46.4
35.7
28.0
40.0
32.0
45.5
31.8
22.7
30.0
20.0
50.0
40.0
50.0
10.0

（a）百分比堆积柱形图绘制示例（灰色系）　　（b）百分比堆积柱形图绘制示例（NEJM 色系）

图 4-1-15　百分比堆积柱形图绘制示例

```
from matplotlib import ticker
labels = ['one', 'two', 'three', 'four', 'five']
type01 = np.array([10, 8, 5, 10, 2])
type02 = np.array([13, 10, 7, 4, 10])
type03 = np.array([5, 7, 10, 6, 8])
all_data = [type01, type02, type03]
# 将bottom_y元素都初始化为0
bottom_y = np.zeros(len(labels))
# 按列计算每个柱子的总和
sums = np.sum(all_data, axis=0)
# 图4-1-14(a) 所示的灰色系百分比堆积柱形图
bar_color = ["#d0d0d0", "#a8a8a8", "#808080"]
bar_label = ["type01", "type02", "type03"]
# 循环读取数据并进行可视化绘制
width = .6
fig,ax = plt.subplots(figsize=(5,4), dpi=100)
for data,color,label in zip(all_data,bar_color,bar_label):
    y = data/sums
    ax.bar(labels,y,width,bottom=bottom_y,color=color,
           label=label,ec='k')
    bottom_y = y + bottom_y
ax.tick_params(which='major',direction='in',length=3,
               width=1.,bottom=False)
for spine in ["top", "left", "right"]:
    ax.spines[spine].set_visible(False)
ax.spines['bottom'].set_linewidth(2)
# 设置刻度标签
ax.set_xticklabels(labels)
ax.set_ylim(ymin = 0,ymax = 1.05)
# 设置百分比形式
ax.yaxis.set_major_formatter(ticker.PercentFormatter(xmax=1))
ax.legend(ncol=3,frameon=False,loc="upper center",
          bbox_to_anchor=(0.5, 1.08))
# 添加标签
for c in ax.containers:
    ax.bar_label(c, label_type='center', size=13,
          labels=[str(round(i*100,1)) for i in c.datavalues],
          color="k",fontweight="bold")
```

提示：使用 Matplotlib 绘制百分比堆积柱形图的关键在于各堆积柱形图数值占比的计算。本案例通过 numpy.sum() 函数计算一根柱子上各分组的总和，再使用循环操作依次计算各分组占比并绘制柱形图。需要注意的是，首次绘制柱形图时 ax.bar() 函数中的参数 bottom 需要设置为 0。对于 *Y* 轴，使用 ax.yaxis.set_major_formatter() 函数与百分比类型（ticker.PercentFormatter）结合的形式完成绘制。在添加柱形图数值标签时，由于计算结果为小数类型，但刻度标签为 100% 形式，因此，需要对它进行转换：（str(round(value*100,1))）。此外，使用 pandas 的 DataFrame.plot() 函数，设置参数 kind 为 bar，设置参数 stacked 为 True，即可快速完成百分比堆积柱形图的绘制。

（5）纹理填充柱形图

有时，我们需要使用不同的填充纹理对柱形图进行样式填充，从而形成纹理填充柱形图（pattern column chart）。相较于使用不同颜色表示，纹理填充柱形图更加符合一些学术期刊的图表绘制需求。想要绘制带纹理填充的柱形图，只需要设置 Matplotlib 库中 axes.Axes.bar() 函数的 hatch 参数。参数 hatch 的可选纹理有 '/'、'\\'、'|'、'-'、'+'、'x'、'o'、'O'、'.' 和 '*' 等，如图 4-1-16 所示（用户还可重复这些纹理以形成新样式）。图 4-1-17 分别展示了 Matplotlib 和 Excel 的纹理填充堆积柱形图示例。

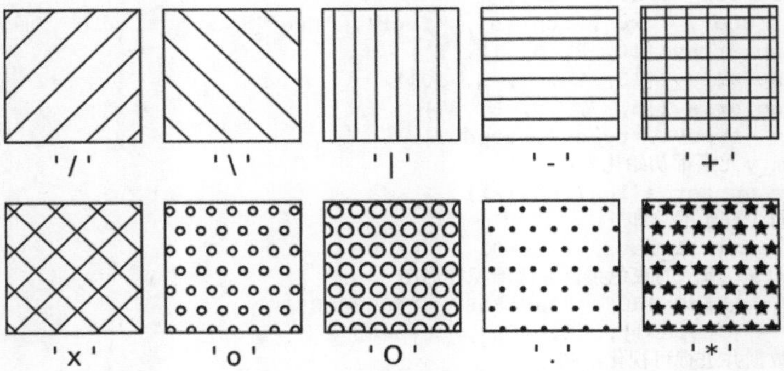
'/'
'\'
'|'
'-'
'+'
'x'
'o'
'O'
'.'
'*'

图 4-1-16　Matplotlib 的 hatch 参数可选纹理示例

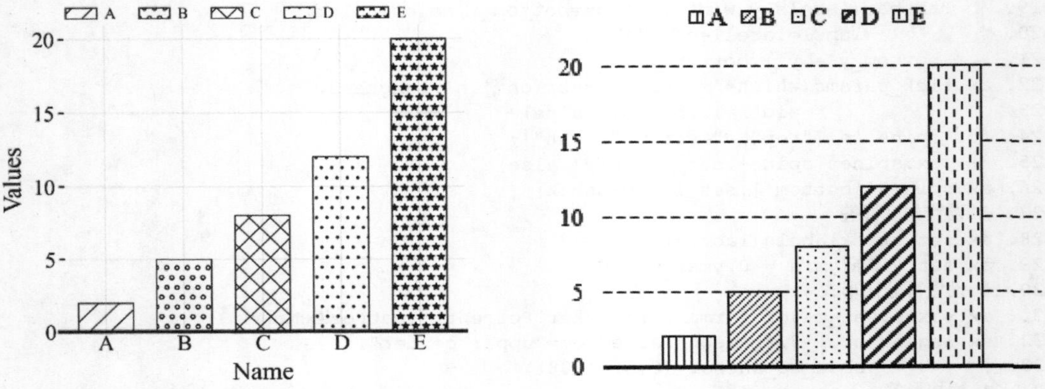
A
B
C
D
E
20
15
10
5
0
Values
Name
A
B
C
D
E
20
15
10
5
0

（a）Matplotlib 的纹理填充堆积柱形图绘制示例　　（b）Excel 的纹理填充堆积柱形图绘制示例

图 4-1-17　Matplotlib 和 Excel 的纹理填充堆积柱形图示例

```
names = ["A","B","C","D","E"]
values = [2,5,8,12,20]
patterns = ['//','oo','xx','..','**']
width = .7
fig,ax = plt.subplots(figsize=(4,3.5),dpi=100)
for name,value,pattern,label in zip(names,values,patterns,names):
    ax.bar(name, value, width,hatch=pattern,
           label=label,color='white',edgecolor='black')
ax.tick_params(which='major',direction='in',length=3,width=1.,
               bottom=False)
for spine in ["top","left","right"]:
    ax.spines[spine].set_visible(False)
ax.spines['bottom'].set_linewidth(2)
```

（6）误差柱形图

误差线旨在表示某些估计或测量可能值的范围，它从表示估计或测量的某个参考点的水平或垂直方向延伸。误差线可以用标准差（SD）、标准误差（SE）和置信区间（CI）表示，我们一般选择标准误差。标准差是方差的平方根，用 σ 表示。（总体）标准差的计算公式如下：

$$\sigma = \sqrt{\frac{\sum_{i=1}^{N}(x_i - \overline{x})^2}{N}}$$

但在实际使用时，常因总体标准差未知而使用样本标准差进行估计。样本标准差的计算公式如下：

$$S=\sqrt{\frac{\sum_{i=1}^{N}(x_i-\overline{x})^2}{N-1}}$$

式中 $x_1,\cdots,x_i$ 皆为实数，$\overline{x}$为其算术平均值。

标准误差表示样本平均数的标准差，描述样本均值对总体期望值的离散程度。其计算公式如下：

$$\sigma\overline{x}=\frac{\sigma}{\sqrt{n}}$$

式中，σ 为总体标准差，n 为样本数。当总体标准差未知时，也可利用样本标准差进行表示，公式如下：

$$\sigma\overline{x}\approx\frac{S}{\sqrt{n}}$$

式中，S 为标准差（样本）。

置信区间是指由样本统计量所构造的总体参数的估计区间。在统计学中，一个概率样本的置信区间是对这个样本某个总体参数的区间估计，它表达的含义是该参数真实值落在测量结果周围的程度。置信区间是在预先确定好的显著性水平下计算得到的。显著性水平通常称为 α，绝大多数情况下，会将 α 设为 0.05，置信度为 $1-\alpha$ 或 $100\times(1-\alpha)\%$。于是，如果 $\alpha=0.05$，那么置信度是 0.95 或 95%。置信区间的一般计算公式如下：

$$\mathrm{CI}=\overline{x}\pm Z\frac{S}{\sqrt{N}}$$

式中，$\overline{x}$为样本数据均值，Z 为置信水平值，S 为样本标准差，N 为样本个数。

误差柱形图（column chart with error bars）是柱形图和误差线的组合，可以通过添加误差线来表示各个类别数据具有不确定性的数量。在绘制误差柱形图时，Matplotlib 首先需要计算标准误差，即使用 NumPy 的 std() 函数计算标准差、使用 sqrt() 函数计算平方根；然后将它们相除，得到标准误差；最后设置 Matplotlib 中参数 yerr 的值，即可绘制误差柱形图。用户还可以通过设置 Seaborn 库中 barplot() 函数的参数 estimator 和 ci 来绘制误差柱形图，其中 ci 可选择 sd 或 95 等值，分别绘制标准差线和置信区间误差线。图 4-1-18 分别展示了单数据系列误差柱形图，以及通过 Seaborn 绘制的 SD 和 CI 分组误差柱形图。

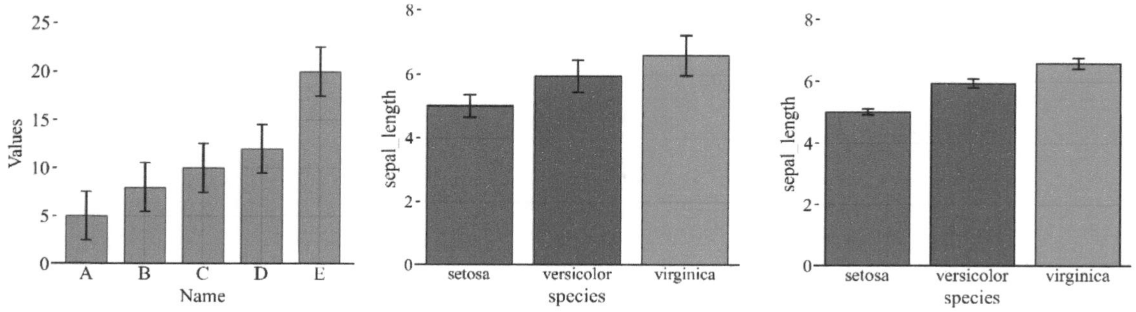
Values
Name
A
B
C
D
E
sepal_length
species
setosa
versicolor
virginica
sepal_length
species
setosa
versicolor
virginica

（a）单数据误差柱形图示例　（b）Seaborn 误差柱形图示例（SD）　（c）Seaborn 误差柱形图示例（CI）

图 4-1-18　误差柱形图绘制示例

```
# 图4-1-18(a) 绘制代码
names = ["A","B","C","D","E"]
values = [5,8,10,12,20]
#calculate standard error SE
std_error = np.std(values, ddof=1) / np.sqrt(len(values))
fig,ax = plt.subplots(figsize=(4,3.5),dpi=100)
ax.bar(x=names, height=values, width=.7,color="gray",
       edgecolor="k",yerr=std_error, capsize=4)
# 图4-1-18(b) 绘制代码
import Seaborn as sns
error_bar = sns.load_dataset("iris")
palette=["#BC3C29FF","#0072B5FF","#E18727FF"]
fig,ax = plt.subplots(figsize=(4,3.5),dpi=100,)
sns.barplot(x="species", y="sepal_length", data=error_bar,
    palette=palette, estimator=np.mean, ci="sd", capsize=.1,
    errwidth=1.5, errcolor="k", ax=ax, saturation=1,
    **{"edgecolor":"k", "linewidth":1})
# 图4-1-18(c) 绘制代码
# 设置ci参数的值为95即可，其他代码与图4-1-18(b) 绘制代码相同
```

另外，我们可以使用自定义方法绘制误差柱形图。首先，可使用自定义方法计算标准差、标准误差和置信区间的数值，然后赋值给 Matplotlib 中 axes.Axes.bar() 函数的参数 yerr，即可绘制相应的误差柱形图。图 4-1-19 为使用 Matplotlib 绘制的基于自定义方法的不同类别误差柱形图。

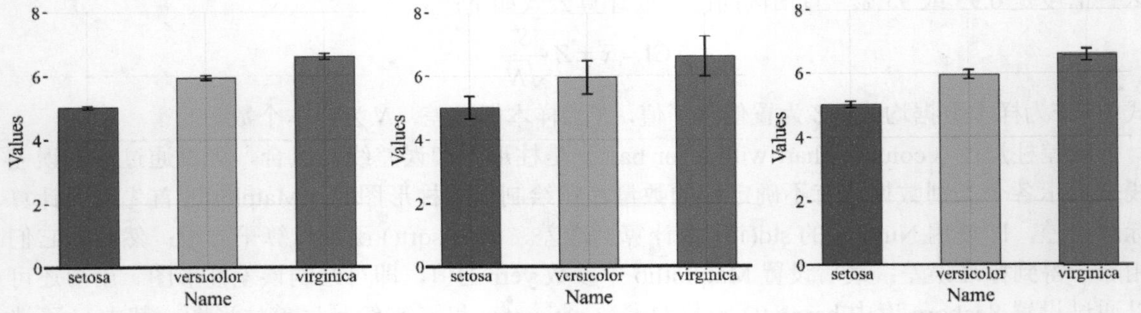
8
6
4
2
0
Values
setosa
versicolor
virginica
Name

（a）SE 误差柱形图　（b）SD 误差柱形图　（c）CI 误差柱形图

图 4-1-19　使用 Matplotlib 绘制的基于自定义方法的不同类别误差柱形图示例

首先，自定义置信区间的计算函数，代码如下：

```
import numpy as np
import scipy.stats
def mean_confidence_interval(data, confidence=0.95):
    a = 1.0 * np.array(data)
    n = len(a)
    m, se = np.mean(a), scipy.stats.sem(a)
    ci = se * scipy.stats.t.ppf((1 + confidence) / 2., n-1)
    return ci
```

然后，分别计算各个分类数据的标准误差、标准差和置信区间：

```
error_bar = sns.load_dataset("iris")
data = error_bar[["sepal_length","species"]]
# 计算一种类别数据，其他类别数据的计算方式相同
```

```
data_select =
data[data["species"]=="versicolor"]["sepal_length"]
versicolor_mean =
data[data["species"]=="versicolor"]["sepal_length"].mean()
versicolor_sd =
data[data["species"]=="versicolor"]["sepal_length"].std()
versicolor_se = versicolor_sd / np.sqrt(len(data_select))
versicolor_ci = mean_confidence_interval(data_select)
```

最后，依次对结果进行可视化绘制：

```
#图4-1-19(a) 绘制代码
names = ["setosa", "versicolor", "virginica"]
colors = ['#0073C2FF', '#EFC000FF', '#868686FF']
means = [setosa_mean,versicolor_mean,virginica_mean]
sd = [setosa_sd,versicolor_sd,virginica_sd]
fig,ax = plt.subplots(figsize=(4,3.5),dpi=100)
ax.bar(x=names, height=means, width=.5, color=colors,
edgecolor="k", yerr=sd, capsize=4)
ax.tick_params(which='major', direction='in', length=3,
               width=1., bottom=False)
for spine in ["top","left","right"]:
    ax.spines[spine].set_visible(False)
ax.spines['bottom'].set_linewidth(1.5)
ax.set(xlabel="Name", ylabel="Values",
        xticklabels=names, ylim=(0,8))
plt.tight_layout()
# 对于图4-1-19(b)、图4-1-19(c) 的绘制，只需要修改参数yerr的值
```

提示：使用自定义方法绘制误差柱形图的好处是可以充分了解每个数值的计算过程，其重点在于每个关键指标的计算和对应绘图函数参数的赋值。

在对分组数据绘制误差柱形图时，常规操作可能需要大量计算步骤，而使用 Seaborn 库则可以快速完成误差柱形图的绘制，而且可以跳过烦琐的误差计算过程。图 4-1-20 分别展示了使用 Seaborn 绘制的分组标准差、分组置信区间误差柱形图示例。

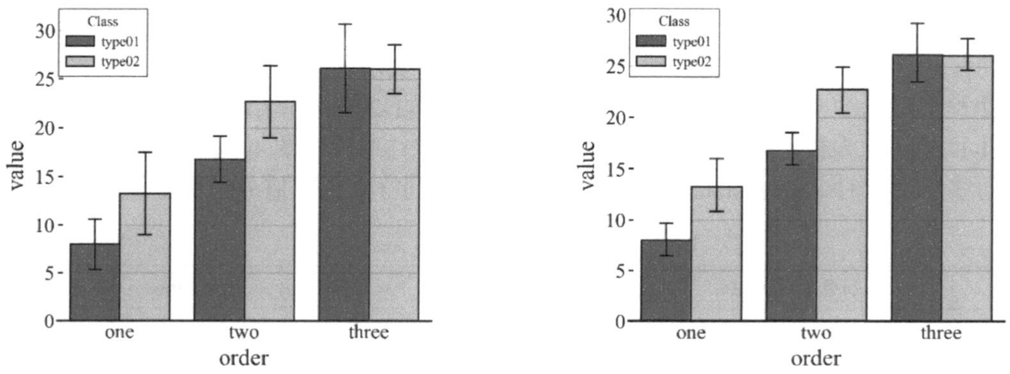
Class
type01
type02
30
25
20
15
10
5
0
value
one
two
three
order
Class
type01
type02
30
25
20
15
10
5
0
value
one
two
three
order

（a）分组标准差误差柱形图　　（b）分组置信区间误差柱形图

图 4-1-20　分组标准差、分组置信区间误差柱形图绘制示例

```
group_data = pd.read_excel(r"\分组误差柱形图数据.xlsx")
# 图4-1-19(a) 绘制代码如下
# 对于图4-1-19(b) 的绘制，修改ci=95即可
palette=['#0073C2FF','#EFC000FF']
fig,ax = plt.subplots(figsize=(4,3.5),dpi=100)
ax = sns.barplot(x="order",y="value",hue="class",
        data=group_data,palette=palette,ci="sd",
        capsize=.1,errwidth=1,errcolor="k",
        saturation=1,**{"edgecolor":"k","linewidth":1},
        ax=ax)
ax.tick_params(which='major',direction='in',length=3,
               width=1.,bottom=False)
for spine in ["top","left","right"]:
    ax.spines[spine].set_visible(False)
ax.spines['bottom'].set_linewidth(1.5)
# 设置图例
ax.legend(title="Class")
```

（7）p 值的添加

在绘制一些统计图时，经常需要在图中添加一些统计标记信息，如两组或多组数据间的显著性水平，用于更好地对比数据间的关系，使图更具可解释性和专业性。

显著性检验是统计假设检验的一种，主要用于表示两组或多组数据之间有无差异以及差异是否显著。Python 数据分析库 SciPy 中的 stats 模块提供了常见的差异显著性检验方法，如 T 检验（T-test）、KS 检验和卡方检验（chi-square test）等方法，表 4-1-1 展示了 stats 模块中常用的差异显著性检验方法。

表 4-1-1 scipy.stats 模块提供的常用差异显著性检验方法

方法	scipy.stats 实现方法	描述
T-test	scipy.stats.ttest_ind()	T 检验，比较两组（参数），具有相同方差
chi-square test	scipy.stats.chisquare()	卡方检验，比较两组及两组以上（非参数）
Wilcoxon test	scipy.stats.wilcoxon()	Wilcoxon 符号秩检验，比较两组样本之间的均值（非参数）
Kruskal-Wallis H-test	scipy.stats.kruskal()	Kruskal-Wallis H 检验，比较两组及两组以上（非参数）

p 值（p value）是用来判定假设检验的一个参数，常涉及统计结果显著性的判定。需要注意的是，p 值反映的是两组数据有无统计学意义，并不表示两组数据的差别。p 值在图中可使用符号“*”表示，“*”的个数表示不同的 p 值。表 4-1-2 详细介绍了 p 值和“*”的对应关系。图 4-1-21（a）为使用自定义方法绘制的带 p 值误差柱形图，图 4-1-21（b）和图 4-1-21（c）则为面对多组数据时，使用 statannotations 库绘制的不同样式带 p 值分组误差柱形图。

表 4-1-2 p 值和“*”的对应关系

符号（symbol）	含义（meaning）
ns(non-significance)	$p > 0.05$
*	$p \leqslant 0.05$
**	$p \leqslant 0.01$
***	$p \leqslant 0.001$
****	$p \leqslant 0.0001$

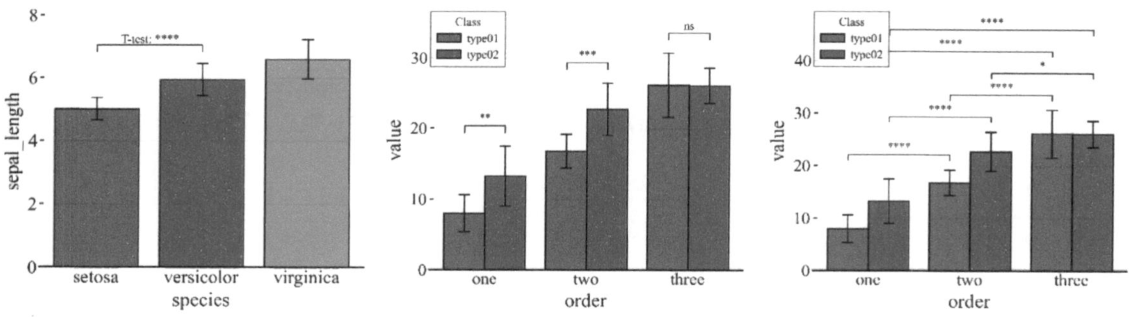
T-test: ****
sepal_length
setosa
versicolor
virginica
species
Class
type01
type02
value
one
two
three
order
ns

（a）自定义方法单组 p 值添加　（b）statannotations 组内 p 值添加　（c）statannotations 组间 p 值添加

图 4-1-21　带 p 值分组误差柱形图绘制示例

在使用自定义方法在统计图上添加 p 值时，需要单独构建 p 值计算公式和样式转换函数。p 值转换函数的详细代码如下。

```
def convert_pvalue_to_asterisks(pvalue):
    if pvalue <= 0.0001:
       return "****"
    elif pvalue <= 0.001:
       return "***"
    elif pvalue <= 0.01:
       return "**"
    elif pvalue <= 0.05:
       return "*"
    return "ns"
```

先使用 scipy.stats 中的 T 检验函数进行 p 值计算，再通过 plt.plot() 和 text() 函数设置合理的位置数值以进行 p 值横线和样式的添加。图 4-1-21（a）的核心绘制代码如下。

```
stat,p_value = scipy.stats.ttest_ind(
  data_p[data_p["species"]=="setosa"]["sepal_length"],
  data_p[data_p["species"]=="versicolor"]["sepal_length"],
  equal_var=False)
# 定义p值和*号转换函数
p_value_cov = convert_pvalue_to_asterisks(p_value)
palette=["#BC3C29FF","#0072B5FF","#E18727FF"]
fig,ax = plt.subplots(figsize=(4,3.5),dpi=100)
ax = sns.barplot(x="species",y="sepal_length",
    data=iris,palette=palette,estimator=np.mean,ci="sd",
    capsize=.1,errwidth=1,errcolor="k",ax=ax,
    saturation=1,**{"edgecolor":"k","linewidth":1})
# 添加p值
x1, x2 = 0, 1
y,h = data_p["sepal_length"].mean()+1,.2
# 绘制横线位置
ax.plot([x1, x1, x2, x2], [y, y+h, y+h, y], lw=1, c="k")
# 添加p值
ax.text((x1+x2)*.5, y+h, "T-test: "+ p_value_cov,
        ha='center', va='bottom', color="k")
```

提示：scipy.stats.ttest_ind() 函数设置了参数 equal_var 值为 False（默认为 True），即假设总体方差相等。

Python 的第三方库 statannotations 是一个专门在 Seaborn 绘图对象上添加统计显著性注释

信息的绘制工具，适用于 Seaborn 的 box plots、bar plots 和 violin plots 等众多图形对象。此外，它基于 scipy.stats 模块中的多种检验方法，如曼 - 惠特尼秩和检验、独立和配对样本 T 检验（T-test(independent and paired)）和威尔科克森符号秩检验（Wilcoxon test）等。statannotations 库使用其 Annotator() 函数在绘图对象上添加显著性 p 值。图 4-1-21（c）的核心绘制代码如下。

```
group_data = pd.read_excel(r"\分组误差柱形图数据.xlsx")
from statannotations.Annotator import Annotator
palette = ["#BC3C29FF","#0072B5FF"]

fig,ax = plt.subplots(figsize=(4,3.5),dpi=100)
ax = sns.barplot(x="order",y="value",hue="class",
  data=group_data,palette=palette,ci="sd",
  capsize=.1,errwidth=1,errcolor="k",ax=ax,saturation=1,
  **{"edgecolor":"k","linewidth":1})
# 添加p值
box_pairs = [(("one","type01"),("two","type01")),
             (("one","type02"),("two","type02")),
             (("one","type01"),("three","type01")),
             (("one","type02"),("three","type02")),
             (("two","type01"),("three","type01")),
             (("two","type02"),("three","type02"))]
annot = Annotator(ax, pairs=box_pairs,data=group_data,
                  x="order",y="value",hue="class")
annot.configure(test='t-test_ind',text_format='star',
   line_offset_to_group=.01,line_height=0.03,line_width=1)
annot.apply_and_annotate()
```

提示：图 4-1-21(b)、图 4-1-21(c) 和图 4-1-21(a) 的主要区别在于，在计算不同组之间的 p 值时，statannotations 库在 Annotator() 函数中直接将 pairs 参数值定义为 box_pairs，使得组间和组内的计算都明确展示，极大地简化了计算量，可定义性较强。

（8）单独数据点的添加

有时，需要在柱形图上可视化单独的数据点（individual data point），用于展示绘制数据的数据点，以便更好地展示数据集统计结果。图 4-1-22 为利用 Seaborn 绘制的误差柱形图单独数据点（抖动样式）可视化效果。

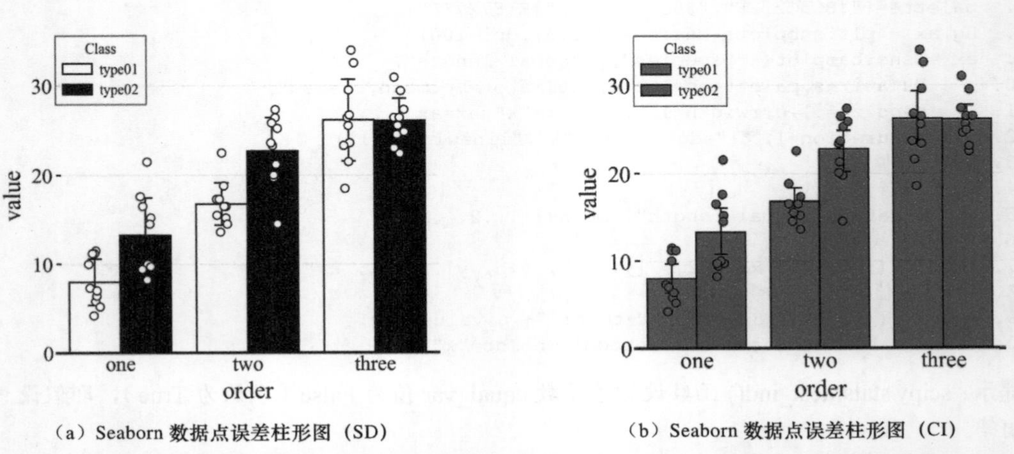
Class
type01
type02
value
order
one
two
three
0
10
20
30

（a）Seaborn 数据点误差柱形图（SD）　　（b）Seaborn 数据点误差柱形图（CI）

图 4-1-22　利用 Seaborn 绘制的误差柱形图单独数据点（抖动样式）可视化效果

在 Seaborn 中，想要绘制带单独数据点的误差柱形图，可使用 barplot() 和 stripplot() 函数，前者用于绘制带误差线的分组柱形图，后者则用于绘制单独的分组散点图。需要注意的是，由于使用这两个函数进行绘制会导致图例出现重复，所以会有柱形和散点图例分别表示相同的数据组。因此，这里对图例进行“筛选”操作：首先，使用 ax.get_legend_handles_labels() 语句获取图例句柄（handle）和标签（label）；然后，使用 plt.legend(handles[:],labels[:],⋯) 语句绘制被选择的图例句柄和标签对象。图 4-1-22 的绘制核心代码如下。

```
group_data_point = pd.read_excel(r"\分组误差柱形图数据.xlsx")
# 本段代码为图4-1-21(a) 的绘制，而对于图4-1-21(b) 的绘制，只需要修改 # barplot()函数中的ci和
#palette参数
palette=['white','black']
palette_point=['white','white']
fig,ax = plt.subplots(figsize=(4,3.5),dpi=100)
plot = sns.barplot(x="order",y="value",hue="class",
   data=group_data_point,palette=palette,ci="sd",
   capsize=.1,errwidth=1,errcolor="k",ax=ax,saturation=1,
   **{"edgecolor":"k","linewidth":1})
# 添加单独数据点
sns.stripplot(x="order",y="value",hue="class",
    data=group_data_point,dodge=True,palette=palette_point,
    edgecolor="black",linewidth=.75)
# 对图例的"筛选"操作
handles, labels = ax.get_legend_handles_labels()
l = plt.legend(handles[2:], labels[2:],loc="upper left",
               title="Class")
```

提示：在使用 Seaborn 的 stripplot() 函数绘制分组柱形图上的单独数据点时，需要将 dodge 参数设置为 True，绘图数据会根据 hue 参数进行散点的分组绘制。此外，带单独数据点的误差柱形图的绘制本质上是组合图的绘制，这类图在学术图表绘制任务中经常出现，通常方法是使用 Matplotlib 在现有绘图对象或画布中添加额外子图，或者使用 Seaborn 中的不同绘图函数叠加图层。

3. 使用场景

在一般的科研绘图中，柱形图主要用于分类数据间的对比，如简单的柱形图可用于对比不同组实验数据的数值大小；分组柱形图用于对比不同分组内相同分类的数值大小和相同分组内不同分类的数值大小；堆积柱形图不但能对比不同分组的总量大小，而且能对比同一分组内不同分类的数值大小；带误差和显著性注释 p 值的柱形图则更加适用于多组实验数据统计结果对比分析以及相关检验分析。柱形图在多种学科中被广泛使用，如社会学、经济学、大气科学、生物学、机械工程、临床医学等。

4.1.7 人口“金字塔”图

1. 介绍和绘制方法

人口“金字塔”（population pyramid）图作为统计柱形图的一种，用类似金字塔的形状对人口年龄和性别的分布情况进行了形象展示。在通常情况下，其纵轴表示年龄，横轴表示人口数，按左侧为男、右侧为女进行绘制。人口“金字塔”图适用于检测人口模式的变化差异，其形状可以很好地展示人口结构，如底部较宽、顶部狭窄的人口“金字塔”图表示该群体具有很高的生育率和死亡率；而顶部较宽、底部狭窄的金字塔则表示出现人口老龄化，而且生育率低。也就是说，它可用来推测人口的未来发展情况。除此之外，人口“金字塔”图也适用于其

他通过两个分类变量分析一组数据的情况。图 4-1-23 为使用 Seaborn 库绘制的人口“金字塔”图示例。

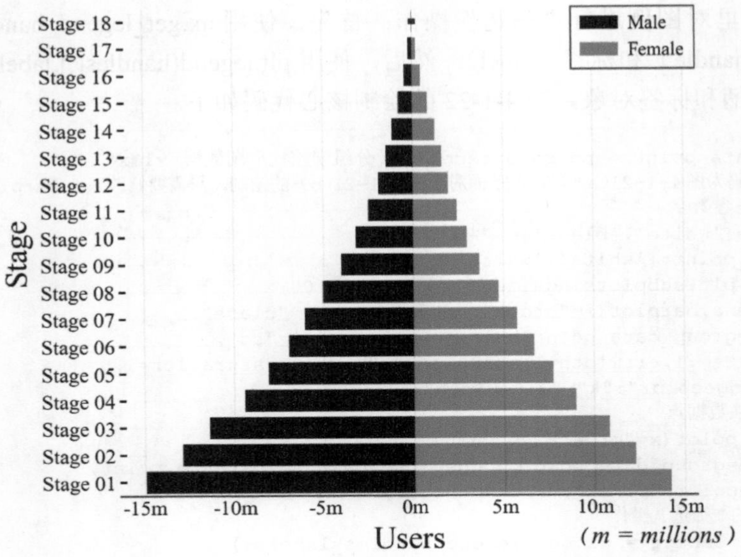
Male
Female
Stage
Stage 18
Stage 17
Stage 16
Stage 15
Stage 14
Stage 13
Stage 12
Stage 11
Stage 10
Stage 09
Stage 08
Stage 07
Stage 06
Stage 05
Stage 04
Stage 03
Stage 02
Stage 01
-15m
-10m
-5m
0m
5m
10m
15m
Users
(m = millions)

图 4-1-23　利用 Seaborn 绘制的人口“金字塔”图示例

技巧：人口“金字塔”图的绘制

使用 Seaborn 库中的 barplot() 函数，结合循环操作并设置数据绘制顺序 order 参数，即可绘制人口“金字塔”图。需要指出的是，在绘制人口“金字塔”图的 X 轴刻度标签时，使用自定义标签样式对百万级别数字使用字母 m(million) 表示。图 4-1-23 的绘制核心代码如下。

```
population = pd.read_excel(r"\人口金字塔图练习数据.xlsx")
label_list = [-20000000,-15000000,-10000000,-
             5000000,0,5000000,10000000,15000000,20000000]
tick_f = [str(int(i/1000000))+"m" for i in label_list]
fig,ax = plt.subplots(figsize=(5,4),dpi=100)
group_col = 'Gender'
order_of_bars = population_data.Stage.unique()[::-1]
col_colors = ["black","gray"]
for color,group in
zip(col_colors,population_data[group_col].unique()):
    sns.barplot(x='Users', y='Stage',
data=population_data.loc[population_data[group_col]==group
, :],order=order_of_bars, color=color, label=group,ax=ax)
ax.set_xticklabels(labels=tick_f)
```

提示：对于人口“金字塔”图的绘制，由于其横坐标数值一般较大（十万、百万级别），因此，可通过自定义刻度标签样式进行绘制（使用 ax.set_xticklabels() 函数自定义刻度标签样式即可）。

2. 使用场景

由于人口“金字塔”图主要显示人口或不同群体之间的结构或模式变化差异，因此，它适用于生态学、社会学和经济学等研究领域中不同研究项目中的数据展示。

4.1.8 箱线图

1. 介绍和绘制方法

箱线图（box plot）又称箱盒图、盒须图，是一种展示数据分布情况的统计图形，即显示一组数据的最大值、最小值、中位数和上下四分位数。从图形结构上来看，箱线图中箱子的顶端和底端分别表示上下四分位数，箱子中间的横线表示中位数，从箱子两端延伸出去的线条用来表示上下四分位数以外的数据。此外，一组数据中的异常值将在箱线图内以单独的点进行展示。箱线图通常用于对一组或多组数据进行描述性统计，以图的方式快速实现数据分布查看。图 4-1-24 分别展示了使用 Seaborn 库绘制的一般多组箱线图、多组缺口箱线图，以及使用 SciencePlots 主题库绘制的多组箱线图示例。

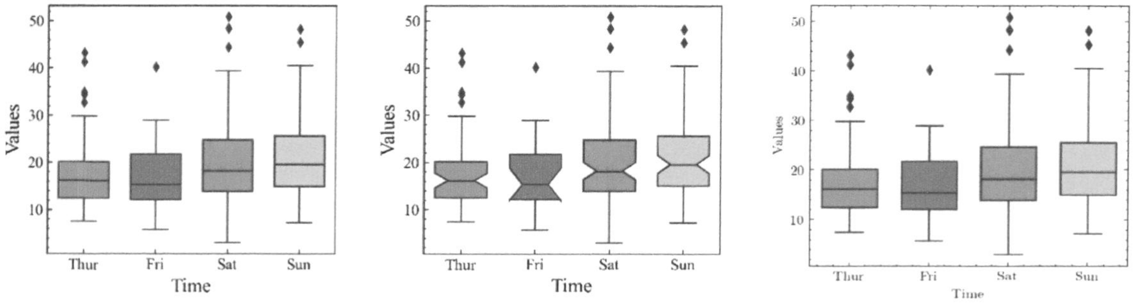
Values
Time
Thur
Fri
Sat
Sun
10
20
30
40
50

（a）使用 Seaborn 绘制的一般多组箱线图

（b）使用 Seaborn 绘制的多组缺口箱线图

（c）使用 SciencePlots 主题库绘制的多组箱线图

图 4-1-24　使用 Seaborn 和 SciencePlots 绘制的多组箱线图示例

技巧：利用 Seaborn 绘制箱线图

在 Seaborn 中绘制单组或多组数据的箱线图时，可使用其 boxplot() 函数进行绘制，即通过灵活设置 x、y 参数值绘制纵向箱线图（x 为分类变量，y 为数值变量）和横向箱线图（x 为数值变量，y 为分类变量）。此外，Matplotlib 中用于绘制箱线图的 boxplot() 函数中的大部分参数也都可以在 Seaborn 的 boxplot() 函数中使用，如设置 notch=True，可绘制缺口箱线图（notched box plot）。图 4-1-24 的核心绘制代码如下。

```
import Seaborn as sns
colors = ["#2FBE8F","#459DFF","#FF5B9B","#FFCC37"]
tips = sns.load_dataset("tips")
fig,ax = plt.subplots(figsize=(4,3.5),dpi=100)
# 图4-1-23(a) 的绘制代码
boxplot = sns.boxplot(x="day", y="total_bill",data=tips,
        palette=colors,saturation=1,width=.7,linewidth=1.2)
ax.set_xlabel("Time")
ax.set_ylabel("Values")
# 图4-1-23(b) 的绘制代码
sns.boxplot(x="day", y="total_bill",data=tips, notch=True,
        palette=colors,saturation=1,width=.7,linewidth=1.2)
# 图4-1-23(c) 的绘制代码
```

```
plt.style.use('science')
sns.boxplot(x="day", y="total_bill",data=tips,
            palette=colors,saturation=1,width=.7,
            linewidth=1.2)
```

提示：在默认的 Seaborn 绘制多组箱线图的过程中，对于特定的颜色赋值，绘图结果往往和颜色本身有所不同，这时需要设置饱和度参数（saturation）为 1。本节附带的完整绘图代码同时包括 Matplotlib 绘制版本。

在使用 Seaborn 的 boxplot() 函数绘制分组箱线图时，只需要设置其 hue 参数。图 4-1-25 为分组箱线图绘制示例。

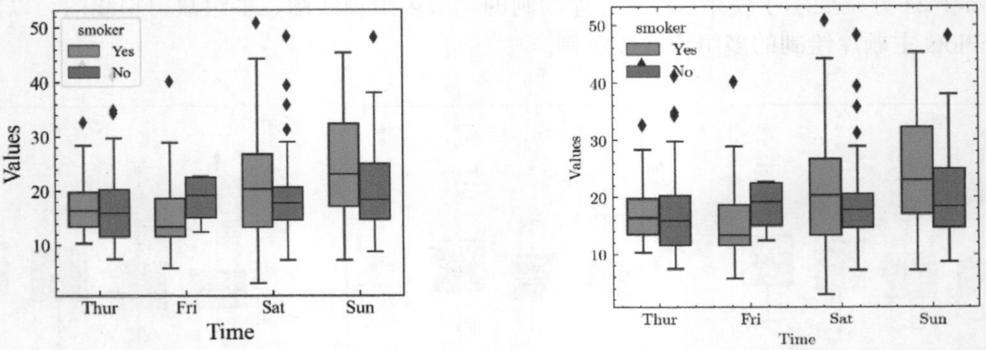
smoker
Yes
No
Values
Time
Thur
Fri
Sat
Sun
10
20
30
40
50

（a）使用 Seaborn 绘制分组箱线图　　（b）使用 SciencePlots 主题库绘制分组箱线图

图 4-1-25　分组箱线图绘制示例

技巧：利用 Seaborn 绘制分组箱线图

图 4-1-25 的核心绘制代码如下。

```
import Seaborn as sns
# 图4-1-24(a) 的绘制代码
colors = ["#2FBE8F","#459DFF","#FF5B9B","#FFCC37"]
tips = sns.load_dataset("tips")
grouped_boxplot = sns.boxplot(x="day", y="total_bill",
                  hue="smoker",data=tips, palette=colors,
                  saturation=1,width=.7,linewidth=1.2)

# 图4-1-24(b) 的绘制代码
plt.style.use('science')
grouped_boxplot = sns.boxplot(x="day", y="total_bill",
                  hue="smoker",data=tips, palette=colors,
                  saturation=1,width=.7,linewidth=1.2)
```

字母值箱线图

当数据集个数较少（$N<200$）时，常规箱线图对展示数据集 50% 值以及整体数据范围分布作用明显。在面对较多数据集（$10000<N<100000$）时，常规箱线图在数据估计四分位数之外的分位数显示、异常值分布等展示上存在问题，而字母值箱线图（letter-value boxplot）可以很好地解决上述问题。

字母值箱线图是标准箱线图的扩展，它使用多个框来覆盖越来越大的数据集比例，第一个框仍然覆盖中心区域的 50%，第二个框从第一个框延伸到剩余区域的一半（总共 75%，每端剩余 12.5%），第三个框覆盖剩余区域的另一半（总体为 87.5%，每端剩余 6.25%），依此类推，直到过程结束，而剩余点被标记为异常值。图 4-1-26（a）、图 4-1-26（b）分别为利用 Seaborn 绘制的单组字母值箱线图样式和对应的 SciencePlots 主题库样式，图 4-1-26（c）、图 4-1-26（d）则为对应的分组字母值箱线图版本绘制示例。

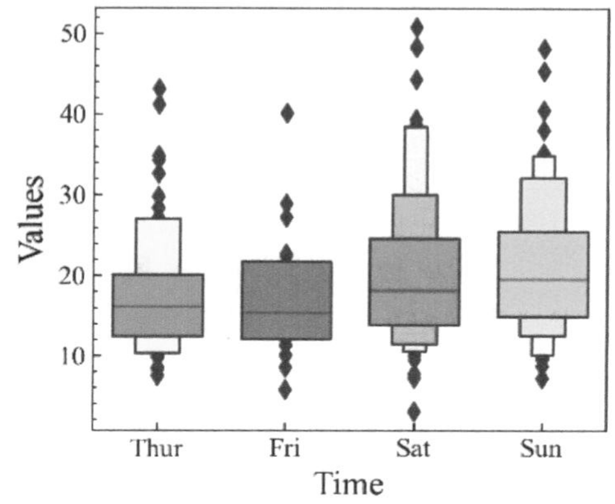
50
40
30
20
10
Values
Thur
Fri
Sat
Sun
Time

（a）利用 Seaborn 绘制的单组字母值箱线图

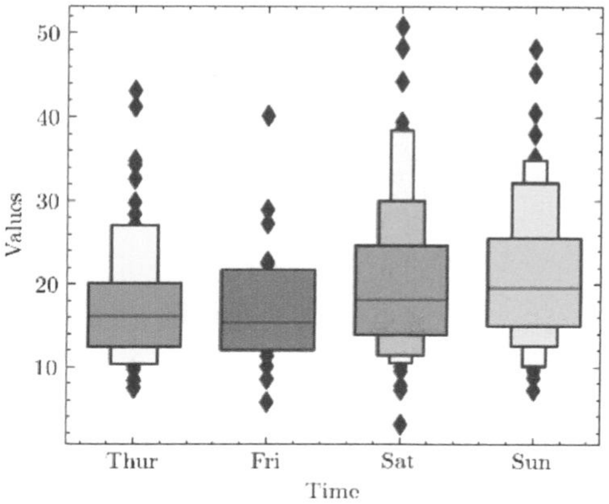
50
40
30
20
10
Values
Thur
Fri
Sat
Sun
Time

（b）利用 SciencePlots 主题库绘制的单组字母值箱线图

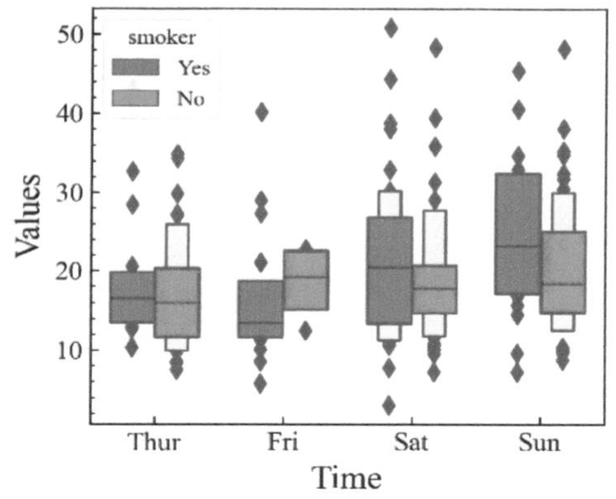
smoker
Yes
No
50
40
30
20
10
Values
Thur
Fri
Sat
Sun
Time

（c）利用 Seaborn 绘制的分组字母值箱线图

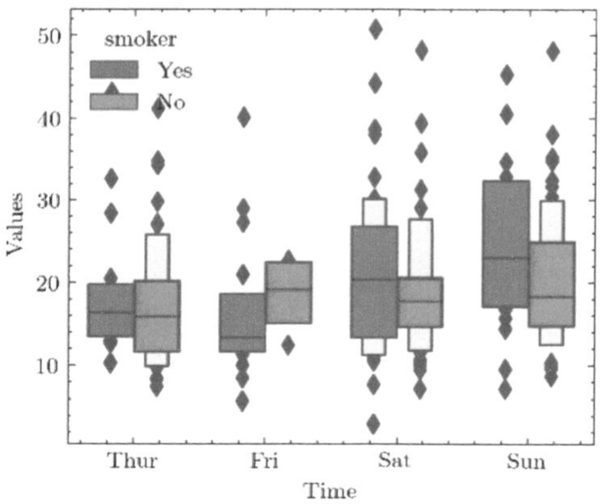
smoker
Yes
No
50
40
30
20
10
Values
Thur
Fri
Sat
Sun
Time

（d）利用 SciencePlots 主题库绘制的分组字母值箱线图

图 4-1-26　单组 / 分组字母值箱线图绘制示例

技巧：字母值箱线图

在 Seaborn 中，可使用 boxenplot() 函数完成字母值箱线图的绘制，该函数中的大部分参数和 boxplot() 函数相同。绘制分组字母值箱线图时只需要设置 boxenplot() 函数中的 hue 参数。图 4-1-26 的核心绘制代码如下。

```
import Seaborn as sns
tips = sns.load_dataset("tips")
colors = ["#2FBE8F","#459DFF","#FF5B9B","#FFCC37"]
# 图4-1-25(a) 的绘制代码
```

```
fig,ax = plt.subplots(figsize=(4,3.5),dpi=100,)
ax = sns.boxenplot(x="day", y="total_bill", data=tips,
    palette=colors,saturation=1,width=.7,linewidth=1.2)
# 图4-1-25(c) 的绘制代码
colors = ["#459DFF","#FF5B9B"]
fig,ax = plt.subplots(figsize=(4,3.5),dpi=100,)
ax = sns.boxenplot(x="day", y="total_bill", hue="smoker",
     data=tips,palette=colors,saturation=1,linewidth=1.2)
# 绘制图4-1-25(b)(d) 的SciencePlots主题样式时应在绘制之前添加如下代码
#plt.style.use('science')

```

散点箱线图

有时，为了更好地观察数据，通常会在箱线图上用点的形式单独绘制出所有数据。在 Seaborn 中，使用 boxplot() 结合 swarmplot() 或者 stripplot() 函数即可绘制出带数据点的箱线图效果。需要注意的是，为了图表的可观测性，在箱线图上绘制单独数据点时，一般不需要显示箱线图中的异常点（上下四位数范围外的数据点）。想要实现这一操作，只需要在 boxplot() 函数中设置参数 whis=np.inf 。图 4-1-27 分别为 boxplot() 结合 stripplot() 函数（jitter=0.15）、swarmplot() 函数绘制的散点箱线图示例。

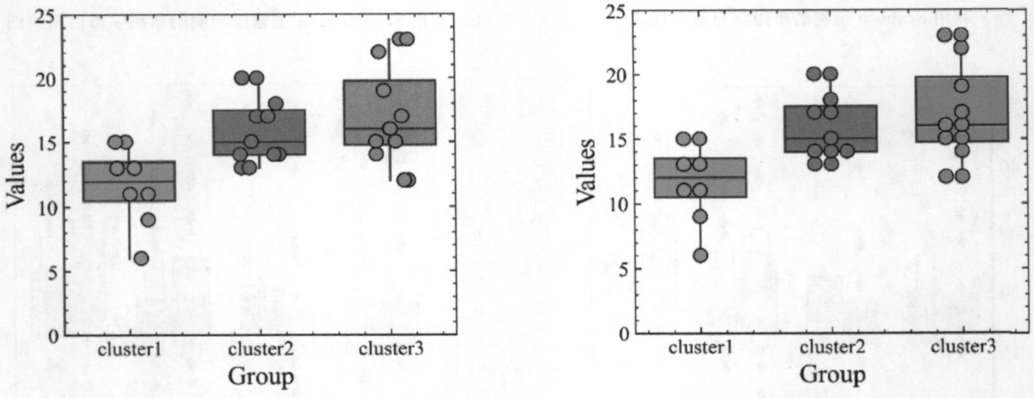

25
20
15
10
5
0
Values
cluster1
cluster2
cluster3
Group

（a）Seaborn 散点箱线图绘制（stripplot()）　　（b）Seaborn 散点箱线图绘制（swarmplot()）

图 4-1-27　散点箱线图绘制示例

技巧：散点箱线图

```
scatterbox = pd.read_excel(r"\scatterbox_data.xlsx")
# 图4-1-26(a) 对应的stripplot()函数绘制
boxplot = sns.boxplot(x="group",y="values",
 data=scatterbox,palette=colors,saturation=1,width=.7,
  linewidth=1.2,whis=np.inf,showcaps=False,ax=ax)
point = sns.stripplot(x="group",y="values",data=scatterbox,
   size=8,jitter=.15,palette=colors,edgecolor="k",
   linewidth=.8,ax=ax)
# 对于图4-1-26(b) 的绘制，要将stripplot()更换成swarmplot()函数
```

绘制抖动散点时，可以自定义函数进行操作，即先使用 SciPy 库中统计分析函数 stats() 进行抖动散点 x 值的生成，然后和 Matplotlib 的 axes.Axes.scatter() 函数组合并设置图层顺序参数

zorder=3，使它在 axes.Axes.boxplot() 函数绘制的箱线图图层之上。图 4-1-28 为 Matplotlib 结合自定义抖动参数绘制的抖动散点箱线图效果。

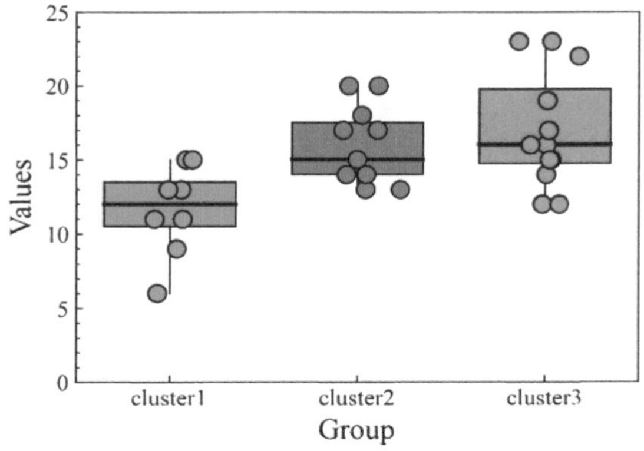
Values
Group
cluster1
cluster2
cluster3
0
5
10
15
20
25

图 4-1-28　自定义散点箱线图绘制示例

技巧：自定义散点箱线图

```
# stats()计算抖动散点x值
from scipy import stats
groups = sorted(scatterbox["group"].unique())
y_data = [scatterbox[scatterbox["group"] ==  group]
            ["values"].values for group in groups]
# 自定义抖动散点所需的x值
jitter = 0.06
x_data = [np.array([i] * len(d)) for i, d in enumerate(y_data)]
x_jittered = [x + stats.t(df=6, scale=jitter).rvs(len(x))
               for x in x_data]
colors = ["#2FBE8F","#459DFF","#FF5B9B"],labels = groups
fig,ax = plt.subplots(figsize=(4,3.5),dpi=100,facecolor="w")
boxplot = ax.boxplot(y_data, positions=[0,1,2],patch_artist=True,
          labels=labels,widths=.7,
          medianprops={"color":"k","linewidth":2},showcaps=False)
# 修改箱线图填充颜色
for patch, color in zip(boxplot['boxes'], colors):
    patch.set_facecolor(color)
# 添加抖动散点
for x, y, color in zip(x_jittered, y_data, colors):
    ax.scatter(x, y, s = 80, color=color, ec="k",lw=1,zorder=3)
```

带显著性标注箱线图

在常见的统计分析中，显著性检验分析方法是最常用的分析方法之一，其目的是判断两个乃至多组数据集之间是否存在差异及差异是否显著，而在统计绘图中，也需要将显著性检验结果添加到绘制图层中。在 Python 的 SciPy 库中，Stats 模块中就提供了常见的差异性显著检测方法，如 T 检验（T-test）、科尔莫戈罗夫 - 斯米尔诺夫检验（Kolmogorov-Smirnov test，简称 KS 检验）和卡方检验（chi-square test）等方法。要想在图形中添加显著性 p 值，可通过自定义函数或使用第三方库 statannotations 库进行操作。图 4-1-29 分别为使用 statannotations 库绘制的带显著性标注的单组箱线图、单组散点箱线图和分组箱线图示例。

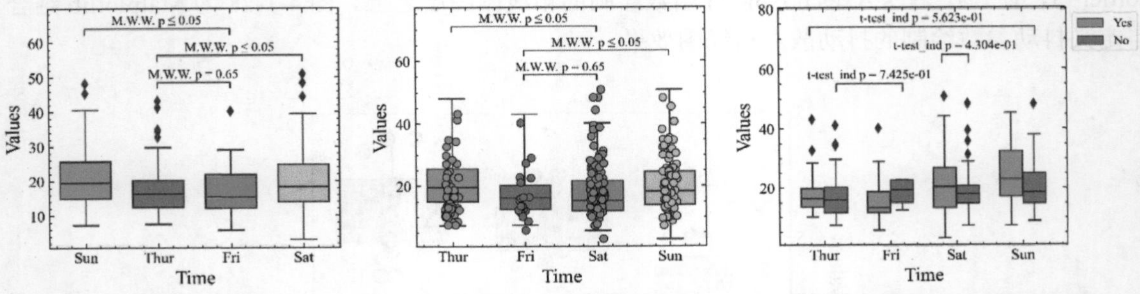
M.W.W. p ≤ 0.05
M.W.W. p ≤ 0.05
M.W.W. p = 0.65
Values
Time
Sun
Thur
Fri
Sat
M.W.W. p ≤ 0.05
M.W.W. p ≤ 0.05
M.W.W. p = 0.65
Values
Time
Thur
Fri
Sat
Sun
t-test_ind p = 5.623e-01
t-test_ind p = 4.304e-01
t-test_ind p = 7.425e-01
Yes
No
Values
Time
Thur
Fri
Sat
Sun

（a）单组箱线图显著性标注　　（b）单组散点箱线图显著性标注　　（c）分组箱线图显著性标注

图 4-1-29　带显著性标注箱线图绘制示例

技巧：带显著性标注箱线图

使用第三方库 statannotations 库在 Seaborn 绘图对象上添加组内或不同组间的显著性注释统计信息的操作非常方便，即通过 Annotator() 函数获取绘制对象，并对该对象选择检验方法和结果显示方式（文本或者 * 号），以及连接线基本属性（线宽、线高度等）等。图 4-1-29 的核心绘制代码如下。

```
# 导入显著性注释信息添加库statannotations
from statannotations.Annotator import Annotator
df = sns.load_dataset("tips")
x = "day"
y = "total_bill"
order = ['Sun', 'Thur', 'Fri', 'Sat']
colors = ["#2FBE8F","#459DFF","#FF5B9B","#FFCC37"]
# 图4-1-29(a) 绘制代码
fig,ax = plt.subplots(figsize=(4,3.5),dpi=100)
ax = sns.boxplot(data=df, x=x, y=y,order=order,
 palette=colors,saturation=1,width=.7,linewidth=1.2,ax=ax)
pairs=[("Thur", "Fri"), ("Thur", "Sat"), ("Fri", "Sun")]
annotator = Annotator(ax, pairs, data=df, x=x, y=y,
                     order=order)
annotator.configure(test='Mann-Whitney',
        text_format='simple',line_height=0.03,line_width=1)
annotator.apply_and_annotate()
# 图4-1-29(b) 绘制代码
sns.stripplot(x=x, y=y, data=df,palette=colors,
              size=6,edgecolor="k",linewidth=.6)
pairs=[("Thur", "Fri"), ("Thur", "Sat"), ("Fri", "Sun")]
annotator = Annotator(ax, pairs, data=df, x=x, y=y,
                     order=order)
annotator.configure(test='Mann-Whitney',
        text_format='simple',line_height=0.03,line_width=1)
annotator.apply_and_annotate()
# 图4-1-29(c) 绘制代码
df = sns.load_dataset("tips")
x = "day",y = "total_bill", colors = ["#2FBE8F","#459DFF"]
hue = "smoker"
pairs = [(("Thur", "No"), ("Fri", "No")),
         (("Sat", "Yes"), ("Sat", "No")),
         (("Sun", "No"), ("Thur", "Yes"))]
fig,ax = plt.subplots(figsize=(4,3.5),dpi=100)
```

```
ax = sns.boxplot(data=df, x=x, y=y, hue=hue,
       palette=colors,saturation=1,width=.7,linewidth=1.2)
annot = Annotator(ax,pairs,data=df, x=x, y=y, hue=hue)
annot.configure(test='t-test_ind', text_format='full',
     loc='inside',comparisons_correction=None,
     line_height=0.05, line_width=1,text_offset=2)
annot.apply_test().annotate(line_offset_to_group=0.2,
                            line_offset=0.1)
ax.legend(loc='upper left', bbox_to_anchor=(1.00, 1))
```

提示：在图 4-1-29（c）中，设置数据图例在图对象之外，即在 configure() 函数中设置参数 loc 值为 inside，并在 ax.legend() 中设置 bbox_to_anchor 参数以进行图例位置微调。

2. 使用场景

箱线图系列一般用于一组或多组数据具体数值分布情况的展示，常用于实验数据的探索过程中，如构建模型前的数据值查看过程，通过箱线图对数据集数值分布的了解，在常规学科中都可以使用箱线图进行数据展示。此外，在不同实验方法或机器学习算法构建之前，可通过箱线图观察测试数据或不同组数据值的分布，从而起到删除异常值或部分重复值等操作的参考依据作用。

4.1.9 “小提琴”图

1. 介绍和绘制方法

“小提琴”图结合了箱线图和密度图的特征，我们可以将它看作另一种箱线图。由于“小提琴”图具备密度图的特点，因此它的主要作用是显示一组或多组数据的数值分布情况。从图形结构上来看，“小提琴”图中间的黑色粗条表示四分位数范围，从它延伸出来的细黑线表示 95% 置信区间，而白点则为中位数。图 4-1-30 为“小提琴”图示例。

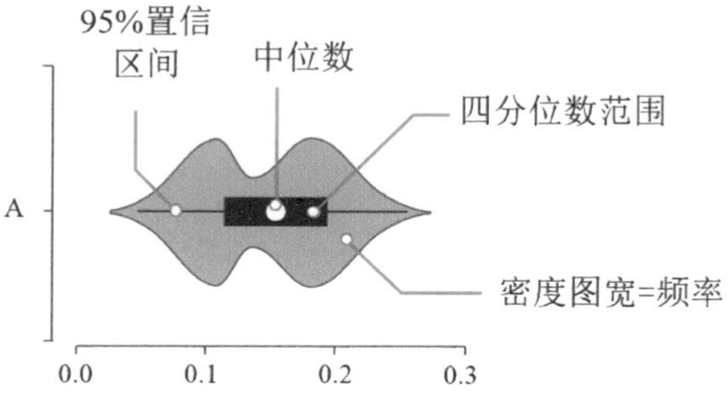
95%置信
区间
中位数
四分位数范围
A
密度图宽=频率
0.0
0.1
0.2
0.3

图 4-1-30 “小提琴”图示例

在 Python 中，基础绘图库 Matplotlib 的 axes.Axes.violinplot() 函数和统计绘图库 Seaborn 的 violinplot() 函数都可以绘制“小提琴”图，二者在本质上没有太大区别。但由于 Seaborn 库高度封装了部分绘图函数，使它较 Matplotlib 绘制“小提琴”图更为方便，且与箱线图（boxplot()）的绘制方法不同，在 axes.Axes.violinplot() 函数中对部分图层属性设置参数，而在 Seaborn 的 violinplot() 函数中却不能使用，即 Seaborn 中的 violinplot() 有它自己独特的图层属性设置参数。为了更好地对比二者绘制结果的不同，本节特意分别使用 Matplotlib 和 Seaborn 绘制学术性“小提琴”图。图 4-1-31 为使用 Matplotlib 分别绘制的基本“小提琴”图、误差“小提琴”图、箱线“小提琴”图和箱线散点“小提琴”图。

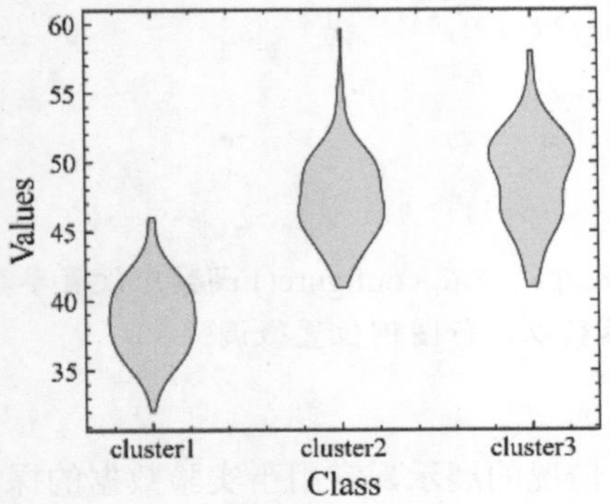
60
55
50
45
40
35
Values
cluster1
cluster2
cluster3
Class

（a）利用 Matplotlib 绘制的基础“小提琴”图

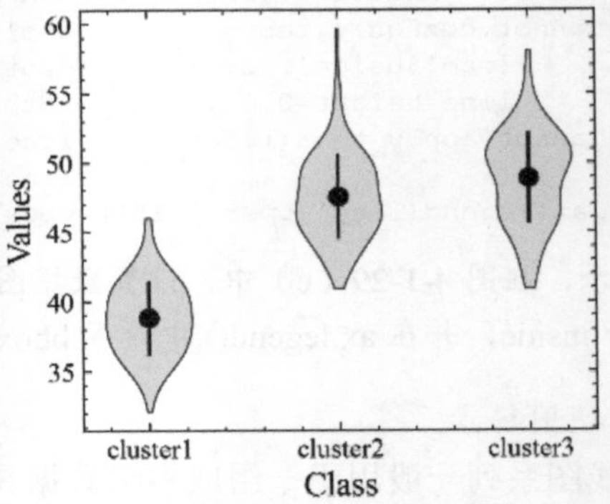
60
55
50
45
40
35
Values
cluster1
cluster2
cluster3
Class

（b）利用 Matplotlib 绘制的误差“小提琴”图

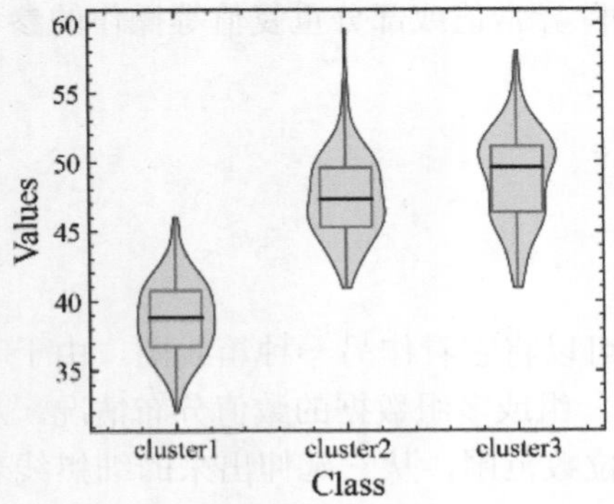
60
55
50
45
40
35
Values
cluster1
cluster2
cluster3
Class

（c）利用 Matplotlib 绘制的箱线“小提琴”图

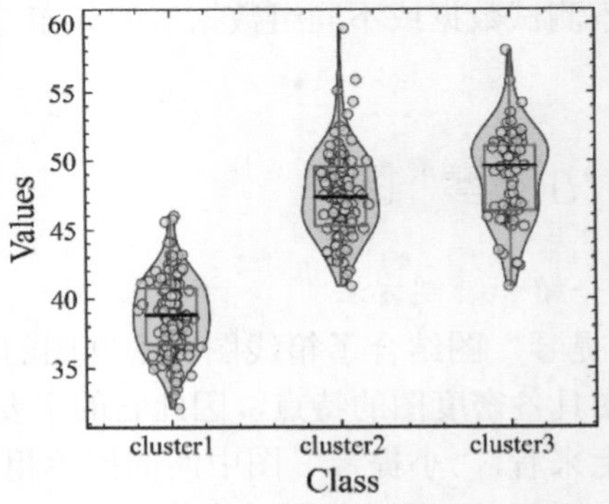
60
55
50
45
40
35
Values
cluster1
cluster2
cluster3
Class

（d）利用 Matplotlib 绘制的箱线散点“小提琴”图

图 4-1-31　不同样式“小提琴”图 Matplotlib 绘制示例

技巧：Matplotlib 绘制“小提琴”图

在 Matplotlib 的 violinplot() 函数中，可通过 showmeans、bw_method 等参数控制是否绘制平均数和核密度带宽的计算方式，而要想更改 Matplotlib 默认的“小提琴”图样式，则需要针对绘图结果对象的主体（bodies，PolyCollection 列表）、平均值（means，LineCollection 集合）、分位数（quantiles，LineCollection 集合）等进行定制化设置。在面对添加其他图层（如误差线、抖动散点、箱线图等）的情况时，则需要自定义函数进行重新绘制，因此，绘制出一幅令人满意的学术“小提琴”图的过程较为烦琐。图 4-1-31（a）、图 4-1-31（b）所示的“小提琴”图的核心绘制代码如下。

```
violin_data = pd.read_excel(r"\小提琴图数据.xlsx")
index = sorted(violin_data["class"].unique())
violin_data_pred = [violin_data[violin_data["class"] ==
              index ]["values"].values for index in index]
# 图4-1-31(a) 的绘制代码
labels = ['cluster1', 'cluster2', 'cluster3']
fig,ax = plt.subplots(figsize=(4,3.5),dpi=100,)
violins = ax.violinplot(violin_data_pred,[0,1,2],
```

```
        widths=0.45,bw_method="silverman",showmeans=False,
        showmedians=False,showextrema=False)
# 对每个"小提琴"的分图进行修改
for pc in (violins["bodies"]):
    pc.set_facecolor("#cccccc")
    pc.set_edgecolor("k")
    pc.set_linewidth(.7)
    pc.set_alpha(.8)

# 图4-1-31(b) 的绘制代码
# 添加标准误差SD
means = [np.mean(i) for i in violin_data_pred]
stds = [np.std(i) for i in violin_data_pred]
# 95%置信区间
from scipy import stats
yerr_ci = [std / np.sqrt(len(i)) * stats.t.ppf(1-0.05/2,
      len(i) - 1) for std,i in zip(stds,violin_data_pred)]
labels = ['cluster1', 'cluster2', 'cluster3']
fig,ax = plt.subplots(figsize=(4,3.5),dpi=100,)
violins = ax.violinplot(violin_data_pred,[0,1,2],
    widths=0.45,bw_method="silverman",showmeans=False,
    showmedians=False,showextrema=False)
# 对每个"小提琴"的分图进行修改
for pc in (violins["bodies"]):
    pc.set_facecolor("#cccccc")
    pc.set_edgecolor("k")
    pc.set_linewidth(.7)
    pc.set_alpha(.8)
# 添加误差
for x,y,err in zip(np.arange(len(means)),means,stds):
    ax.errorbar(x,y,err,fmt='o',ecolor="k",color="k",ms=8,
                linewidth=1.5,capsize=0,zorder=3)
```

提示：Matplotlib 的 violinplot() 函数绘制“小提琴”图的唯一不足是，在需要定制化操作时，会有烦琐的绘制步骤及对每个绘图元素对象的修改，需要用户了解的修改代码更多，即绘制便捷性不高。

图 4-1-32 为“小提琴”图系列，图 4-1-32（e）、图 4-1-32（f）则为 Seaborn 特有的“小提琴”图样式。

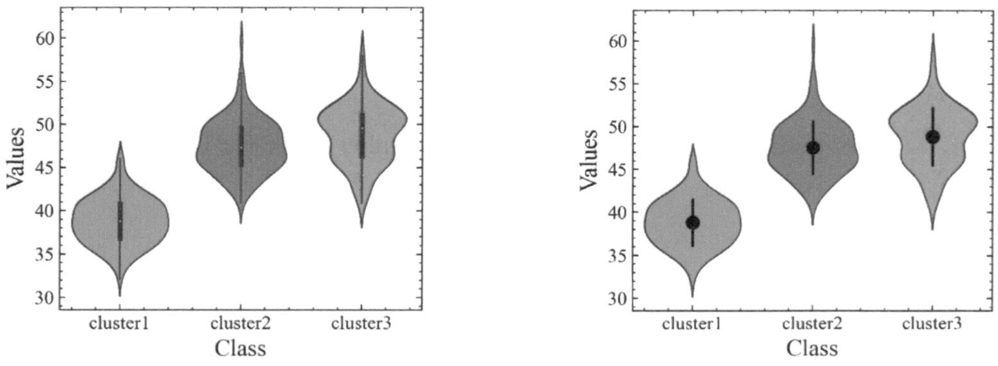
Values
60
55
50
45
40
35
30
cluster1
cluster2
cluster3
Class

（a）利用 Seaborn 绘制的基础“小提琴”图　（b）利用 Seaborn 绘制的误差“小提琴”图

图 4-1-32　不同样式“小提琴”图 Seaborn 绘制示例

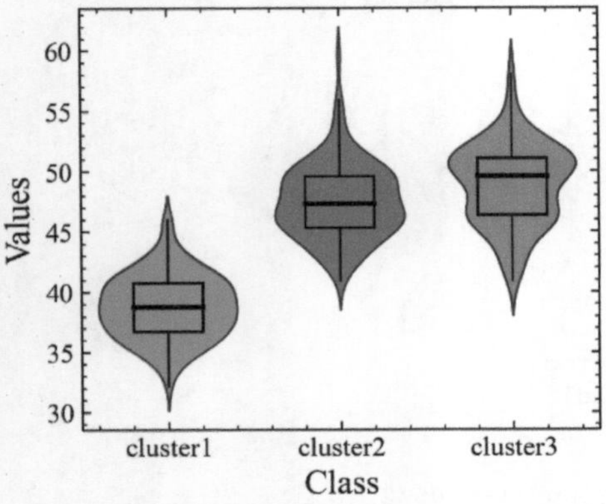
Values
Class
cluster1
cluster2
cluster3
30
35
40
45
50
55
60

（c）利用 Seaborn 绘制的箱线“小提琴”图

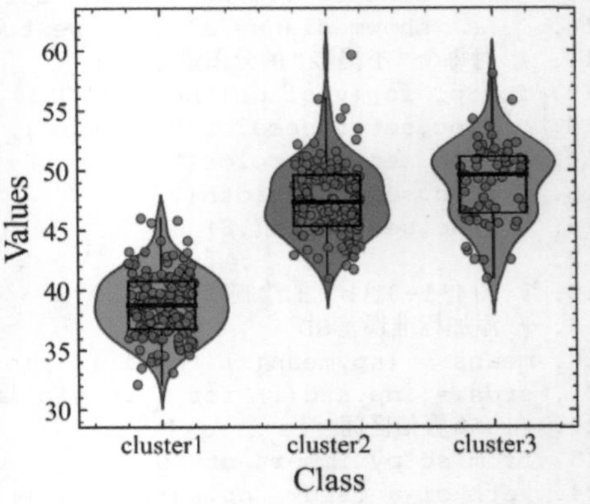
Values
Class
cluster1
cluster2
cluster3
30
35
40
45
50
55
60

（d）利用 Seaborn 绘制的箱线散点“小提琴”图

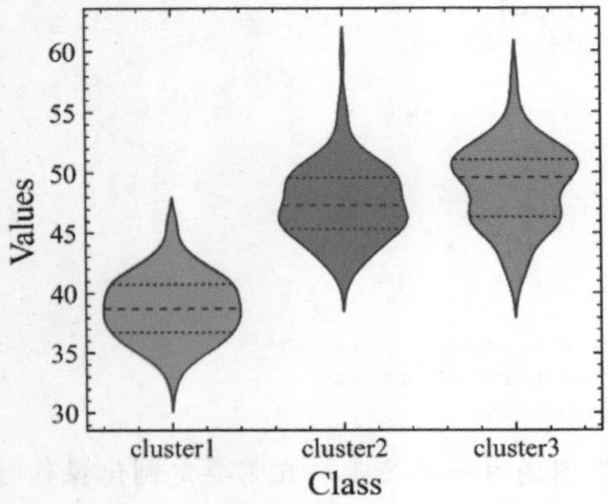
Values
Class
cluster1
cluster2
cluster3
30
35
40
45
50
55
60

（e）利用 Seaborn 绘制的另类“小提琴”图一

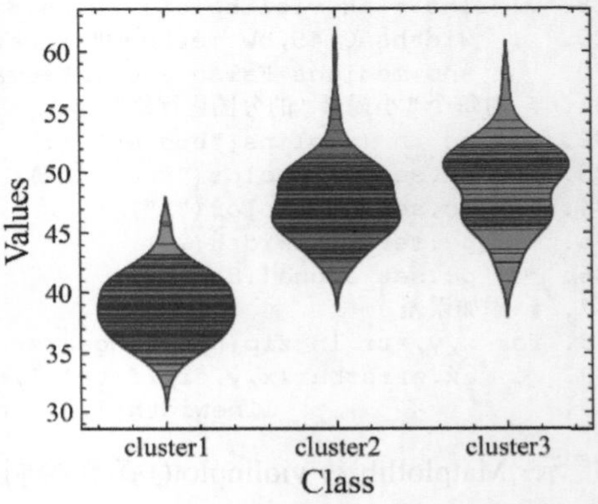
Values
Class
cluster1
cluster2
cluster3
30
35
40
45
50
55
60

（f）利用 Seaborn 绘制的另类“小提琴”图二

图 4-1-32　不同样式“小提琴”图 Seaborn 绘制示例（续）

技巧：利用 Seaborn 绘制“小提琴”图

在 Seaborn 的 violinplot() 函数中，其默认的“小提琴”样式较适用于科研绘图，因为同时存在的 inner、split 等特有参数可用于绘制带四分位数“小提琴”图和对半“小提琴”图（split -half of a violin），绘制代码脚本较少，但对其线、图层属性进行定制化绘制的可操作性较弱。在 Seaborn 中，还可以使用 boxplot()、stripplot() 和 pointplot() 在现有的“小提琴”图的图层上分别添加箱线图、误差线和抖动散点图层，大大节省了绘制时间。图 4-1-32 所示“小提琴”图的核心绘制代码如下。

```
# 图4-1-32(a) 的绘制代码
colors = ["#2FBE8F","#459DFF","#FF5B9B"]
fig,ax = plt.subplots(figsize=(4,3.5),dpi=100)
sns.violinplot(x="class",y="values",data=violin_data,
        palette=colors,linewidth=1,saturation=1,ax=ax)
#图4-1-32(b) 的绘制代码
from numpy import mean
# 使用Seaborn的pointplot()函数绘制误差线
```

```
sns.pointplot(x="class",y="values",data=violin_data,
     estimator=mean,ci="sd",errwidth=1.5,linestyles="",
     color='k',ax=ax)
#图4-1-32(c) 的绘制代码
sns.boxplot(x="class",y="values",data=violin_data,
 color="k",width=.4,showfliers = False, showcaps = False,
 boxprops={"linewidth":1.2,"facecolor":"none",'zorder': 2},
 medianprops={"linewidth":2.2,"color":"k"},
 whiskerprops={"linewidth":1.,"color":"k"},ax=ax)
# 图4-1-32(e) 的绘制代码，其中inner =quartile
sns.violinplot(x="class",y="values",data=violin_data,
  palette=colors,linewidth=1,saturation=1,inner="quartile",
  ax=ax)
# 图4-1-32(f) 的绘制代码，其中inner = stick
sns.violinplot(x="class",y="values",data=violin_data,
  palette=colors,linewidth=1,saturation=1,inner="stick",
  ax=ax)
```

提示：Seaborn 的 violinplot() 除可以绘制基本“小提琴”图样式以外，通过其 inner 参数的不同设置，可绘制更多不同样式的“小提琴”图。

和柱形图系列一样，“小提琴”图也可以添加显著性注释统计信息，其绘制方法和柱形图添加类似，都是使用 statannotations 库完成 p 值的计算和添加。图 4-1-33 分别为不同样式的带显著性注释统计信息的“小提琴”图绘制示例。

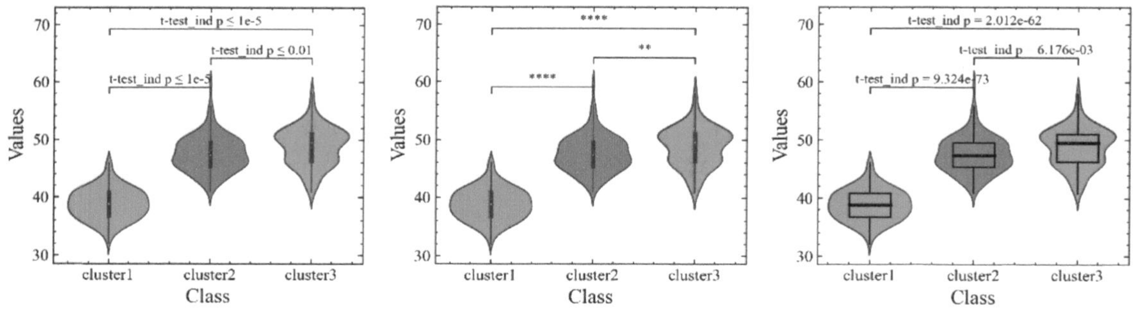
t-test_ind p ≤ 1e-5
t-test_ind p ≤ 0.01
t-test_ind p ≤ 1e-5
****
**
****
t-test_ind p = 2.012e-62
t-test_ind p = 6.176e-03
t-test_ind p = 9.324e-73
Values
Class
cluster1
cluster2
cluster3

（a）带 p 值“小提琴”图样式 1　（b）带 p 值“小提琴”图样式 2　（c）带 p 值“小提琴”图样式 3

图 4-1-33　不同样式的带 p 值“小提琴”图绘制示例

技巧：带 p 值“小提琴”图的绘制

```
from statannotations.Annotator import Annotator
violin_data = pd.read_excel(r"\小提琴图数据.xlsx")
violin_data['values'] =
                 violin_data['values'].astype('float')
# 图4-1-33(c) 的绘制代码
df = violin_data
x = "class"
y = "values"
order = ['cluster1', 'cluster2', 'cluster3',]
colors = ["#2FBE8F","#459DFF","#FF5B9B"]
fig,ax = plt.subplots(figsize=(4,3.5),dpi=100)
ax = sns.violinplot(x="class",y="values",data=violin_data,
 palette=colors,linewidth=1,saturation=1,inner=None,ax=ax)
```

```
sns.boxplot(x="class",y="values",data=violin_data,color="k",
width=.4,showfliers = False, showcaps = False, boxprops={"linewidth":1.2,
"facecolor":"none",'zorder': 2},
            medianprops={"linewidth":2.2,"color":"k"},
            whiskerprops={"linewidth":1.,"color":"k"},ax=ax)
pairs=[("cluster1", "cluster2"), ("cluster1", "cluster3"),
("cluster2", "cluster3")]
annotator.configure(test='t-test_ind',
          text_format='full',line_height=0.03,line_width=1)
annotator.apply_and_annotate()
```

高级“小提琴”图

除常规的“小提琴”样式以外，还存在一种高级“小提琴”图（Superviolin）样式。高级“小提琴”图样式就是使用新样式的“小提琴”图可视化展示大样本数据集中的复制异质性（replicate heterogeneity）。图 4-1-34 为使用 SciencePlots 主题库绘制的高级“小提琴”图示例，其中，图 4-1-34（a）带有显著性注释信息 p 值。

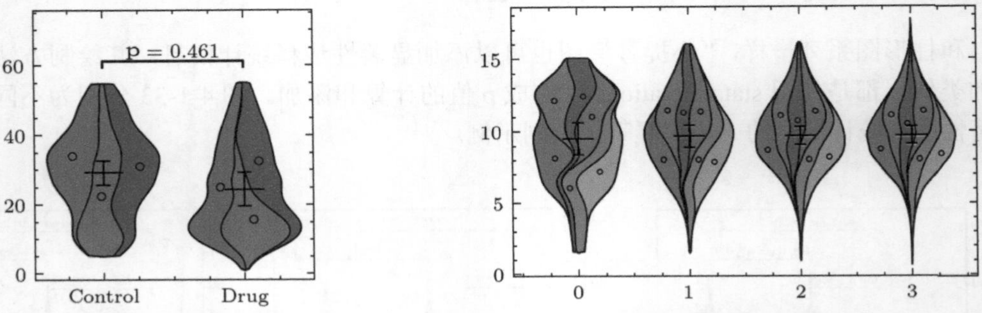
p = 0.461
60
40
20
0
Control
Drug
15
10
5
0
0
1
2
3

（a）高级”小提琴”图绘制样式 1　　（b）高级”小提琴”图绘制样式 2

图 4-1-34　高级“小提琴”图绘制示例

技巧：高级“小提琴”图的绘制

使用 Python 的第三方绘制工具 superviolin 库即可绘制高级“小提琴”图，它提供的 Superviolin() 函数为绘制该系列图的高度封装函数，其参数 filename 用于选择绘图数据；参数 condition 用于选择含有异质性选项的数据列名；参数 value 为对应的具体数值列；参数 stats_on_plot 用于控制是否显示 T 检验统计结果，可选值为 yes 和 no；参数 error_bars 用于绘制误差线（error bar），默认值为均数标准误（Standard Error of Mean，SEM）；参数 cmap 用于选定不同种类数值的映射颜色，同时接受 Matplotlib 自定义颜色集；参数 show_legend 则控制图例的绘制。图 4-1-34 的核心绘制代码如下。

```
import matplotlib.pyplot as plt
from superviolin.plot import Superviolin
# 图4-1-34(a) 的绘制代码，两组数据条件绘制样式
file_name = r"demo_data.csv"
violin = Superviolin(filename=file_name,condition="drug",
    value="variable",dpi=100,cmap="Dark2",
    linewidth=0.7,return_stats=True,stats_on_plot="yes")
violin.generate_plot()
# 图4-1-34(b) 的绘制代码，多组数据条件绘制样式
```

```
file_name2 = r"multiple_conditions.csv"
violin = Superviolin(filename=file_name2,
        condition="condition",value="variable",cmap="Dark2",
        replicate="replicate",dpi=100,linewidth=0.7)
violin.generate_plot()
```

提示：superviolin 库中 Superviolin() 函数要求绘图数据具有 tidy data 的特征，即数据中每一个变量都有独立的一列，每一个观测值都有独立的一行，每一个数据都是独立的单元格。这种数据集格式也是其他多种绘图工具中的常用格式。

2. 使用场景

由于“小提琴”图是一种展示数据分布状态以及概率密度的统计图，因此其使用场景和箱线图类似，但它还可以表示数据在不同数值下的概率密度，所表达的数据信息更加丰富。它常用于数据探索和预处理过程，主要是对待处理数据进行数据值分布查看。

4.1.10 密度缩放抖动图

1. 介绍和绘制方法

密度缩放抖动图（sina plot）的绘制灵感主要来源于点带图和“小提琴”图。密度缩放抖动图具有和“小提琴”图一样的图形轮廓，且使用抖动的散点来填充原本“小提琴”图的绘图区域。抖动散点的绘制则是基于数值点的归一化密度值，即数值密度分布控制着数据点在 X 轴上抖动的宽度。图 4-1-35 分别为无“小提琴”图轮廓、有密度轮廓和带统计 p 值的密度缩放抖动图绘制示例。

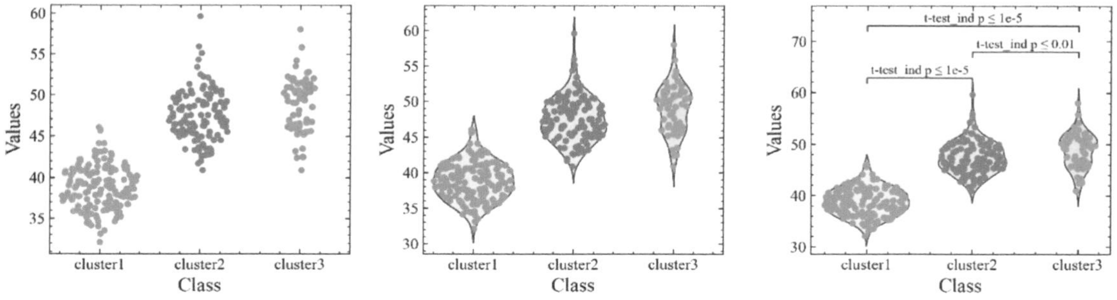
Values
Class
cluster1
cluster2
cluster3
t-test_ind p ≤ 1e-5
t-test_ind p ≤ 0.01
t-test_ind p ≤ 1e-5

（a）无密度轮廓的密度缩放抖动图　（b）有密度轮廓的密度缩放抖动图　（c）带统计 p 值的密度缩放抖动图

图 4-1-35　不同样式密度缩放抖动图绘制示例

技巧：密度缩放抖动图的绘制

Python 的基础绘图库 Matplotlib 和统计分析绘图库 Seaborn 中都没有特定的绘制密度缩放抖动图的函数，可使用第三方绘制工具 sinaplot 库绘制。sinaplot 库提供的 sinaplot() 函数的绘图语法和 Seaborn 库中的大部分函数类似，其中参数 violin 用于控制是否绘制“小提琴”图轮廓，参数 split 用于在只有两个变量条件下绘制分离密度缩放抖动图（split sinaplot）。图 4-1-35（a）、图 4-1-35（c）的核心绘制代码如下。

```
from sinaplot import sinaplot
from statannotations.Annotator import Annotator
violin_data = pd.read_excel(r"\密度缩放抖动图.xlsx")
# 图4-1-35(a) 的绘制代码
colors = ["#2FBE8F","#459DFF","#FF5B9B"]
fig,ax = plt.subplots(figsize=(4,3.5),dpi=100,)
sina_plot = sinaplot(x="class",y="values",
    data=violin_data,palette=colors,saturation=1,
    violin=False,ax=ax)
# 图4-1-35(c) 的绘制代码
df = violin_data
x = "class"
y = "values"
order = ['cluster1', 'cluster2', 'cluster3',]
colors = ["#2FBE8F","#459DFF","#FF5B9B"]
fig,ax = plt.subplots(figsize=(4,3.5),dpi=100)
sina_plot = sinaplot(x="class",y="values"data=violin_data,
   palette=colors,saturation=1,violin=True,ax=ax)
pairs=[("cluster1", "cluster2"), ("cluster1", "cluster3"),
         ("cluster2", "cluster3")]
annotator = Annotator(ax, pairs, data=df, x=x, y=y,
                         order=order)
annotator.configure(test='t-test_ind',
    text_format='simple',line_height=0.03,line_width=1)
    annotator.apply_and_annotate()
```

提示： 由于 sinaplot 库是基于 Seaborn 构建的，因此，很多用于 Seaborn 绘图对象的绘图函数参数都可以在 sinaplot 库中兼容使用，如图 4-1-35（c）所示的显著性 p 值添加。

2. 使用场景

密度缩放抖动图可以简单、清晰地表达数据点数量、密度分布、异常值和分布等信息，但该图一般使用在数据量较少的情况下，数据量较多时绘制的密度缩放抖动图将会对数值理解造成困难。其使用场景多为数据预处理和数据探索。

4.1.11 云雨图

1. 介绍和绘制方法

在理想状态下，绘制的统计图应该更全面地表示绘图数据，且能够平衡图的解释性、复杂性和可观赏性。对于常见的统计图，如误差柱形图，由于其单一的数据属性表示方式，导致它在表达数据分布和对不同条件下的统计差异分析上存在明显不足。虽然在柱形图上添加抖动散点，或者使用箱线图或“小提琴”图绘制估测数据等操作能在一定程度上弥补上述不足，但同时增加了图的复杂性和容易丢失相关统计属性。

为了解决这一问题，可使用云雨图（raincloud plot）进行数据绘制。从本质上来说，云雨图是一种组合图，它结合了“小提琴”图，如对半“小提琴”图（split-half violin）、抖动散点图和箱线图（对半“小提琴”图对应“云”，抖动散点图对应“雨”，箱线图对应“伞”），用于充分表示数据集均值、中位数、误差、分布情况等统计信息。图 4-1-36 为 PtitPrince 库不同样式的云雨图 SciencePlots 主题绘制示例，其中，图 4-1-36（c）、图 4-1-36（d）为结合 Seaborn 绘制的效果，图 4-1-36（e）、图 4-1-36（f）为直接使用 PtitPrince 的 RainCloud() 函数绘制的样式。

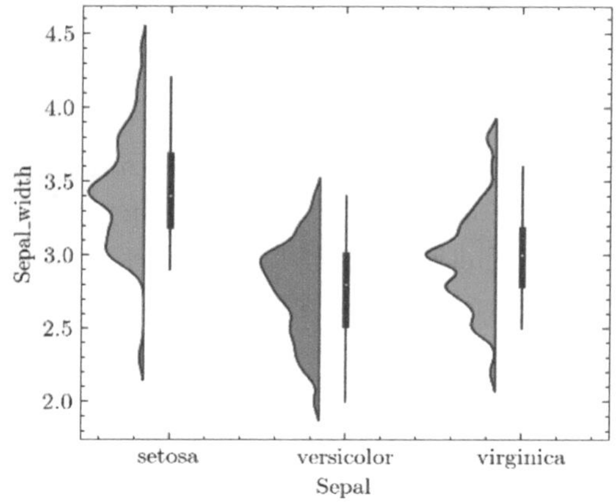
Sepal_width
4.5
4.0
3.5
3.0
2.5
2.0
setosa
versicolor
virginica
Sepal

（a）PtitPrince 云雨图基本样式一

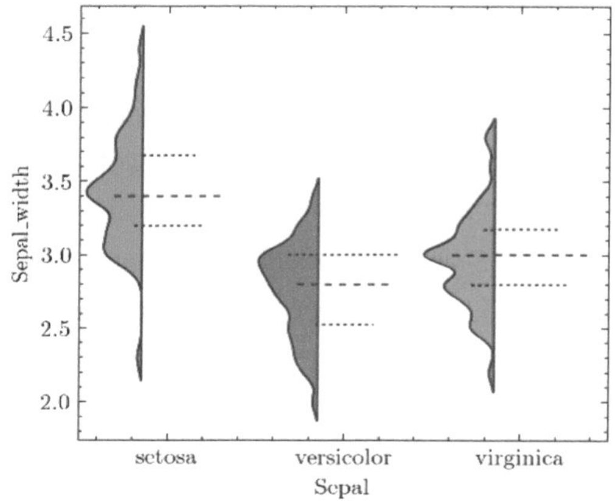
Sepal_width
4.5
4.0
3.5
3.0
2.5
2.0
setosa
versicolor
virginica
Sepal

（b）PtitPrince 云雨图基本样式二

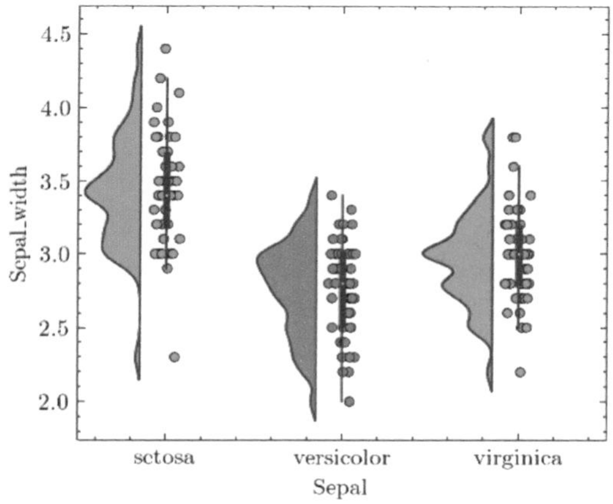
Sepal_width
4.5
4.0
3.5
3.0
2.5
2.0
setosa
versicolor
virginica
Sepal

（c）PtitPrince 云雨图基本样式三

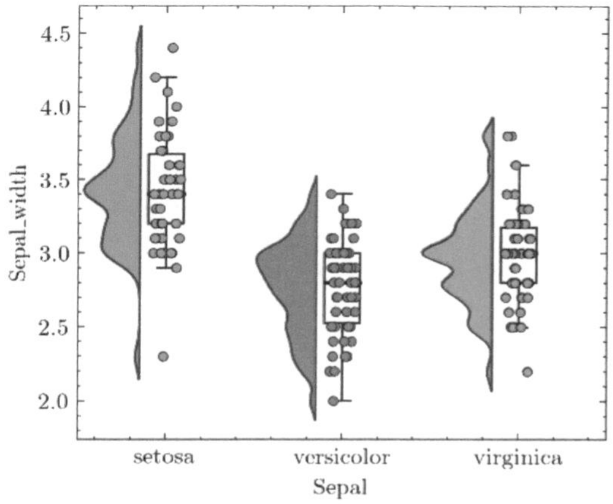
Sepal_width
4.5
4.0
3.5
3.0
2.5
2.0
setosa
versicolor
virginica
Sepal

（d）PtitPrince 云雨图基本样式四

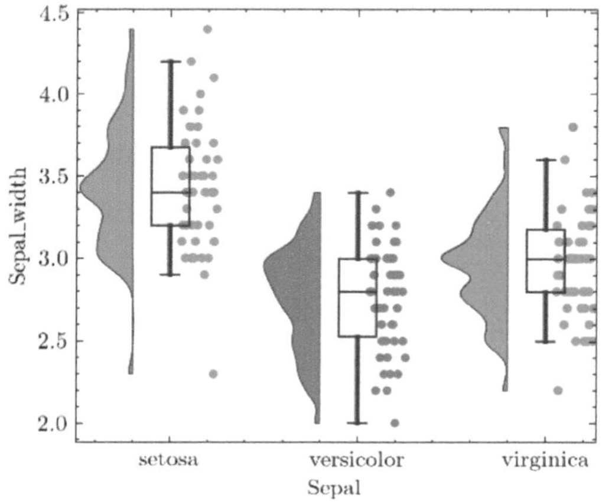
Sepal_width
4.5
4.0
3.5
3.0
2.5
2.0
setosa
versicolor
virginica
Sepal

（e）RainCloud() 函数绘制的云雨图并排组合样式一

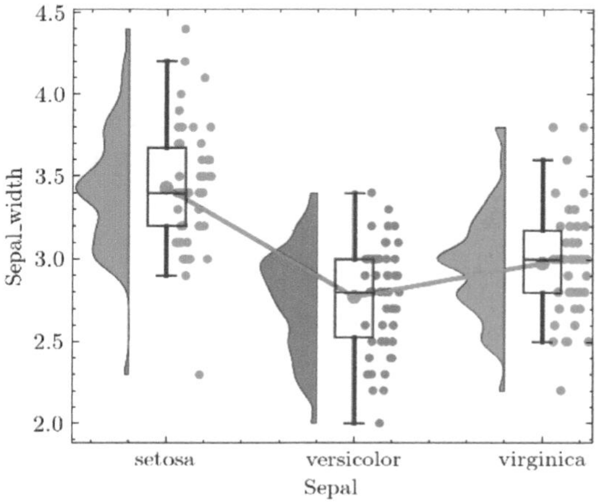
Sepal_width
4.5
4.0
3.5
3.0
2.5
2.0
setosa
versicolor
virginica
Sepal

（f）RainCloud() 函数绘制的云雨图并排组合样式二

图 4-1-36　不同样式云雨图绘制示例

技巧：云雨图的绘制

在 Python 中，虽然可使用 Matplotlib 结合自定义方法和 Seaborn 库的修改部分参数方式完成云雨图样式的绘制，但结果图在丰富性上还有所欠缺。因此，可直接使用专门绘制云雨图的第三方工具库 PtitPrince 完成绘制。该库可先使用自带的 half_violinplot() 函数绘制云雨图的“云”部分，再使用 Seaborn 的 stripplot()、boxplot() 等函数绘制云雨图其他组成图层。当然，也可以使用 PtitPrince 库的 RainCloud() 函数直接完成云雨图的绘制。图 4-1-36 中部分图的核心绘制代码如下。

```
import ptitprince as pt
rain_data = sns.load_dataset("iris")
colors = ["#2FBE8F","#459DFF","#FF5B9B","#FFCC37"]
# 图4-1-36(a) 的绘制代码
fig,ax = plt.subplots(figsize=(4,3.5),dpi=100)
ax=pt.half_violinplot(x = "species", y ="sepal_width",
  data = rain_data, palette = colors[:3],bw=0.2, cut=2,
  scale = "area", width = 0.8, linewidth=1,
  inner="box",saturation=1)
# 图4-1-36(d) 的绘制代码
fig,ax = plt.subplots(figsize=(4,3.5),dpi=100,)
ax=pt.half_violinplot(x = "species", y ="sepal_width",
  data = rain_data, palette = colors[:3],bw=0.2, cut=2,
  scale = "area", width = 0.8,
  linewidth=1,inner=None,saturation=1)
ax=sns.stripplot(x = "species", y ="sepal_width",
 data = rain_data, palette = colors[:3], edgecolor="k",
 linewidth=.4,size = 4, jitter = .08, zorder = 5,)
ax=sns.boxplot(x = "species", y ="sepal_width",
  data = rain_data,width = .2,saturation = 1,
  boxprops = {'facecolor':'none', "zorder":2},
  medianprops={"color":"k","linewidth":1.5},showcaps=True,
  showfliers=False,zorder=0)
# 图4-1-36(f) 的绘制代码
fig,ax = plt.subplots(figsize=(4,3.5),dpi=100,)
ax=pt.RainCloud(x = "species", y ="sepal_width",
  data = rain_data, palette = colors[:3],
  width_viol =.72,width_box=.2,move=.15,saturation = 1,
  linewidth=.5,box_showfliers=False,box_linewidth =1,
  point_size=4,pointplot = True,ax=ax)
```

提示：在使用 PtitPrince 库绘制云雨图（利用 RainCloud() 绘制）时，会因数据点较多而导致部分图层样式无法完全展示，如云雨图中的“点”部分，此时，可通过调整其参数 width_viol、point_size 的数值进行完善。

2. 使用场景

云雨图结合了“小提琴”图、抖动散点图和箱线图的特点，同时可视化原始数据的值、数据的密度分布和关键汇总统计信息，其使用场景主要有查看实验数据或建模数据的基本情况，为数据集数值分布、异常值查看等提供了依据。

4.1.12 饼图和环形图

1. 介绍和绘制方法

饼图（pie chart）又称饼状图，是一个划分为若干扇形的圆形统计图。在饼图中，按不同类别占比，可划分成不同比例的分段，用于展示各个类别的百分比。每个圆弧的长度表示每个类别所占的比例，每种类别的比例之和为 100%。饼图所能表示的类别个数有限，且在学术图表中需要为每个类别选择合适的视觉颜色或样式（通常选择纹理填充样式），这在面对多组数据的多个变量时，容易造成视觉凌乱，理解成本加大。图 4-1-37 分别为利用 Matplotlib 绘制的学术色系、灰色系和纹理填充样式饼图示例。

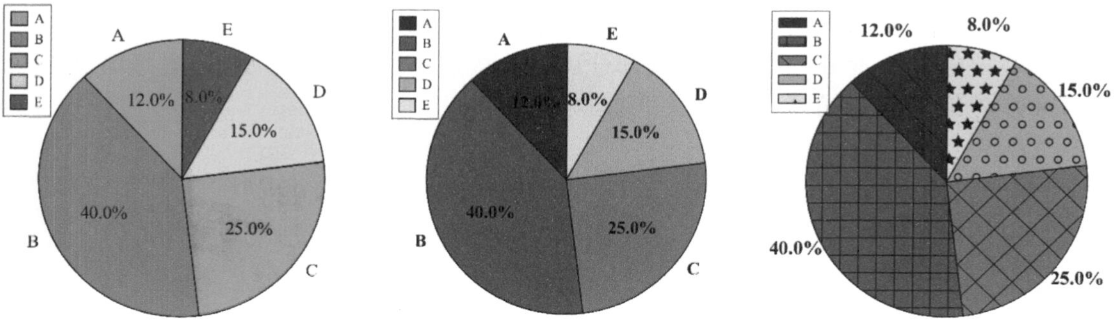

A
B
C
D
E
12.0%
8.0%
15.0%
25.0%
40.0%

（a）学术色系饼图　（b）灰色系饼图　（c）纹理填充样式饼图

图 4-1-37　不同样式饼图绘制示例

技巧：饼图的绘制

在 Python 基础绘图库 Matplotlib 中，可使用其 axes.Axes.pie() 函数绘制饼图，该函数的主要参数 x、labels、colors 分别控制饼图的数据值、数据标签和颜色填充；参数 autopct 用于控制饼图组成部分的数值样式；参数 pctdistance 控制每个饼图占比文本到中心点的距离；参数 wedgeprops 和 textprops 用于定制修改饼图每个扇形边框的颜色、宽度，以及文本字体的大小、颜色等属性。绘制灰色系饼图的颜色使用 Matplotlib 的 cm.gray() 函数即可；绘制纹理填充则需要先获取饼图对象的形状（patches），再对它使用 set_hatch() 方法添加不同纹理（hatch）样式。图 4-1-37 的核心绘制代码如下。

```
# 图4-1-37(a) 的绘制代码
sizes = [12, 40, 25, 15,8]
labels = ['A','B','C','D',"E"]
colors = ["#2FBE8F","#459DFF","#FF5B9B","#FFCC37","#751DFE"]
fig,ax = plt.subplots(figsize=(4,3.5),dpi=100)
explode = (0, 0, 0, 0, 0)
ax.pie(sizes, explode=explode, labels=labels,
       autopct='%1.1f%%',shadow=False, startangle=90,
       colors=colors, textprops={'size': 12}
       wedgeprops={'linewidth':.8, 'edgecolor': 'k'})
# 图4-1-37(b) 的绘制代码
# 将colors换成如下即可
colors = plt.cm.gray(np.linspace(0.2,0.8,len(sizes)))
# 图4-1-37(c) 的绘制代码
hatches = ['\\','+','x', 'o', '*']
sizes = [12, 40, 25, 15,8]
labels = ['A','B','C','D',"E"]
colors = plt.cm.gray(np.linspace(0.2,0.8,len(sizes)))
fig,ax = plt.subplots(figsize=(4,3.5),dpi=100)
explode = (0, 0, 0, 0, 0)
```

```
pie = ax.pie(sizes, explode=explode, autopct='%1.1f%%',
 shadow=False, startangle=90,colors=colors,pctdistance=1.18,
 wedgeprops={'linewidth':.8, 'edgecolor': 'k'},
 textprops={'size': 13,"weight":"bold",})
for patch, hatch in zip(pie[0],hatches):
    patch.set_hatch(hatch)
ax.legend(labels,loc ='upper left',fontsize=9)
```

环形图（donut chart）的绘制和饼图类似，只是将饼图中间部分去除。较饼图而言，环形图能够解决多个饼图对比时变化差异难以被发现等问题，使读者更加关注每个类别的弧度长度（数值大小）的变化。此外，中间空出的部分还可以添加文本信息，帮助用户更好地理解图。图 4-1-38 分别展示了学术色系、灰色系和纹理填充环形图绘制示例。

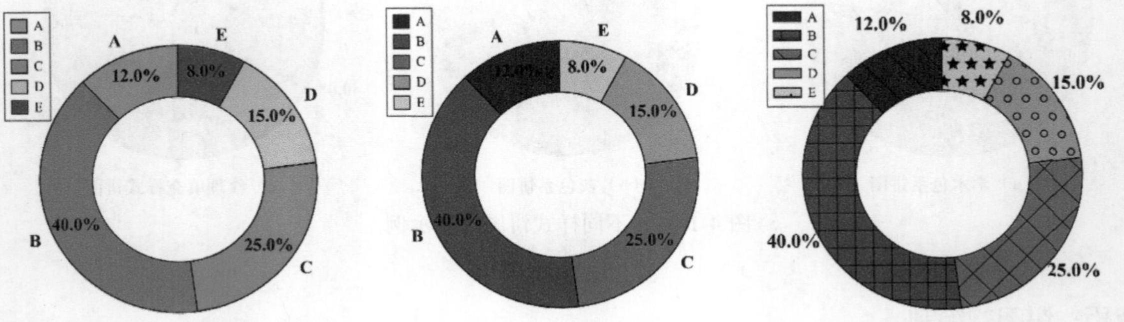
A
B
C
D
E
12.0%
8.0%
15.0%
25.0%
40.0%

（a）学术色系环形图绘制　　（b）灰色系环形图绘制　　（c）纹理填充环形图绘制

图 4-1-38　不同样式环形图绘制示例

技巧：环形图的绘制

和饼图绘制唯一不同的是，环形图需要对 ax.pie() 函数中的 wedgeprops 参数进行修改，即添加 width（宽度）属性值即可完成绘制。图 4-1-38（c）的核心绘制代码如下。

```
# 图4-1-38(c) 的绘制代码
hatches = ['\\','+','x', 'o', '*']
sizes = [12, 40, 25, 15,8]
labels = ['A','B','C','D',"E"]
colors = plt.cm.gray(np.linspace(0.2,0.8,len(sizes)))
fig,ax = plt.subplots(figsize=(4,3.5),dpi=100)
explode = (0, 0., 0, 0, 0)
pie = ax.pie(sizes, explode=explode, autopct='%1.1f%%',
 shadow=False, startangle=90,colors=colors,pctdistance=1.18,
 wedgeprops={'linewidth':.8, 'edgecolor':'k',"width":.38},
 textprops={'size': 13,"weight":"bold",})
for patch, hatch in zip(pie[0],hatches):
    patch.set_hatch(hatch)
ax.legend(labels,loc ='upper left',fontsize=9)
plt.tight_layout()
```

在绘制多个类别数据时，有的占比数据与其他占比数据相比数值较小，不易在环形图中被发现。另外，在添加文本注释信息时，无法有效标注，这时可使用 ax.annotate() 函数并结合灵活的属性值设置，绘制引线式文本信息，使数值较小部分的占比信息的添加更加方便。图 4-1-39 为利用 Matplotlib 绘制环形图时添加引线式文本信息示例。

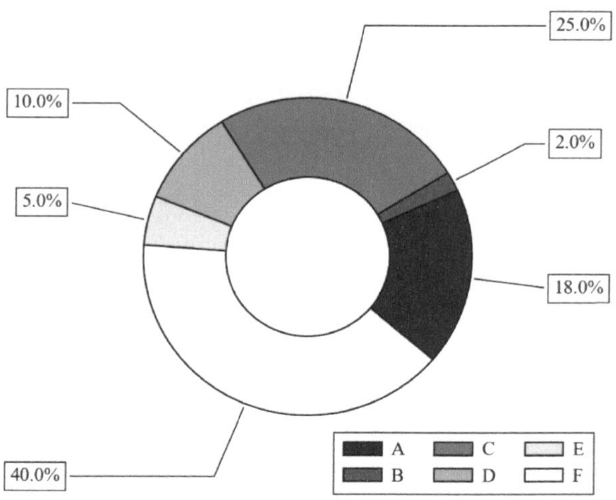
25.0%
10.0%
2.0%
5.0%
18.0%
40.0%
A
B
C
D
E
F

图 4-1-39　利用 Matplotlib 绘制环形图时添加引线式文本信息示例

图 4-1-39 的核心绘制代码如下。

```
data = [18, 2, 25, 10,5,40]
labels = ['A','B','C','D',"E",'F']
recipe = ["{:.1%}".format(i/100) for i in data]
colors = plt.cm.gray(np.linspace(0.2,1,len(labels)))
fig,ax = plt.subplots(figsize=(5,3.5),dpi=100)
wedges, texts = ax.pie(data, startangle=-40,colors=colors,
   wedgeprops=dict(width=0.5,linewidth=.8, edgecolor="k"))
   bbox_props = dict(boxstyle="square,pad=0.3", fc="w",
                     ec="k", lw=0.5)
kw = dict(arrowprops=dict(arrowstyle="-"),
          bbox=bbox_props, zorder=0, va="center")
for i, p in enumerate(wedges):
    ang = (p.theta2 - p.theta1)/2. + p.theta1
    y = np.sin(np.deg2rad(ang))
    x = np.cos(np.deg2rad(ang))
    horizontalalignment = {-1: "right", 1: "left"}[int(np.sign(x))]
    connectionstyle = "angle,angleA=0,angleB={}".format(ang)
    kw["arrowprops"].update({"connectionstyle": connectionstyle})
    ax.annotate(recipe[i], xy=(x, y), xytext=(1.5*np.sign(x),
       1.5*y),horizontalalignment=horizontalalignment, **kw)
```

2. 使用场景

作为常见的图表形式，饼图和环形图大量用于各种学术研究报告中，如突出表现某个部分在整体中所占的比例、数据集中不同分类数据的占比差异等。它们的使用涉及社会学、经济学，以及一些理工类学科。

4.2　绘制两个连续变量

双变量图形类型除 4.1 节介绍的类别变量和定量变量绘制的结果以外，其横、纵轴还可以均选择连续变量类型数据集进行可视化绘制，即可绘制 X 轴、Y 轴的数值类型皆为连续变量的双连续变量图形（two continuous variables plot）。双连续变量图形的代表之一就是常见的双变量散点图。在常见的学术图表绘制中，散点图只在较少情况下用于表示点的分类情况，其他大多数情况下都是用于表示 X 轴、Y 轴映射的变量数据点之间的关系，如用于相关性分析和线性回归分析。本节将列举学术配图中常见的双连续变量图类型，并介绍其含义、绘制方法和应用场景。

4.2.1　折线图系列

1．介绍和绘制方法

（1）基础折线图

折线图（line chart）用于表示一个或多个变量数值随连续相等时间间隔或有序类别（分类变量）的变化情况。折线图可以很好地反映数据的增减、增减速度、增减规律等。在绘制折线图时，横轴（X 轴）一般表示时间的推移，且间隔相同；纵轴（Y 轴）则是对应时刻的数值大小。图 4-2-1 分别为使用 Matplotlib、ProPlot 以及科学绘图主题库 SciencePlots 绘制的 X 轴表示时间间隔的基础折线图示例。

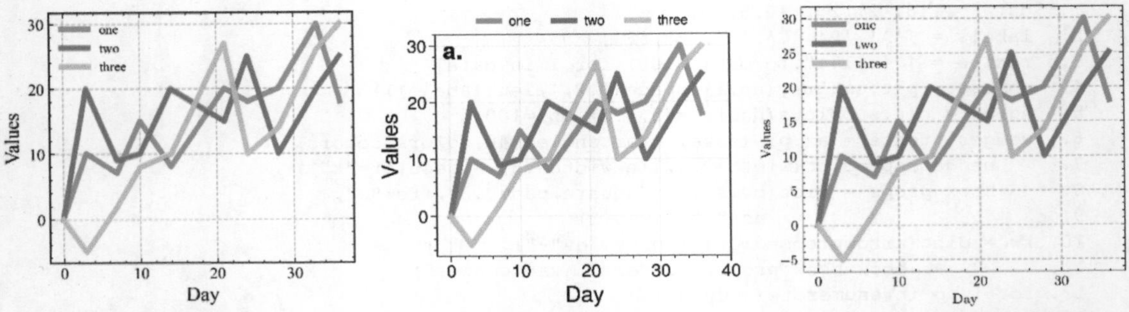
one
two
three
Values
Day
a.

（a）Matplotlib 绘制折线图示例　（b）ProPlot 绘制折线图示例　（c）SciencePlots 绘制折线图示例

图 4-2-1　基础折线图绘制示例

技巧：基础折线图的绘制

在 Python 基础绘图库 Matplotlib 中，可使用其 axes.Axes.plot() 函数绘制基础折线图样式，而使用 ProPlot 和 SciencePlots 库绘制则会使结果更加符合学术出版要求。图 4-2-1（a）的核心绘制代码如下。

```
import matplotlib.pyplot as plt
line_data = pd.read_excel("折线图数据.xlsx")
data_select = ["one","two","three"]
colors = ["#2FBE8F","#459DFF","#FFCC37"]
day = line_data["day"].values
fig,ax = plt.subplots(figsize=(4,3.5),dpi=100,)
for select,color in zip(data_select,colors):
    ax.plot(day,line_data[select].values,color=color,
        lw=4,label=select)
    ax.grid(which="major",ls="--",lw=.8,zorder=0)
```

由于 ProPlot 库拥有自身的绘图语法（大部分兼容或基于 Matplotlib 绘图语法），因此，它提供的很多细节绘图功能非常适合学术图表的绘制。图 4-2-1（b）的核心绘制代码如下。

```
fig = pplt.figure(figsize=(3.5,3))
ax = fig.subplot()
ax.format(abc='a.', abcloc='ul',abcsize=16,
          xlabel='Day', ylabel='Values',
          xlim=(-2,40),ylim=(-7,32))
for select,color in zip(data_select,colors):
     ax.plot(day,line_data[select].values,color=color,
     lw=4,label=select)
ax.legend(frame=False,loc='t')
```

由于图 4-2-1（c）使用的是 SciencePlots 包中的学术绘图主题，因此其绘制过程和图 4-2-1（a）类似，唯一不同之处在于，需要在所有绘图步骤代码之前添加如下调用主题代码。

```
with plt.style.context(['science']):
     fig,ax = plt.subplots(figsize=(4,3.5),dpi=100)
     …
```

（2）平滑折线图

有时，为了更好地展示数据的变化趋势或者体现美观性，需要将折线图中的折线转变成平滑曲线。绘制平滑的曲线则需要使用插值方法对原有的数据进行插值处理，估算出插值函数在其他点处的近似值。通常情况下，点个数越多，得到的曲线就越平滑。

SciPy 库中的 interpolate 模块提供了多个一维、二维、三维数据的插值计算函数，由于折线图涉及的数据为简单的一维数据，因此使用 scipy.interpolate.interp1d() 函数即可完成插值计算。在 interpld() 函数中，其参数 kind 可选择 linear、nearest、quadratic、cubic 等，它们分别表示不同的插值方法。需要注意的是，在构建新 xnew 样本数据的 numpy.linspace() 函数中，参数 num 设置成 101 为随意选定，仅表示样本个数。图 4-2-2 为插值之后的平滑折线图可视化效果，对应的一组数据插值计算代码如下。

```
from scipy import interpolate
x = line_data["day"].values
y = line_data["one"].values
# 插值函数
f = interpolate.interp1d(x, y,kind="quadratic")
xnew = np.linspace(min(x),max(x),101)
ynew = f(xnew)
```

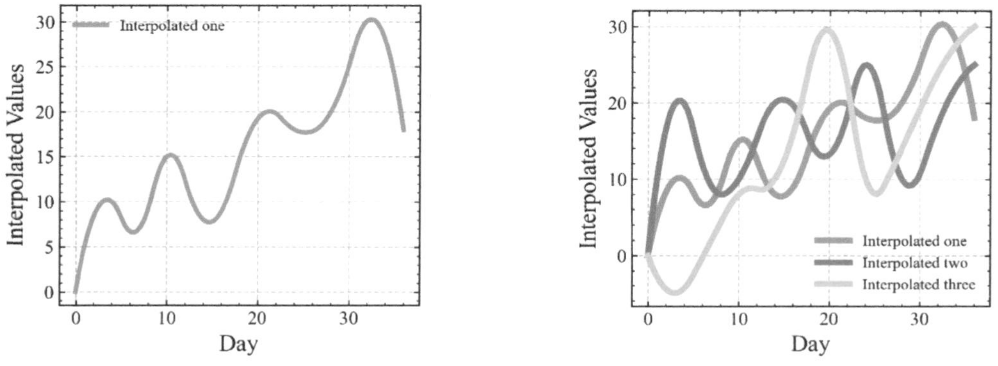
Interpolated one
Interpolated Values
Day
0
5
10
15
20
25
30
0
10
20
30
Interpolated one
Interpolated two
Interpolated three
Interpolated Values
Day

（a）Matplotlib 单一数据插值可视化结果　　（b）Matplotlib 数据插值可视化结果

图 4-2-2　插值之后的平滑折线图可视化效果

技巧：平滑折线图的绘制

在使用 numpy.linspace() 函数构建新的 *x* 值（xnew）时，使用了 min() 和 max() 函数获取原 *x* 值的最小值与最大值，它们用于控制插值数据的开始位置和结束位置。其他绘制步骤与基础横线图绘制步骤相似。图 4-2-2（b）的核心绘制代码如下。

```
import numpy as np
import pandas as pd
from scipy import interpolate
import matplotlib.pyplot as plt
data_select = ["one","two","three"]
colors = ["#2FBE8F","#459DFF","#FFCC37"]
day = line_data["day"].values
fig,ax = plt.subplots(figsize=(4,3.5),dpi=100,)
for select,color in zip(data_select,colors):
    #计算插值
    x,y = day,line_data[select].values
    f = interpolate.interp1d(x, y,kind="quadratic")
    xnew = np.linspace(min(x),max(x),101)
    ynew = f(xnew)
    # 可视化绘制
    ax.plot(xnew,ynew,color=color,lw=4,
            label="Interpolated "+select)
    ax.grid(which="major",ls="--",lw=.8,zorder=0)
    ax.set_xlabel("Day")
    ax.set_ylabel("Interpolated Values")
```

提示： 数据插值计算是图表制作过程中的一个重要步骤。无论是本例中的一维数据插值还是空间图形的二维数据插值，都可以使用 SciPy 库中的 interpolate 模块完成插值的计算。此外，在可视化展示方面，Matplotlib 库中的 axes.Axes.imshow() 函数通过将参数 interpolation 设置为不同值，可实现最近邻插值（nearest）、双线性插值（bilinear）和双三次插值（bicubic）等插值结果。

（3）点线图

点线图（dot-line chart）其实就是在折线图中每个数据点位置添加表示数据的点（dot）或者其他不同标记（marker）的形状，用于更好地区分多个线条或突出显示特定数据点位置。在科研论文中，我们经常会看到此类图表的使用，如采用不同标记对比不同实验组数据、不同模型计算结果等多类别数值的变化情况。图 4-2-3 为分别使用 Matplotlib、ProPlot、SciencePlots 绘制的点线图示例，它们分别使用了不同标记来表示不同类别的数据点在不同时刻的数值情况。

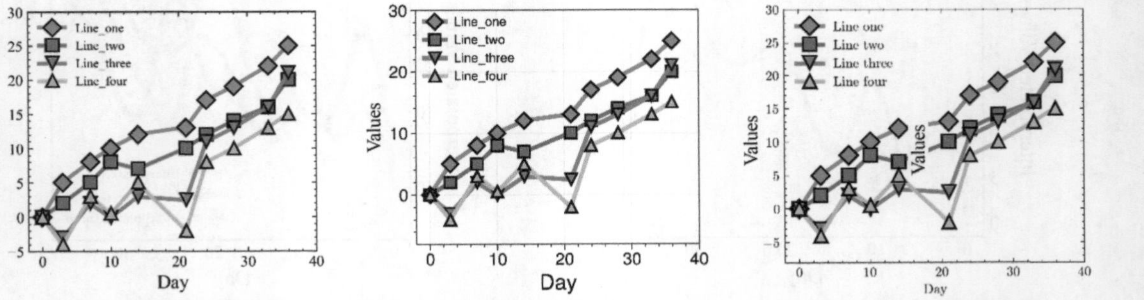
Line_one
Line_two
Line_three
Line_four
Values
Day
Line one
Line two
Line three
Line four

（a）Matplotlib 点线图示例　（b）ProPlot 点线图示例　（c）SciencePlots 点线图示例

图 4-2-3　点线图绘制示例

技巧：点线图的绘制

在 Python 基础绘图库 Matplotlib 中，可通过设置 axes.Axes.plot() 函数中的 marker 参数属性设置标记的样式。图 4-2-3 中设置了不同类别数据点的 maker 参数值为 D（菱形）、s（正方形）、^（上三角）、v（下三角），其核心绘制代码如下。

```
import numpy as np
import pandas as pd
import matplotlib.pyplot as plt
dot_line_data = pd.read_excel(r"\点线图构建02.xlsx")
data_selects = ["one","two","three","four"]
colors = ["#2FBE8F","#459DFF","#FF5B9B","#FFCC37"]
day = dot_line_data["day"].values
markers = ["D","s","v","^"]
fig,ax = plt.subplots(figsize=(4,3.5),dpi=100)
for select,color,maker in zip(data_selects,colors,markers):
    ax.plot(day,dot_line_data[select].values,marker=maker,
    color=color,markersize=10,linewidth=3,
    markerfacecolor=color,markeredgecolor="k",
    markeredgewidth=1.5,label="Line_"+select)
    ax.set_ylim(-8,30)
    ax.set_xlim(-2,40)
ax.set_xlabel("Day")
ax.set_ylabel("Values")
ax.legend(frameon=False)
```

图 4-2-3（b）使用 ProPlot 进行绘制，其绘制代码和 Matplotlib 有所不同，核心绘制代码如下。

```
data_selects = ["one","two","three","four"]
colors = ["#2FBE8F","#459DFF","#FF5B9B","#FFCC37"]
day = dot_line_data["day"].values
markers = ["D","s","v","^"]
fig,ax = pplt.subplots(figsize=(3.5,3))
ax.format(xlabel='Day', ylabel='Values',
          xlim=(-2,40),ylim=(-8,30))
for select,color,maker in zip(data_selects,colors,markers):
    ax.plot(day,dot_line_data[select].values,marker=maker,
            color=color,markersize=8,linewidth=3,
            markerfacecolor=color,markeredgecolor="k",
            markeredgewidth=1.5,label="Line_"+select)
ax.legend(ncols=1,frame=False,loc='ul')
```

图 4-2-3（c）的绘制使用了 SciencePlots 学术绘图主题，因此，在编写绘制代码之前添加如下代码即可，其他绘制步骤代码和图 4-2-3（a）的绘制一样。

```
with plt.style.context(['science']):
    …
```

（4）误差折线图

误差折线图（error bar line chart ）作为折线图（点线图）的一种加强类图形样式，除能体现数据集的数值信息以外，还有助于显示数据点的误差估计和数据的不确定性。误差折线图的具体绘制方法是在折线图中数据点的位置上添加误差线（error bar）。误差线结果可通过数据集的标准误差、标准偏差和置信区间获得，也可以设置成数据集的最大值、最小值、特定值，或者通过自定义函数计算得到。图 4-2-4 分别为误差折线图不同样式的绘制结果。需要指出的是，图 4-2-4 中用于确定数据点的位置的数据值（*Y* 轴数值）为多组数据的平均值，误差值为多组数据的标准误差，绘图时是直接采用给出计算结果的方式进行绘制，而在实际计算过程中，需要根据多次实验记录结果对一组或多组数据进行相关指标（平均值、误差值等）计算而得出。

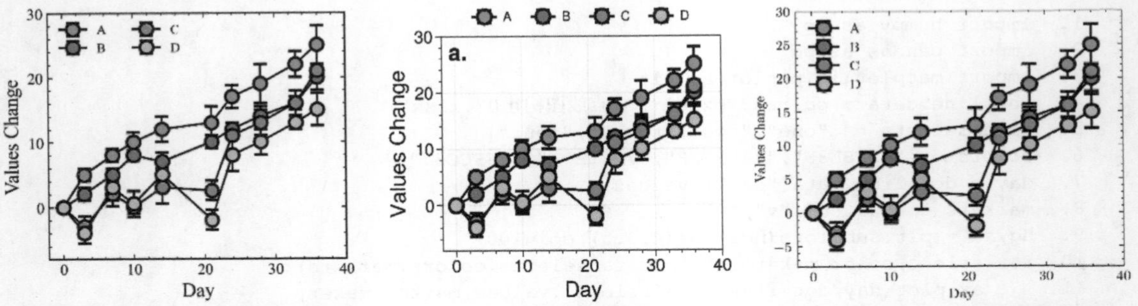
A
B
C
D
a.
Values Change
Day

（a）Matplotlib 误差折线图示例　（b）ProPlot 误差折线图示例　（c）SciencePlots 误差折线图示例

图 4-2-4　误差折线图绘制示例

技巧：误差折线图的绘制

在 Python 基础绘图库 Matplotlib 中，直接使用 axes.Axes.errorbar() 函数即可绘制误差折线图，其中 xerr、yerr 参数用于绘制在横轴（*X* 轴）和纵轴（*Y* 轴）上的误差效果；参数 marker 为 o（圆圈，以字母 o 表示）表示各时段数据点的形状；参数 linewidth/lw（线宽）设置为 1.5，即设置各数据点连接线的宽度；参数 capsize 为 5，即设置误差线“帽子”(error bar cap）的长度。如果只需要显示点和误差上下限，即无数据点间的连接线，则可通过设置 Axes.errorbar() 函数的 fmt='o' 来实现。图 4-2-4（a）的核心绘制代码如下。

```
import matplotlib.pyplot as plt
error_dot_line = pd.read_excel("误差折线图构建.xlsx")
selsect = ["A","B","C","D"]
colors = ["#2FBE8F","#459DFF","#FF5B9B","#FFCC37"]
data = error_dot_line
fig,ax = plt.subplots(figsize=(4,3.5),dpi=100)
for index,color in zip(selsect,colors):
    data_selcet = data.loc[data['type']==index,:]
    ax.errorbar(x=data_selcet["time"],
                y=data_selcet["mean"], color="k",
                yerr=data_selcet["sd"],
                linewidth=1.5,marker='o',ms=10,mew=2,
                mfc=color,mec='k',capsize=5,label=index)
ax.set_ylim(-8,30)
ax.set_xlim(-2,40)
ax.set_xlabel("Day")
ax.set_ylabel("Values Change")
ax.legend(ncol=2,frameon=False)
ax.set_axisbelow(True)
```

图 4-2-4（b）的绘制使用了 ProPlot 库，其学术风格样式省去了较多设置图层属性的定制

化操作的烦琐代码，核心绘图代码如下。

```
fig,ax = pplt.subplots(figsize=(3.5,3))
ax.format(abc='a.', abcloc='ul',abcsize=16,
          xlabel='Day', ylabel='Values Change',
          xlim=(-2,40),ylim=(-8,30))
selsect = ["A","B","C","D"]
colors = ["#2FBE8F","#459DFF","#FF5B9B","#FFCC37"]
for index,color in zip(selsect,colors):
    data_selcet = data.loc[data['type']==index,:]
    ax.errorbar(x=data_selcet["time"],
                y=data_selcet["mean"], color="k",
                yerr=data_selcet["sd"],linewidth=1.5,
                marker='o',ms=10,mew=2,mfc=color,
                mec='k',capsize=5,label=index)
ax.legend(ncols=4, frame=False,loc='t')
```

图 4-2-4（c）的绘制使用了学术绘图主题包 SciencePlots，因此，只需要在绘制之前添加如下引用主题代码，其他绘制步骤代码和图 4-2-4（a）的绘制相同。

```
with plt.style.context(['science']):
    …
```

提示：由于折线图的绘制较为简单，因此本节还列举了使用 ProPlot 和 SciencePlots 库绘制的结果，目的在于对比三者在出版级别绘图图层细节设置上的不同。特别是利用 SciencePlots 绘图主题库进行的绘制，更是可以使用 LaTeX 字体样式，可使绘图结果更加符合某些期刊出版要求。

2. 使用场景

折线图作为学术研究中常用的一种图表类型，它在各个学科中都有大量使用案例。其常用于和时间等有序因变量相关的研究任务中，如在社会学、经济学中，用于展示研究目标（经济指标、GDP 等）随时间变化的趋势；在气象学、地理科学中，用于展示某一区域气温、降水量等在不同年份的变化及趋势；在生态学、生物学、临床医学等需要大量具体实操实验的学科中，用于对比研究目标在不同对照组、不同实测次数下的数值变化情况。此外，在近几年的研究报告中，用户将使用不同机器学习算法所得的结果和实测结果用不同折线图进行对比，用于显示模型精度的一个衡量指标。

4.2.2 面积图

1. 介绍和绘制方法

面积图（area chart），又称区域图，其绘制原理和折线图类似，是一种随着有序变量（一般是时间变量）的变化，数值随之变化的统计图。和折线图不同的是，面积图很好地利用了空间或者区域，即将折线与横轴之间的区域进行填充，不但可以反映数值的总体变化趋势，而且对数值总量的变化进行有效体现。当在同一坐标系中绘制多个面积图时，也能对不同数据间的差距进行对比，不过，为了避免数据间的“遮挡”，此时应对填充区域进行透明度的设置。此外，为了更好地对比不同组数据的整体趋势，也可以对数据进行插值，将插值结果进行绘制。图 4-2-5 为 Python 面积图绘制示例，其中图 4-2-5（a）为一般绘制结果，图 4-2-5（b）为插值之后的绘制效果。

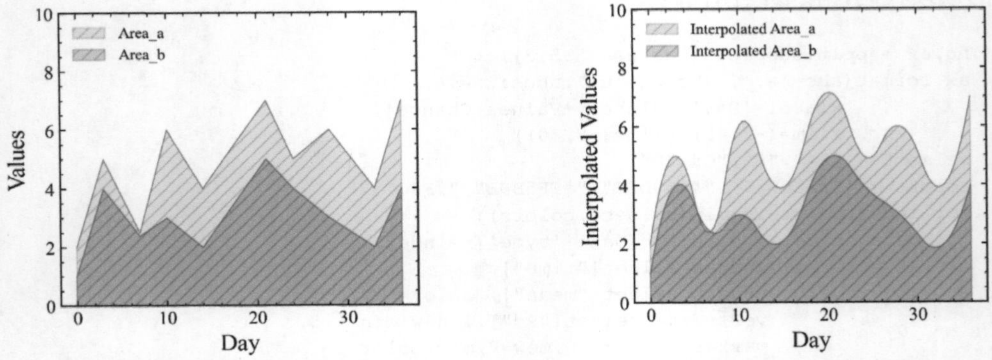
Area_a
Area_b
Values
Day
Interpolated Area_a
Interpolated Area_b
Interpolated Values
Day

（a）Matplotlib 面积图绘制示例　　（b）Matplotlib 面积图（插值）绘制示例

图 4-2-5　面积图插值前后绘制示例对比

技巧：面积图的绘制

在 Python 的 Matplotlib 中，没有类似 Area() 这样的函数进行面积图的绘制，可以使用 Axes.fill_between() 和 Axes.plot() 完成面积图的绘制，其中 Axes.plot() 用于绘制面积图中线的部分，而 Axes.fill_between() 则可绘制面积图的区域部分。在绘制一般的面积图时，只需要设置 fill_between() 函数中的 x 和 y1 参数，其 y2 参数的不同设置可绘制出更多类型的区域填充效果，同时，这里还设置了 hatch 参数以进行填充图案的绘制。图 4-2-5（a）的核心绘制代码如下。

```
import numpy as np
import pandas as pd
import matplotlib.pyplot as plt
area_data = pd.read_excel(r"\演化图系列\面积图构建.xlsx")
fig,ax = plt.subplots(figsize=(4,3.5),dpi=100,)
ax.plot(time,area_a,color="#868686",lw=.5,)
ax.fill_between(time,area_a,color="#868686",
                hatch="///",alpha=.3,label ="Area_a")
ax.plot(time,area_b,color="#CD534C",lw=.5,)
ax.fill_between(time,area_b,color="#CD534C",
                hatch="///",alpha=.3,label ="Area_b")
ax.set_xlabel("Day")
ax.set_ylabel("Values")
ax.set_ylim(0,10)
ax.legend(frameon=False,loc="upper left")
```

图 4-2-5（b）的插值效果的实现代码如下。

```
from scipy import interpolate
data_select = ["Area_a","Area_b"]
data_select = ["Area_a","Area_b"]
colors = ["#868686","#CD534C"]
day = area_data["day"].values
for select,color in zip(data_select,colors):
    # 计算插值
    x,y = day,area_data[select].values
    f = interpolate.interp1d(x, y,kind="quadratic")
    xnew = np.linspace(min(x),max(x),101)
```

```
    ynew = f(xnew)
    # 可视化绘制
    ax.plot(xnew,ynew,color=color,lw=.5)
    ax.fill_between(xnew,ynew,color=color,
        hatch="///",alpha=.3,label="Interpolated "+select)
```

交叉面积图

虽然普通的面积图能较好地体现多组数据值的整体变化情况，但当需要在数据组间进行不同时间段数据值对比时，普通的面积图显然不能很好地满足需求，这时可以使用交叉面积图（cross area chart）完成绘制要求。交叉面积图不但有数值变化的曲线，而且还能够很好地展现不同时段对比组数据的优劣情况。图 4-2-6 为利用 Matplotlib 绘制的交叉面积图示例。

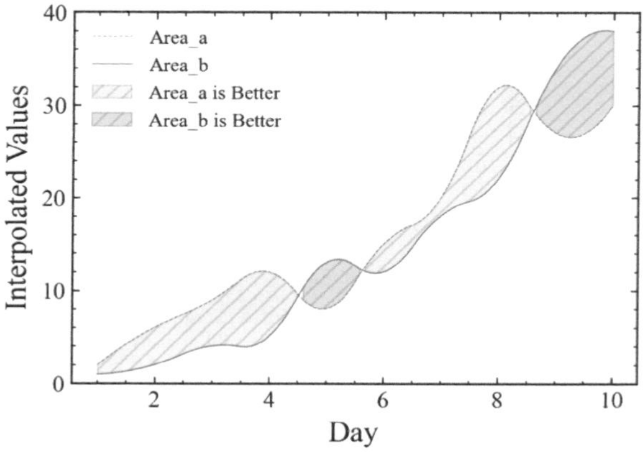
Area_a
Area_b
Area_a is Better
Area_b is Better
Interpolated Values
Day
0
10
20
30
40
2
4
6
8
10

图 4-2-6 利用 Matplotlib 绘制的交叉面积图示例

技巧：交叉面积图的绘制

如果想要使用 Python 中的 Matplotlib 绘制交叉面积图，则需要充分利用 Axes.fill_between() 函数中的 y2 和 where 参数，其中 y2 参数用于绘制区域范围的“底部”位置曲线，where 参数则是通过自定义条件定义从何处开始不绘制填充区域。图 4-2-6 的核心绘制代码如下。

```
import numpy as np
import pandas as pd
import matplotlib.pyplot as plt
from scipy import interpolate
area_data2 = pd.read_excel(r"\交叉面积图构建.xlsx")
day = area_data2["day"].values
# 计算插值
x,a,b = day,area_data2["Area_a"].values,
        area_data2["Area_b"].values
f_a = interpolate.interp1d(x, a,kind="quadratic")
f_b = interpolate.interp1d(x, b,kind="quadratic")
xnew = np.linspace(min(x),max(x),101)
a_new = f_a(xnew)
b_new = f_b(xnew)
# 可视化绘制
fig,ax = plt.subplots(figsize=(5,3.5),dpi=100,)
ax.plot(xnew,a_new,color="#868686",lw=.5,
          ls="--",label="Area_a")
```

```
ax.plot(xnew,b_new,color="#CD534C",lw=.5,label="Area_b")
ax.fill_between(xnew,a_new,b_new,where=(a_new > b_new),
                color="#868686",hatch="///",alpha=.3,
                label="Area_a is Better")
ax.fill_between(xnew,a_new,b_new,where=(a_new <= b_new),
                color="#CD534C",hatch="///",alpha=.3,
                label="Area_b is Better")
ax.set_xlabel("Day")
ax.set_ylabel("Interpolated Values")
ax.set_ylim(0,10)
ax.set_ylim(0,40)
ax.legend(frameon=False,loc="upper left")
```

图 4-2-7 和图 4-2-8 分别给出了使用 ProPlot 和 SciencePlots 主题库绘制的面积图系列。

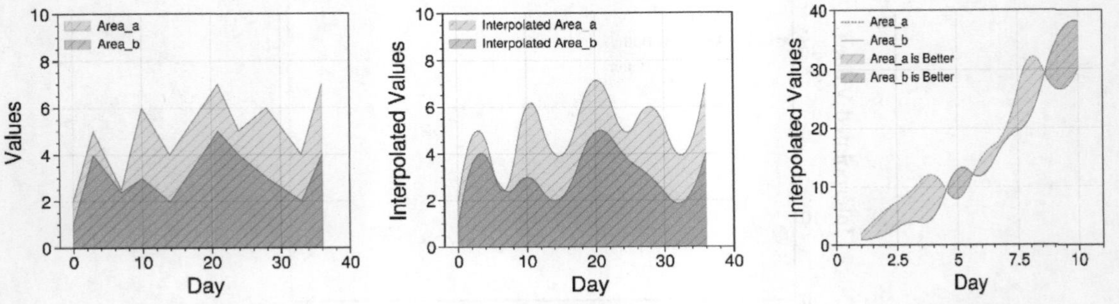
Area_a
Area_b
Values
Day
Interpolated Area_a
Interpolated Area_b
Interpolated Values
Day
Area_a
Area_b
Area_a is Better
Area_b is Better
Interpolated Values
Day

（a）面积图　　（b）插值后的面积图　　（c）交叉面积图

图 4-2-7　利用 ProPlot 绘制的面积图系列

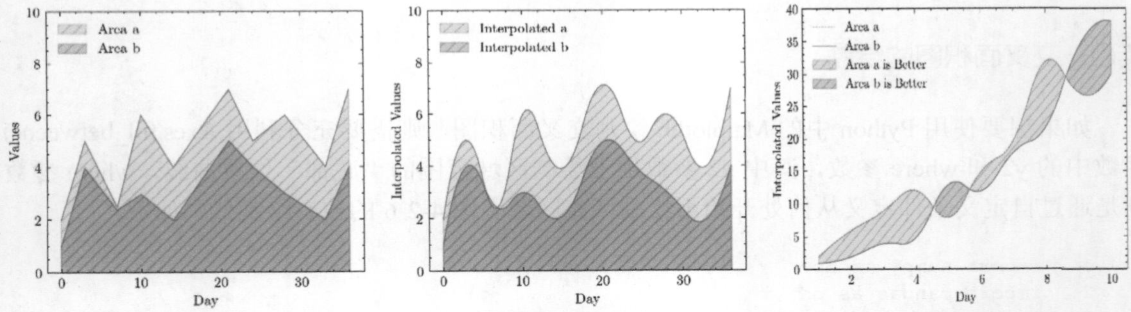
Area a
Area b
Values
Day
Interpolated a
Interpolated b
Interpolated Values
Day
Area a
Area b
Area a is Better
Area b is Better
Interpolated Values
Day

（a）面积图　　（b）插值后的面积图插值　　（c）交叉面积图

图 4-2-8　利用 SciencePlots 绘制的面积图系列

2. 使用场景

面积图系列在大多情况下表示某一监测值随时间的变化趋势。特别是在经济学和社会学中，如果想要对一组或者多组研究数据观察随时间变化的趋势或者进行相互间的对比，则可使用面积图进行可视化展示。此外，面积的大小还可以直接体现对应时段的数值大小。在地理学、气象学等 GIS（地理信息系统）领域相关的学科中，在对降水量、污染指标数值变化进行监测时，也可以使用面积图进行展示。

4.2.3 相关性散点图系列

1. 介绍和绘制方法

散点图（scatter plot）又称 X-Y 点图，是在直角坐标系中使用点来显示两个变量数值（连续变量）的一种图形类型，其横、纵坐标的变量数值共同决定点在坐标系中的位置，而相关性散点图（correlation scatter Plot）则是使用散点图的形式来表达变量间相关性（correlation）的一种统计图形。

在相关性散点图中，如果变量之间不存在相互关系（no correlation），则变量数据点在分布上会呈现随机分布的离散点；如果存在某种相关性，如正相关（positive），则表现为两个变量数据值同时增长；如果存在负相关（negative），则表现为一个变量值随着另一个变量值的增加而减少。当然，还可以根据变量数据点的密集程度来确定相关性的强弱程度。图 4-2-9 分别展示了常见的正相关、负相关和不相关散点图示例。

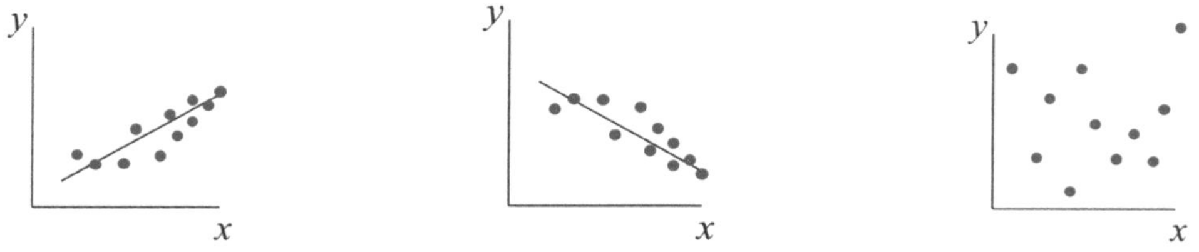
y
x
y
x
y
x

（a）正相关　（b）负相关　（c）不相关

图 4-2-9　不同类型的相关类型散点图示例

在常见的科研学术插图类型中，连续性变量数据值散点图的绘制主要涉及相关性分析、线性回归分析和曲线拟合分析等研究，其中多以相关性散点图和线性回归散点图为主。在某种程度上，相关性分析可以看作线性回归分析之前的操作步骤，即数据有相关性之后才进行变量数据间关系（回归拟合）的判定，且相关性的强弱在绝大程度上决定着回归拟合程度的好坏，二者的关系可通过以下 3 种指标进行阐述。

1）目的。相关性分析的主要目的是量化两个变量相关联的程度，主要用于描述和推断统计；线性回归分析则是对因变量和自变量（一个或者多个）进行拟合，得出回归方程以用于未知因变量的预测，多用于模型预测和实验拟合数据等。

2）变量情况。相关性分析和线性回归分析所使用的数据变量类型都为定量连续性数据，其中相关性分析是对两个变量进行分析，而线性回归分析则可涉及多个变量值，如一元线性回归分析和多元线性回归分析。

3）统计量。在相关性分析中，通常会使用相关系数 R 和 p 值等统计指标进行量化表示，相关系数 R 的取值范围为 $[-1,1]$，正值表示正相关，负值表示负相关。当相关系数 $R > 0.6$ 时，可认定两变量之间强相关；当 $0.3 \leqslant R \leqslant 0.6$ 时，可认定为中等相关；当 $R < 0.3$ 时，可认定为弱相关；当 $R = 0$ 时，则表示不相关。需要指出的是，相关系数仅表示两个变量相关程度的大小和方向，既不等于因果关系，又无法表示两个变量间的具体关系。

线性回归分析使用判定系数 R^2、均方根误差（Root Mean Square Error，RMSE）进行统计结果的量化表示，二者被广泛应用于回归模型预测准确性的评估方法中。RMSE 用于对比指定数据集不同模型的预测误差，其值越小，表示回归拟合模型预测值和真值之间存在更小的误差，拟合模型就越好；而判定系数 R^2，又称为判断系数，是相关系数 R 的平方，它可以更好地表示参数相关的密切程度。R^2 的值越接近 1，相关性越高，拟合模型预测效果越好，反之，它越接近 0，即相关性越低，模型拟合预测效果越差。相关系数、均方根误差和判定系数的具体表达公式如下：

$$R_{xy}=\frac{\operatorname{cov}(X,Y)}{\sigma_X\sigma_Y}=\frac{\sum_{n-1}^{n}(x_i-\overline{x})(y_i-\overline{y})}{\sqrt{\sum_{n-1}^{n}(x_i-\overline{x})^2}\cdot\sqrt{\sum_{n-1}^{n}(y_i-\overline{y})^2}}$$

$$\text{RMSE}=\sqrt{\frac{\sum_{i=1}^{n}(y_i^{'}-y_i)^2}{n}}$$

$$R^2=\frac{\text{SSR}}{\text{SST}}=\frac{\sum_{i=1}^{n}(y_i^{'}-\overline{y})^2}{\sum_{i=1}^{n}(y_i-\overline{y})^2}$$

在上述公式中，$\operatorname{cov}(X,Y)$ 为 X 和 Y 的协方差，σ_X、σ_Y 分别为 X 和 Y 的标准差，n 为样本个数，x_i、y_i 为索引 i 的各个数据，$y_i^{'}$ 为索引 i 的各个数据对比值，$\overline{x}$、$\overline{y}$ 则为 x、y 的样本均值（mean），SSR 为回归平方和，SST 为总平方和。

（1）基础相关性散点图

在散点图中，可加入回归线（直线或曲线）来进行辅助分析，这是绘制相关性散点图时经常用到的一个辅助技巧，主要用于观察所有数据样本点间的关系。散点图可以很好地展现两组数据中一组数据是否对另一组数据存在影响及影响程度的大小，但两组数据间的相关性并不等同于确定的因果关系，还需要考虑其他变量或者因素对结果的影响。图 4-2-10（a）和图 4-2-10（b）为利用 Matplotlib 绘制的正、负相关散点图示例，图 4-2-10（c）和图 4-2-10（d）则为对应的 SciencePlots 主题的绘制样式（LaTeX 字体）。

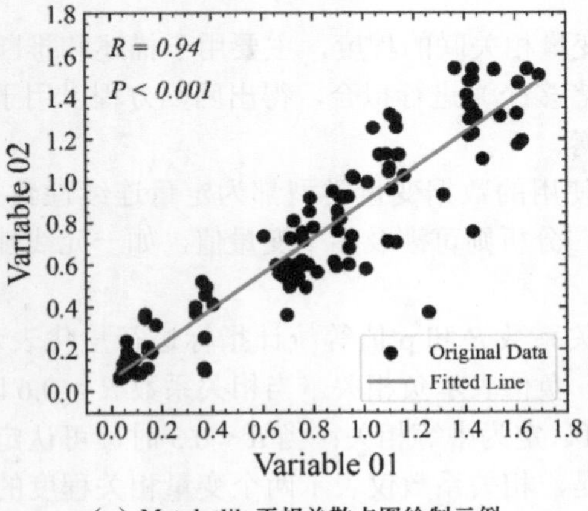
R = 0.94
P < 0.001
Original Data
Fitted Line
Variable 02
Variable 01

（a）Matplotlib 正相关散点图绘制示例

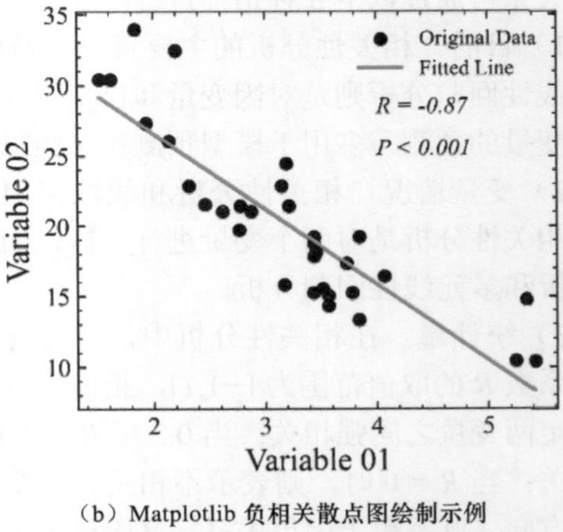
Original Data
Fitted Line
R = -0.87
P < 0.001
Variable 02
Variable 01

（b）Matplotlib 负相关散点图绘制示例

图 4-2-10　正、负相关散点图绘制示例

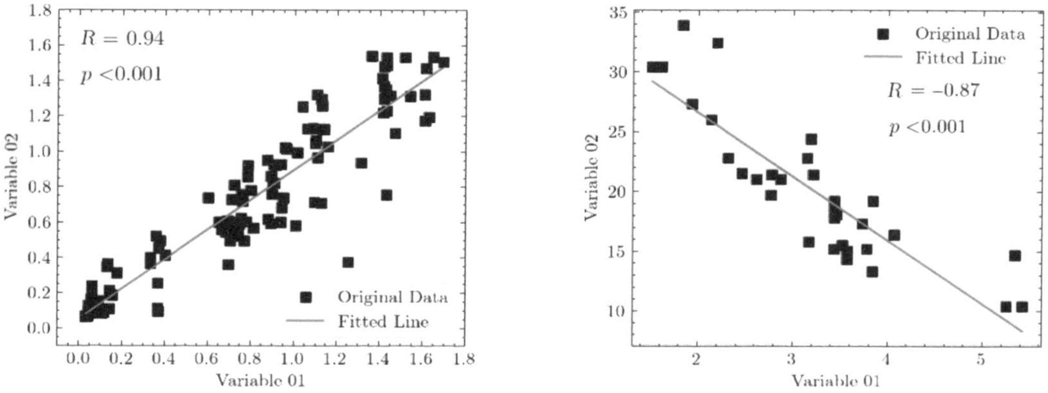
R = 0.94
p <0.001
Original Data
Fitted Line
Variable 01
Variable 02
Original Data
Fitted Line
R = −0.87
p <0.001
Variable 01
Variable 02

（c）SciencePlots 正相关散点图绘制示例　　（d）SciencePlots 负相关散点图绘制示例

图 4-2-10　正、负相关散点图绘制示例（续）

技巧：正、负相关散点图的绘制

在 Python 基础绘图工具库 Matplotlib 中，可使用其 axes.Axes.scatter() 函数绘制相关性散点样式（以点和小方块为主），使用 Scipy.stats.linregress() 函数计算相关系数 *R*、显著性水平 p 值等统计信息，并用 ax.text() 函数将统计结果绘制在散点图上，拟合线的绘制则使用 stats.linregress() 函数计算的 slope（斜率）和 intercept（截距）值结合 ax.plot() 函数完成。图 4-2-10 的核心绘制代码如下。

```
from scipy import stats
import matplotlib.pyplot as plt
scatter_data = pd.read_excel(r"\散点图样例数据2.xlsx")
# 图4-2-10(a) 的绘制代码
x = scatter_data["values"]
y = scatter_data["pred values"]
# 计算统计信息
slope,intercept,r_value,p_value,std_err =
                            stats.linregress(x,y)
fig,ax = plt.subplots(figsize=(4,3.5),dpi=100)
scatter = ax.scatter(x=x,y=y,s=30,c="k",ec="k",
                    label="Original Data")
# 绘制拟合线
ax.plot(x, intercept + slope*x, 'r', label='Fitted Line')
# 图4-2-10(b) 的绘制代码
mtcars = pd.read_excel(r"\mtcars.xlsx")

x2 = mtcars["wt"]
y2 = mtcars["mpg"]
slope, intercept, r_value, p_value, std_err =
                            stats.linregress(x2,y2)
fig,ax = plt.subplots(figsize=(4,3.5),dpi=100,)
scatter = ax.scatter(x=x2,y=y2,s=30,c="k",ec="k",
                    label="Original Data")
ax.plot(x2, intercept + slope*x2, 'r', label='Fitted Line')
# 对于图4-2-10(c)、(d) 的绘制，只需要在绘制之前添加如下代码
plt.style.use('science')
…
```

提示：图 4-2-10 所示相关性散点图添加了拟合线，这是为了图更加美观和更加符合学术出版的要求。但在某些情况下，可不添加拟合线，如相关性程度不高的两组连续性数值。

在通常情况下，为了更多地展示两组数据间的统计信息和数据本身的信息，相关性散点图中除添加上述信息（*R* 和 p 值）以外，对于其他属性，如 1∶1 等值线（1∶1 Line）、数据值测量误差（error）、拟合公式（*formula*）、样本个数（*N*）和图例属性等，可根据图使用场景选择添加。图 4-2-11（a）、图 4-2-11（b）分别为相关性散点图统计信息添加和相关性（误差）散点图示例，图 4-2-11（c）、（d）则为对应的 SciencePlots 主题下的样式（LaTeX 字体）。

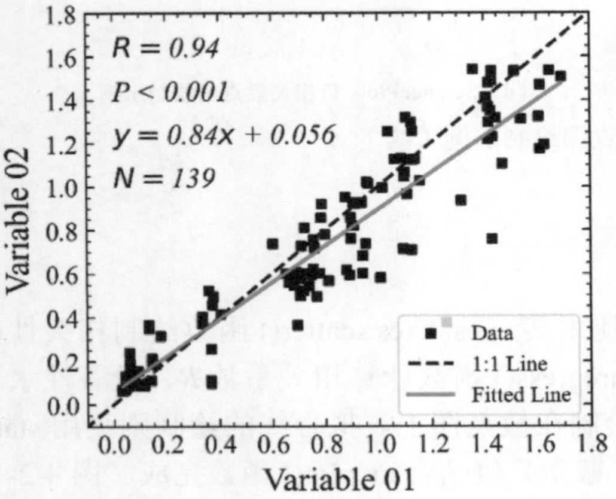
R = 0.94
P < 0.001
y = 0.84x + 0.056
N = 139
Data
1:1 Line
Fitted Line
Variable 01
Variable 02

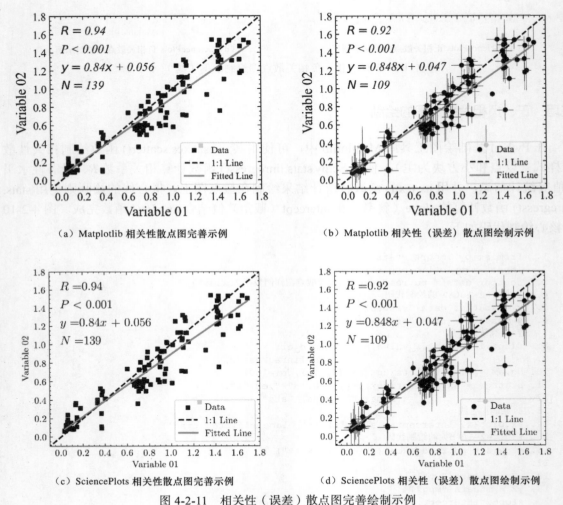

（a）Matplotlib 相关性散点图完善示例

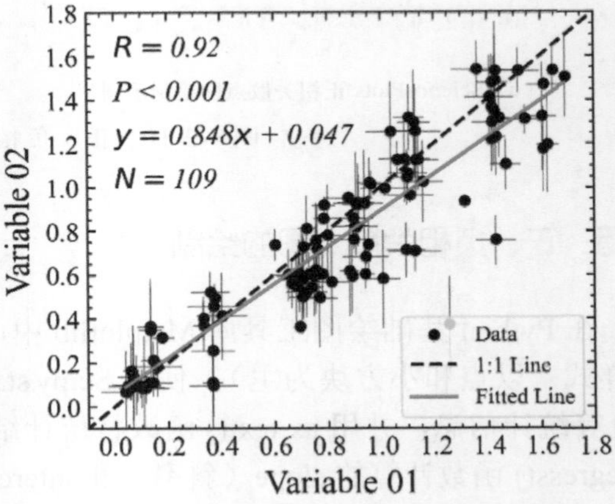
R = 0.92
P < 0.001
y = 0.848x + 0.047
N = 109
Data
1:1 Line
Fitted Line
Variable 01
Variable 02

（b）Matplotlib 相关性（误差）散点图绘制示例

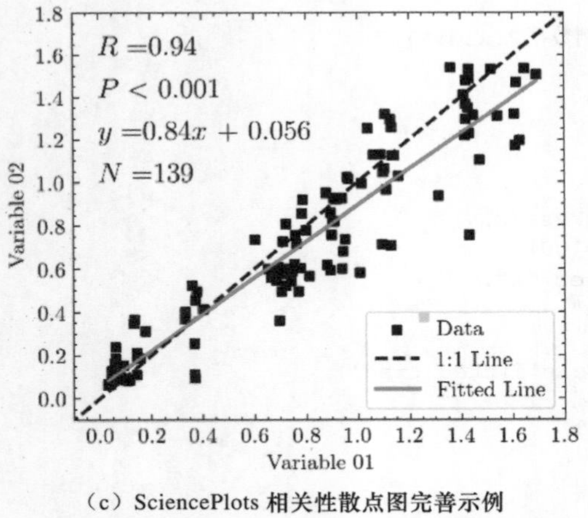
R =0.94
P < 0.001
y =0.84x + 0.056
N =139
Data
1:1 Line
Fitted Line
Variable 01
Variable 02

（c）SciencePlots 相关性散点图完善示例

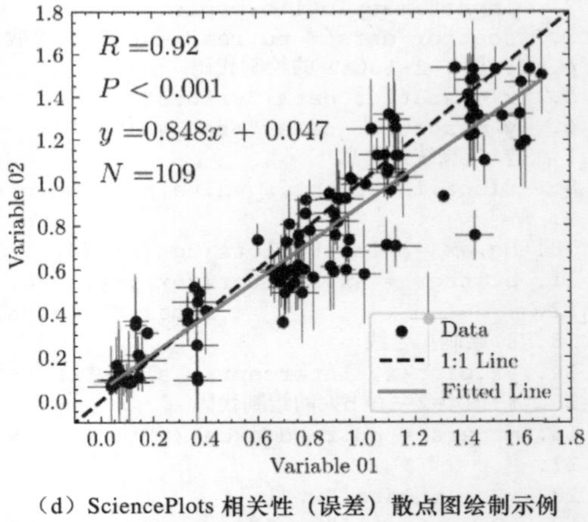
R =0.92
P < 0.001
y =0.848x + 0.047
N =109
Data
1:1 Line
Fitted Line
Variable 01
Variable 02

（d）SciencePlots 相关性（误差）散点图绘制示例

图 4-2-11　相关性（误差）散点图完善绘制示例

技巧：相关性（误差）散点图统计信息的绘制

具有更多统计信息和数据本身信息的相关性散点图的绘制和基本的相关性散点图类似，不同的是，前者需要使用 Matplotlib 的 ax.text() 函数添加拟合公式等信息，而绘制误差线，则是使用 ax.errorbar() 函数完成的。需要注意的是，示例中绘制误差线的数据为虚构的，真实环境中则需要根据多次实验数据或测量数据进行均数标准误、标准差或者置信区间等计算而得到。图 4-2-11 的核心绘制代码如下。

```
from scipy import stats
import matplotlib.pyplot as plt
scatter_data = pd.read_excel(r"\散点图样例数据2.xlsx")
# 图4-2-11(a) 的绘制代码
x = scatter_data["values"]
y = scatter_data["pred values"]
slope, intercept, r_value, p_value, std_err =
                          stats.linregress(x,y)
# 绘制最佳拟合线：这里的-10和10可通过具体绘图数据确定，
# 一般情况下，要取一个较大的值
best_line_x = np.linspace(-10,10)
best_line_y=best_line_x
# 绘制拟合线
y3 = slope*x + intercept
fig,ax = plt.subplots(figsize=(4,3.5),dpi=100)
scatter = ax.scatter(x=x,y=y,edgecolor=None, c='k',
                     s=13,marker='s',label="Data")
bestline = ax.plot(best_line_x,best_line_y,color='k',
         linewidth=1.5,linestyle='--',label="1:1 Line")
linreg = ax.plot(x,y3,color='r',linewidth=1.5,
         linestyle='-',label="Fitted Line")
# 添加文本信息
fontdict = {"size":13,"fontstyle":"italic"}
ax.text(0.,1.6,r'$R=$'+str(round(r_value,2)),
        fontdict=fontdict)
ax.text(0.,1.4,"P < "+str(0.001),fontdict=fontdict)
ax.text(0.,1.2,r'$y=$'+str(round(slope,3))+'$x$'+" +
        "+str(round(intercept,3)),fontdict=fontdict)
ax.text(0.,1.0,r'$N=$'+ str(len(x)),fontdict=fontdict)
# 图4-2-11(b) 的绘制代码
# 在上述代码中添加如下绘制代码即可添加误差
errorbar = ax.errorbar(x,y,xerr=x_err,yerr=y_err,
           ecolor="k", elinewidth=.4,capsize=0,alpha=.7,
           linestyle="",mfc="none",mec="none",zorder=-1)
# 对于图4-2-11(c)、(d) 的绘制，只需要在绘图前添加如下绘制代码
plt.style.use('science')
…
```

提示：在绘制图 4-2-11（b）和图 4-2-11（d）所示带误差的相关性散点图时，需要将 ax.errorbar() 函数的参数 capsize 设置为 0，即设置误差线“帽子”的长度为 0，参数 linestyle 设置为空，透明度参数 alpha 设置为 0.7，图层顺序参数 zorder 设置为 −1，其目的是将误差绘制成“+”字样式，使它在较多重叠数据点的相关性散点图中更容易展示，避免信息混乱等问题。

（2）多类别相关性散点图

在面对多组数据时，绘制相关性散点图的方法和单组数据类似，唯一不同的是，为了区分不同对比数据，选择不同颜色进行数据点、拟合表达式、统计信息等属性的绘制。图 4-2-12 为利用 Matplotlib 分别绘制的多类别相关性（误差）散点图和对应的 SciencePlots 主题样式，可以看出，分别使用了不同颜色标记了不同分组的点、文本注释信息和误差线。

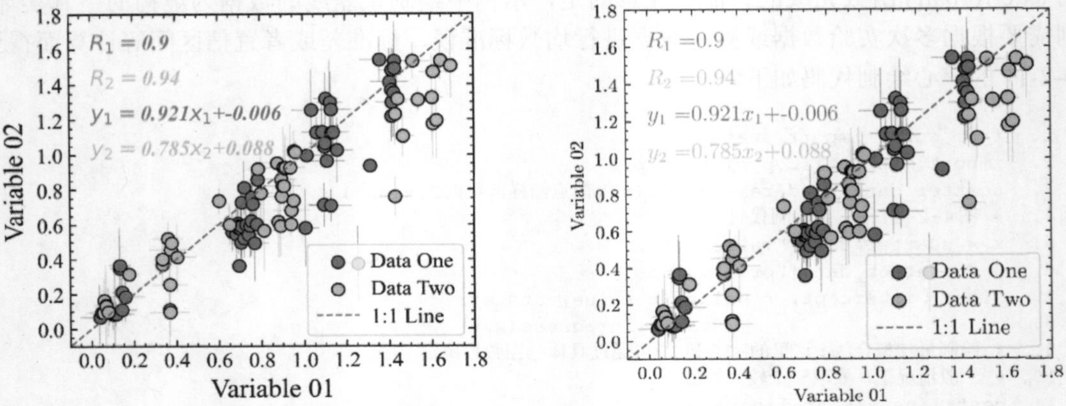

R_1 = 0.9
R_2 = 0.94
y_1 = 0.921x_1+-0.006
y_2 = 0.785x_2+0.088
Data One
Data Two
1:1 Line
Variable 01
Variable 02

（a）Matplotlib 多类别相关性（误差）散点图绘制　（b）SciencePlots 多类别相关性（误差）散点图绘制

图 4-2-12　多类别相关性（误差）散点图绘制示例

技巧：多类别相关性（误差）散点图的绘制

```
# 图4-2-12(b) 的绘制代码
import pandas as pd
import numpy as np
import Seaborn as sns
import matplotlib.pyplot as plt
plt.style.use('science')  # 需要安装SciencePlots库
Class_data = pd.read_excel(r"\多类别相关性散点图.xlsx")
data01_x = Class_data.loc[Class_data["type"]=="class 01",
                          "Variable 01"]
data01_y = Class_data.loc[Class_data["type"]=="class 01",
                          "Variable 02"]
data02_x = Class_data.loc[Class_data["type"]=="class 02",
                          "Variable 01"]
data02_y = Class_data.loc[Class_data["type"]=="class 02",
                          "Variable 02"]
data01_err_x = Class_data.loc[Class_data["type"]=="class 01",
                              "x_error"]
data01_err_y = Class_data.loc[Class_data["type"]=="class 01",
                              "y_error"]
linregress01 = stats.linregress(data01_x,data01_y)
linregress02 = stats.linregress(data02_x,data02_y)
r_value_01,intercept01,slope01 =
linregress01.rvalue,linregress01.intercept,linregress01.slope
r_value_02,intercept02,slope02 =
linregress02.rvalue,linregress02.intercept,linregress02.slope
# 绘制1:1 线
best_line_x = np.linspace(-10,10)
best_line_y=best_line_x
fig,ax = plt.subplots(figsize=(4,3.5),dpi=100)
scatter01 = ax.scatter(x=data01_x,y=data01_y,edgecolor="k",
           c='#459DFF', lw=.8,s=50,label="Data One")
scatter02 = ax.scatter(x=data02_x,y=data02_y,edgecolor="k",
           c='#FFCC37', lw=.8,s=50,label="Data Two")
bestline = ax.plot(best_line_x,best_line_y,color='gray',
           linewidth=1,linestyle='--',label="1:1 Line")
# 添加误差
errorbar_one = ax.errorbar(data01_x,data01_y,
```

```
    xerr=data01_err_x,yerr=data01_err_y,ecolor="#459DFF",
    elinewidth=.4,capsize=0,alpha=.8,linestyle="",mfc="none",
    mec="none",zorder=-1)
# 添加文本信息
fontdict = {"size":12,"fontstyle":"italic","weight":"bold"}
ax.text(0.0,1.6,r'$R_1=$'+str(round(r_value_01,2)),
        c="#459DFF",fontdict=fontdict)
ax.text(0.0,1.4,r'$R_2=$'+str(round(r_value_02,2)),
        c="#FFCC37",fontdict=fontdict)
ax.text(0.0,1.2,r'$y_1=$'+str(round(slope01,3))+'$x_1$'+"+"+
     str(round(intercept01,3)),c="#459DFF",fontdict=fontdict)
ax.text(0.,1.,r'$y_2=$'+str(round(slope02,3))+'$x_2$'+"+"+
str(round(intercept02,3)),c="#FFCC37",fontdict=fontdict)
```

（3）散点密度图

当涉及的双变量数据较多（通常个数≥ 5000）时，会使坐标系中的散点重叠在一起，互相遮挡覆盖，增大了理解难度，这时可引入“密度”概念，即以特定的区域为单位，先统计出这个区域散点出现的频次（密度），然后使用颜色表示频数的高低。在绘制这种散点图时，可添加颜色条（colorbar）用于表示散点图中点的密度值（density of points）或者每个像素点位置点的数量（number of points）。这种图称为散点密度图（scatter density plot），它是一种经常出现在学术期刊中的统计图表。图 4-2-13 分别展示了基于 SciencePlots 主题库使用不同方法绘制的散点密度图，其中图 4-2-13（a）使用 NumPy 中的 histogram2d() 函数计算点的个数，图 4-2-13（b）使用 gaussian_kde() 函数进行核密度估计操作。

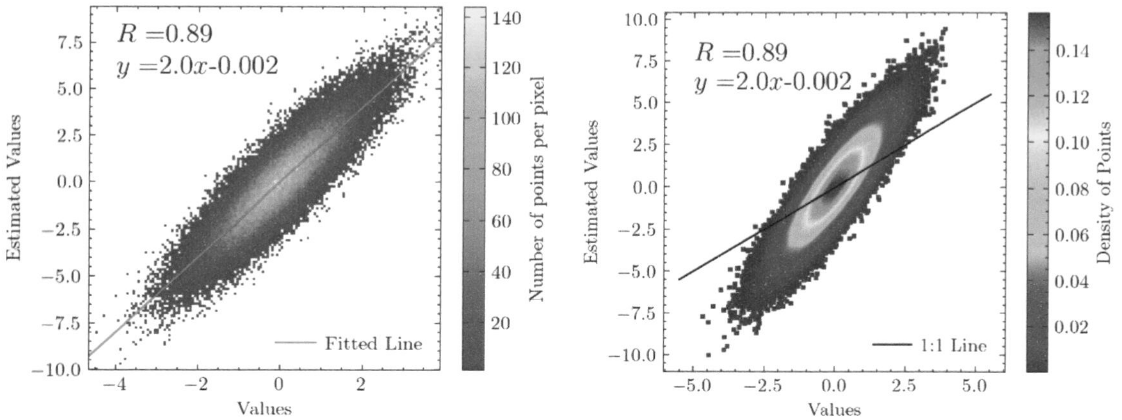
R =0.89
y =2.0x-0.002
Fitted Line
Estimated Values
Values
Number of points per pixel
R =0.89
y =2.0x-0.002
1:1 Line
Estimated Values
Values
Density of Points

（a）histogram2d() 函数散点密度图绘制示例　　（b）gaussian_kde() 函数散点密度图绘制示例

图 4-2-13　散点密度图绘制示例

技巧：散点密度图的绘制

在针对较大数据集的相关性散点密度图绘制过程中，首先使用 NumPy 中的 histogram2d() 函数且设置 bins 参数计算出直方统计矩阵数组结果；然后使用 NumPy 中的 rot90()、flipud() 函数分别对结果进行逆时针旋转和上下翻转操作，并使用 numpy.ma.masked_where() 函数进行数据筛选；最后，使用 Matplotlib 的 ax.pcolormesh() 函数进行散点密度图的绘制。scipy.stats.gaussian_kde() 函数也可以计算散点密度值，该结果绘制的散点的颜色表示散点密度，并不是散点的个数。图 4-2-13 的核心绘制代码如下。

```
from scipy import stats
import matplotlib.pyplot as plt
from colormaps import parula
plt.style.use('science')
x = density_scatter["Values"],
y = density_scatter["Estimated Values"]
slope, intercept, r_value, p_value, std_err =
                        stats.linregress(x,y)
# 图 4-2-13(a) 的绘制代码
nbins = 150
H, xedges, yedges = np.histogram2d(x, y, bins=nbins)
H = np.rot90(H)
H = np.flipud(H)
Hmasked = np.ma.masked_where(H==0,H)
# 开始绘图
fig,ax = plt.subplots(figsize=(4,3.5),dpi=100)
density_scatter = ax.pcolormesh(xedges, yedges, Hmasked,
                                cmap=parula,label="Data")
linreg = ax.plot(x, intercept + slope*x, 'r',
                 label='Fitted Line')
# colorbar 定制化设置
colorbar = fig.colorbar(density_scatter,aspect=17,
                        label="Number of points per pixel")
colorbar.ax.tick_params(left=True,direction="in",width=.4,
                        labelsize=10)
colorbar.ax.tick_params(which="minor",right=False)
colorbar.outline.set_linewidth(.4)

# 图 4-2-13(b) 的绘制代码
from scipy.stats import gaussian_kde
# 计算点密度
xy = np.vstack([x, y])
z = gaussian_kde(xy)(xy)
# Sort points by density # 根据密度值排序
idx = z.argsort()
x, y, z = x[idx], y[idx], z[idx]
# 绘制最佳拟合线
best_line_x = np.linspace(-5.5,5.5)
best_line_y=best_line_x
fig,ax = plt.subplots(figsize=(4,3.5),dpi=100,)
gass_desity = ax.scatter(x, y,edgecolors = 'none',c = z,
                         s=6,marker="s",cmap="jet")
```

提示：图 4-2-13 所示绘制结果中的散点颜色表示不同的变量值，即图 4-2-13（a）中表示点的个数，图 4-2-13（b）中表示点密度。设置 np.histogram2d() 函数中参数 density 的值为 True，即可实现通过绘制散点颜色来表示点密度的效果。此外，还可以使用 Matplotlib 的 pyplot.hist2d() 绘制出图 4-2-13（a）的结果，代码量相对较少，也可以通过控制参数 density 的值绘制表示点个数或密度的可视化结果。需要注意的是，在使用 pyplot.hist2d() 绘制时，图对象中的其他部分会被纯色填充，可通过设置参数 cmin 为 0.0001（尽可能小，但不为 0）进行解决。

除上述方法以外，还可以使用 Python 优秀的第三方库 mpl-scatter-density 进行散点密度图的绘制，该库直接封装了相关函数，提供一种较为快速的绘制散点密度图的方法。图 4-2-14 为使用 mpl-scatter-density 库绘制散点密度图示例。

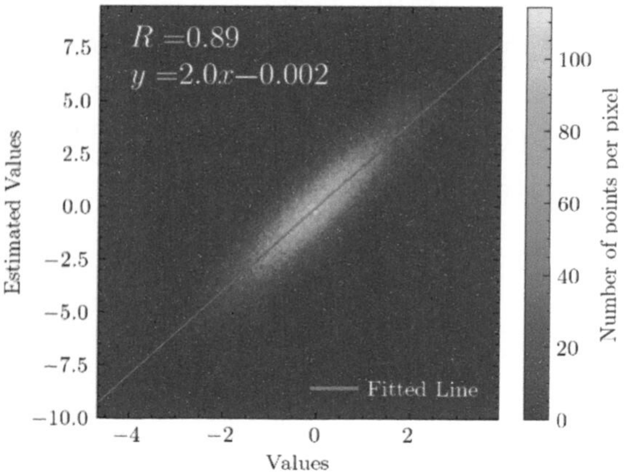
R =0.89
y =2.0x−0.002
Fitted Line
Estimated Values
Values
Number of points per pixel

（a）mpl-scatter-density 库绘制散点密度图示例一

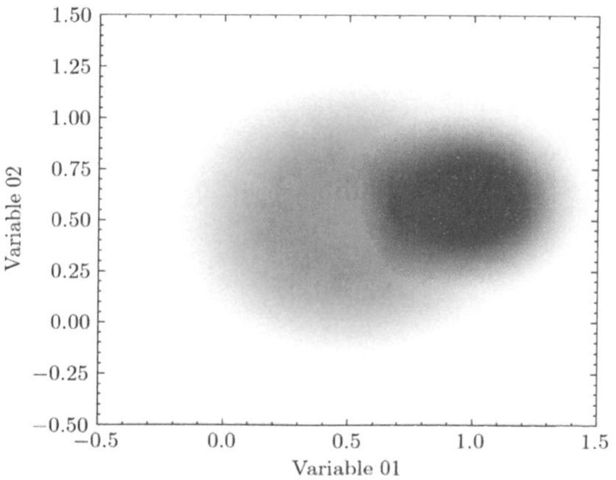
Variable 02
Variable 01

（b）mpl-scatter-density 库绘制散点密度图示例二

图 4-2-14　mpl-scatter-density 库散点密度图绘制示例

技巧：利用 mpl-scatter-density 库绘制散点密度图

```
import mpl_scatter_density
from scipy import stats
import matplotlib.pyplot as plt
from colormaps import parula
plt.style.use('science')
# 图4-2-14(a) 的绘制代码
density_scatter = pd.read_excel(r"\相关性散点密度图.xlsx")
x = density_scatter["Values"],
y = density_scatter["Estimated Values"]
slope, intercept, r_value, p_value, std_err =
                                 stats.linregress(x,y)
fig = plt.figure(figsize=(4,3.5),dpi=100,)
ax = fig.add_subplot(1, 1, 1, projection='scatter_density')
density = ax.scatter_density(x, y,cmap=parula,vmax=140,)
linreg = ax.plot(x, intercept + slope*x, 'r',
                     label='Fitted Line',lw=.8)
colorbar = fig.colorbar(density,aspect=17,
                        label="Number of points per pixel")
# 图4-2-14(b) 的绘制代码
fig = plt.figure(figsize=(4,3.5),dpi=100)
ax = fig.add_subplot(1, 1, 1, projection='scatter_density')
n = 10000000
x = np.random.normal(0.5, 0.3, n)
y = np.random.normal(0.5, 0.3, n)
ax.scatter_density(x, y, color='#2C4AC7')
x = np.random.normal(1.0, 0.2, n)
y = np.random.normal(0.6, 0.2, n)
ax.scatter_density(x, y, color='#F5E61C')
```

（4）二维直方图

二维直方图（2D histogram），也称为密度热力图（density heatmap），它是直方图的二维平面展示版本，先通过将一组 X 轴、Y 轴数据分组到设定好的 bins 中，并应用聚类函数（Density 或者 Counts）来计算每个 bins 中数据点出现的频次，再使用色块颜色映射数据点出现的频次，可以看作密度散点图的替代绘制方案。此外，bins 色块还可以使用六边形表示，即六边形分箱图（hexagonal binning）。这种图使用六边形作为 bins 色块也是为了在视觉上更趋于圆点和数据点，色块之间衔接更加方便，尤其是在面对大数据集时，更能大幅减少散点或者方块带来的视觉困难。在色块较大时，还可以将统计数值结果绘制在色块上，更利于读者获取图形信息。图 4-2-15 为使用 Matplotlib 绘制的 SciencePlots 主题下不同样式的二维直方图示例。

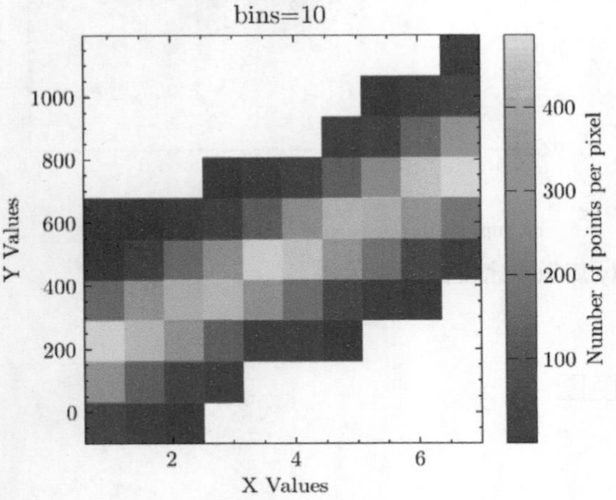
bins=10
Y Values
X Values
Number of points per pixel

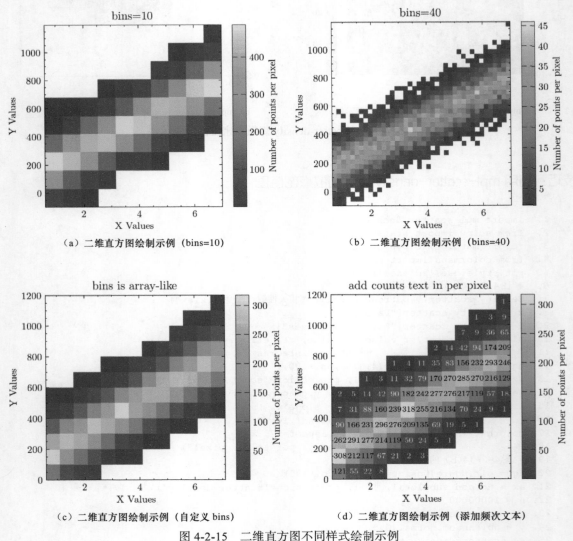

（a）二维直方图绘制示例（bins=10）

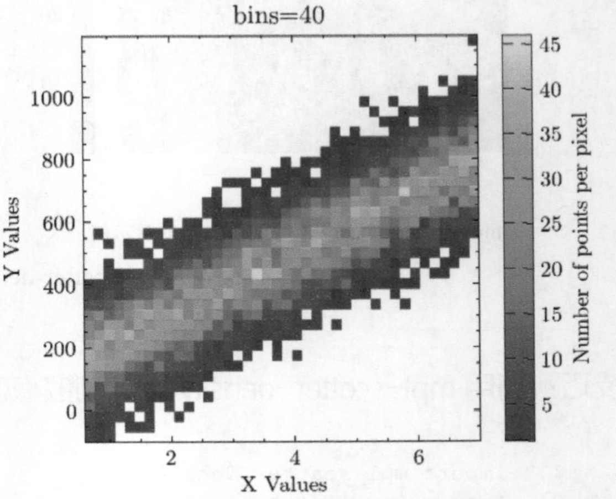
bins=40
Y Values
X Values
Number of points per pixel

（b）二维直方图绘制示例（bins=40）

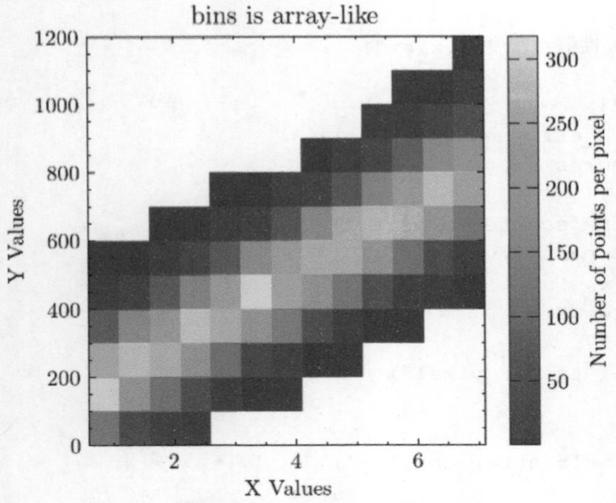
bins is array-like
Y Values
X Values
Number of points per pixel

（c）二维直方图绘制示例（自定义 bins）

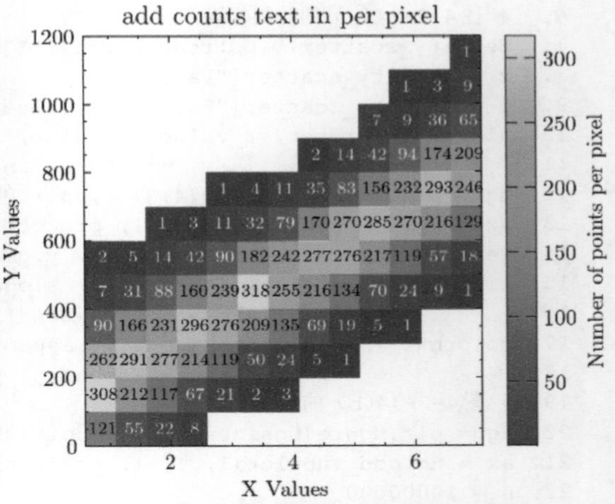
add counts text in per pixel
Y Values
X Values
Number of points per pixel

（d）二维直方图绘制示例（添加频次文本）

图 4-2-15　二维直方图不同样式绘制示例

技巧：二维直方图的绘制

使用 Python 基础绘图库 Matplotlib 的 axes.Axes.hist2d() 函数即可完成二维直方图的绘制，设置参数 bins 为不同值即可绘制不同样式（方块大小和频次不同）的二维直方图；参数 density 默认为 False，绘图结果为点频次统计，设置为 True，则统计点密度。需要注意的是，在统计频次时，可设置参数 cmin 为非零最小值，用于去除非频次值区域的颜色填充。图 4-2-15 的核心绘制代码如下。

```
import matplotlib.pyplot as plt
from colormaps import parula
plt.style.use('science')
hist2d_data = pd.read_csv(r"\hist2d_hexbin_data.csv")
x = hist2d_data["x values"]
y = hist2d_data["y values"]
# 图4-2-15(a) 的绘制代码 (bins=10)
fig,ax = plt.subplots(figsize=(4,3.5),dpi=100)
ax.scatter(x,y,s=30,c="k",ec="k",marker='s',label="Original Data")
bins = 10
hist2d_fig = plt.hist2d(x=x,y=y,bins=bins,cmap=parula,
                        cmin=.9)
colorbar = plt.colorbar(aspect=14,
                    label="Number of points per pixel")
# 图4-2-15(c) 的绘制代码 (自定义bins)，设置bins为数组形式
bins_x = np.arange(0.6, x.max() + 0.3, 0.5)
bins_y = np.arange(0, y.max() + 40, 100)

fig,ax = plt.subplots(figsize=(4,3.5),dpi=100)
hist2d_fig = plt.hist2d(x=x,y=y,bins=[bins_x,bins_y],
                        cmap=parula,cmin=0.9)
# 图4-2-15(d) 的绘制代码（添加counts的文本属性）
bins_x = np.arange(0.6, x.max() + 0.3, 0.5)
bins_y = np.arange(0, y.max() + 40, 100)
fig,ax = plt.subplots(figsize=(4,3.5),dpi=100)
hist2d_fig = plt.hist2d(x=x,y=y,bins=[bins_x,bins_y],
                 cmap=parula,cmin=.9)
# 添加colorbar，为了更好地进行对比
colorbar = plt.colorbar(aspect=14,
                    label="Number of points per pixel")
# 添加每个像素点颜色对应的点个数 (counts)
counts = hist2d_fig[0]
for i in range(counts.shape[0]):
    for j in range(counts.shape[1]):
        c = counts[i,j]
        if 0<c<100:
            plt.text(bins_x[i]+.3, bins_y[j]+50,
               int(c),size=8,ha ='center', va ='center',
               color = 'w')
        elif c > 100:
            plt.text(bins_x[i]+.3, bins_y[j]+50,
               int(c),size=8,ha ='center',va ='center',
               color = 'k')
```

提示：在图 4-2-15（d）中，为每个色块添加对应的点个数文本，其目的是更好地展示对应颜色所代表的数值。和添加 colorbar 图例功能类似，在显示中面对较大数据集时，这种方法不可采用。除此之外，使用 Seaborn 的 histplot() 函数也可以实现相同图的绘制效果。

Matplotlib 的 axes.Axes.hexbin() 函数可绘制六边形分箱图。需要注意的是，设置参数 gridsize 为 bins 值或者直接设置 bins 参数的值都可以实现不同频次分箱图的绘制。图 4-2-16 为使用 Matplotlib 绘制的 SciencePlots 主题下的不同六边形分箱图示例，其核心绘制代码如下。

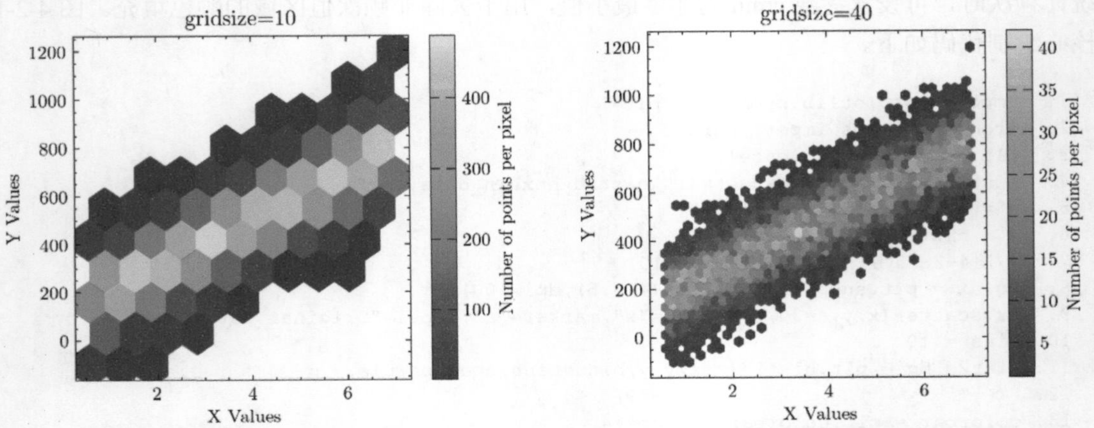
gridsize=10
Y Values
X Values
Number of points per pixel
gridsize=40
Y Values
X Values
Number of points per pixel

（a）hexbin() 函数绘制六边形分箱图示例一　　（b）hexbin() 函数绘制六边形分箱图示例二

图 4-2-16　六边形分箱图不同样式绘制示例

技巧：六边形分箱图的绘制

```
import matplotlib.pyplot as plt
from colormaps import parula
plt.style.use('science')
# 图4-2-16(a) 的绘制代码
bins = 10    # 若绘制图4-2-16(b),bins设置为40即可
fig,ax = plt.subplots(figsize=(4,3.5),dpi=100)
hexbin_fig = plt.hexbin(x=x,y=y,gridsize=bins,
cmap=parula,mincnt=.9)
colorbar = plt.colorbar(aspect=14,
label="Number of points per pixel")
```

2. 使用场景

在大多数情况下，相关性散点图用在对多变量数据集进行数据选择的操作中，即在面对如何选择数据集变量进行新方法（或算法等）的构建问题时，较多的输入变量不仅造成计算成本加大，而且对构建方法的准确性造成影响，这时可通过构建相关性散点图，删除相关性程度较高变量中的一个。此外，相关性散点图还适用于对新构建方法或机器学习算法性能的评估，即将模型计算结果和对应真实值构建成相关性散点图，查看二者的相关性程度，进而实现对新构建方法或模型性能的评估，这类情况一般在生物学、物理学、化学、生态学、农学等理工类学科中经常出现。在学术研究中，面对大数据集构建的散点密度图较常出现在大气科学、海洋科学、地球物理学等 GIS 相关的学科中，这类学科中所使用的数据集一般较大，特别是在对气象数据、卫星遥感数据等进行研究时，散点密度图、二维直方图或者六边形分箱图就常出现在不同数据的对比分析中。

4.2.4　回归分析（线性和非线性）

1. 介绍和绘制方法

（1）线性回归分析

当我们知道两个变量之间的相关系数后，应该还想知道散点变量之间的具体关系，即如何利用其中一个变量预测另一个变量，这称为线性回归分析。在线性回归分析中，常用的一种图为线性回归散点图。在前面的内容中，我们提到了它与相关性散点图的不同。线性回归散点图中的 X 轴、Y 轴通常表示变量值（value）与线性模型对变量值计算的模型估计值（pred/estimated value）。此外，图中文字属性会添加诸如决定系数 R^2、均方根误差等表示回归模型优劣的量化指标。图 4-2-17 分别展示了利用 SciencePlots 主题样式绘制的基本线性回归散点图、基本线性回归误差散点图，以及带置信区间和预测区间的线性回归散点图示例。

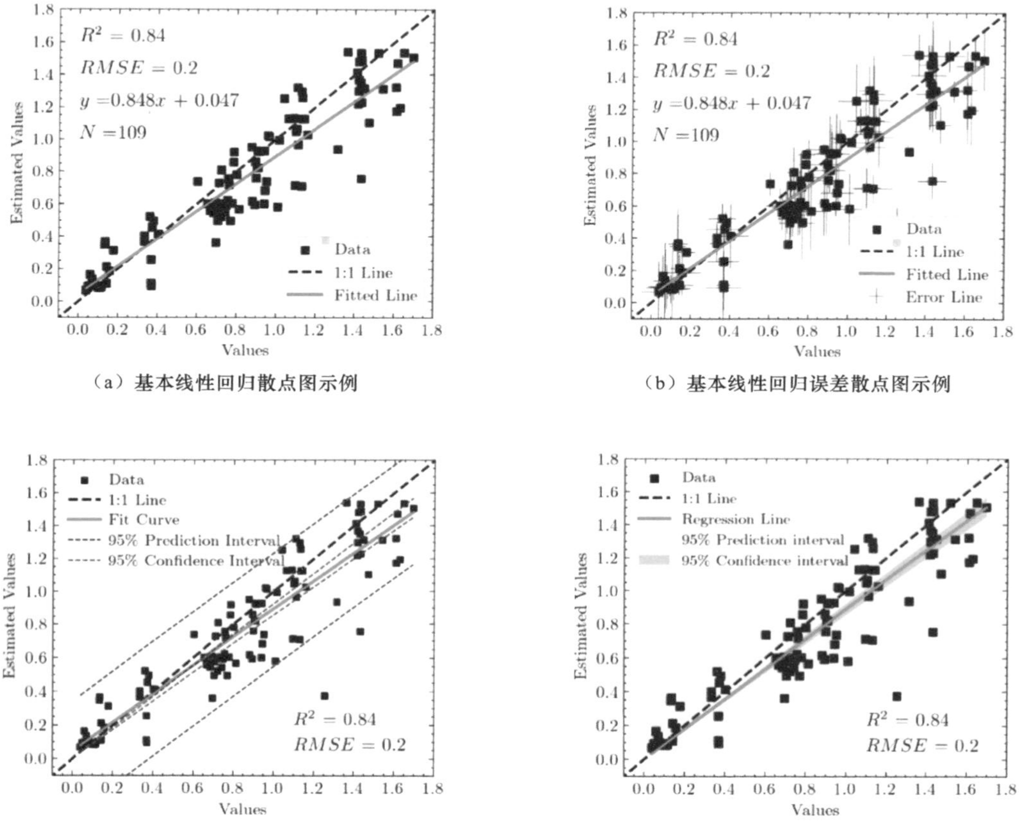
R^2 = 0.84
$RMSE$ = 0.2
y =0.848x + 0.047
N =109
Estimated Values
Values
Data
1:1 Line
Fitted Line
Error Line
Fit Curve
95% Prediction Interval
95% Confidence Interval
Regression Line
95% Prediction interval
95% Confidence interval

（a）基本线性回归散点图示例

（b）基本线性回归误差散点图示例

（c）带置信区间和预测区间的线性回归散点图示例一

（d）带置信区间和预测区间的线性回归散点图示例二

图 4-2-17 线性回归散点图的 SciencePlots 主题绘制示例

技巧：线性回归散点图的绘制

可使用 Python 基础绘图库 Matplotlib 的 axes.Axes.scatter() 函数绘制线性拟合的变量数值点；scipy.Stats() 模块计算诸如 R^2 等统计指标；sklearn.metrics.mean_squared_error() 结合 numpy.sqrt() 函数计算均方根误差；statsmodels 库的线性拟合相关函数计算置信区间和预测区间（prediction interval）；ax.plot() 函数绘制置信 / 预测上线拟合线样式；ax.text() 函数将统计指标添加到图的图层上。图 4-2-17（c）和图 4-2-17（d）的核心绘制代码如下。

```
import matplotlib.pyplot as plt
import statsmodels.api as sm
lm_fit = sm.OLS(y, x).fit()
dt = lm_fit.get_prediction(x).summary_frame(alpha = 0.05)
y_prd = dt['mean']
y_fit = dt['mean']
yprd_ci_lower = dt['obs_ci_lower']
yprd_ci_upper = dt['obs_ci_upper']
ym_ci_lower = dt['mean_ci_lower']
ym_ci_upper = dt['mean_ci_upper']
# 图4-2-17(c) 的绘制代码
fig,ax = plt.subplots(figsize=(4,3.5),dpi=100)
scatter = ax.scatter(x=x,y=y,edgecolor=None, c='k',
                     s=12,marker='s',label="Data")
bestline = ax.plot(best_line_x,best_line_y,color='k',
          linewidth=1.5,linestyle='--',label="1:1 Line")
linreg = ax.plot(x,y3,color='r',linewidth=1.5,
          linestyle='-',label="Fit Curve")
#绘制置信/预测上下范围线
ax.plot(x, yprd_ci_lower, color = "blue", linewidth=.8,
      linestyle = "--",label="95\% Prediction Interval")
ax.plot(x, yprd_ci_upper, color = "blue", linewidth=.8,
       linestyle = "--")
ax.plot(x, ym_ci_lower, color = "darkgreen", linewidth=.8,
     linestyle = "--", label = "95\% Confidence Interval")
ax.plot(x, ym_ci_upper, color = "darkgreen", linewidth=.8,
     linestyle = "--")
# 图4-2-17(d) 的绘制代码
fig,ax = plt.subplots(figsize=(4,3.5),dpi=100)
scatter = ax.scatter(x=x,y=y,edgecolor=None, c='k',
                     marker="s",s=18,label="Data")
bestline = ax.plot(best_line_x,best_line_y,color='k',
       linewidth=1.5,linestyle='--',label="1:1 Line")
# 绘制拟合线
linreg = ax.plot(x,y_fit,color='r',linewidth=1.5,
       linestyle='-',label="Regression Line")
# 区间填充
ax.fill_between(x, yprd_ci_lower, yprd_ci_upper,
      color="gray",lw=.01,alpha=.1,
      label='95\% Prediction interval')
ax.fill_between(x, ym_ci_lower, ym_ci_upper, color="r",
      lw=.01,alpha=.2, label='95\% Confidence interval')
```

提示：Python 的优质第三方库 statsmodels 提供了多个用于估计许多不同统计模型以及进行统计测试和统计数据探索的类与函数。本例中就是使用了其普通最小二乘法（Ordinary Least Square，OLS）函数拟合（fit）两组连续数值变量，并使用 summary_frame（alpha=0.05）方法提供 95% 置信区间和预测区间数据组，极大地降低了线性回归相关指标的绘制难度。更多相关统计分析方法、模型及结果展示，请读者自行探索。

（2）非线性回归分析（曲线拟合）

曲线拟合（curve fitting）是科研分析中经常使用的方法，对拟合结果的可视化展示至关重要。曲线拟合的目的和线性回归类似，即检查一个或多个预测变量（自变量）和响应变量（因变量）的关系，找出变量间关系的最佳拟合（best fit）模型。本节提供了多个非线性曲线拟合方式，具体介绍见表 4-2-1。

表 4-2-1 非线性曲线拟合方式

拟合方式	实现方式	描述
LOWESS 回归拟合	moepy.lowess.Lowess()	局部加权回归，非参数方法
Quadratic 回归拟合	numpy.poly1d()	二次回归
Logarithmic 回归拟合	numpy.polyfit()	对数回归
Exponential 回归拟合	numpy.exp()	指数回归

图 4-2-18 分别展示了常见的曲线拟合散点图的 SciencePlots 主题绘制方法。

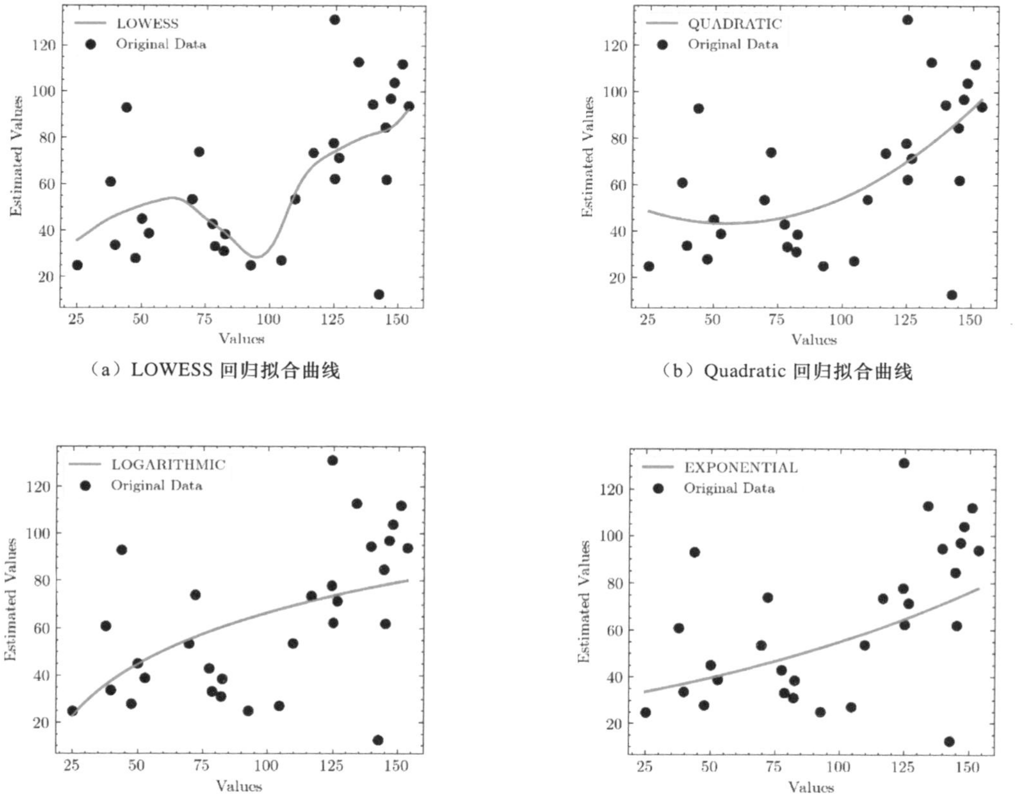
LOWESS
Original Data
Estimated Values
Values
QUADRATIC
LOGARITHMIC
EXPONENTIAL

（a）LOWESS 回归拟合曲线 （b）Quadratic 回归拟合曲线

（c）Logarithmic 回归拟合曲线 （d）Exponential 回归拟合曲线

图 4-2-18 常见的曲线拟合散点图的 SciencePlots 主题绘制方法

技巧：曲线拟合散点图的绘制

绝大多数曲线拟合方法使用 Python 的 NumPy 计算库就可实现，但有些曲线拟合方式则需要使用专门的第三方库进行计算，如使用 Matplotlib 的 ax.plot() 函数计算结果进行拟合线的绘制。图 4-2-18 的核心绘制代码如下。

```
from moepy import lowess
import matplotlib.pyplot as plt
cure_data = pd.read_excel(r"\Curve_Fitting_Methods.xlsx")
```

```
xdata = cure_data["x"].values
ydata = cure_data["y"].values
# 图4-2-18(a) 的绘制代码
lowess_model = lowess.Lowess()
lowess_model.fit(xdata, ydata)
new_data = np.linspace(min(xdata), max(xdata), 60)
y_pred = lowess_model.predict(new_data)

fig,ax = plt.subplots(figsize=(4,3.5),dpi=100)
scatter = ax.scatter(xdata,ydata,s=30,c="k",ec="k",
                     label="Original Data")
# 绘制拟合线
lowessreg = ax.plot(new_data,y_pred,color='r',
  linewidth=1.5,linestyle='-',label=str.upper("LOWESS"))
# 图4-2-18(b) 的绘制代码
model = np.poly1d(np.polyfit(xdata, ydata, 2))
polyline = np.linspace(min(xdata), max(xdata), 60)
# 开始绘图
fig,ax = plt.subplots(figsize=(4,3.5),dpi=100)
scatter = ax.scatter(xdata,ydata,s=30,c="k",ec="k",
           label="Original Data")
# 绘制拟合线
linreg = ax.plot(polyline,model(polyline),color='r',
linewidth=1.5,linestyle='-',label=str.upper("quadratic"))
# 图4-2-18(c) 的绘制代码
polyline = np.linspace(min(xdata), max(xdata), 60)
polyline_data = fit_logari[0] * np.log(polyline) +
                fit_logari[1]
fit_logari = np.polyfit(np.log(xdata), ydata, 1)
# 开始绘图
fig,ax = plt.subplots(figsize=(4,3.5),dpi=100)
scatter = ax.scatter(xdata,ydata,s=30,c="k",ec="k",
                     label="Original Data")
# 绘制拟合线
linreg = ax.plot(polyline,polyline_data,color='r',
 linewidth=1.5,linestyle='-',label=str.upper("Logarithmic"))
# 图4-2-18(d) 的绘制代码
polyline = np.linspace(min(xdata), max(xdata), 60)
polyline_data = np.exp(expon_fit[0] * polyline +
                       expon_fit[1])
fig,ax = plt.subplots(figsize=(4,3.5),dpi=100)
scatter = ax.scatter(xdata,ydata,s=30,c="k",ec="k",
                     label="Original Data")
# 绘制拟合线
linreg = ax.plot(polyline,polyline_data,color='r',
 linewidth=1.5,linestyle='-',label=str.upper("exponential"))
```

2. 使用场景

从严格意义上来说，线性回归散点图和相关性散点图在多个方面存在相同之处，二者的使用场景也有所重合，但线性回归散点图着重于构建变量间的拟合关系，发掘变量间的对等关系，使用场景多为对新构建拟合公式的评估和应用，如在社会学或经济学领域中，使用新构建的线性模型预测某一研究指标的具体数值时，如销售量、商品价格等，在前期的线性方法构建分析中，需要使用线性回归散点图进行分析。但需要注意的是，随着近几年机器学习方法的普及以及在各学科中的大量使用，特别是在一些理工类的研究任务中，线性回归方法更多情况下会作为基本的对比方法，用于对新算法性能的评估上。

4.2.5 相关性矩阵热力图

1. 介绍和绘制方法

相关性分析通常用于确定两个变量间的相关程度，但在判断一组数据中多个变量间是否存在因果关系，即如何有效地展示各个变量之间的相关性强弱程度时，可使用相关性矩阵热力图（correlation matrix heatmap）。相关性矩阵热力图是一种可视化数值变量之间关系强度的图，它不但可以确定密切相关的两组变量，而且可以对相关性不明显的两组变量进行高效表示。这种图通常包含多种数值变量，每个变量由一列数据值表示，每一行则表示两个变量间的关系，图中的单元格数值表示变量间相关性的强弱，正值表示正相关，负值表示负相关，通常使用不同颜色表示相关性数值的大小，这使得辨别变量间的相关性关系变得更加容易。此外，相关性矩阵热力图还可以用于识别变量间相关性异常值，以及线性和非线性关系。

在常见的学术论文配图中，相关性矩阵热力图存在诸如上三角、下三角、颜色块数值组合、p 值显示，以及不同矩阵方框类别等多个样式。图 4-2-19 为使用 Seaborn 库绘制的不同样式相关性矩阵热力图示例，其中图 4-2-19（a）为常见类型，图 4-2-19（b）、（c）分别为下三角和上三角样式，图 4-2-19（d）为相关性数值和颜色块组合样式。

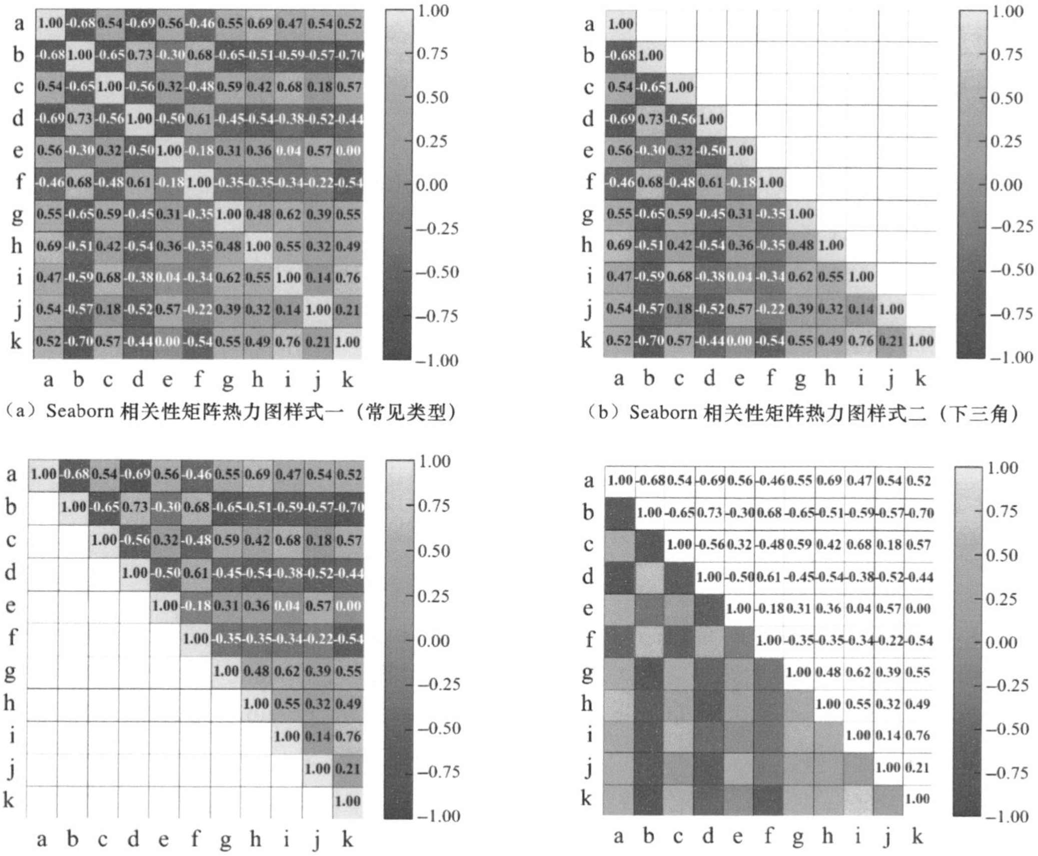
a b c d e f g h i j k
1.00 0.75 0.50 0.25 0.00 −0.25 −0.50 −0.75 −1.00

（a）Seaborn 相关性矩阵热力图样式一（常见类型）

（b）Seaborn 相关性矩阵热力图样式二（下三角）

（c）Seaborn 相关性矩阵热力图样式三（上三角）

（d）Seaborn 相关性矩阵热力图样式四（相关性数值和颜色块组合）

图 4-2-19　利用 Seaborn 绘制的相关性矩阵热力图示例

技巧：利用 Seaborn 绘制相关性矩阵热力图

想要绘制不同样式的相关性矩阵热力图，首先，使用 pandas 对绘图数据进行读取（read_excel/csv()）和相关性结果计算（DataFrame.corr()），得到相关性数值矩阵结构样式；然后使用统计分析可视化库 Seaborn 中的 heatmap() 函数进行计算结果的可视化绘制；最后通过设置绘图函数 heatmap() 中的参数以及使用 numpy.tril() 函数进行不同样式相关性矩阵热力图的绘制。图 4-2-19（a）、图 4-2-19（b）、图 4-2-19（d）的核心绘制代码如下。

```
import proplot as pplt
import Seaborn as sns
import matplotlib.pyplot as plt
from colormaps import parula
heatmap_data = pd.read_excel(r"\相关性热力图_P值.xlsx")
# 图4-2-19(a) 的绘制代码
fig,ax = plt.subplots(figsize=(4,3.5),dpi=100,)
sns.heatmap(heatmap_data.corr(),annot=True,fmt='.2f',cmap=
   parula,vmin=-1,vmax=1, linecolor="k",linewidths=.2,
   annot_kws={"size":8,"fontweight":"bold"},
   cbar_kws={"aspect":13},ax=ax)
# 图4-2-19(b) 的绘制代码
corr_df = heatmap_data.corr()
lower_triang_df = corr_df.where(np.tril(np.ones(corr_df.shape))
 .astype(np.bool))
fig,ax = plt.subplots(figsize=(4,3.5),dpi=100)
sns.heatmap(lower_triang_df,annot=True,fmt='.2f',cmap=parula,
          vmin=-1, vmax=1, linecolor="k",linewidths=.2,
          annot_kws={"size":8,"fontweight":"bold"},
          cbar_kws={"aspect":13},ax=ax)
# 图4-2-19(d) 的绘制代码
labels = heatmap_data.corr().where(np.triu(np.ones(heatmap_data.
         corr().shape)).astype(np.bool))
mask = np.zeros_like(heatmap_data.corr())
mask[np.triu_indices_from(mask)] = True
fig,ax = plt.subplots(figsize=(4,3.5),dpi=100)
sns.heatmap(heatmap_data.corr(),annot=False,mask=mask,
     cmap=parula,vmin=-1, vmax=1, linecolor="k",linewidths=.2,
     annot_kws={"size":8,"fontweight":"bold"},
     cbar_kws={"aspect":13},ax=ax)
# 添加相关性数值和颜色块组合
sns.heatmap(labels,annot=True,fmt='.2f',cmap=ListedColormap(
 ['white']),vmin=-1, vmax=1, inecolor="k",linewidths=.2,
 annot_kws={"size":8,"fontweight":"bold"}, cbar=False,ax=ax)
```

提示：虽然 Seaborn 库中的 heatmap() 函数能快速绘制相关性矩阵热力图，但如果对绘图结果有较高要求，即对线宽、颜色等图层属性进行定制化操作，就需要对 annot_kws 参数、cbar_kws 参数等进行设置。Seaborn 是以 Matplotlib 库为基础的，其他在 Matplotlib 绘图函数中常用的参数在 Seaborn 中也可以使用。

在一些常见的学术论文配图中，相关性矩阵散点多以显著性标注信息样式出现，用于更好地展示绘图数据之间的信息。图 4-2-20 分别为不同样式的带显著性标注信息的相关性矩阵热力图示例，其中，图 4-2-20（b）在矩阵色块中同时添加了相关性数值和显著性标注信息，图 4-2-20（c）、图 4-2-20（d）则为选择不同数值映射颜色系后的绘制结果。

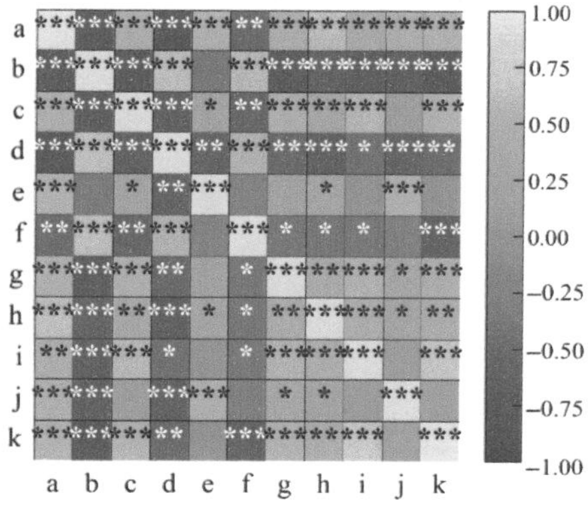
a b c d e f g h i j k
1.00 0.75 0.50 0.25 0.00 −0.25 −0.50 −0.75 −1.00

（a）Seaborn 相关性矩阵热力图 p 值绘制示例一

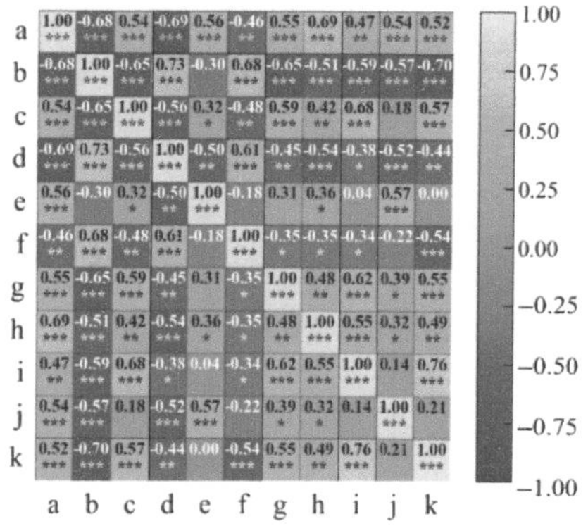
a b c d e f g h i j k
1.00 0.75 0.50 0.25 0.00 −0.25 −0.50 −0.75 −1.00

（b）Seaborn 相关性矩阵热力图 p 值绘制示例二

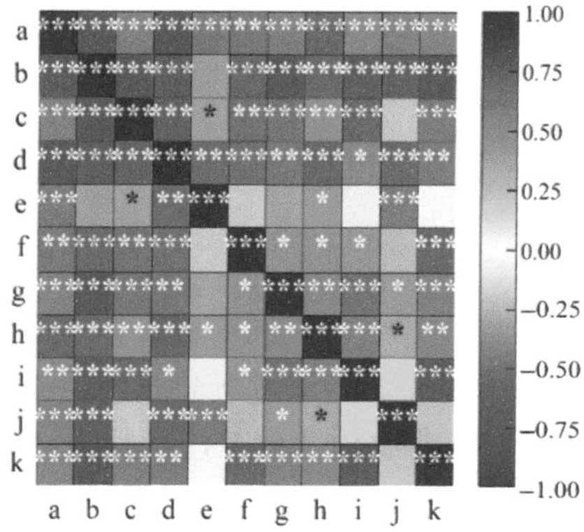
a b c d e f g h i j k
1.00 0.75 0.50 0.25 0.00 −0.25 −0.50 −0.75 −1.00

（c）Seaborn 相关性矩阵热力图 p 值（colorbar）示例一

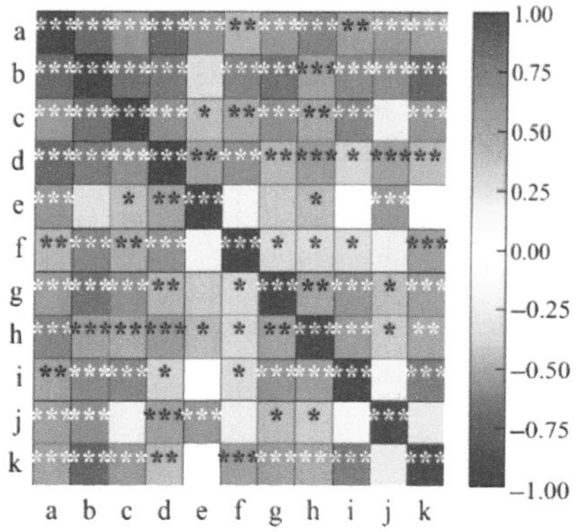
a b c d e f g h i j k
1.00 0.75 0.50 0.25 0.00 −0.25 −0.50 −0.75 −1.00

（d）Seaborn 相关性矩阵热力图 p 值（colorbar）示例二

图 4-2-20　Seaborn 相关性矩阵热力图 p 值绘制示例

技巧：利用 Seaborn 绘制相关性矩阵热力图 p 值

想要在相关性矩阵热力图的色块中添加显著性标注信息 p 值，首先，需要通过自定义函数方法计算变量间的 p 值以及进行 p 值与星号（*）的转换；然后，设置 Seaborn 中相关性矩阵热力图绘制函数 heatmap() 的 annot 参数，需要注意的是，在 annot 被设置成矩阵数据集时，其形状必须与绘图数据一致；最后，通过设置 heatmap() 函数其他诸如 annot_kws、cbar_kws 等参数，以及对图层对象的定制化设置等操作，完成带显著性标注信息 p 值的相关性矩阵热力图样式的绘制。图 4-2-20（a）、图 4-2-20（b）的核心绘制代码如下。

```
import proplot as pplt
import Seaborn as sns
import matplotlib.pyplot as plt
from colormaps import parula
heatmap_data = pd.read_excel(r"\相关性矩阵热力图_P值.xlsx")
# 图4-2-20(a) 的绘制代码
pvals = heatmap_data.corr(method=lambda x, y: pearsonr(x, y)[1])
        - np.eye(len(heatmap_data.columns))
# 自定义p值与星号转换函数
def convert_pvalue_to_asterisks(pvalue):
```

```
    if pvalue <= 0.001:
        return "***"
    elif pvalue <= 0.01:
        return "**"
    elif pvalue <= 0.05:
        return "*"
    return ""
pval_star = pvals.applymap(lambda x:
                              convert_pvalue_to_asterisks(x))
# 将转换结果转换成NumPy类型
corr_star_annot = pval_star.to_numpy()
ig,ax = plt.subplots(figsize=(4,3.5),dpi=100)
sns.heatmap(heatmap_data.corr(),annot=corr_star_annot,fmt='',
   cmap=parula,vmin=-1, vmax=1, linecolor="k",linewidths=.2,
   annot_kws={"size":13,"fontweight":"bold"},
   cbar_kws={"aspect":13},ax=ax)
# 图4-2-20(b) 的绘制代码
# 定制labels
corr_labels = heatmap_data.corr().to_numpy()
p_labels = corr_star_annot
shape = corr_labels.shape
# 合并labels
labels = (np.asarray(["{0:.2f}\n{1}".format(data,p) for data, p
   in zip(corr_labels.flatten(),p_labels.flatten())])).
   reshape(shape)
fig,ax = plt.subplots(figsize=(4,3.5),dpi=100)
sns.heatmap(heatmap_data.corr(),annot=labels,fmt='',…)
```

提示：在图 4-2-20（b）的绘制过程中，使用相关系数值和 p 值共同构建新的颜色块标签值，用到了 NumPy 中的 asarray()、reshape() 函数，以及循环操作等。需要注意的是，在对 heatmap() 中的参数 annot 赋予自定义值时，参数 fmt 需要设置为 ''（空）。

除使用 Seaborn 库结合自定义函数绘制各种类型的相关性矩阵热力图以外，还可以使用优质的第三方可视化绘图库——BioKit 进行绘制，该库提供的 Corrplot.plot() 函数可通过设置参数 method 为不同值来进行方块（square）、圆形（circle）、椭圆（ellipse）、饼图（pie）等不同样式的色块的绘制，分别或同时设置参数 upper 和 lower 为不同值来进行上、下三角样式或上下组合类型相关性矩阵热力图的绘制，其他诸如 fontsize、rotation 和 shrink 等参数则分别控制字体大小、文本标签角度和 colorbar 大小比例等。此外，由于该库绘制的结果为 Matplotlib axes 对象，因此其画布和图的保存也可以常规 Matplotlib 文件保存方法进行。图 4-2-21 为使用 BioKit 库绘制的不同相关性矩阵热力图示例。

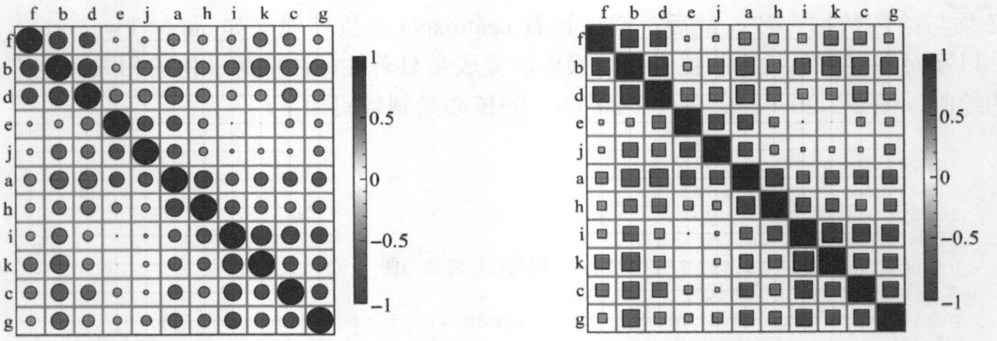
f b d e j a h i k c g
1
0.5
0
−0.5
−1

（a）BioKit 相关性矩阵热力图（circle）　（b）BioKit 相关性矩阵热力图（square/rectangle）

图 4-2-21　利用 BioKit 绘制的不同相关性矩阵热力图示例

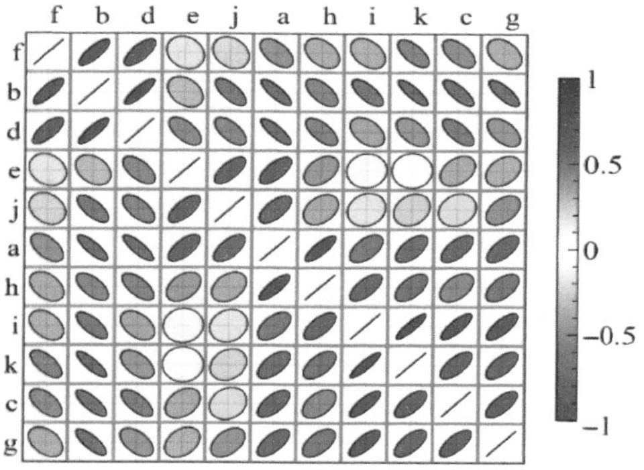
f b d e j a h i k c g
f b d e j a h i k c g
1
0.5
0
−0.5
−1

（c）BioKit 相关性矩阵热力图（ellipse）

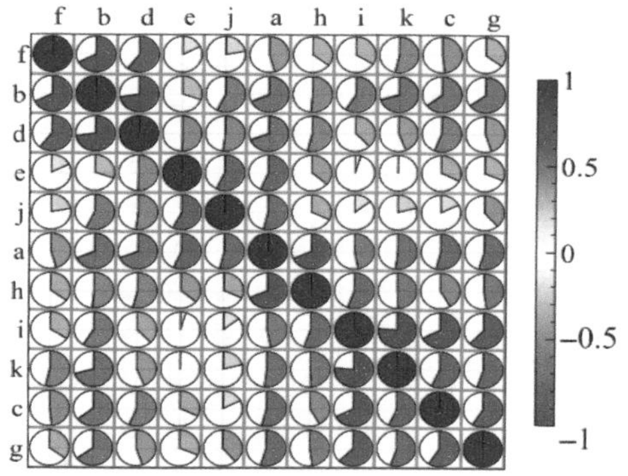
f b d e j a h i k c g
f b d e j a h i k c g
1
0.5
0
−0.5
−1

（d）BioKit 相关性矩阵热力图（pie）

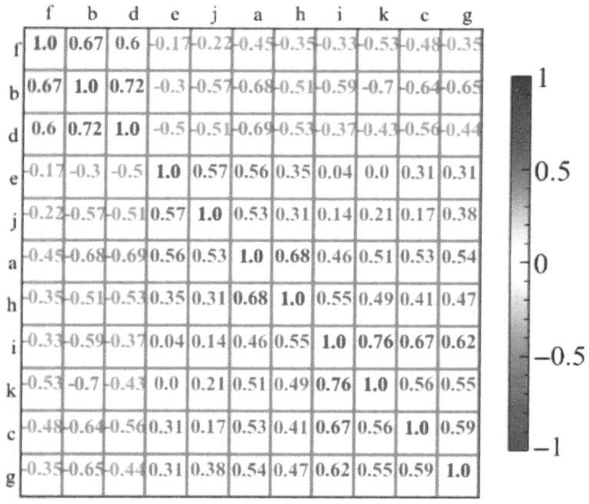
f b d e j a h i k c g
f 1.0 0.67 0.6 -0.17 -0.22 -0.45 -0.35 -0.33 -0.53 -0.48 -0.35
b 0.67 1.0 0.72 -0.3 -0.57 -0.68 -0.51 -0.59 -0.7 -0.64 -0.65
d 0.6 0.72 1.0 -0.5 -0.51 -0.69 -0.53 -0.37 -0.43 -0.56 -0.44
e -0.17 -0.3 -0.5 1.0 0.57 0.56 0.35 0.04 0.0 0.31 0.31
j -0.22 -0.57 -0.51 0.57 1.0 0.53 0.31 0.14 0.21 0.17 0.38
a -0.45 -0.68 -0.69 0.56 0.53 1.0 0.68 0.46 0.51 0.53 0.54
h -0.35 -0.51 -0.53 0.35 0.31 0.68 1.0 0.55 0.49 0.41 0.47
i -0.33 -0.59 -0.37 0.04 0.14 0.46 0.55 1.0 0.76 0.67 0.62
k -0.53 -0.7 -0.43 0.0 0.21 0.51 0.49 0.76 1.0 0.56 0.55
c -0.48 -0.64 -0.56 0.31 0.17 0.53 0.41 0.67 0.56 1.0 0.59
g -0.35 -0.65 -0.44 0.31 0.38 0.54 0.47 0.62 0.55 0.59 1.0
1
0.5
0
−0.5
−1

（e）BioKit 相关性矩阵热力图（text/number）

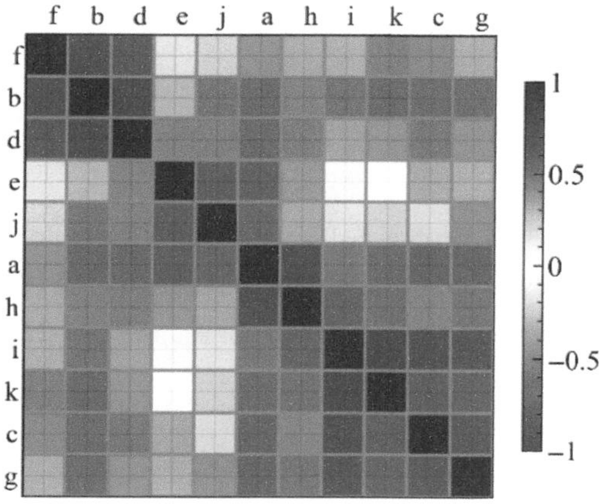
f b d e j a h i k c g
f b d e j a h i k c g
1
0.5
0
−0.5
−1

（f）BioKit 相关性矩阵热力图（color）

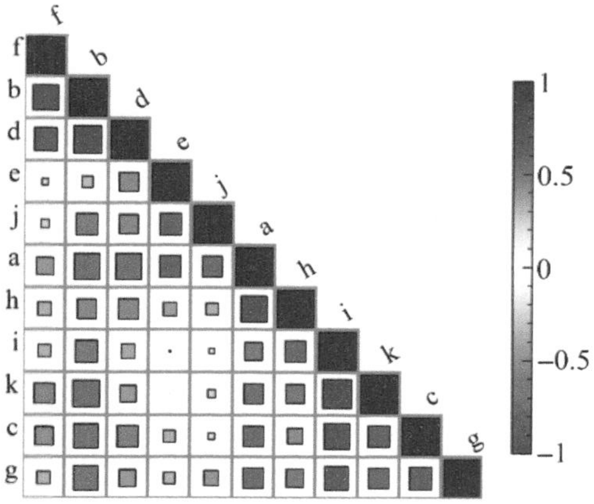
f b d e j a h i k c g
f b d e j a h i k c g
1
0.5
0
−0.5
−1

（g）BioKit 相关性矩阵热力图（lower）

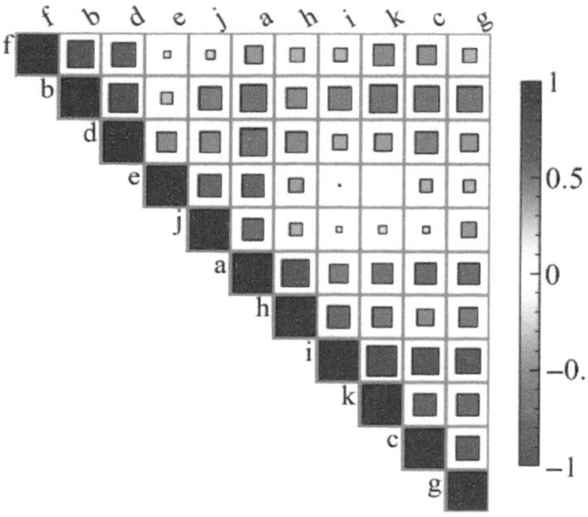
f b d e j a h i k c g
f b d e j a h i k c g
1
0.5
0
−0.5
−1

（h）BioKit 相关性矩阵热力图（upper）

图 4-2-21 利用 BioKit 绘制的不同相关性矩阵热力图示例（续）

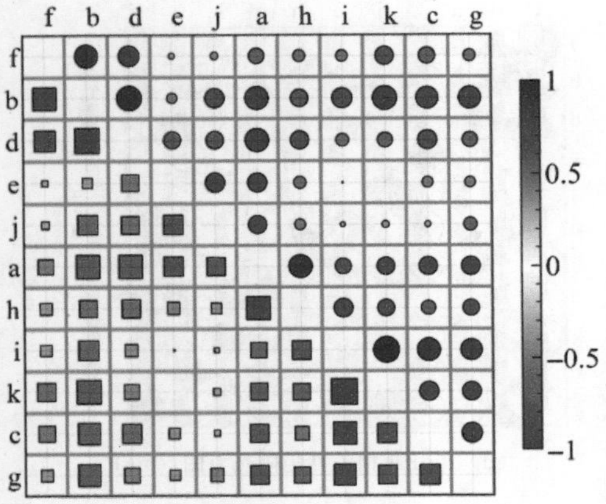
f b d e j a h i k c g
f b d e j a h i k c g
1
0.5
0
−0.5
−1

（i）BioKit 相关性矩阵热力图（circle+square）

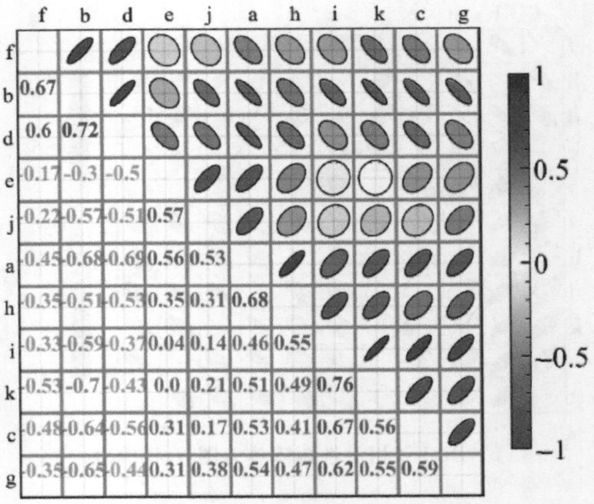
f b d e j a h i k c g
f b d e j a h i k c g
1
0.5
0
−0.5
−1

（j）BioKit 相关性矩阵热力图（ellipse+text）

图 4-2-21 利用 BioKit 绘制的不同相关性矩阵热力图示例（续）

技巧：利用 BioKit 绘制相关性矩阵热力图

在使用 BioKit 库的 viz.corrplot.Corrplot 类绘制相关性矩阵热力图时，其绘图数据样式为 pandas 的 DataFrame 样式，构建完图对象后，再使用其 plot() 方法进行图样式、字体、colorbar 大小比例、颜色系等属性的设置。图 4-2-21 的核心绘制代码如下。

```
from biokit.viz import corrplot
heatmap_data = pd.read_excel(r"\相关性矩阵热力图_P值.xlsx")
# 图4-2-21(a) 的绘制代码
c = corrplot.Corrplot(heatmap_data.corr())
ax = c.plot(colorbar=True, method='circle',
            shrink=.9,fontsize=12,rotation=0,ax=ax)
# 图4-2-21(b) 的绘制代码
c = corrplot.Corrplot(heatmap_data.corr())
ax = c.plot(colorbar=True, method='square',
            shrink=.9,fontsize=12,rotation=0,ax=ax)
# 图4-2-21(c) 的绘制代码
ax = c.plot(colorbar=True, method='ellipse',
            shrink=.9,fontsize=12,rotation=0,ax=ax)
# 图4-2-21(d) 的绘制代码
ax = c.plot(colorbar=True, method='pie',
            shrink=.9,fontsize=12,rotation=0,ax=ax)
# 图4-2-21(e) 的绘制代码
c.plot(colorbar=True, method='number',
       shrink=.8,fontsize=9,rotation=0,ax=ax)
# 图4-2-21(f) 的绘制代码
c.plot(colorbar=True, method='color',
       shrink=.8,fontsize=12,rotation=0,ax=ax)
# 图4-2-21(g) 的绘制代码
c.plot(colorbar=True, method='square', shrink=.9,
       lower='square',fontsize=12,ax=ax)
# 图4-2-21(h) 的绘制代码
c.plot(colorbar=True, method='square', shrink=.9,
       upper='square',fontsize=12,ax=ax)
# 图4-2-21(i) 的绘制代码
c.plot(colorbar=True, method='circle', shrink=.8,
```

```
 upper='circle',lower='square',fontsize=12,rotation=0)
# 图4-2-21(j) 的绘制代码
c.plot(colorbar=True, method='ellipse', shrink=.8,
upper='ellipse',lower='text',fontsize=9.5,rotation=0,ax=ax)
```

提示：BioKit 库绘制相关性矩阵热力图时还可以通过修改 plot() 函数中的 cmap 参数进行数值颜色映射的更改，可设置 Matplotlib 自带的颜色系值，如 'jet' 或者 'copper'，也可自定义 3 个颜色值，如 cmap= ('Orange', 'white', 'green')，以进行特别颜色的设定。

2. 使用场景

相关性矩阵热力图的使用场景是数据预处理阶段，即查看实验数据集中各变量之间的相关性程度，如在植物学、农学、生态学和临床医学等需要对研究目标影响因素进行对比分析，以及探讨各变量间关系等过程中。在理工类学科中，对于新方法（模型算法）构建前期的特征选择，经常需要将较多变量特征进行可视化表示，为删除不必要的导入特征提供依据。

4.2.6 边际组合图

1. 介绍和绘制方法

两个连续变量的边际组合图（bivariate distribution plot）主要是指在现有的绘图坐标对象的右、上轴脊上分别根据对应的 X 轴、Y 轴坐标数据进行单独图的绘制，所绘制图的类型一般为密度图、直方图等，其主要目标是在图主体显示双变量数据关系的同时，还能显示单个变量的数据分布情况。图 4-2-22 为分别使用 Seaborn 库绘制的两个连续变量的不同边际组合图样式，其中，图 4-2-22（a）为添加核密度估计样式，图 4-2-22（b）、图 4-2-22（c）为不同绘制方法添加的直方图和分类散点，图 4-2-22（d）则为添加 colorbar 样式。

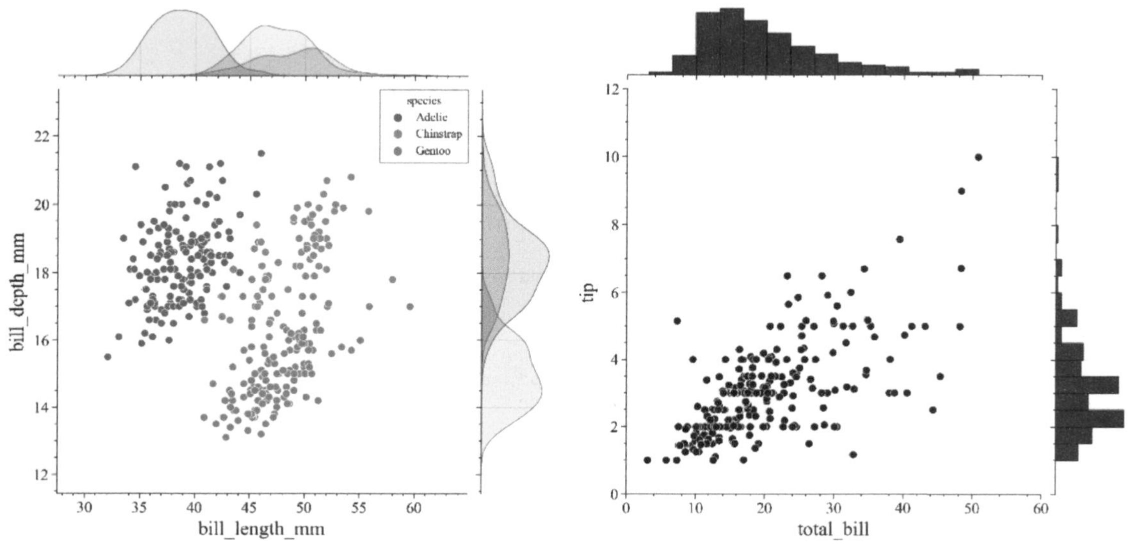
species
Adelie
Chinstrap
Gentoo
bill_depth_mm
bill_length_mm
tip
total_bill

（a）Seaborn jointplot() 边际组合图样式一　　（b）Seaborn jointplot() 边际组合图样式二

图 4-2-22　Seaborn 不同样式边际组合图绘制示例

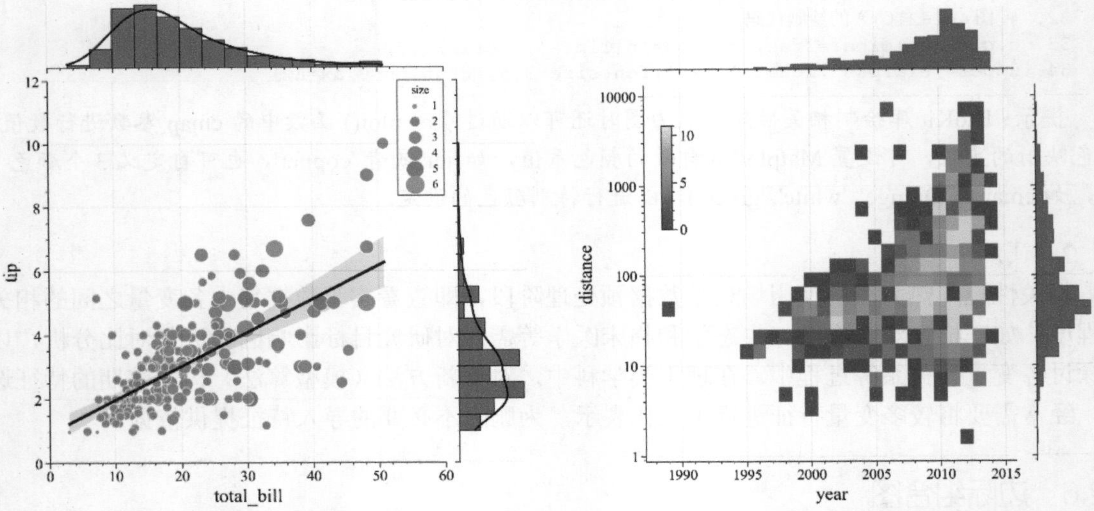
size
tip
total_bill
distance
year

（c）Seaborn jointplot() 边际组合图样式三　　（d）Seaborn JointGrid() 边际组合图样式四

图 4-2-22　Seaborn 不同样式边际组合图绘制示例（续）

技巧：利用 Seaborn 绘制边际组合图

Seaborn 库中的 jointplot() 绘图函数可以快速绘制边际组合图样式，其参数 kind 可设置成不同值以绘制不同边际组合图样式；参数 marginal_ticks 用于控制边际组合图是否绘制刻度，默认为 False；其他诸如颜色参数 color、线宽参数 linwidth 等均可设置。jointplot() 函数本身支持的样式有限，可使用 Seaborn 的 JointGrid() 函数实现更多边际组合图的绘制。图 4-2-22 的核心绘制代码如下。

```
import Seaborn as sns
from colormaps import parula
# 图4-2-22(a) 的绘制代码
penguins = sns.load_dataset("penguins")
sns.jointplot(data=penguins, x="bill_length_mm",
              y="bill_depth_mm", hue="species")
# 图4-2-22(b) 的绘制代码
sns.jointplot(x="total_bill", y="tip", data=tips,
              xlim=(0, 60), ylim=(0, 12), color='k')
# 图4-2-22(c) 的绘制代码
tips = sns.load_dataset("tips")
g = sns.jointplot(x="total_bill", y="tip", data=tips,
    kind="reg",scatter=False, xlim=(0, 60), ylim=(0, 12),
    color='k')
sns.scatterplot(data=tips, x='total_bill', y='tip',
  hue='size', palette='husl',size='size', sizes=(10, 200),
  legend='full',ax=g.ax_joint)
# 图4-2-22(d) 的绘制代码
planets = sns.load_dataset("planets")
g = sns.JointGrid(data=planets, x="year", y="distance")
g.ax_joint.set(yscale="log")
cax = g.figure.add_axes([.18, .55, .02, .2])
# Add the joint and marginal histogram plots
g.plot_joint(sns.histplot, discrete=(True, False),
```

```
25.           cmap=parula, pmax=.8, cbar=True, cbar_ax=cax)
26. g.plot_marginals(sns.histplot, element="step",
27.                  color="#2C4AC7")
```

提示：图 4-2-22（b）是直接使用 jointplot() 函数的默认样式绘制的。想要对散点图进行操作，如添加拟合线、分类别绘制等，可先将 scatter 参数设置为 False，再单独使用 sns.scatterplot() 函数绘制类别映射、大小映射等属性。需要注意的是，scatterplot() 函数中的 ax 参数需要设置为 sns.jointplot() 对象的 ax_joint 参数。使用 Seaborn 的 JointGrid() 函数和 plot_marginals() 函数可实现多类别的边际组合图绘制，colorbar 的添加可通过使用绘图对象的 figure.add_axes() 函数并结合设置 cbar_ax 参数来实现。

2. 使用场景

在绝大多数情况下，边际组合图用于对实验数据集进行分布情况的可视化探索和展示，如算法模型输出结果分布的多角度展示，特别是在对比多个算法结果的应用场景中。此外，在一些理工类研究课题的数据探索过程中，对于多角度展示实验数据的基本情况需求，也可使用边际组合图进行实现。

4.3 其他双变量图类型

除了上述介绍的两种类型的双变量图（见 4.1 节和 4.2 节）以外，本节将介绍几种在学术论文中常见的双变量图。之所以没有将它们归类到上述两种类型中，是因为接下来所要介绍的图形的使用条件较为固定，或是为特定学科中的常见图类型，涉及的专业背景知识较强。

4.3.1 ROC 曲线

1. 介绍和绘制方法

ROC 曲线（Receiver Operating Characteristic curve ）又称“受试者工作特征曲线”或者感受性曲线（sensitivity curve），是以假阳性率（False Positive Rate，FPR）为横轴，真阳性率（True Positive Rate，TPR）为纵轴绘制的曲线。ROC 曲线常用于不同分类算法的性能估算，是一种检验模型方法准确性的方式。ROC 曲线常与 AUC（Area Under Curve，ROC 曲线下的面积）一起用于分类算法性能优劣的评价。在绘制 ROC 曲线之前，需要了解以下关键指标。

（1）AUC

AUC 被定义为 ROC 曲线下的面积，其取值范围一般为 0.5 ～ 1。AUC 可辅助 ROC 曲线实现对分类算法的评价，即 AUC 是指更大的分类器的效果更好。

- AUC=1，完美分类器。在采用这个预测模型时，存在至少一个阈值能得出完美预测。
- 0.5<AUC<1，优于随机猜测。合理设置分类模型阈值，模型有预测价值。
- AUC=0.5，与随机猜测一样，模型没有预测价值。
- AUC<0.5，比随机猜测更差；但只要总是反预测而行，效果就优于随机猜测。

（2）4 种分类

真阳性（True Positive，TP）被模型预测为正的正样本；假阴性（False Negative，FN）被

模型预测为负的正样本；假阳性（False Positive，FP）被模型预测为正的负样本；真阴性（True Negative，TN）被模型预测为负的负样本。而针对 ROC 曲线的横轴，假阳性（FP）是指真实负样本中被分类器预测为正样本的个数；对于纵轴，真阳性（TP）则是指真实正样本中被分类器预测为正样本的个数。

（3）混淆矩阵

对于二分类问题，可将样本根据其真实类别与学习器预测类别的组合划分为 TP（True Positive）、FP（False Positive）、TN（True Negative）、FN（False Negative）4 种情况，且 TP、FP、TN、FN 样本个数和为样本总数。混淆矩阵（confusion matrix）中的 4 个区域则分别表示 TP、FP、TN、FN 这 4 个值。混淆矩阵示意图如图 4-3-1 所示。

表示分类正确的类别如下。

- 真阳性（True Positive）：本来是正样本，识别结果也为正样本。
- 真阴性（False Negative）：本来是负样本，识别结果也为负样本。

表示分类错误的类别如下。

- 假阳性（False Positive）：本来是负样本，识别结果为正样本。
- 假阴性（False Negative）：本来是正样本，识别结果为负样本。

分类算法结果评价 ROC 曲线绘制所需的计算结果都可通过 sklearn.metrics 中的 roc_curve() 函数和 auc() 函数计算得到。此外，如准确率、精确度、召回率和 F1 得分值等可分别通过 accuracy_score()、precision_score()、recall_score() 和 f1_score() 函数获取。图 4-3-2 为 Python 绘制的不同 AUC 值的 ROC 曲线示例。

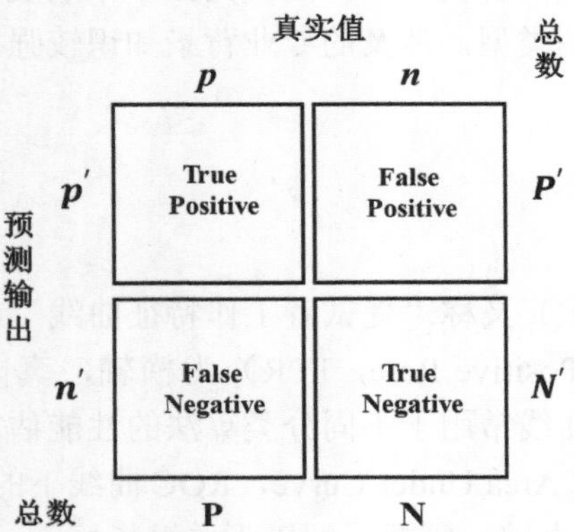
真实值
总数
p
n
p′
True Positive
False Positive
P′
预测输出
n′
False Negative
True Negative
N′
总数
P
N

图 4-3-1　混淆矩阵示意图

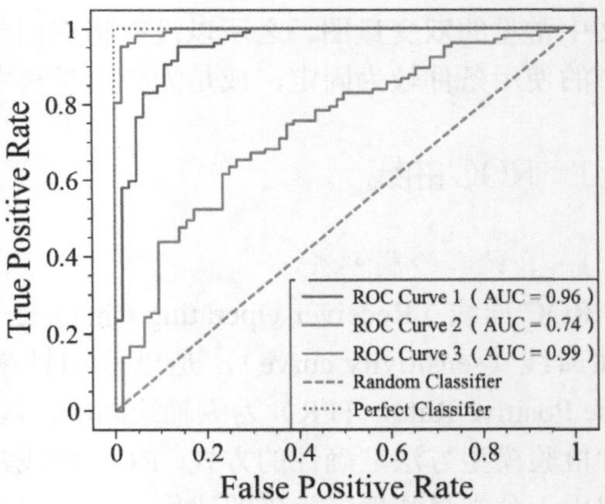
True Positive Rate
False Positive Rate
0
0.2
0.4
0.6
0.8
1
ROC Curve 1 (AUC = 0.96)
ROC Curve 2 (AUC = 0.74)
ROC Curve 3 (AUC = 0.99)
Random Classifier
Perfect Classifier

图 4-3-2　不同 AUC 值的 ROC 曲线绘制示例

技巧：ROC 曲线的绘制

绘制 ROC 曲线所需的数据值全部由 sklearn.metrics 中的 roc_curve() 函数和 auc() 函数计算得到。使用 sklearn 库自带的样本数据集，并使用管道操作（make_pipeline）构建分类模型，将模型预测结果导入 roc_curve() 函数得出 fpr、tpr 结果，将结果导入 Matplotlib 的 ax.plot() 函数，即可绘制 ROC 曲线。进行 auc(fpr, tpr) 操作即可计算 AUC 值。图 4-3-2 的核心绘制代码如下。

```
import matplotlib.pyplot as plt
from sklearn import datasets
from sklearn.model_selection import train_test_split
from sklearn.preprocessing import StandardScaler
from sklearn.linear_model import LogisticRegression
from sklearn.metrics import roc_curve, auc
from sklearn.pipeline import make_pipeline
# 模型构建部分
bc = datasets.load_breast_cancer()
X, y = bc.data, bc.target
X_train, X_test, y_train, y_test = train_test_split(X, y,
                test_size=0.30, random_state=1, stratify=y)
pipeline = make_pipeline(StandardScaler(),
                       LogisticRegression(random_state=1))
pipeline.fit(X_train[:,[2, 13]],y_train)
probs = pipeline.predict_proba(X_test[:,[2, 13]])
fpr1, tpr1, thresholds = roc_curve(y_test, probs[:, 1],
                                   pos_label=1)
roc_auc1 = auc(fpr1, tpr1)
pipeline.fit(X_train[:,[4, 14]],y_train)
probs2 = pipeline.predict_proba(X_test[:,[4, 14]])
fpr2, tpr2, thresholds = roc_curve(y_test, probs2[:, 1],
                                   pos_label=1)
roc_auc2 = auc(fpr2, tpr2)
pipeline.fit(X_train,y_train)
probs3 = pipeline.predict_proba(X_test)
fpr3, tpr3, thresholds = roc_curve(y_test, probs3[:, 1],
                                   pos_label=1)
roc_auc3 = auc(fpr3, tpr3)
# 可视化绘制
fig,ax = plt.subplots(figsize=(4,3.5),dpi=100)
ax.plot(fpr1, tpr1, lw=1,label='ROC Curve 1 (AUC = %0.2f)'
        % (roc_auc1))
ax.plot(fpr2, tpr2, lw=1,label='ROC Curve 2 (AUC = %0.2f)'
        % (roc_auc2))
ax.plot(fpr3, tpr3, lw=1,label='ROC Curve 3 (AUC = %0.2f)'
        % (roc_auc3))
ax.plot([0, 1], [0, 1], linestyle='--', lw=1,color='red',
        label='Random Classifier')
ax.plot([0, 0, 1], [0, 1, 1], linestyle=':', lw=1,
        color='green', label='Perfect Classifier')
ax.set(xlim=(-0.05, 1.05),ylim=(-0.05, 1.05),
 xlabel="False Positive Rate",ylabel="True Positive Rate")
ax.legend(loc="lower right")
ax.grid(False)
plt.tight_layout()
```

提示：这里用到了大量的机器学习技巧，如训练、测试样本构建，管道分类模型构建、训练和预测，以及关键模型评价指标的输出（fpr、tpr 等），它们全部基于 scikit-learn 库完成。有机器学习、模型构建需求的读者可重点关注此工具，这里不再赘述。ROC 曲线绘制是较为基础的 ax.plot() 操作。

2. 使用场景

ROC 曲线的使用场景多为对分类算法结果精度的评价，即对同一组测试数据采用不同模型方法，通过 ROC 曲线进行直观上的优劣判定。此外，ROC 曲线还广泛应用于医学统计中，用来比较疾病诊断方法，即评价某个指标对两类测试者（如患者和正常人）分类或诊断的效果。

4.3.2 生存曲线图

1. 介绍和绘制方法

生存曲线（survival curve）又称存活曲线，最初由美国生物学家雷蒙·普尔于 1928 年提出，是根据生态学中物种个体从出生到死亡所能存活的比例所作出的阶梯状曲线图，是生存分析（survival analysis）中最重要的统计图之一。在生存曲线中，横轴为观察（随访）时间，纵轴为生存率（survival probability）。生存曲线是一条下降的曲线，其中平缓的生存曲线表示高生存率或较长生存期，相反，陡峭的生存曲线则表示低生存率或较短生存期。

在生存曲线的绘制过程中，较为重要的为生存率的计算。生存率，即观察对象存活时间 T 大于某一时间 t 的概率。生存率随时间而变化，是关于时间 t 的函数，其估算方法有参数法和非参数法。非参数法又分为 Kaplan-Meier 法（K-M 法，又称乘积极限法）和寿命表法，两种方法均基于定群寿命表（cohort life table）的基本原理，首先求出各个阶段的生存概率，然后根据概率乘法定理计算生存率，二者的差别在于所适用的样本量大小不同。寿命表法适用于大样本研究资料，Kaplan-Meier 法则适用于小样本研究资料。图 4-3-3 为利用 Python 绘制的各种生存曲线图样式，其中，图 4-3-3（a）、图 4-3-3（b）为单系列数据添加置信区间前后的对比图，图 4-3-3（c）、图 4-3-3（d）则为单、双系列数据添加统计文本信息示例。

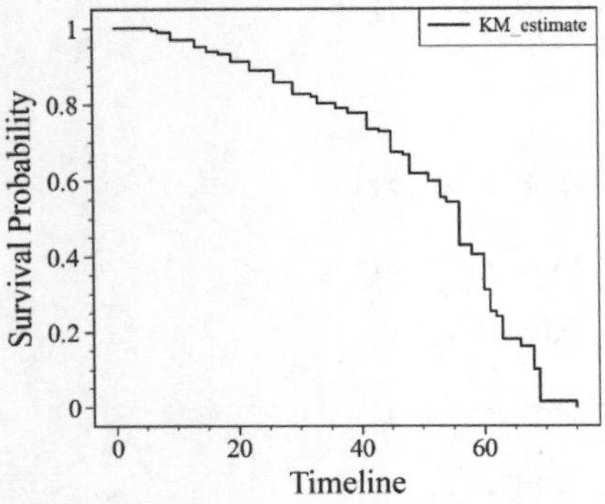
KM_estimate
Survival Probability
Timeline

（a）单系列数据生存曲线图绘制（未添加置信区间）

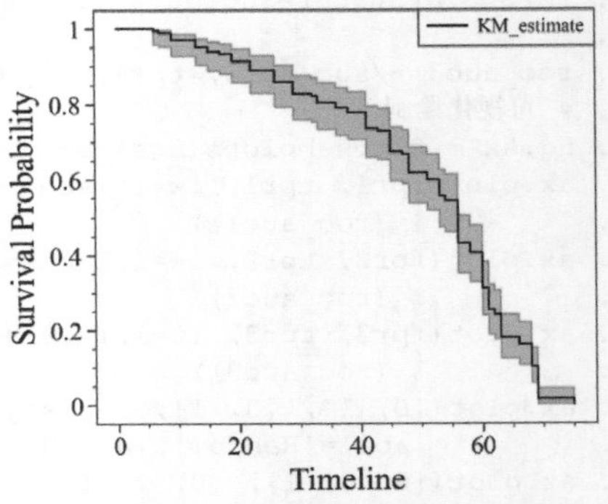
KM_estimate
Survival Probability
Timeline

（b）单系列数据生存曲线图绘制（添加置信区间）

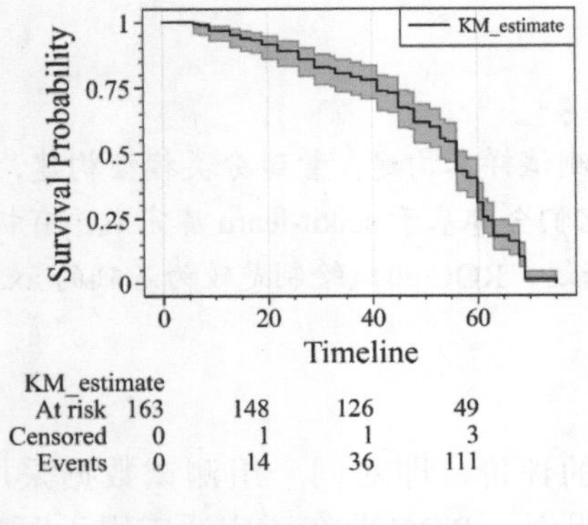
KM_estimate
Survival Probability
Timeline
KM_estimate
At risk 163 148 126 49
Censored 0 1 1 3
Events 0 14 36 111

（c）单系列数据生存曲线图绘制（添加统计文本信息）

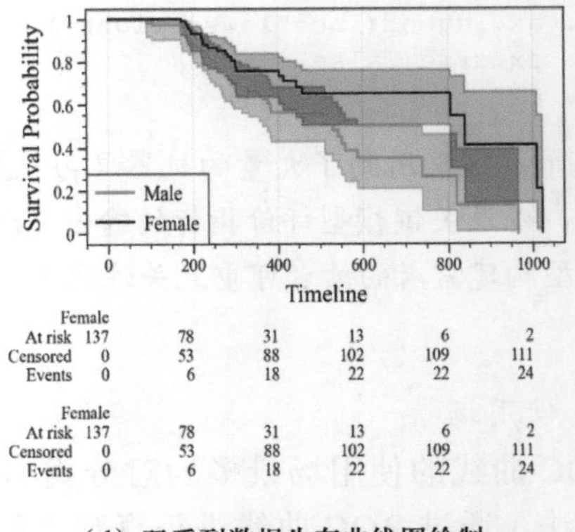
Male
Female
Survival Probability
Timeline
Female
At risk 137 78 31 13 6 2
Censored 0 53 88 102 109 111
Events 0 6 18 22 22 24
Female
At risk 137 78 31 13 6 2
Censored 0 53 88 102 109 111
Events 0 6 18 22 22 24

（d）双系列数据生存曲线图绘制（添加统计文本信息）

图 4-3-3　不同生存曲线图绘制示例

技巧：生存曲线图的绘制

在 Python 中，可使用专门用于生存分析的第三方工具——lifelines 库进行与生存分析相关的指标计算和可视化绘制。该库中的 KaplanMeierFitter() 类的对象可执行 Kaplan-Meier 法的生存分析操作，首先使用其 fit() 方法并结合选定的 durations 和 event_observed 参数的对应数据值，完成 Kaplan-Meier 法的生存分析；然后使用 plot_survival_function( ) 函数生成生存曲线；最后可以通过设置 at_risk_counts=True 来添加统计文本信息。图 4-3-3 的核心绘制代码如下。

```
from lifelines import KaplanMeierFitter
import proplot as pplt
import matplotlib.pyplot as plt
survive_data = pd.read_csv(r"\Survivorship Curve_data.csv")
# 数据处理：缺失值处理、数据类型转换
survive_data["status"] = survive_data["status"] - 1
survive_data["sex"] = survive_data["sex"] - 1
survive_data["ph.karno"].fillna(survive_data["ph.karno"].
              mean(), inplace = True)
survive_data["pat.karno"].fillna(survive_data["pat.karno"]
              .mean(), inplace = True)
survive_data["meal.cal"].fillna(survive_data["meal.cal"].
              mean(), inplace = True)
survive_data["wt.loss"].fillna(survive_data["wt.loss"].
              mean(), inplace = True)
survive_data.dropna(inplace=True)
survive_data["ph.ecog"]=survive_data["ph.ecog"].astype("int64")
# 图4-3-3(a) 的绘制代码
T = survive_data["time"]
E = survive_data["status"]
fig,ax = plt.subplots(figsize=(4,3.5),dpi=100)
kmf = KaplanMeierFitter()
kmf.fit(durations = T, event_observed = E)
kmf.plot_survival_function(ci_show=False,color="k",lw=1,ax=ax)
ax.grid(False)
# 图4-3-3(b) 的绘制代码
ax = kmf.plot_survival_function(color="k",lw=1,ax=ax)
# 图4-3-3(c) 的绘制代码
plot_survival_function(color="k",lw=1,at_risk_counts=True,
                        ax=ax)
# 图4-3-3(d) 的绘制代码
rc["axes.labelsize"] = 11
rc["tick.labelsize"] = 8
from lifelines.plotting import add_at_risk_counts
Male_data = survive_data[survive_data["sex"]==0]
Female_data = survive_data[~survive_data["sex"]==0]
fig,ax = plt.subplots(figsize=(4,3.5),dpi=100,)
kmf_Male = kmf.fit(durations = Male_data["time"],
event_observed = Male_data["status"], label = "Male")
kmf_Male.plot_survival_function(color="r",lw=1,ax=ax)
kmf_Female = kmf.fit(durations = Female_data["time"],
   event_observed = Female_data["status"], label = "Female")
kmf_Female.plot_survival_function(color="k",lw=1,ax=ax)
# 添加统计文本信息
add_at_risk_counts(kmf_Male, kmf_Female, ax=ax)
```

提示：lifelines 库提供的生存曲线图绘制函数的底层逻辑也是基于 Matplotlib 库，因此，在绘制的同时，曲线的颜色、宽度和类型等参数都可以像常规的 Line2D 对象一样设置。除此之外，

lifelines 库还提供了大量生存分析常用方法和对应的实现函数，以及流行的参数和非参数生存分析模型，如 Cox 比例风险回归模型，进行生存分析相关研究的读者可认真研究一下它，这里不再赘述。

2. 使用场景

生存曲线图是对生存分析过程中的某一环节统计结果的展示，主要应用于生物医学、生物信息学和临床试验等，如不同组疾病患者在一种或者一种以上的变量作用下，分析其生存概率随记录时间而发生的变化或者出现的走势。

4.3.3 “火山”图

1. 介绍和绘制方法

火山图（volcano plot）作为散点图的一种，将统计测试中的显著性度量值（如 p 值）和变化幅度相结合，从而快速识别那些变化幅度较大且具有统计学意义的测试数据点（如基因等）。火山图可以方便地展示两个样本间基因差异表达的分布情况，其横轴数据通常用 $\log_2$（Fold Change）（Fold Change 为差异倍数）表示，差异大的基因数据点分布在两端；纵轴数据通常用 $-\log_{10}$（P-values）表示，即 T 检验显著性 p 值的负对数，一般情况下，对于差异倍数越大的基因，其 T 检验显著性 p 值越大，在火山图上体现为左上角和右上角的数据点，即越靠近火山图顶部的点，差异越显著，更具生物学研究意义。火山图中的数据点颜色一般对应基因上调（significant up）、下调（significant down）或无差异（no significant）。此外，还可以用单系列渐变色表示某一变量的连续值变化。图 4-3-4 为使用 bioinfokit 库绘制的火山图示例，其中图 4-3-4（a）为基本火山图样式，图 4-3-4（b）为定制化修改后的样式。

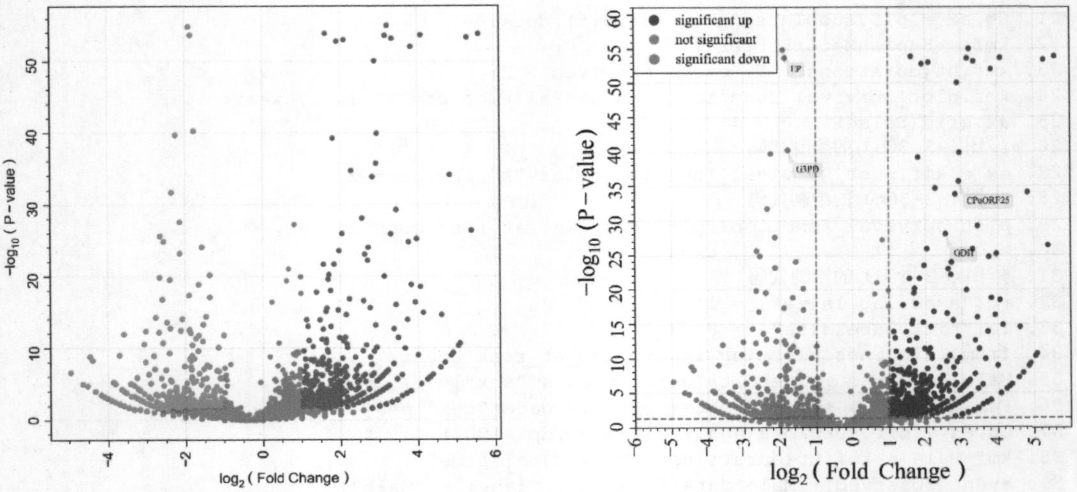
$-\log_{10}$ (P-value)
$\log_2$ (Fold Change)
significant up
not significant
significant down
$-\log_{10}$ (P – value)
$\log_2$ (Fold Change)
G3PD
CPuORF25
GDH

（a）基本火山图样式绘制示例　　（b）火山图定制化样式绘制示例

图 4-3-4　火山图绘制示例

技巧：火山图的绘制

在 Python 中，可使用第三方绘制工具——bioinfokit 库进行火山图的绘制。该库中的绘图函数 volcano() 可通过设置参数 df（DataFrame，数据框）、lfc 和 pv 完成火山图的绘制。定制化操作则需要另外设置参数 geneid、color、genenames 和 axtickfontname 等。图 4-3-4 的核心绘制代码如下。

```
from bioinfokit import analys, visuz
# 导入bioinfokit库自带的数据集
volcano_data  = analys.get_data('volcano').data
# 图4-3-4(a) 的绘制代码
visuz.gene_exp.volcano(df=volcano_data, lfc='log2FC',
                       pv='p-value',figname="volcano01")
# 图4-3-4(b) 的绘制代码
visuz.gene_exp.volcano(df=volcano_data, lfc='log2FC',
pv='p-value',geneid="GeneNames",
color=("#00239CFF", "grey", "#E10600FF"),
genenames=({"LOC_Os09g01000.1":"EP",
"LOC_Os01g50030.1":"CPuORF25", "LOC_Os06g40940.3":"GDH",
"LOC_Os03g03720.1":"G3PD"}),
 gstyle=2, sign_line=True, xlm=(-6,6,1), ylm=(0,61,5),
 figtype='png', axtickfontsize=12,
 axtickfontname='Times New Roman',axlabelfontname=
 "Times New Roman",axlabelfontsize=15,plotlegend=True,
 figname="volcano02")
```

提示：bioinfokit 库提供的火山图绘制函数 volcano() 因其自身较完全的封装，导致在结果保存（保存到工作目录）、连续渐变色数据映射等操作上具有不便性。可通过使用 Python 基础绘图库 Matplotlib 来解决此类问题。

使用 Matplotlib 中的散点绘制函数 ax.scatter() 也可以进行火山图的绘制，但在绘制之前，需要对数据进行相关处理，即对纵轴数据进行 $-\log_{10}$(P-values) 的数据转换操作。此外，还可以设置散点绘制函数 ax.scatter() 中参数 c 的映射值，并设定参数 cmap 的值来对单系列数据使用渐变色映射色系。图 4-3-5 为利用 Matplotlib 绘制的带有数值（单维度数据）颜色映射的火山图示例，其核心绘制代码如下。

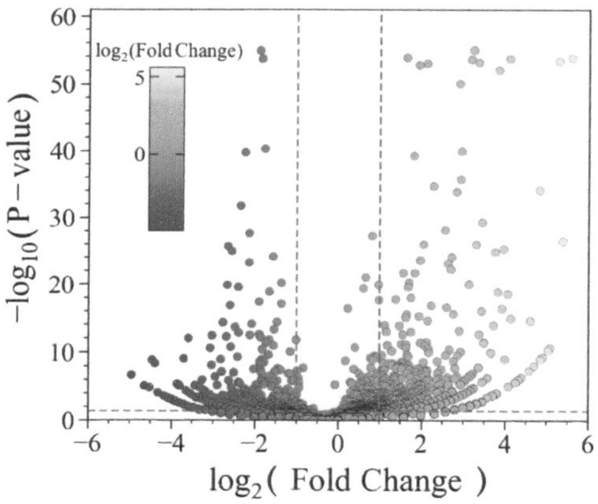
log2(Fold Change)
5
0
60
50
40
30
20
10
0
−log10(P−value)
−6
−4
−2
0
2
4
6
log2(Fold Change)

图 4-3-5　Matplotlib 中单维度数据渐变色映射绘制示例

```
from mpl_toolkits.axes_grid1.inset_locator import
inset_axes
from colormaps import parula
# 数据处理
volcano_data["logpv_add_axy"] =
                -(np.log10(volcano_data["p-value"]))
x=volcano_data['log2FC']
y=volcano_data['logpv_add_axy']
lfc_thr=(1, 1),pv_thr=(0.05, 0.05)
from mpl_toolkits.axes_grid1.inset_locator import
inset_axes
fig,ax = plt.subplots(figsize=(4,3.5),dpi=100)
volcano = ax.scatter(x,y,s=15,c=x,ec="k",lw=.1,
                     cmap=parula)
```

```
ax.grid(False)
ax.axhline(y=-np.log10(pv_thr[0]), linestyle='--',
           color='#7d7d7d', linewidth=1)
ax.axvline(x=lfc_thr[0], linestyle='--', color='#7d7d7d',
           linewidth=1)
ax.axvline(x=-lfc_thr[1], linestyle='--', color='#7d7d7d',
           linewidth=1)
# 添加colorbar并调整其位置
axins = inset_axes(ax,
                   width="7%",
                   height="40%",
                   loc='upper left',
                   bbox_transform=ax.transAxes,
                   bbox_to_anchor=(0, 0., 1, 1),
                   borderpad=3)
cbar = fig.colorbar(volcano,cax=axins)
cbar.ax.tick_params(left=True,labelleft=True,labelright=False,direction="in",width=.4,labelsize=10)
cbar.ax.tick_params(which="minor",right=False)
cbar.ax.set_title(r'$ log_{2}(Fold Change)$',fontsize=9)
cbar.outline.set_linewidth(.4)

ax.set(xlim=(-6,6),ylim=(0,61),xlabel=r'$ log_{2}(Fold Change)$',ylabel=r'$ -log_{10}(P-value)$')
```

2. 使用场景

在生物信息分析中，火山图是常见的一种数据展示方式。火山图可以方便地展示那些观测数据在不同样本间是差异表达显著性的数据，因此，在医疗、临床等研究中，常应用于转录组、基因组、蛋白质组、代谢组等研究统计数据的可视化展示。

4.3.4 "子弹"图

1. 介绍和绘制方法

子弹图（bullet chart）的功能和柱形图类似，用于显示目标变量的数据，但前者可表现的信息更多，图表元素也更加丰富。子弹图可用来取代里程表或时速表这类图形仪表，不但能够解决图表显示信息不足的问题，而且能有效节省空间，以及除掉仪表盘上一些不必要的信息。在子弹图中，主要数据值由图中间主条形的长度表示，称为功能度量（feature measure）；与图方向垂直的竖线标记称为比较度量（comparative measure），用来与功能度量所得数值进行比较。如果主条形长度超过比较度量标记的位置，则表示数据达标。功能度量背后的分段颜色用来显示定性范围得分，每种颜色（通常为3种不同颜色或同色系渐变色）表示不同表现范围等级，如欠佳、平均和良好，建议最多使用5个等级。图4-3-6为子弹图示例。

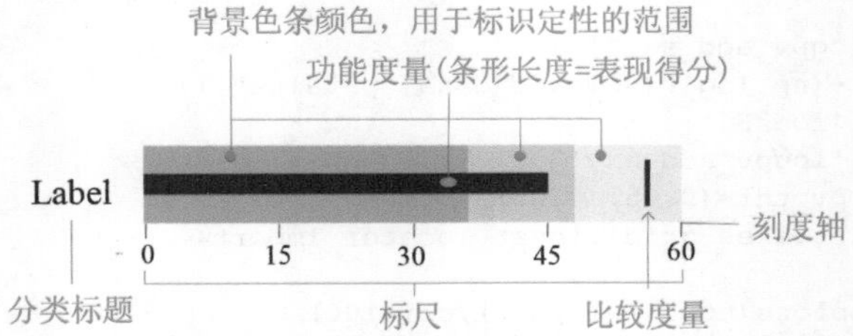
背景色条颜色，用于标识定性的范围
功能度量(条形长度=表现得分)
Label
0
15
30
45
60
刻度轴
分类标题
标尺
比较度量

图 4-3-6　子弹图示例

子弹图具有以下特点：

- 每一个单元的子弹图只能显示单一的数据源；
- 合理的度量标尺可以显示更精确的阶段性数据信息；
- 优化设计子弹图后还能够进行多项同类数据的对比；
- 可以表达一项数据与不同目标的校对结果。

图 4-3-7 为使用 Matplotlib 库绘制的子弹图样式，其中图 4-3-7（a）为灰色系样式，图 4-3-7（b）则为对应的彩色系样式。

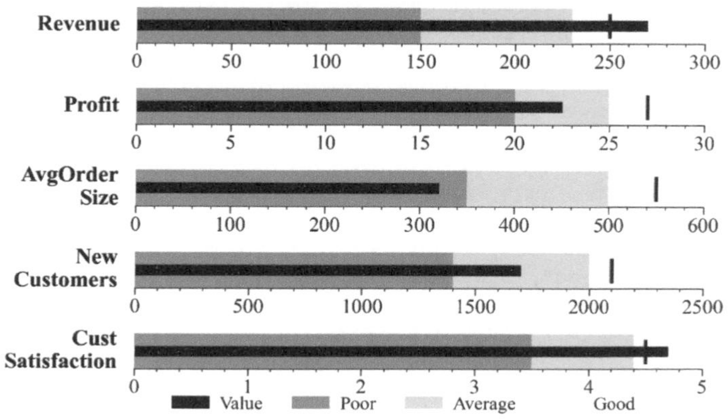
Revenue
0 50 100 150 200 250 300
Profit
0 5 10 15 20 25 30
AvgOrder Size
0 100 200 300 400 500 600
New Customers
0 500 1000 1500 2000 2500
Cust Satisfaction
0 1 2 3 4 5
Value Poor Average Good

（a）灰色系子弹图绘制

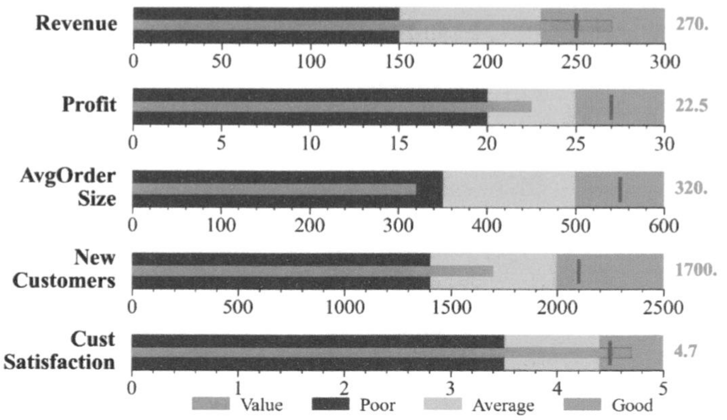
Revenue
270.
0 50 100 150 200 250 300
Profit
22.5
0 5 10 15 20 25 30
AvgOrder Size
320.
0 100 200 300 400 500 600
New Customers
1700.
0 500 1000 1500 2000 2500
Cust Satisfaction
4.7
0 1 2 3 4 5
Value Poor Average Good

（b）彩色系子弹图绘制

图 4-3-7　不同颜色系子弹图绘制示例

技巧：子弹图的绘制

使用 Python 基础绘图库 Matplotlib 即可完成子弹图的绘制，即使用 axes.Axes.barh() 函数绘制子弹图所需的主条形样式，使用 axes.Axes.axvline() 函数绘制子弹图目标竖线，使用 axes.Axes.text() 函数添加相关文本属性。由于绘制的单组子弹图的数值范围不同，因此，这里单独定义绘图函数，并使用 plt.subplots() 函数绘制多子图。图 4-3-7（b）的核心绘制代码如下。

```
import pandas as pd
import proplot as pplt
import matplotlib.pyplot as plt
bullet_data = pd.read_excel(r"\bullet chart data.xlsx")
data_index = bullet_data["type"].to_list()
colors = ["#EF0000","#18276F","#FEC211","#3BC371",
          "#666699"]
# 自定义绘图函数
def bullet_charts_color(ax,value,poor,average,
                        good,target,name):
    # Value
    ax.barh(y=.5,width=value,height=.3,color=colors[0],
            label="Value",zorder=5)
    # Poor
    ax.barh(y=.5,width=poor,height=1,color=colors[1],
            label="Poor",zorder=4)
    # Average
    ax.barh(y=.5,width=average,height=1,color=colors[2],
            label="Average",zorder=3)
    # Good
    ax.barh(y=.5,width=good,height=1,color=colors[3],
            label="Good",zorder=2)
    # Target
    ax.axvline(x=target,ymin=0.2,ymax=0.8,color=colors[4],
               lw=2,zorder=5)
    for spine in ["top","left","right"]:
        ax.spines[spine].set_visible(False)
    ax.text(-.03,.5,str(name).replace("\\n","\n"),
            ransform=ax.transAxes,va="center",ha="right",
            fontsize=13,fontweight="bold")
    ax.text(1.02,.5,str(value).replace("[","").
            replace(']',""),transform=ax.transAxes,
            va="center",ha="left",color=colors[0],
            fontsize=11,fontweight="bold")
    ax.set_yticks([])
    ax.set_ylim(0,1)
    ax.set_xlim(0,good)
    ax.grid(False)
    return ax
fig,axs = plt.subplots(5,1,figsize=(6,3.5),dpi=100,)
for ax, name in zip(axs.flat,data_index):
    value = bullet_data.loc[bullet_data["type"]==
            name,"value"].to_numpy()
    poor = bullet_data.loc[bullet_data["type"]==
           name,"poor"].to_numpy()
    average = bullet_data.loc[bullet_data["type"]==
              name,"average"].to_numpy()
    good = bullet_data.loc[bullet_data["type"]==
           name,"good"].to_numpy()
    target = bullet_data.loc[bullet_data["type"]==
             name,"target"].to_numpy()
    bullet_charts_color(ax,value,poor,average,good,
                        target,name)
# 单独添加多子图图例
handles, labels = ax.get_legend_handles_labels()
fig.legend(handles, labels, ncol=4,loc='lower right',
           bbox_to_anchor=(1,-1.5),
           bbox_transform=ax.transAxes,
           frameon=False,fontsize=11)
plt.tight_layout()
```

提示：绘制的多个不同数值刻度范围图在同一个画布（figure）里时，可使用单独定义的绘制函数绘制多子图集中的每个子图。此外，在为多个子图添加图例时，可采用如下脚本完成添加。

```
1.  handles, labels = ax.get_legend_handles_labels()
2.  fig.legend(handles, labels)
```

2. 使用场景

子弹图常用于显示阶段性数据值信息，如在社会科学、经济学等问题的研究中，对某一研究目标（如国内生产总值、生活水平指数、财政收入等）进行不同时段的数据值与既定目标、均值等维度的对比展示。

4.4 本章小结

在本章中，笔者介绍了常见双变量图形的 Python 绘制方法，具体包括：变量类型的介绍以及分别使用不同类型变量数据组合绘制的双变量图形。此外，还为每种图形给到了常见的使用场景，帮助读者更好地理解图形的含义、绘制方法以及使用范围。笔者在对本章已分类的双变量图形类型介绍后，还对特定研究领域的双变量图形进行了介绍并给出了绘制代码，需要注意的是，笔者关注的是图形的绘制技巧，在对特定领域的专有名词解释和图形类型的命名上可能存在差异，请读者发现后及时联系笔者，笔者会进行更改。

第 5 章　多变量图形的绘制

在常见的学术论文插图绘制过程中，科研工作者不但需要绘制单、双变量类型图，而且需要考虑的问题是，在研究目标或目标数据转换等操作的过程中，在面对多变量数据集时，随着变量个数或需要表示的指标维度的增加，如何有效地展示数据。

多变量图（multiple variables chart）就是含有 3 个或 3 个以上变量的可视化图。它是应对多个变量维度绘制需求时常用的图类型。在该类图中，每个变量维度都有对应的数据（数值大小、数值颜色等）映射。在常见的学术论文插图中，变量则多为实验观测值、模型结果值、多组对照分析对比值和数据处理中间过程结果值等。常见的多变量图可分为以下两类：一类为在常见单变量或双变量图基础上衍生加强的高级统计分析类图，如主成分分析图（维度变化）、多变量相关性分析散点图、多变量回归图和气泡图系列等；另一类为一些具有特定名称和常见的多变量图，如等高线图、三元相图等。

本章将介绍学术研究中常见的多变量图类型及其对应的绘制方法，使用的绘制工具为 Python 基础绘图库 Matplotlib 和一些第三方拓展库，如 mpltern(0.3.4) 和 PyVista(0.35.2) 库等。

5.1 等值线图

等值线图（contour plot），有时也称水平图（level plot），它是一种在二维平面上显示三维曲面的图。等值线图将刻度轴上的两个预测变量 X、Y 和一个响应变量 Z 绘制为轮廓（contour），这些轮廓也称为 z 切片（z-slices）或等响应值（iso-response value）。

在常见的学术研究中，等值线图的应用场景较多，涉及不同的研究领域，如等高度（深度）线用于展示区域整体地势情况，等温度线用于显示一个地区整体的温度范围分布，等气压线用于反映一个地区的气压分布与高低，等降水量线（等雨量线、等雨线）用于表示一定区域内降水的多少，等等。此外，等值线可以表示密度、亮度和电势值。需要注意的是，在绘制等值线时，为了便于观察数值变化，通常会在每条等值线上添加对应的数值标签。

5.1.1 基础等值线图

在 Python 中，可使用 Matplotlib 的 axes.Axes.contour() 和 axes.Axes.contourf() 函数绘制等值线图，它们是使用广泛的两种等值线绘制方法。二者的主要区别：contour() 仅绘制出等值线边界处的轮廓线，而 contourf() 则会在两个相邻轮廓线之间（即等值区域）进行颜色填充。图 5-1-1 展示了两种基础等值线图的绘制样式。

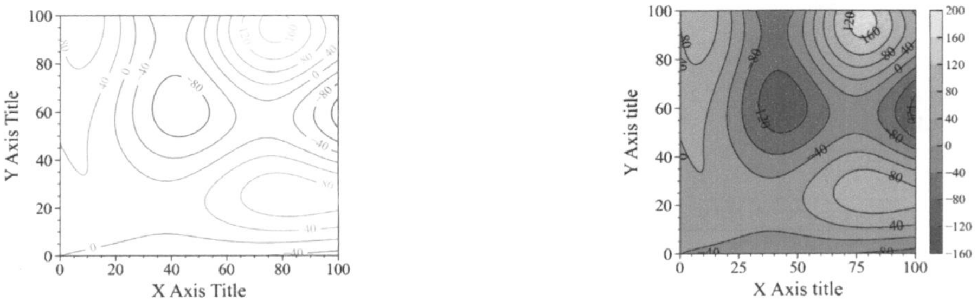
Y Axis Title
X Axis Title
Y Axis title
X Axis title
200
160
120
80
40
0
-40
-80
-120
-160

（a）Matplotlib 中的 Axes.contour() 函数绘制示例　（b）Matplotlib 中的 Axes.contourf() 函数绘制示例

图 5-1-1　利用 Matplotlib 绘制的基础等值线图示例

技巧：基础等值线图的绘制

在使用 Matplotlib 进行等值线图的绘制时，需要对绘图数据进行二维（2D）数组转换操作，即使用 NumPy 的 meshgrid() 函数将原本的一维数组转换成二维数组（若原本的数据都为二维数组，则不需要进行此操作）。Matplotlib 库中的 axes.Axes.contour() 函数可用来绘制带轮廓的等值线图，图 5-1-1（a）为 contour() 函数结合 axes.Axes.clabel() 函数绘制的带等高线文本的轮廓等值线图，图 5-1-1（b）则是通过 clabel() 函数和 contourf() 函数绘制的带等值线文本的颜色填充等值线图。图 5-1-1 的核心绘制代码如下。

```
import pandas as pd
import numpy as np
from proplot import rc
import matplotlib.pyplot as plt
from colormaps import parula
df = pd.read_excel(r"\coutour_data.xlsx",header=None)
# 根据数据生成需要的3个变量：X、Y和Z，且它们组成二维数组
x = np.arange(0,len(data), 1)
y = np.arange(0,len(data), 1)
X, Y = np.meshgrid(x, y)
Z = df.values
# 图5-1-1(a) 的绘制代码
fig,ax = plt.subplots(figsize=(4,3.5),dpi=100,)
CS = ax.contour(X, Y, Z,linewidths=1,cmap=parula)
ax.clabel(CS, inline=True, fontsize=10)
ax.set(xlabel='X Axis Title', ylabel='Y Axis Title')
# 图5-1-1(b) 的绘制代码
ax.contour(X, Y, Z,linewidths=.6,linestyles="solid",
        colors="k")
Cf = ax.contourf(X, Y, Z,linewidths=1,cmap=parula)
ax.clabel(Cf,inline=False, colors="k",fontsize=10)
ax.set(xlabel='X Axis title', ylabel='Y Axis title', )
cbar = fig.colorbar(Cf)
cbar.ax.tick_params(direction="in",labelsize=10)
cbar.ax.minorticks_off()
```

5.1.2 纹理填充等值线图

除了常规的轮廓等值线图和颜色填充等值线图以外，还可以使用纹理对等值线图进行填充。图 5-1-2 展示了利用 Matplotlib 绘制的两种纹理填充等值线图样式。

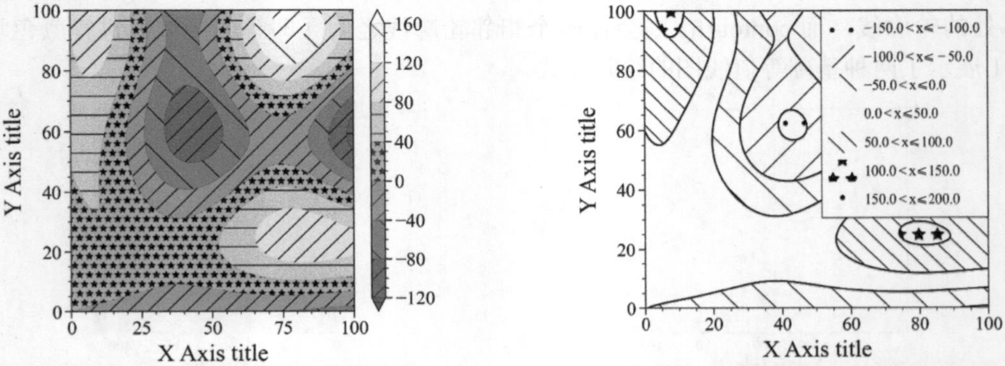
Y Axis title
X Axis title
160
120
80
40
0
-40
-80
-120
−150.0<x≤−100.0
−100.0<x≤−50.0
−50.0<x≤0.0
0.0<x≤50.0
50.0<x≤100.0
100.0<x≤150.0
150.0<x≤200.0

（a）利用 Matplotlib 绘制的纹理填充等值线图样式一　　（b）利用 Matplotlib 绘制的纹理填充等值线图样式二

图 5-1-2　利用 Matplotlib 绘制的纹理填充等值线图示例

技巧：纹理填充等值线图的绘制

在利用 Matplotlib 绘制纹理填充等值线图时，只需要在 axes.Axes.contourf() 函数中设置参数 hatches（hatches 的值为纹理样式，分别对应不同分值区间）和参数 extend。图 5-1-2 的核心代码如下。

```
# 图5-1-2(a) 的绘制代码
cs = ax.contourf(X, Y, Z, hatches=['-', '//', '\\',
        '//',"**"],cmap='gray', extend='both', alpha=0.5)
fig.colorbar(cs)
# 图5-1-2(b) 的绘制代码
n_levels = 6
ax.contour(X, Y, Z, n_levels,linewidths=1,colors='black',
           linestyles='-')
cs = ax.contourf(X, Y, Z, n_levels, colors='none',
             hatches=['.', '/', '\\', None, '\\\\', '*'],
             extend='lower')
# 图例添加
artists, labels =
        cs.legend_elements(str_format='{:2.1f}'.format)
ax.legend(artists, labels, handleheight=2, framealpha=1)
```

注意：这里的图例添加方法为直接使用绘图对象的 legend_elements() 函数，这样做的好处是可以对图例 labels 进行定制化操作。

5.1.3 带矢量指示的等值线图

在一些特定的环境下，需要在等值线图上绘制矢量指示箭头，即添加一个矢量场图层，这种图经常出现地理科学中，如气象风速图。图 5-1-3 分别展示了利用 Matplotlib 绘制的矢量场图和带矢量指示的等值线图。

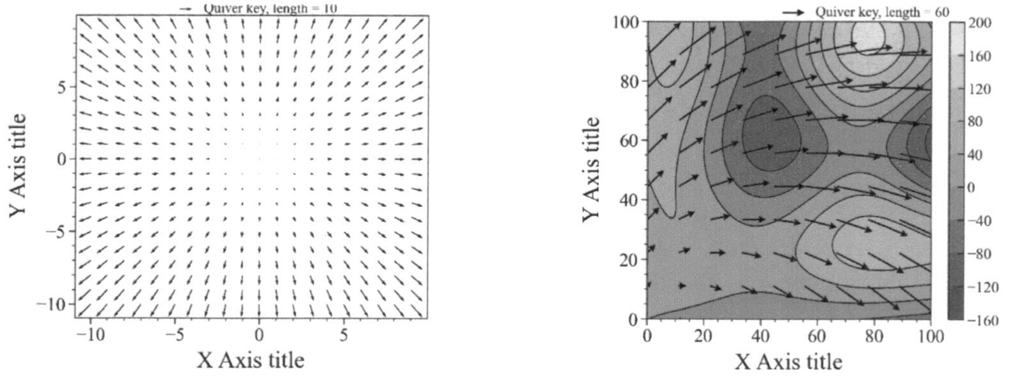
Quiver key, length = 10
Y Axis title
X Axis title
Quiver key, length = 60
Y Axis title
X Axis title

（a）利用 Matplotlib 绘制的矢量场图　（b）利用 Matplotlib 绘制的带矢量指示的等高线图

图 5-1-3　利用 Matplotlib 绘制的矢量场图和带矢量指示的等值线图示例

技巧：带矢量指示的等值线图的绘制

在使用 Matplotlib 绘制带矢量指示的等值线图时，可使用 ax.contour() 和 contourf() 函数绘制等值线图层，使用 ax.quiver() 函数绘制矢量指示箭头，并使用 ax.quiverkey() 函数添加矢量的注释信息。图 5-1-3（b）的核心绘制代码如下。

```
ax.contour(X, Y, Z,linewidths=.6,linestyles="solid",
           colors="k")
Cf = ax.contourf(X, Y, Z,linewidths=1,cmap=parula)
q = ax.quiver(X2, Y2, U, V, color="k", angles='uv',
    scale_units='xy', scale=8,width=.005,headwidth=5,
    headlength=5)
ax.quiverkey(q, X=.55,Y=1.03, U=60,
          label='Quiver key, length = 60', labelpos='E')
cbar = fig.colorbar(Cf)
cbar.ax.tick_params(direction="in",labelsize=10)
cbar.ax.minorticks_off()
```

5.2 点图系列

学术图中的点图系列包括常见的双变量相关性散点图、线性回归拟合图等。在涉及多个变量的数值映射时，如在相关性散点图中添加第三或第四个变量的数值、颜色映射时，双变量的图就变成了稍复杂的多变量图，这类图不仅保留了基础的双变量图的含义，在其基础上，还拓展了数据转换、统计分析等数据处理操作，丰富了图形表达的含义，同时加大了该类图的绘制难度。点图系列中的多变量图类型以相关性散点图系列和气泡图系列为主。

5.2.1 相关性散点图

在 4.2.3 节介绍的相关性散点图系列中，只对简单的两个变量进行比较，即分析一个变量对另一个变量的影响程度或者实验（算法、模型等）结果与真实值的相关性程度。但在有些情况下，还需要将实验数据的时间或其他变量特征在相关性散点图中表现出来，如使用每个散点的颜色来映射一个新变量值的变化。图 5-2-1 为添加注释文本（拟合公式、线性指标等）前后的多变量相关性散点图绘制示例，其中每个点上的误差线是为了模拟真实测试情况而添加的。

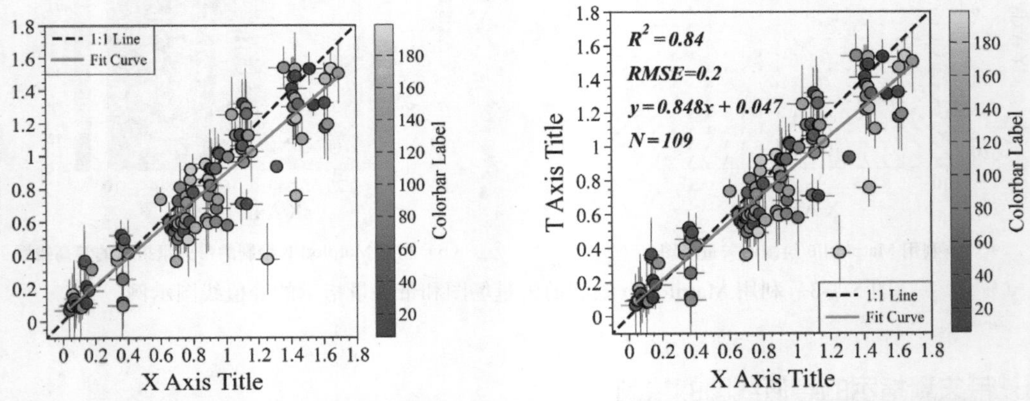

1:1 Line
Fit Curve
T Axis Title
X Axis Title
Colorbar Label
R^2=0.84
RMSE=0.2
y=0.848x + 0.047
N=109

（a）未添加注释文本的多变量相关性散点图绘制示例　（b）添加注释文本的多变量相关性散点图绘制示例

图 5-2-1　利用 Matplotlib 绘制的多变量相关性散点图（添加注释文本前后）示例

技巧：多变量相关性散点图的绘制

使用 Python 的 Matplotlib 库进行多变量相关性散点图的绘制，只需要使用其 axes.Axes.scatter()、axes.Axes.plot() 函数，以及误差线绘制函数 axes.Axes.errorbar()。当然，想要添加注释文本等信息，还需要使用 axes.Axes.text() 函数。计算相关指标则使用 SciPy 库中的 stats 模块。图 5-2-1（b）的核心绘制代码如下。

```
x = cor_line["values"]
y = cor_line["pred values"]
z = cor_line["3_value"]
xerr = cor_line["x_error"]
yerr = cor_line["y_error"]
rmse = np.sqrt(mean_squared_error(x,y))
# 绘制最佳拟合线
best_line_x = np.linspace(-10,10)
best_line_y=best_line_x
# 绘制拟合线
y3 = slope*x + intercept
fig,ax = plt.subplots(figsize=(4.2,3.5),dpi=100)
ticks=np.arange(0,max(z),20)
scatter = ax.scatter(x=x,y=y,c=z,s=50,ec="k",lw=.8,
                  cmap = parula,vmin=min(z),vmax=max(z))
bestline = ax.plot(best_line_x,best_line_y,color='k',
 linewidth=1.5,linestyle='--',label="1:1 Line",zorder=-1)
linreg = ax.plot(x,y3,color='r',linewidth=1.5,
                 linestyle='-',label="Fit Curve")
errorbar = ax.errorbar(x,y,xerr=xerr,yerr=yerr,
        ecolor="k", elinewidth=.4,capsize=0,alpha=.7,
        linestyle="",mfc="none",mec="none",zorder=-1)
ax.grid(False)
cbar = fig.colorbar(scatter,ticks=ticks,aspect=17)
cbar.set_label(label="Colorbar Label",fontsize=12)
cbar.ax.tick_params(left=True,direction="in",width=.4,
                    labelsize=11)
cbar.ax.tick_params(which="minor",right=False)
cbar.ax.yaxis.set_ticklabels(ticklabels=ticks)
cbar.outline.set_linewidth(.4)
# 添加注释文本信息
fontdict = {"size":12, ,"fontweight":"bold"}
ax.text(0.,1.6,r'$R^2=$'+str(round(r_value**2,2)),
       fontdict=fontdict)
ax.text(0.,1.4,"RMSE="+str(round(rmse,3)),
            fontdict=fontdict)
ax.text(0.,1.2,r'$y=$'+str(round(slope,3))+'$x$'+" + "+str(round(intercept,3)),
fontdict=fontdict)
ax.text(0.,1.0,r'$N=$'+ str(len(x)),fontdict=fontdict)
```

注意：在上述代码中对数值颜色映射的颜色条（colorbar）进行绘制时，使用 set_ticklabels() 方法自定义了刻度范围，该方法可自行规范数值颜色显示范围和区间，在需要绘制定制化 colorbar 的科研绘图中经常使用。

在涉及较少数据时，绘制多变量相关性散点图则需要对诸如刻度范围、colorbar 位置等图层元素进行调整，使其绘制结果布局更加美观。图 5-2-2 分别展示了涉及较少数据时所绘制的默认布局和调整之后的 colorbar 可视化布局。这种绘制调整在针对可视化单组多次实验数据的科研绘图中较为常见。

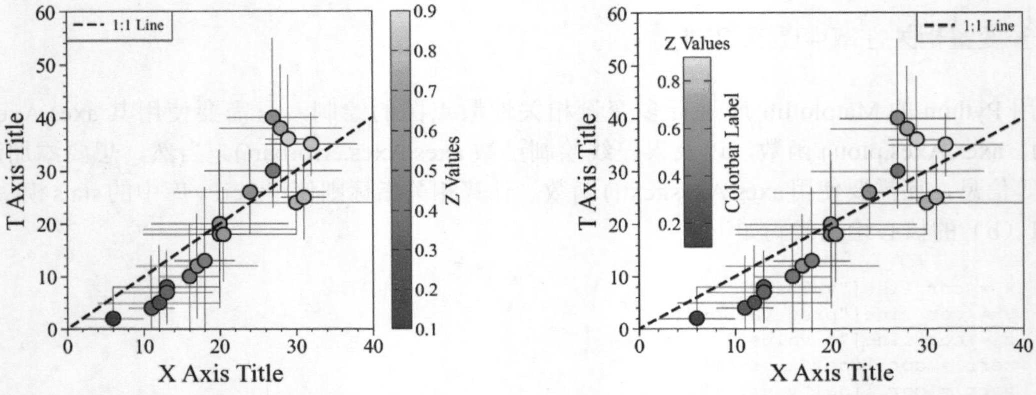
1:1 Line
Z Values
T Axis Title
X Axis Title
Colorbar Label

（a）较少数据默认多变量相关性散点图绘制示例　（b）较少数据多变量相关性散点图图层调整绘制示例

图 5-2-2　涉及较少数据时绘制的默认布局和调整之后的 colorbar 可视化布局

技巧：较少数据对应的多变量相关性散点图的绘制

该种多变量相关性散点图的绘制方法与图 5-2-1 类似，唯一不同之处是对 colorbar 位置的设置，可使用 Axes.inset_axes() 或者 inset_locator.inset_axes() 函数将 colorbar 对象当作单独的图对象进行位置、长宽等属性的设置。在 inset_locator.inset_axes() 函数中，参数 parent_axes 为需要插入子图的当前绘图对象；width、height 参数分别控制新 axes() 对象的宽度和高度，数值可为浮点类型和百分比字符串类型两种；loc 参数控制新 axes() 对象在当前绘图对象中的位置。图 5-2-2（b）的核心绘制代码如下。

```
from mpl_toolkits.axes_grid1.inset_locator import inset_axes
cor_df_01 = pd.read_excel(r"\相关性散点图样例数据.xlsx",
                           sheet_name="data03")
x = cor_df_01["x"]
y = cor_df_01["y"]
values = cor_df_01["values"]
xerr=cor_df_01["x_err"]
yerr=cor_df_01["y_err"]
# 绘制最佳拟合线
best_line_x = np.linspace(-40,40)
best_line_y=best_line_x
fig,ax = plt.subplots(figsize=(4,3.5),dpi=100)
scatter = ax.scatter(x=x,y=y,c=values,s=70,ec="k",lw=1,
            cmap = parula,vmin=min(values),vmax=max(values))
errorbar = ax.errorbar(x,y,xerr=xerr,yerr=yerr,ecolor="k",
    elinewidth=.4,capsize=0,alpha=.7,linestyle="",mfc="none",
    mec="none",zorder=-1)

bestline = ax.plot(best_line_x,best_line_y,color='k',
             linewidth=1.5,linestyle='--',label="1:1 Line")
# 添加colorbar
cbar = fig.colorbar(scatter,aspect=17)
cbar.set_label(label="Z Values",fontsize=12)
cbar.ax.tick_params(left=True,direction="in",width=.4,
                labelsize=11)
cbar.ax.tick_params(which="minor",right=False)
cbar.outline.set_linewidth(.4)
```

可以看出，使用 inset_axes() 方式添加 colorbar 的操作，不但在图层属性布局上更加灵活，而且更易在图层中添加文本注释（如标题、轴标签等），使绘制对象更具解释性。

5.2.2 气泡图系列

气泡图（bubble chart）是一种将数值大小映射到数据点大小的多变量图类型。它是散点图的变体，可以被看作散点图和百分比区域图的结合。气泡图一般使用 3 个值来确定每个数据序列。和常规的散点图一样，气泡图将两个维度的变量值分别映射为笛卡儿坐标系上的坐标点，其中 X 和 Y 轴分别表示不同的两个维度的变量数据，气泡图的面积则使用第三个维度的变量值表示。此外，还常将气泡的颜色用于其他维度数值的映射，即使用不同的颜色来区分分类数据或者其他的数值数据。在表示有时间维度的数据时，可将时间维度作为直角坐标系中的一个维度，或者结合动态变化来表现数据随时间的变化情况。需要注意的是，在气泡图中绘制较多数据点时，气泡个数太多会导致图的可读性降低，可通过设置透明度等属性进行弥补。

在常见的科研绘图中，较其他点图形系列，气泡图的使用场景较少，且使用时所涉及的气泡图类型也仅限于维度变量的数值对数据点大小和颜色的映射。气泡图还常与地图结合，用于展示研究区域观察变量的区域变化，具体案例可参考第 6 章。图 5-2-3 分别展示了气泡图维度变量数据对气泡大小、颜色属性的数值映射。

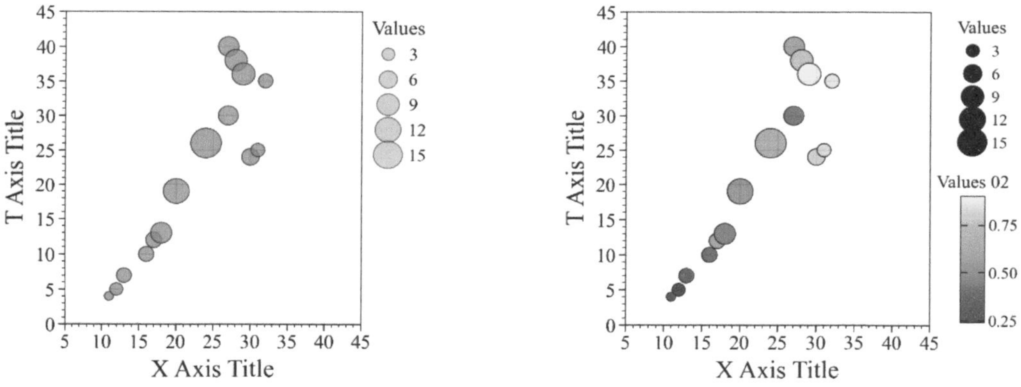
T Axis Title
X Axis Title
Values
3
6
9
12
15
Values 02
0.75
0.50
0.25

（a）气泡图数值大小、映射绘制示例　　（b）气泡图数值大小、颜色映射绘制示例

图 5-2-3　维度变量对气泡大小、颜色的映射

技巧：气泡图的绘制

使用 Matplotlib 库中的 axes.Axes.scatter() 函数且设置 s 和 c 参数即可绘制数值映射气泡图，其中，参数 s 用于选定气泡大小映射的维度变量，参数 c 用于选定气泡颜色映射的变量。需要注意的是，对于参数 s 的值的设定，往往因直接选用变量值而导致气泡大小在绘图坐标系中的显示不合理，可通过对其数据值的同比例扩大操作进行修正，而在图例绘制时，会对它进行同比例缩小，使二者保持一致。图 5-2-3（b）的核心绘制代码如下。

```
pubble_data = pd.read_excel(r"\散点图样例数据2.xlsx",
                             sheet_name="data03")
```

```
x = pubble_data.x
y = pubble_data.y
values = pubble_data["values"]
values02 = pubble_data["values02"]
fig,ax = plt.subplots(figsize=(4.2,3.5),dpi=100)
pubble = ax.scatter(x=x,y=y,s=values*20,c=values02,
    ec="k",lw=.5,cmap = parula,vmin=min(values02),
    vmax=max(values02))
# 添加图例
kw = dict(prop="sizes", num=5, color="k",mec="k",
          fmt="{x:.0f}",func=lambda s: s/20)
legend = ax.legend(*pubble.legend_elements(**kw),
  loc="upper right", bbox_to_anchor=(1.28, 1.),
  title="Values",fontsize=10,title_fontsize=11,
  handletextpad=.1,frameon=False)
# 使用inset_axes()方法单独添加colorbar
cax = ax.inset_axes([1.1, 0.01, 0.08, 0.4],
                    transform=ax.transAxes)
cbar = fig.colorbar(pubble, cax=cax)
cbar.ax.set_title("Values 02",fontsize=11,pad=5)
cbar.ax.tick_params(left=True,direction="in",width=.5,labelsize=10)
cbar.ax.tick_params(which="minor",right=False)
cbar.outline.set_linewidth(.5)
```

提示：气泡图颜色映射的图例 colorbar 的绘制使用了 ax. inset_axes() 函数，该方法与图 5-2-2（b）的绘制方法类似，都是将 colorbar 对象当作单独的 Axes 对象进行操作，其好处是可以灵活进行布局的调整和注释属性的添加。该函数中较为重要的参数为 bounds，它用于控制新添加的子绘图对象在母绘图对象中的位置、宽、高属性等。

矩阵气泡图

将气泡图按照矩阵形状进行排列就可以绘制出矩阵气泡图（matrix bubble），该种图类型结合了热力图的特点，不但使用颜色深浅映射数值大小，而且使用数据点标记大小映射数据值。图 5-2-4 分别展示了使用两种点样式（圆点和方块）绘制的矩阵气泡图示例。

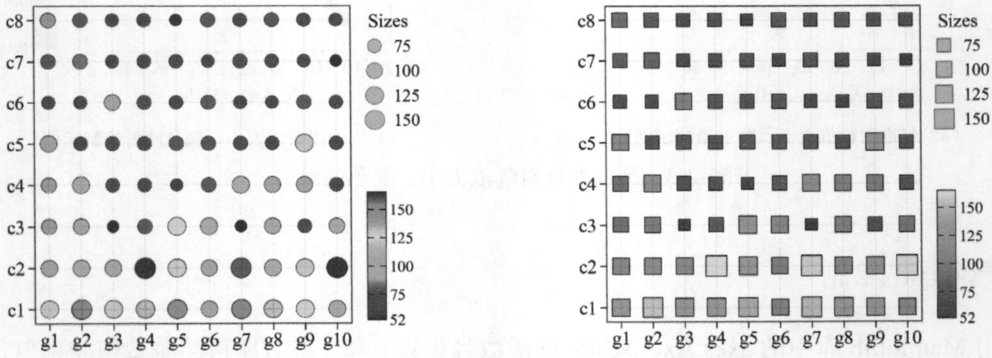
Sizes
75
100
125
150
c8
c7
c6
c5
c4
c3
c2
c1
g1 g2 g3 g4 g5 g6 g7 g8 g9 g10
150
125
100
75
52

（a）矩阵气泡图绘制示例（圆点）　（b）矩阵气泡图绘制示例（方块）

图 5-2-4　矩阵气泡图绘制示例

技巧：矩阵气泡图的绘制

在 Python 中，使用其基本绘图库 Matplotlib 的 axes.Axes.scatter() 函数即可绘制矩阵气泡图，但一般绘图数据为矩阵类型，即行、列名皆表示变量名称的“宽”数据类型，需要使用 pandas 的 melt() 函数将它转换成“长”数据类型。图 5-2-4 的核心绘制代码如下。

```
from colormaps import parula
matrix = pd.read_excel(r"\矩阵气泡图数据.xlsx")
# 数据处理：转换成长数据类型
matrix_melt = pd.melt(matrix,id_vars="columns")
# 重新定义列名称
matrix_melt.columns = ['x', 'y', 'value']
x=matrix_melt['x']
y=matrix_melt['y']
size=matrix_melt["value"]
# 图5-2-4(a) 的绘制代码
# 对于图5-2-4(b) 的绘制，在scatter()函数中添加参数marker="s"即可
fig,ax = plt.subplots(figsize=(4,3.3),dpi=100)
matrix_pubble = ax.scatter(x,y,s=size,c=size,
                cmap="jet",ec="k",lw=.3)
# 绘制图例
handles, labels = matrix_pubble.legend_elements(
  prop="sizes", alpha=0.6,num=5, color="gray",mec="k",
  fmt="{x:.0f}")
legend = ax.legend(handles, labels, loc="upper right",
     title="Sizes", bbox_to_anchor=(1.25, 1.),fontsize=11,
     title_fontsize=12,handletextpad=.1,frameon=False)
cax = ax.inset_axes([1.05, 0.01, 0.06, 0.4],
                    transform=ax.transAxes)
cbar = fig.colorbar(matrix_pubble, cax=cax,
                   ticks=[min(size), 75, 100, 125, 150])
cbar.ax.tick_params(left=True,direction="in",width=.5,
                    labelsize=10)
#cbar.ax.tick_params(which="minor",right=False)
cbar.outline.set_linewidth(.5)
```

提示：在绘制散点样式的稍显复杂的图例时，作者建议添加 marker 样式的边框，即设置边框阴影的宽度，可提升图例的整体效果。在绘制多图例的图时，可使用 ax.inset_axes() 函数设置图例绘制区域的位置、大小，特别是图例位置的灵活设置，将会使图例的添加更加方便。

5.3 三元相图

三元相图（ternary plot）又称三元图、三角图，是一种广泛用于三组数据比较与分析的图形类型。三元相图通过在二维平面上展现数据在 3 个分组上的分布情况以及两两分组数据间的相关关系，高效地进行数据筛选、数据表达和相关统计分析。三元相图常用于生物学、材料学、矿物学和物理学等研究领域，是众多学术期刊中常见的一种统计分析图。

三元相图主要由 3 条两两相交的坐标轴组成，其形状一般为等边三角形。等边三角形的每个顶点各自对应变量或组元 A、B、C，每一条边表示一个刻度轴，轴上数值表示对应分组的占比，而轴本身又表示 3 个二元系（A-B、B-C 和 C-A）的成分坐标，数据点在三元相图中的位置由该数据在 3 个分组中的数据占比（成分）决定，点越靠近某个顶点，该数据在对应成分中的占比越大，这也是快速理解三元相图的点位置含义的方法。

在三元相图中，数据点具体成分的确定方法：在图 5-3-1 中，由点 S 分别向 A、B、C 三个

顶点所对应的 BC、CA、AB 边绘制平行线 Sb、Sc 和 Sa，3 条平行线相交于 3 条边的点分别为 b、c、a，则 A、B、C 组元的比例 W 分别为 $W_A = Sa = bC$，$W_B = Sb = cA$，$W_C = Sc = aB$，其中，$Sa + Sb + Sc = 100\%$，$bC + cA + aB = 100\%$。

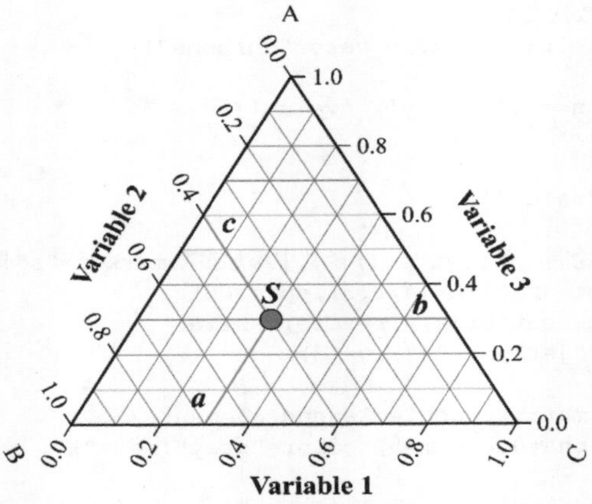
A
1.0
0.8
0.6
0.4
0.2
0.0
Variable 2
Variable 3
Variable 1
S
a
b
c
B
C

图 5-3-1　利用 mpltern 绘制的三元相图示意图

技巧：三元相图示意图的绘制

在 Python 中，可使用 Matplotlib 的第三方拓展库 mpltern 进行三元相图的绘制。mpltern 拓展了绘制三元相图的坐标系统，绘制时提供需要的 3 个维度变量数据即可。mpltern 库中的 get_triangular_grid() 函数用于绘制三元相图中的坐标系网格线，其他诸如 ax.plot() 和 ax.scatter() 等函数的用法与 Matplotlib 类似，唯一不同的是输入变量的个数不同。图 5-3-1 的核心绘制代码如下。

```
from mpltern.ternary.datasets import get_triangular_grid
t, l, r = get_triangular_grid()
fig = plt.figure(figsize=(4.5, 4),dpi=100)
ax = fig.add_subplot(projection='ternary')
ax.tick_params(length=8)
ax.triplot(t, l, r,color="k",lw=.5,alpha=.5)
ax.scatter(0.3,0.4,0.3,s=150,color="#459DFF",
          ec="k",lw=.8,zorder=2)
ax.plot([0, 0.3], [0.7, 0.4], [0.3, 0.3],color="r",lw=1,
        zorder=1)
ax.plot([0.3, 0.3], [0., 0.4], [0.7, 0.3],color="r",lw=1,
        zorder=1)
ax.plot([0.45, 0.3], [0.3, 0.4], [0., 0.3],color="r",lw=1,
        zorder=1)
ax.text(.55, .55, .4, 'S',size=18, ha='center',
va='center',fontstyle="italic",fontweight="bold")
ax.text(.1, .95, .35, 'a',size=18, ha='center',
va='center',fontstyle="italic",fontweight="bold")
ax.text(.35, .05, .65, 'b',size=18, ha='center',
va='center',fontstyle="italic",fontweight="bold")
ax.text(.8, .5, .1, 'c',size=18, ha='center',
va='center',fontstyle="italic",fontweight="bold")
ax.set_tlabel('A')
ax.set_llabel('B')
```

```
ax.set_rlabel('C')
ax.text(-0.2,0.7,0.5,s="Variable 1",fontsize=16,
fontweight="bold")
ax.text(0.2,0.4,-.1,s="Variable 2",fontsize=16,
fontweight="bold",rotation="60")
ax.text(0.2,-.02,0.35,s="Variable 3",fontsize=16,
fontweight="bold",rotation="-60")
```

5.3.1 三元相图的基本样式

在常见的学术论文配图中，三元相图的绘制形式有多种，常见的有三元相散点图系列、三元相等高线图和三元相多边形图等。图 5-3-2 分别展示了使用 Python 绘制的三元相图的 3 种基本样式，其中，图 5-3-2（b）中为每个组元刻度设置不同的颜色，便于更好地观察变量数据，图 5-3-2（c）为使用拓展库 python-ternary 绘制的网格渐变填充三元相图坐标系。

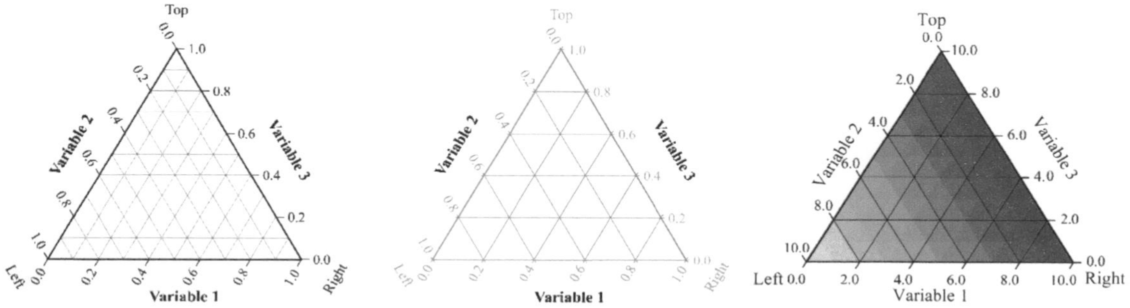

Top
Left
Right
Variable 1
Variable 2
Variable 3

（a）三元相图样式一　（b）三元相图样式二　（c）三元相图样式三

图 5-3-2　使用 Python 绘制的三元相图基本样式示例

技巧：三元相图基本样式的绘制

使用 Python 的 mpltern 库绘制三元相图，主要是对其坐标系网格、坐标刻度等属性的设置。另外，通过设置颜色列表，使用 ax.*axis.set_tick_params()、ax.*axis.label.set_color() 和 ax.spines() 函数实现对不同刻度、刻度轴、刻度标签等颜色的设置。使用第三方库 python-ternary 的 heatmap() 函数且设置 cmap 参数即可绘制具有渐变网格填充效果的三元相坐标系。图 5-3-2 的核心绘制代码如下。

```
# 图5-3-2(a) 的绘制代码
import matplotlib.pyplot as plt
from mpltern.ternary.datasets import get_triangular_grid
t, l, r = get_triangular_grid()
fig = plt.figure(figsize=(4.5, 4),dpi=100,facecolor="w")
ax = fig.add_subplot(projection='ternary')
ax.tick_params(length=8)
ax.triplot(t, l, r,color="k",lw=.5,alpha=.5)
ax.set_tlabel('Top')
ax.set_llabel('Left')
ax.set_rlabel('Right')
ax.text(-0.2,0.7,0.5,s="Variable 1",fontsize=16,
        fontweight="bold")
```

```
ax.text(0.2,0.4,-.1,s="Variable 2",fontsize=16,
          fontweight="bold",rotation="60")
ax.text(0.2,-.02,0.35,s="Variable 3",fontsize=16,
          fontweight="bold",rotation="-60")
# 图5-3-2(b) 的绘制代码
ax = fig.add_subplot(projection='ternary')
ax.set_tlabel('Top')
ax.set_llabel('Left')
ax.set_rlabel('Right')
ax.grid()
# 设置刻度颜色、网格和刻度标签
ax.taxis.set_tick_params(tick2On=True, colors=colors[0],
                         grid_color=colors[0])
ax.laxis.set_tick_params(tick2On=True, colors=colors[1],
                         grid_color=colors[1])
ax.raxis.set_tick_params(tick2On=True, colors=colors[2],
                         grid_color=colors[2])
# 颜色标签
ax.taxis.label.set_color(colors[0])
ax.laxis.label.set_color(colors[1])
ax.raxis.label.set_color(colors[2])
# Color spines
ax.spines['tside'].set_color(colors[0])
ax.spines['lside'].set_color(colors[1])
ax.spines['rside'].set_color(colors[2])
# 图5-3-2(c) 的绘制代码
import ternary
from colormaps import parula
scale = 10
aux = dict({(i,j,k): k for i, j, k in
      ternary.helpers.simplex_iterator(scale)})
ax = ternary.heatmap(aux, scale,cmap=parula,colorbar=False,
      permutation="012", style="t")
tax = ternary.TernaryAxesSubplot(ax=ax, scale=scale)
tax.boundary(linewidth=1.5)
tax.gridlines(color="k", multiple=6)
tax.gridlines(color="k", multiple=2,
linewidth=0.5,linestyle="-")
# 刻度位置
tax.ticks(axis='lbr', linewidth=1, multiple=2,offset=0.03,
          tick_formats="%.1f",fontsize=13)
# 刻度标签和标题
fontsize = 15,offset = 0.14
tax.left_axis_label("Variable 2", fontsize=fontsize,
                    fontweight="bold",offset=offset)
tax.right_axis_label("Variable 3", fontsize=fontsize,
                     fontweight="bold",offset=offset)
tax.bottom_axis_label("Variable 1", fontsize=fontsize,
                      fontweight="bold",offset=offset)
tax.right_corner_label("Right", fontsize=fontsize)
tax.top_corner_label("Top", fontsize=fontsize)
tax.left_corner_label("Left", fontsize=fontsize)
```

5.3.2　三元相散点图系列

在三元相坐标系中绘制散点图是三元相图中常见的一种数据表达形式。坐标系中的 3 个变量值共同确定数据点在三元相坐标系中的位置。图 5-3-3 为三元相散点图绘制示例，其中图 5-3-3（b）为使用绘图主题库 SciencePlots 绘制的可视化结果。

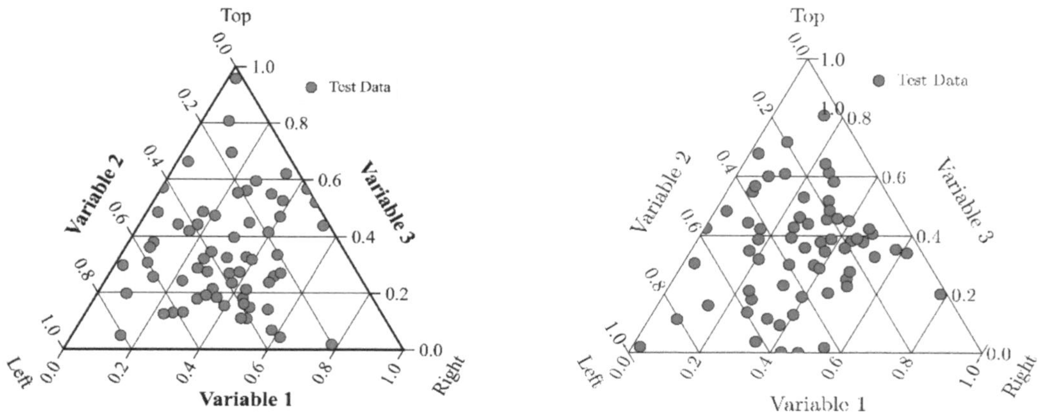
Top
Test Data
Variable 2
Variable 3
Left
Right
Variable 1
Top
Test Data
Variable 2
Variable 3
Left
Right
Variable 1

（a）三元相散点图示例　　（b）三元相散点图（SciencePlots 主题）

图 5-3-3　使用 mpltern 绘制的三元相散点图示例

技巧：三元相散点图的绘制

mpltern 库绘制三元相散点图的过程较为简单，合理设置 ax.scatter() 函数中三元相坐标对应的数值即可。图 5-3-3 的核心绘制代码如下。

```
scatter_data = pd.read_excel(r"\ternary_scatter.xlsx")
t, l, r = scatter_data["Variable 1"],
    scatter_data["Variable 2"],scatter_data["Variable 3"]
fig = plt.figure(figsize=(4.5, 4),dpi=100,)
ax = fig.add_subplot(projection='ternary')
ax.tick_params(length=8)
ax.grid(color="k",linewidth=0.5)
ax.scatter(t, l, r,s=65,color="#459DFF",ec="k",
              lw=.6,zorder=7,label="Test Data")
ax.set_tlabel('Top')
ax.set_llabel('Left')
ax.set_rlabel('Right')
# 添加标签
ax.text(-0.2,0.7,0.5,s="Variable 1",fontsize=16,
         fontweight="bold")
ax.text(0.2,0.4,-.1,s="Variable 2",fontsize=16,
          fontweight="bold",rotation="60")
ax.text(0.2,-.02,0.35,s="Variable 3",fontsize=16,
          fontweight="bold",rotation="-60")
ax.legend(fontsize=12,handletextpad=.1)

# 使用SciencePlots库的主题绘制：添加如下脚本，其余绘制代码一样
plt.style.use('science')
...
```

三元相图除可以根据三个组元数据进行绘制以外，有时还可以通过添加第 4 个变量数值进行诸如三元相气泡图等的绘制。图 5-3-4 为利用两种图例数值获取方法绘制的三元相气泡图示例，其中，图 5-3-4（a）为获取图例的 sizes 属性进行图例的绘制，图 5-3-4（b）则为利用自定义图例数值大小方法来绘制。

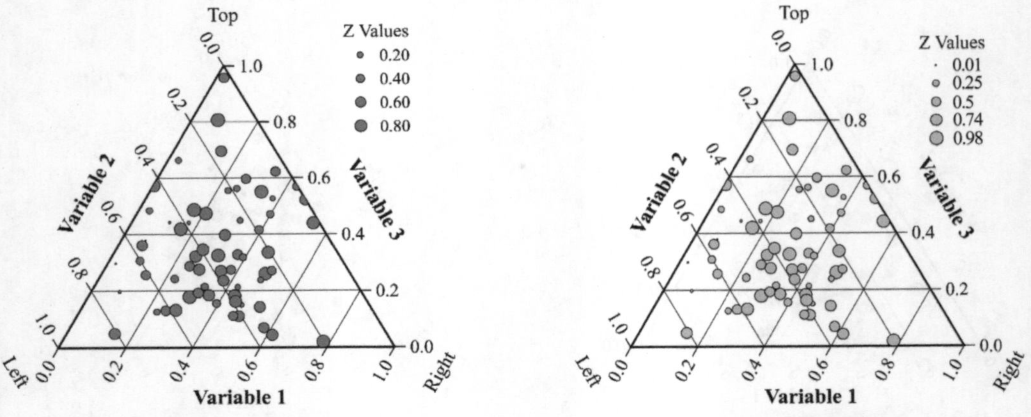
Top
Z Values
0.20
0.40
0.60
0.80
Variable 2
Variable 3
Variable 1
Left
Right
0.0
0.2
0.4
0.6
0.8
1.0
Top
Z Values
0.01
0.25
0.5
0.74
0.98
Variable 2
Variable 3
Variable 1
Left
Right

（a）三元相气泡图绘制示例一　　（b）三元相气泡图绘制示例二

图 5-3-4　三元相气泡图绘制示例

技巧：三元相气泡图的绘制

mpltern 库绘制三元相气泡图的方法与 Matplotlib 绘制气泡图类似，即在对 ax.scatter() 函数设置完位置参数 t、l、r 后，对其大小参数 s 进行维度变量数值的选择，即可对散点大小进行映射，同样可以采取数值同比例扩大的操作来优化散点在坐标系中的展示效果。气泡图的绘制可采用构建字典数值的大小、标签形式的图例元组形式以及根据映射变量值自定义图例大小两种方式实现。图 5-3-4 的核心绘制代码如下。

```
# 图5-3-4(a) 的绘制代码
scatter_data = pd.read_excel(r"\ternary_scatter.xlsx")
scatter_size = scatter_data["Size"]
ax = fig.add_subplot(projection='ternary')
ax.tick_params(length=8)
ax.grid(color="k",linewidth=0.5)
scatter = ax.scatter(t, l,r,s=scatter_size*100,
                 color="#459DFF",ec="k",lw=.6,zorder=7)
kw = dict(prop="sizes", num=5, color="#459DFF",mec="k",
          fmt="{x:.2f}",func=lambda s: s/100)
legend2 = ax.legend(*scatter.legend_elements(**kw),
       loc="upper right", bbox_to_anchor=(1.1, 1.2),
       title="Z Values",fontsize=13,handletextpad=.1,
       title_fontsize=14,frameon=False)
# 图5-3-4(b) 的绘制代码
scatter_size = scatter_data["Size"].values
legend_size = np.linspace(min(scatter_size),
                max(scatter_size),5)*100
fig = plt.figure(figsize=(4.5, 4),dpi=100)
ax = fig.add_subplot(projection='ternary')
ax.tick_params(length=8)
ax.grid(color="k",linewidth=0.5)
scatter = ax.scatter(t, l, r,s=scatter_size*100,
               color="#FFCC37",ec="k",lw=.6,zorder=7)
# 添加图例属性
for s in legend_size:
     ax.scatter([],[],[],color="#FFCC37",ec="k",
               lw=.6,s=s,label=str(round(s/100,2)))
ax.legend(loc="upper right", frameon=False,
         bbox_to_anchor=(1.1, 1.12),title="Z Values")
```

除绘制单一数据组以外，还可以绘制多个数据组或者根据三组元中某一个组元值或第 4 个维度值的大小进行类别三元相散点图的绘制。图 5-3-5 为三元相散点图绘制示例，其中，图 5-3-5（a）为多数据组三元相散点图，图 5-3-5（b）为根据某一维度数值大小绘制的类别三元相散点图。

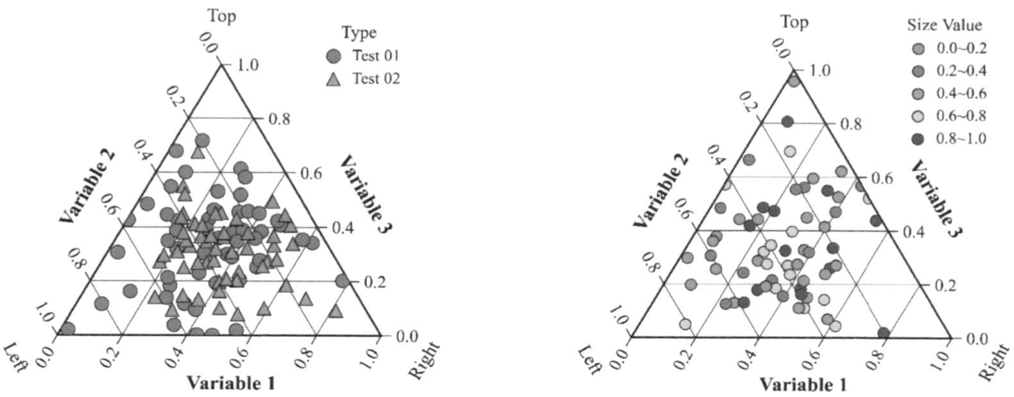
Top
Type
Test 01
Test 02
Variable 2
Variable 3
Variable 1
Left
Right
Top
Size Value
0.0~0.2
0.2~0.4
0.4~0.6
0.6~0.8
0.8~1.0
Variable 2
Variable 3
Variable 1
Left
Right

（a）多数据组三元相散点图示例　　（b）类别三元相散点图示例

图 5-3-5　多数据组三元相散点图和类别三元相散点图绘制示例

技巧：多数据组三元相散点图和类别三元相散点图的绘制

多数据组三元相散点图和类别三元相散点图的绘制重点在于类别散点的选择和分值区间的构建，基本绘制方法是使用 ax.scatter() 函数，即通过设置散点样式（圆点、三角形等）区分不同数组，同样式散点可通过设置不同区间数值的不同颜色，从而进行多类别散点的构建，该方法通常根据定义的数值范围进行新维度的构建或自定义函数。图 5-3-5 的核心绘制代码如下。

```
# 图5-3-5(a) 的绘制代码
combine_data = pd.read_excel(r"\ternary_scatter.xlsx",
                            sheet_name="data02")
l = combine_data["Variable 1"].values
t = combine_data["Variable 2"].values
r = combine_data["Variable 3"].values
l1 = combine_data["Variable 1-1"].values
t1 = combine_data["Variable 2-1"].values
r1 = combine_data["Variable 3-1"].values
fig = plt.figure(figsize=(4.5, 4),dpi=100)
ax = fig.add_subplot(projection='ternary')
ax.tick_params(length=8)
ax.grid(color="k",linewidth=0.5)
scatter01 = ax.scatter(t, l, r,s=120,c="#459DFF",ec="k",
                       lw=.6,zorder=3,label="Test 01")
scatter02 = ax.scatter(t1, l1,r1,s=120,c="#FF5B9B", ec="k"
                  marker="^",lw=.6,zorder=3,label="Test 02")
ax.set_tlabel('Top')
ax.set_llabel('Left')
ax.set_rlabel('Right')
# 图5-3-5(b) 的绘制代码
def scatter_color(value):
    if 0<=value<=0.2:
        color = "#2FBE8F"
    elif 0.2<=value<=0.4:
        color = "#459DFF"
    elif 0.4<=value<=0.6:
```

```
        color = "#FF5B9B"
    elif 0.6<=value<=0.8:
        color = "#FFCC37"
    else:
        color = "#751DFE"
    return color
combine_data["data_color"] =
     scatter_data["Size"].map(lambda
                               x :scatter_color(x))
data_color = scatter_data["data_color"].values
legend_colors = ["#2FBE8F","#459DFF","#FF5B9B",
                 "#FFCC37","#751DFE"]
legend_text = ["0.0~0.2","0.2~0.4","0.4~0.6",
               "0.6~0.8","0.8~1.0"]
fig = plt.figure(figsize=(4.5, 4),dpi=100)
ax = fig.add_subplot(projection='ternary')
ax.tick_params(length=8)
ax.grid(color="k",linewidth=0.5)
ax.scatter(t, l, r,s=80,color=data_color,ec="k",
           lw=.6,zorder=2)
ax.set_tlabel('Top')
ax.set_llabel('Left')
ax.set_rlabel('Right')
# 添加标签
ax.text(-0.2,0.7,0.5,s="Variable 1",fontsize=16,
       fontweight="bold")
ax.text(0.2,0.4,-.1,s="Variable 2",fontsize=16, 、
        fontweight="bold",rotation="60")
ax.text(0.2,-.02,0.35,s="Variable 3",fontsize=16,
        fontweight="bold",rotation="-60")
# 单独添加图例
for color,text in zip(legend_colors,legend_text):
    ax.scatter([],[],[],color=color,ec="k",
               lw=.8,s=80,label=text)
ax.legend(loc="upper right", frameon=False,
     bbox_to_anchor=(1.15, 1.25),title="Size Value",
     handletextpad=.1,title_fontsize=14,fontsize=13)
```

在使用颜色对维度变量进行数据值映射，即将第 4 个变量数值用连续单色系颜色表示时，如果想要再表达一个变量数值，那么可分别使用散点的大小和颜色分别映射维度变量的数值大小。图 5-3-6 为单色系颜色映射数值和散点大小、颜色分别映射数值的三元相散点图绘制示例。

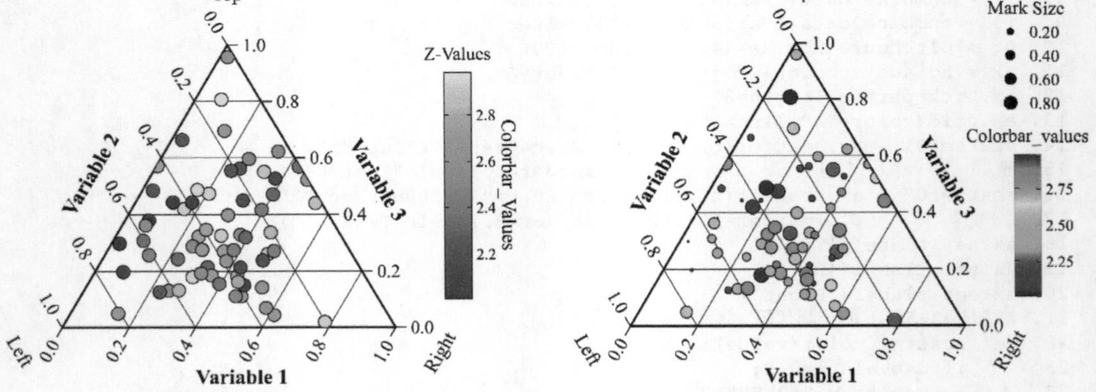
Top
Z-Values
Colorbar Values
Variable 1
Variable 2
Variable 3
Left
Right
Mark Size
0.20
0.40
0.60
0.80
Colorbar_values

（a）三元相散点图颜色映射绘制　　（b）三元相散点图颜色、散点大小映射绘制

图 5-3-6　颜色、散点大小映射的三元相散点图绘制示例

技巧：颜色、散点大小映射的三元相散点图的绘制

在使用 mpltern 库绘制单色系颜色数值映射散点图时，需要设置 ax.scatter() 函数中的 cmap 参数。此外，还可以设置 vmin 和 vmax 参数用于限制映射变量的数值大小。在绘制三元相气泡图的额外变量颜色映射时，可使用 ax.inset_axes() 函数对图例 colorbar 进行灵活添加。图 5-3-6 的核心绘制代码如下。

```
# 图5-3-6(a) 的绘制代码
scatter_data = pd.read_excel(r"\ternary_scatter.xlsx")
cbar_values = scatter_data["Size"]
scatter_legend = scatter_data["Size02"]
t, l, r = scatter_data["Variable 1"],
     scatter_data["Variable 2"],scatter_data["Variable 3"]
fig = plt.figure(figsize=(4.5, 4),dpi=100)
ax = fig.add_subplot(projection='ternary')
ax.tick_params(length=8)
ax.grid(color="k",linewidth=0.5)
pc = ax.scatter(t, l, r,s=100,c=cbar_values,ec="k",
          cmap=parula,lw=.7,zorder=3,vmin=min(cbar_values),
          vmax=max(cbar_values))
ax.set_tlabel('Top')
ax.set_llabel('Left')
ax.set_rlabel('Right')
cax = ax.inset_axes([1.15, 0.1, 0.08, 0.8],
                    transform=ax.transAxes)
colorbar = fig.colorbar(pc, cax=cax,)
colorbar.set_label('Colorbar_Values', rotation=270,
                    va='baseline')
colorbar.ax.set_title("Z-Values",fontsize=14,pad=10)
colorbar.ax.tick_params(left=True,direction="in",width=.5,
                        labelsize=12)
colorbar.outline.set_linewidth(.5)
# 图5-3-6(b) 的绘制代码
scatter = ax.scatter(t, l,r,s=scatter_legend*120,
        c=cbar_values,ec="k",cmap="jet",lw=.7,zorder=3,
        vmin=min(cbar_values),vmax=max(cbar_values))
kw = dict(prop="sizes", num=5, color="k",mec="k",
          fmt="{x:.2f}",func=lambda s: s/120)
legend = ax.legend(*scatter.legend_elements(**kw),
        loc="upper right", bbox_to_anchor=(1.35, 1.2),
        title="Mark Size",fontsize=13,title_fontsize=14,
        handletextpad=.1,frameon=False)
cax = ax.inset_axes([1.15, 0.1, 0.08, 0.5],
                    transform=ax.transAxes)
colorbar = fig.colorbar(scatter, cax=cax)
colorbar.ax.set_title("Colorbar_values",fontsize=14,pad=10)
colorbar.ax.tick_params(left=True,direction="in",width=.5,
                        labelsize=12)
colorbar.outline.set_linewidth(.5)
```

当在三元相散点图中绘制多个数据散点（$N > 5000$）时，各数据点间不可避免地会重叠在一起，导致互相遮挡且无法有效辨别数据点趋势的问题，这时可通过绘制三元相散点密度图来解决。三元相散点密度图也称为三元密度图（ternary density plot），它使用“密度”概念，以特定区域为单位，先统计出每个区域散点出现的频数，然后使用颜色表示频数的高低，这样一来，可帮助用户有效观察散点在三元相坐标系中的分布以及特定区域中散点密集情况。图 5-3-7 为两种 colorbar 位置的三元密度图绘制示例，其中，在图 5-3-7（a）中，表示数值颜色映射的 colorbar

的位置在图中的右上角，适合单个三元密度图的绘制使用；图 5-3-7（b）的 colorbar 的位置则在图中的下方，比较适合多个三元密度图共用一个 colorbar 的绘制要求。需要注意的是，在进行多个三元密度图共用一个 colorbar 的绘制过程中，需要注意数值映射情况。

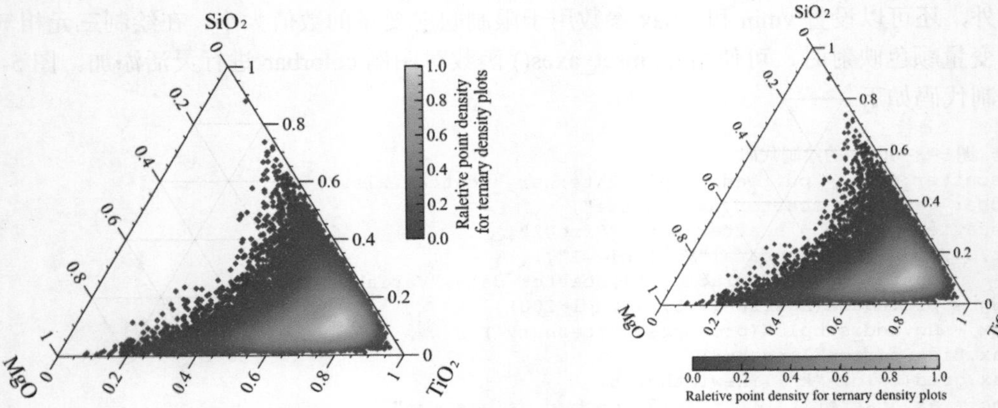
SiO2
MgO
TiO2
Raletive point density for ternary density plots
0.0
0.2
0.4
0.6
0.8
1.0

（a）三元密度图绘制示例一　　（b）三元密度图绘制示例二

图 5-3-7　三元密度图绘制示例

技巧：三元密度图的绘制

在使用 Python 的 mpltern 库进行基本三元相散点图的绘制时，可通过设置透明度参数 alpha 进行黑白色系的三元相散点图的绘制。SciPy 库中的 stats.gaussian_kde() 函数可以对绘图数据进行高斯核密度估计，在计算之前，需要对绘图数据进行转置、重新排序等操作。添加 colorbar 的操作也是使用更加方便调整其位置、大小的 ax.inset_axes() 函数，且自定义了刻度位置和刻度标签样式。图 5-3-7 的核心绘制代码如下。

```
import scipy
import mpltern
from colormaps import parula
ternary_den = pd.read_csv(r"\Ternary Density Scatter.csv")
trivar = ["SiO2", "MgO", "TiO2"]
tridat = ternary_den.loc[:, trivar]
den_data = tridat.to_numpy()
# 构建高斯估计
K2 = scipy.stats.gaussian_kde(den_data.T, bw_method=None)
zi2 = K2(den_data.T)
zi2 = zi2.reshape(den_data.shape[0])
# 获取数值大小排序
idx = zi2.argsort()
# 对绘图数据、高斯结果进行重新排序
den_data_sort = den_data[idx]
t, l, r = den_data_sort[:,0],den_data_sort[:,1],
          den_data_sort[:,2]
zi2 = zi2[idx]
zi_de = zi2 / np.nanmax(zi2)
# 图5-3-7(a) 的绘制代码
fig = plt.figure(figsize=(4, 3.5),dpi=100)
ax = fig.add_subplot(projection='ternary')
ax.tick_params(length=8)
ax.grid(color="k",linewidth=0.5)
pc = ax.scatter(t, l, r,s=3,c=zi_de,lw=.6,zorder=7,
```

```
                      alpha=.9,cmap=parulа)
# 添加colorbar
cax = ax.inset_axes([1.01, 0.4, 0.05, 0.6],
                         transform=ax.transAxes)
colorbar = fig.colorbar(pc, cax=cax,
          ticks=[min(zi_de), 0.2, 0.40, 0.6, 0.8, 1.0])
colorbar.ax.tick_params(labelsize=9,direction="in")
colorbar.ax.tick_params(which="minor",direction="in")
colorbar.ax.yaxis.set_ticklabels(
                          [0.0, 0.2, 0.40, 0.6, 0.8, 1.0])
colorbar.set_label("Raletive point density \nfor ternary
                         density plots",fontsize=9.5)
# 图5-3-7(b) 的绘制代码
pc = ax.scatter(t, l, r,s=3,c=zi_de,lw=.6,zorder=7,
                      alpha=.9,cmap=parula)
cax = ax.inset_axes([0.1, -0.25, 0.8, 0.05],
                         transform=ax.transAxes)
colorbar = fig.colorbar(pc, cax=cax,
      orientation="horizontal",
      ticks=[min(zi_de), 0.2, 0.40, 0.6, 0.8, 1.0])
colorbar.ax.tick_params(labelsize=9,direction="in")
colorbar.ax.tick_params(which="minor",direction="in")
colorbar.ax.xaxis.set_ticklabels(
                       [0.0, 0.2, 0.40, 0.6, 0.8, 1.0])
colorbar.set_label("Raletive point density for ternary
                       density plots",fontsize=9.5)
```

提示：根据 argsort() 函数的结果对绘图数据和高斯计算结果进行排序的目的是避免互相遮挡绘制的散点结果，即颜色浅的点遮住颜色深的点，导致在视觉上形成误差。使用自定义刻度位置和对应刻度标签操作使 colorbar 更加美观，数值表达更加灵活。此外，使用 pyrolite 库也可绘制密度散点图，但该库绘制的结果中无法添加 colorbar，详细绘制代码位于本书附带代码集合中。

5.3.3 三元相等值线图

在三元相坐标系中，除绘制三元相散点图系列以外，我们还经常绘制三元相等值线图。三元相等值线图用等值线在三元坐标系中展示第 4 个变量特征的数值变化情况。图 5-3-8 为使用 mpltern 库绘制的带数值标签的三元相等值线图示例，其中图 5-3-8（a）为矩阵三元相等值线图，图 5-3-8（b）为带颜色填充的三元相等值线图。

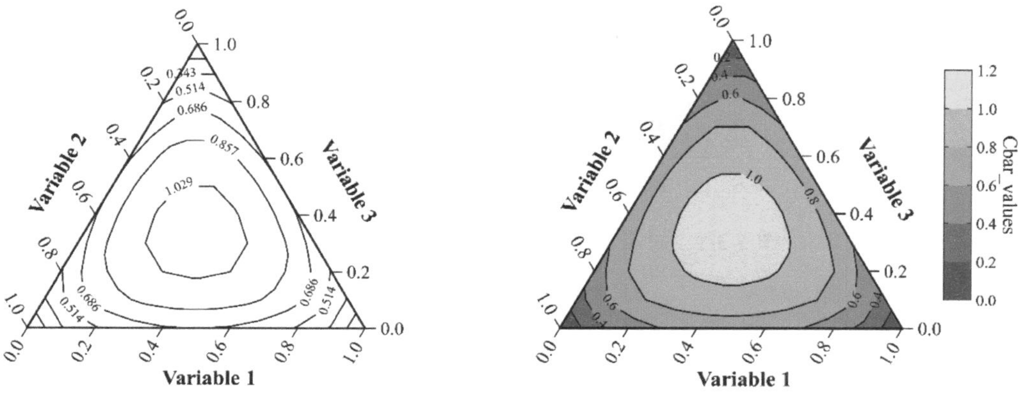
Variable 1
Variable 2
Variable 3
0.343
0.514
0.686
0.857
1.029
Cbar_values
1.2
1.0
0.8
0.6
0.4
0.2
0.0

（a）矩阵三元相等值线图绘制示例　（b）带颜色填充的三元相等值线图绘制示例

图5-3-8　矩阵三元相等值线图和带颜色填充的三元相等值线图绘制示例

技巧：矩阵三元相等值线图和带颜色填充的三元相等值线图的绘制

mpltern 库的 ax.tricontour() 和 ax.tricontourf() 函数即可完成三元相等值线系列图的绘制操作，上述两个函数的使用语法与 Matplotlib 的 ax.contour()、ax.contourf() 函数类似。图 5-3-8 的核心绘制代码如下。

```
# 图5-3-8(a) 的绘制代码
from mpltern.ternary.datasets import get_shanon_entropies
t, l, r, v = get_shanon_entropies()
vmin = 0.0,vmax = 1.2
levels = np.linspace(vmin, vmax, 8)
fig = plt.figure(figsize=(4.5, 4),dpi=100)
ax = fig.add_subplot(projection='ternary')
cs = ax.tricontour(t, l, r, v, levels=levels,colors="k",
                   linewidths=1)
ax.clabel(cs)
ax.tick_params(length=8)
# 图5-3-8(b) 的绘制代码
t, l, r, v = get_shanon_entropies()
vmin = 0.0,vmax = 1.2
levels = np.linspace(vmin, vmax, 7)
fig = plt.figure(figsize=(4.5, 4),dpi=100)
ax = fig.add_subplot(projection='ternary')
cs = ax.tricontour(t, l, r, v, levels=levels,colors="k",
                        linewidths=1)
ax.clabel(cs)
ax.tick_params(length=8)
cs = ax.tricontourf(t, l, r, v, levels=levels,cmap=parula)
ax.tick_params(length=8)
```

设置不同的 levels 数值可使所绘制的三元相等值线表示的数据范围有所不同，图 5-3-9 为使用较图 5-3-8 绘图数据而言的新数据集并设定 levels 个数为 10 时绘制的三元相等值线图，其核心绘制代码如下。

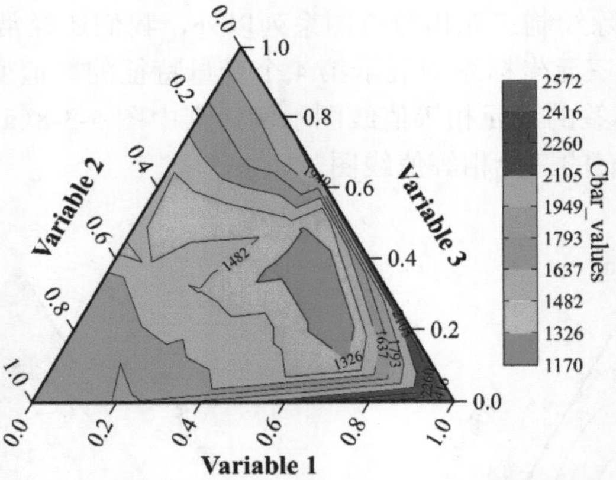
Variable 1
Variable 2
Variable 3
Char_values
2572
2416
2260
2105
1949
1793
1637
1482
1326
1170

图 5-3-9　指定 levels 个数的三元相等高线图绘制示例

```
# 图5-3-9的绘制代码
contour_data = pd.read_excel(r"\ternary_countor.xlsx")
Size = contour_data["Size"].values
# 指定levels的个数
levels =  np.linspace(min(Size), max(Size), 10)
cs = ax.tricontour(t, l, r, v, levels=levels,colors="k",
                   linewidths=.4)
ax.clabel(cs,fontsize=9)
```

```
cs = ax.tricontourf(t,l,r,v, levels=levels,
                    cmap="gist_rainbow")
```

在绘制等值线的同时，还可以进行插值操作，使等值线变得更加平滑，在视觉上，更易于用户观察数值的变化，具体操作为在绘制图之前对变量数据进行插值操作，或者使用自带插值功能的第三方绘图库进行操作。Python 开源绘图库 Plotly 可以实现三元相等高线图的插值操作。图 5-3-10 为使用 Plotly 库绘制的三元相等值线图示例。

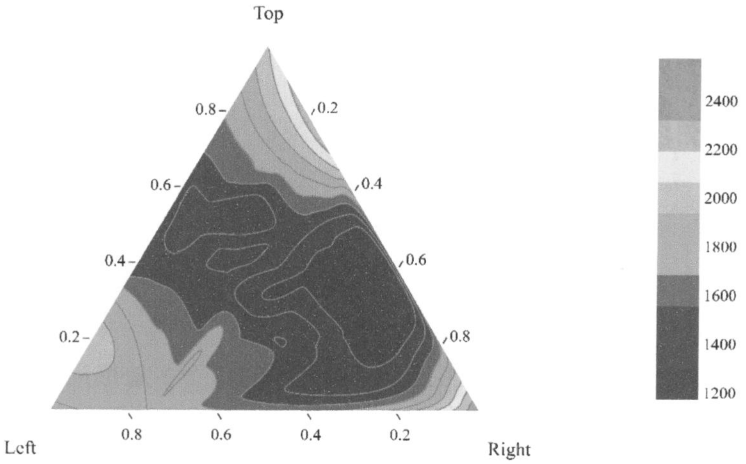
Top
0.8
0.2
0.6
0.4
0.4
0.6
0.2
0.8
2400
2200
2000
1800
1600
1400
1200
0.8
0.6
0.4
0.2
Left
Right

图 5-3-10　使用 Plotly 绘制的三元相等值线图示例

技巧：使用 Plotly 绘制三元相等值线图

Plotly 库中的 create_ternary_contour() 函数可实现交互式（即鼠标悬停会有具体标注信息显示）三元相等值线图的绘制，设置其参数 interp_mode 即可完成等值线图的插值操作。图 5-3-10 的核心绘制代码如下。

```
import plotly.figure_factory as ff
fig = ff.create_ternary_contour(
  coordinates=np.array([variable1, variable2, variable3]),
  values=Size,pole_labels=['Top', 'Left', 'Right'],
  interp_mode='cartesian',ncontours=10,
  colorscale="Rainbow",showscale=True)
# 修改字体等图层属性
fig.update_layout(font_family="Times New Roman",
                  font_color="black")
fig.show()
```

5.3.4　三元相多边形图

除常见的三元相散点图和三元相等值线图，在三元相坐标系中绘制多边形（polygon）也是一种常见的三元相图形式。mpltern 中的 ax.fill() 函数可进行多边形的绘制。图 5-3-11 为使用 mpltern 库绘制的三元相多边形图示例。

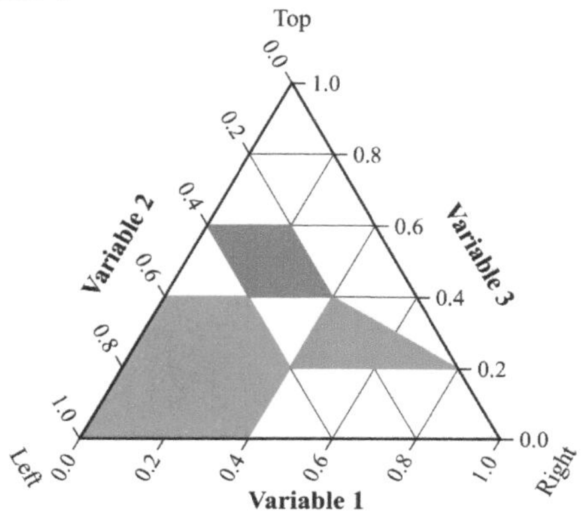
Top
Variable 2
Variable 3
Variable 1
Left
Right
0.0
0.2
0.4
0.6
0.8
1.0

图 5-3-11　使用 mpltern 绘制的三元相多边形图示例

技巧：三元相多边形图的绘制

mpltern 库中的 ax.fill() 函数通过设置 t、l、r 参数以及颜色即可完成在三元相坐标系中绘制多边形的操作。图 5-3-11 的核心绘制代码如下。

```
fig = plt.figure(figsize=(4.5, 4),dpi=100)
ax = fig.add_subplot(projection='ternary')
t = [0.2, 0.4, 0.2]
l = [0.0, 0.2, 0.4]
r = [0.8, 0.4, 0.4]
ax.fill(t, l, r, color="#2FBE8F",zorder=2)
t = [0.4, 0.6, 0.6, 0.4]
l = [0.2, 0.2, 0.4, 0.4]
r = [0.4, 0.2, 0.0, 0.2]
ax.fill(t, l, r, color="#459DFF",zorder=2)
t = [0.2, 0.4, 0.4, 0.0, 0.0]
l = [0.4, 0.4, 0.6, 1.0, 0.6]
r = [0.4, 0.2, 0.0, 0.0, 0.4]
ax.fill(t, l, r, color="#FF5B9B",zorder=2)
```

若想根据每个多边形的质心位置为三元相坐标系中的每个多边形进行着色，那么可使用 Python 的 pyrolite 库。图 5-3-12 为使用 pyrolite 设置不同颜色的两种三元相多边形图绘制样式。

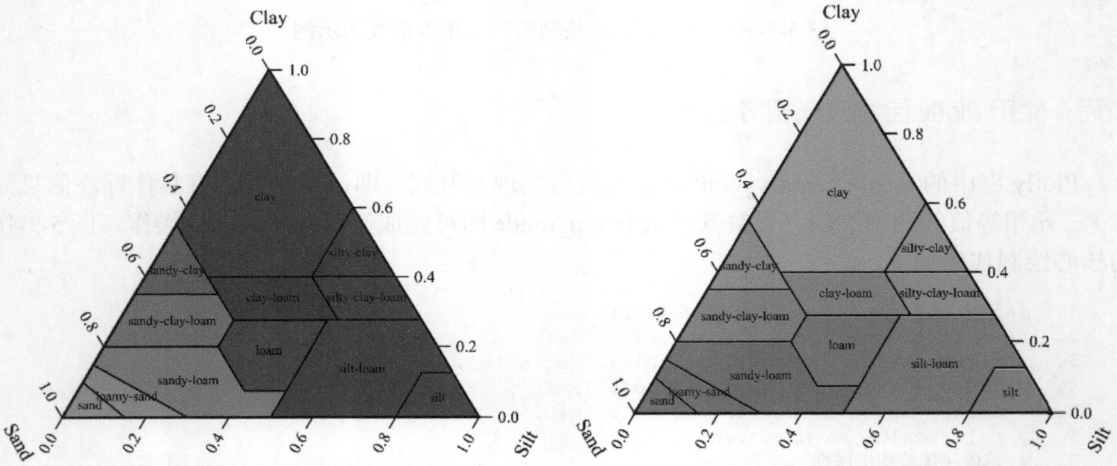
Clay
Sand
Silt
clay
silty-clay
sandy-clay
clay-loam
silty-clay-loam
sandy-clay-loam
loam
silt-loam
sandy-loam
loamy-sand
sand
silt
0.0
0.2
0.4
0.6
0.8
1.0
Clay
Sand
Silt
clay
silty-clay
sandy-clay
clay-loam
silty-clay-loam
sandy-clay-loam
loam
silt-loam
sandy-loam
loamy-sand
sand
silt
0.0
0.2
0.4
0.6
0.8
1.0

（a）使用 pyrolite 绘制的三元相多边形图样式一　　（b）使用 pyrolite 绘制的三元相多边形图样式二

图 5-3-12　使用 pyrolite 绘制的三元相多边形图示例

技巧：使用 pyrolite 绘制的三元相多边形图

直接使用 pyrolite 库中的 color_ternary_polygons_by_centroid() 函数，即可根据每个多边形的质心位置对它进行着色操作。图 5-3-12（b）的核心绘制代码如下。

```
# 5-3-12(b) 的绘制代码
import matplotlib.pyplot as plt
from pyrolite.util.classification import USDASoilTexture
from pyrolite.util.plot.style import color_ternary_polygons_by_centroid
```

```
fig,ax = plt.subplots(figsize=(4.5,4),dpi=100)
clf = USDASoilTexture()
ax = clf.add_to_axes(ax=ax, add_labels=True)
ax.tick_params(length=8)
color_ternary_polygons_by_centroid(ax,colors=("#FFCC37",
                              "#459DFF","#FF5B9B"))
```

5.4 3D 图系列

3D 图（three dimensional chart）系列逐渐受到用户的欢迎，特别是在需要展示较多维度数据时。相比常规的 2D 图，3D 图往往更能体现数据的变化趋势和特定使用场景下的数值变化。在学术研究中，3D 图在学术论文中出现的频次越来越高，特别是在地理、工程和金融等研究领域中。一个基础的 3D 图主要包含 3 个坐标轴，分别为 *X* 轴、*Y* 轴和 *Z* 轴。3 个坐标轴上的刻度位置共同决定了所要展示的数据在 3D 坐标轴系统中的位置。其他诸如刻度轴标签、文本旋转角度、标题等属性则和 2D 图相似，依次添加即可。需要注意的是，在 3D 图的绘制过程中，合适的视角对最终呈现的可视化效果以及数据所要展示的内容都至关重要。

本节列举学术研究中常见的 3D 图类型及其 Python 绘制方法，具体包括 3D 散点图系列、3D 柱形图、3D 曲面图等。本节使用的工具包括 Python 基础绘图库 Matplotlib、主题库 ProPlot，以及 3D 图绘制库 Mayavi（4.8.0）和 PyVista（0.35.2）。

5.4.1 3D 散点图系列

3D 散点图是指在 2D 散点图的基础上添加一个刻度坐标轴数值，使它在 3D 坐标系中展示。常见的 3D 散点图的绘制主要涉及常规的固定散点的大小，*X*、*Y*、*Z* 刻度轴数值定位，以及除三刻度轴数值以外，第 4 个或第 5 个维度变量数值对散点的大小、颜色进行映射。图 5-4-1 分别展示了连接线 3D 散点图和气泡 3D 散点图的绘制示例。

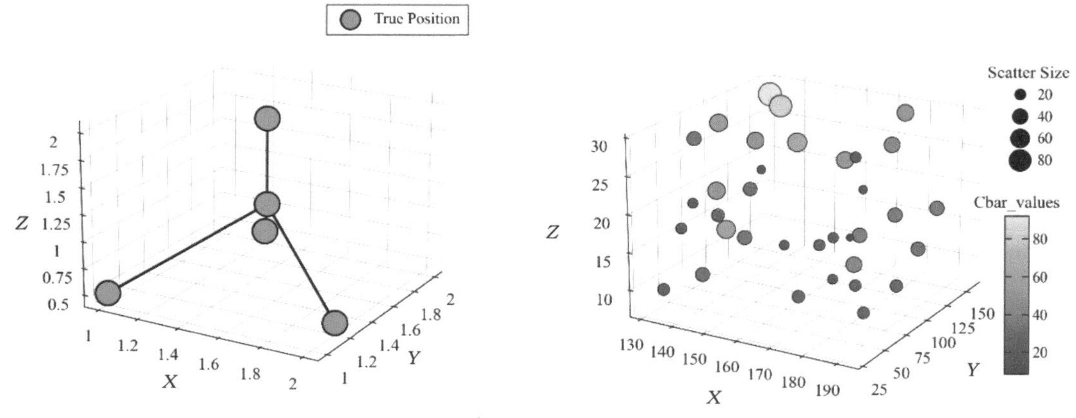
True Position
X
Y
Z
Scatter Size
20
40
60
80
Cbar_values

（a）连接线 3D 散点图绘制示例　　（b）气泡 3D 散点图绘制示例

图5-4-1　利用Matplotlib绘制的3D散点图示例

技巧：3D 散点图的绘制

Matplotlib 可通过设置其子绘图对象参数 projection='3d' 进行绘图对象的 3D 图坐标系转换设置，使用 3D 坐标系下子绘图对象的 ax.scatter3D() 或 ax.scatter() 函数绘制 3D 散点图，具体为选定 xs、ys 和 zs 参数来确定散点位置，s 和 c 参数则对应散点的大小和颜色的设置，其他参数，如散点的边框颜色、线宽等，和常规 2D 散点图的设置类似。图 5-4-1（a）的核心绘制代码如下。

```
# 5-4-1(a) 的绘制代码
r = np.array([1, 2, 1.2, 1.5, 1.5])
s = np.array([1, 1.2, 2, 1.5, 1.5])
t = np.array([.5, .5, .5, 1.2, 2]) * 1.0
fig = plt.figure(figsize=(4,3.5),dpi=100,facecolor="w")
ax = fig.add_subplot(projection='3d')
ax.scatter(r,s,zs=t, s=200, color="#2FBE8F",ec="k",
    lw=1,alpha=1,label='True Position')
for x, y, z in zip(r, s, t):
    ax.plot3D([x, 1.5], [y, 1.5], [z, 1.2], 'k')
ax.xaxis._axinfo["color"] =(0.925, 0.125, 0.90, 0.25)
ax.xaxis.pane.set_color("none")
ax.yaxis.pane.set_color("none")
ax.zaxis.pane.set_color("none")
ax.xaxis._axinfo["grid"].update({"linewidth":.3,
                                 "color":"gray"})
ax.yaxis._axinfo["grid"].update({"linewidth":.3,
                                 "color":"gray"})
ax.zaxis._axinfo["grid"].update({"linewidth":.3,
                                 "color":"gray"})
ax.legend(markerscale=.8)
# 设置Z刻度轴位置
ax.zaxis._axinfo['juggled'] = (1,2,0)
ax.view_init(20)
```

注意： 在使用 Matplotlib 绘制 3D 散点图时，可使用 ax.view_init() 函数设置 3D 图的合适视角，其中参数 elev 和 azim 分别控制视图的仰角与方位角；参数 vertical_axis 为要垂直对齐的轴，即 azim 绕该轴旋转，默认为 *Z* 轴。在 Matplotlib 默认的 3D 坐标系中，*Z* 轴刻度标签的位置在右边，这样的设计往往导致添加额外图例时图层有所叠加，造成阅读困难，调整的方法是设置 ax.view_init() 函数的参数值，或者更改 *Z* 轴轴脊的默认显示位置，即设置 ax.zaxis._axinfo['juggled'] 的参数值。3D 坐标系中 *X* 轴、*Y* 轴、*Z* 轴轴脊位置参数 juggled 对应的参数值绘制效果如图 5-4-2 所示。

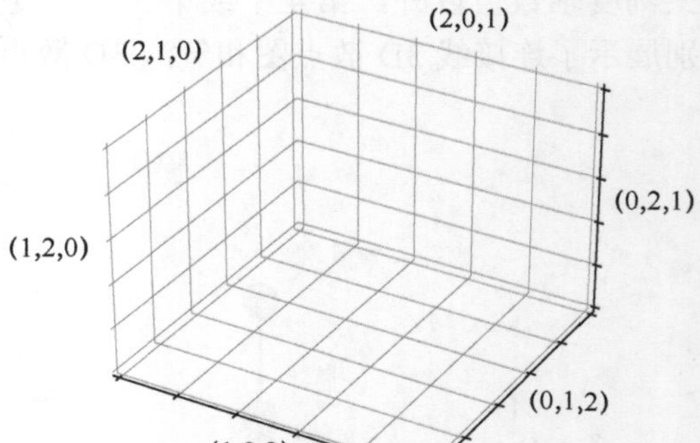
(2,0,1)
(2,1,0)
(0,2,1)
(1,2,0)
(0,1,2)
(1,0,2)

图 5-4-2　3D 坐标系中 *X* 轴、*Y* 轴、*Z* 轴轴脊位置参数 juggled 对应的参数值绘制效果

对于图 5-4-1（b），分别设置维度变量值对 3D 散点图绘制函数 ax.scatter3D() 或 ax.scatter() 中的 s 和 c 参数进行映射，绘制气泡 3D 散点图及气泡散点颜色映射数值。ax.inset_axes() 函数可通过添加子绘图对象进行颜色数值的 colorbar 的绘制。图 5-4-1（b）的核心绘制代码如下。

```
np.random.seed(42)
ages = np.random.randint(low = 8, high = 30, size=35)
heights = np.random.randint(130, 195, 35)
weights = np.random.randint(30, 160, 35)
bmi = weights/((heights*0.01)**2)
fig = plt.figure(figsize=(4,3.5),dpi=100,facecolor="w")
ax = fig.add_subplot(projection='3d')
scatter = ax.scatter(xs=heights, ys=weights, zs = ages,
           ec="k",lw=.5,s=bmi*2,c=bmi,cmap=parula,alpha=1)
# 添加大小图例
kw = dict(prop="sizes", num=5, color="k",mec="k",
           fmt="{x:.0f}",func=lambda s: s/2)
legend = ax.legend(*scatter.legend_elements(**kw),
   loc="upper right", bbox_to_anchor=(1.18, .9),
   title="Scatter Size",fontsize=9,title_fontsize=10,
   handletextpad=.1,frameon=False)
cax = ax.inset_axes([1.0, 0.1, 0.06, 0.4],
                    transform=ax.transAxes)
colorbar = fig.colorbar(scatter, cax=cax)
colorbar.ax.set_title("Cbar_values",fontsize=10,pad=5)
ax.set(xlabel='X', ylabel='Y', zlabel='Z')
```

5.4.2 3D 柱形图

相比常见的 2D 柱形图，3D 柱形图（3D bar chart）展示的数据更为立体，用户可通过单独观察 *Z* 轴进行每个柱子的数值判断，也可以通过数值映射到每个立体柱子上的颜色来判定数值。图 5-4-3 分别展示了单一颜色 3D 柱形图和渐变颜色 3D 柱形图。

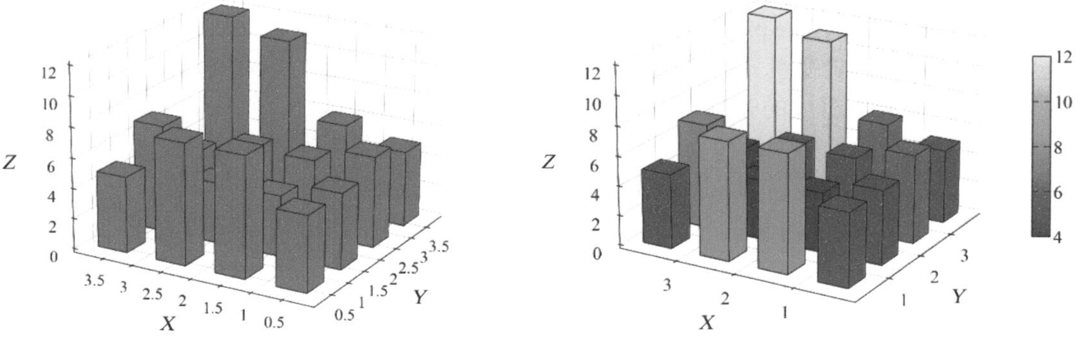
Z
X
Y
12
10
8
6
4
2
0
3.5
3
2.5
2
1.5
1
0.5

（a）单一颜色 3D 柱形图绘制示例　　（b）渐变颜色 3D 柱形图绘制示例

图 5-4-3　3D 柱形图绘制示例（单一颜色和渐变颜色）

技巧：3D 柱形图的绘制

Matplotlib 可使用 3D 坐标系下的绘图对象 ax.bar3d() 函数进行 3D 柱形图的绘制。ax.bar3d() 函数中的参数 x、y、z 用于确定每个柱子的位置，并可设置 z 值为 0；dx、dy、dz 则分别控制每个立体柱子的长、宽和高；参数 color 可为单一值或颜色序列值。图 5-4-3 的核心绘制代码如下。

```
# 图5-4-3(a) 的绘制代码
fig = plt.figure(figsize=(5,4.5),dpi=100)
ax = fig.add_subplot(projection='3d')
```

```
x, y = np.random.rand(2, 100) * 4
hist, xedges, yedges = np.histogram2d(x, y, bins=4,
                                      range=[[0, 4], [0, 4]])
xpos, ypos = np.meshgrid(xedges[:-1] + 0.25,
                         yedges[:-1] + 0.25, indexing="ij")
xpos = xpos.ravel()
ypos = ypos.ravel()
zpos = 0
dx = dy = 0.5 * np.ones_like(zpos)
dz = hist.ravel()
ax.bar3d(xpos, ypos, zpos, dx, dy, dz, zsort='average',
    color="#2796EC", edgecolor="black",lw=.5,shade=False)
# 5-4-3(b) 的绘制代码
from matplotlib import cm
from matplotlib.colors import Normalize
ax.bar3d(xpos, ypos, zpos, dx, dy, dz, zsort='average',
       color=colors, edgecolor="black",lw=.5,shade=False)
# 添加colorbar
sc = cm.ScalarMappable(cmap=cmap,norm=norm)
colorbar = fig.colorbar(sc,shrink=0.4,aspect=10)
colorbar.ax.tick_params(left=True,direction="in",width=.5,
                        labelsize=12)
```

注意：为 3D 柱形图添加 Z 轴的数值映射并为 ax.bar3d() 函数的参数 color 设置合理的颜色序列值，使它使用 colorbar 图例表示。使用 Matplotlib 的 cm.ScalarMappable() 和 colors.Normalize() 函数来确定映射的颜色数值。

5.4.3　3D 曲面图

3D 曲面图（3D surface plot）是重要的 3D 图类型，它主要用于表示研究所需的响应值（因变量）和操作条件（自变量）的关系。一个完整的 3D 曲面图包含 X 轴和 Y 轴上的预测变量值以及 Z 轴上的响应值组成的连续曲面。3D 曲面图可以很好地展示一个变量与另外两个变量的关系。当存在一个数据模型且想要了解该模型拟合响应是如何影响两个连续变量时，除得出的拟合公式以外，还可以使用 3D 曲面图表示拟合响应和变量的关系。

在科研工作中，3D 曲面图一般用于对多变量数据集的模型拟合的研究，即通过曲面图观察其他变量对目标变量的影响程度和最佳拟合参数的选定参照。图 5-4-4 为利用 Matplotlib 绘制的基础 3D 曲面图示例，图 5-4-4（a）为单一颜色值，图 5-4-4（b）为渐变颜色值。

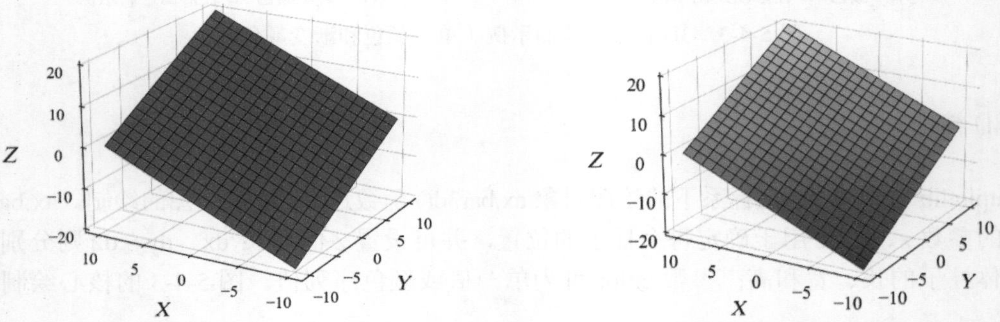
Z
X
Y

（a）基础 3D 曲面图（单一颜色样式）　　（b）基础 3D 曲面图（渐变颜色样式）

图 5-4-4　基础 3D 曲面图绘制示例

技巧：基础 3D 曲面图的绘制

在 Matplotlib 中，可使用 Axes3D.plot_surface() 函数绘制 3D 曲面图，该函数的参数 *X*、*Y*、*Z* 的值为二维数组；参数 rcount 和 ccountint 用于控制曲面每个方向上使用的最大样本数；参数 rstride、cstrideint 用于设置每个方向下的采样步幅，与参数 rcount、ccountint 冲突；color 和 cmap 参数用于控制颜色相关的图层属性。图 5-4-4 的核心绘制代码如下。

```
# 图5-4-4(a) 的绘制代码
x=y=np.linspace(-10, 10,20)
[X, Y] = np.meshgrid(x,y)
Z = X + Y
fig = plt.figure(figsize=(4,3.5),dpi=100)
ax = fig.add_subplot(projection='3d')
surf = ax.plot_surface(X, Y, Z,ec="k",lw=.4)
# 设置Z刻度轴位置
ax.zaxis._axinfo['juggled'] = (1,2,0)
ax.view_init(20)
ax.invert_xaxis()
# 图5-4-4(b) 的绘制代码
from colormaps import parula
fig = plt.figure(figsize=(4,3.5),dpi=100)
ax = fig.add_subplot(projection='3d')
surf = ax.plot_surface(X, Y, Z,ec="k",lw=.4,cmap=parula)
```

对 3D 曲面图进行插值操作是曲面图绘制中的常规操作，设置 Axes3D.plot_surface() 函数中的参数 rstride、cstride 即可完成插值操作。图 5-4-5（a）为默认的 3D 曲面图绘制效果，图 5-4-5（b）为设置参数 rstride 和 cstride 的值为 1 时的 3D 曲面图绘制效果。

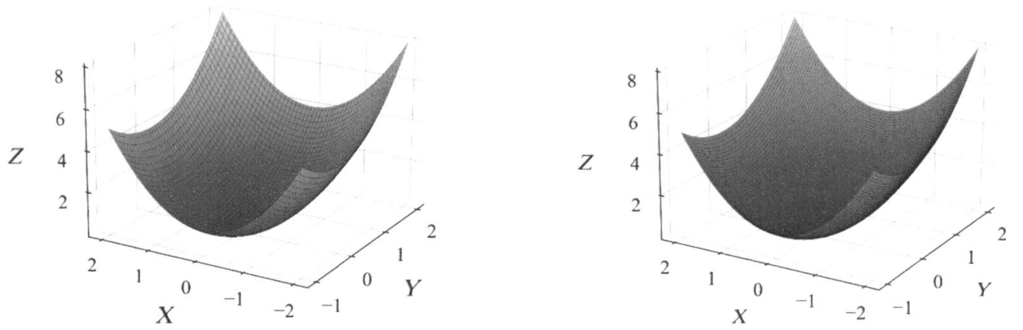
Z
8
6
4
2
X
2
1
0
−1
−2
Y
2
1
0
−1
Z
8
6
4
2
X
2
1
0
−1
−2
Y
2
1
0
−1

（a）未设置 rstride、cstride 参数时的 3D 曲面图示例　（b）设置 rstride、cstride 参数时的 3D 曲面图示例

图 5-4-5　设置 rstride、cstride 参数前后的 3D 曲面图绘制示例

图 5-4-5 的核心绘制代码如下。

```
X = np.linspace(-2, 2, 100)
Y = np.linspace(-1, 2, 100)
X, Y = np.meshgrid(X, Y)
Z = X**2 + Y**2
fig = plt.figure(figsize=(4,3.5),dpi=100)
ax = fig.add_subplot(projection='3d')
# 默认曲面绘制样式
surf = ax.plot_surface(X, Y, Z, cmap=parula,edgecolor='k',
```

```
                         linewidth=0.1)
# 修改rstride和cstride参数的值以进行曲面插值操作
surf = ax.plot_surface(X, Y, Z, rstride=1, cstride=1,
                       cmap=parula, edgecolor='k', linewidth=0.1)
# 设置Z刻度轴的位置
ax.zaxis._axinfo['juggled'] = (1,2,0)
ax.view_init(20)
ax.invert_xaxis()
ax.set(xlabel='X', ylabel='Y', zlabel='Z')
fig.tight_layout()
```

除通过修改 rstride、cstride 参数的值进行曲面的插值操作以外，还可以对绘图数据进行插值操作，即先使用 SciPy 库中的 interpolate.interp2d() 函数实现对二维数组的插值计算，再针对插值后的数据进行 3D 曲面的绘制。interpolate.interp2d() 函数方法在地理科学和大气科学研究中经常用于面数据的插值计算，实现对模型结果在面上的估算。图 5-4-6 分别展示了未进行插值计算时的 3D 曲面图和使用 interp2d() 函数进行插值计算后的 3D 曲面图绘制示例。此外，图中还添加了 colorbar，用于更好地展示 *Z* 维度上的数值变化。

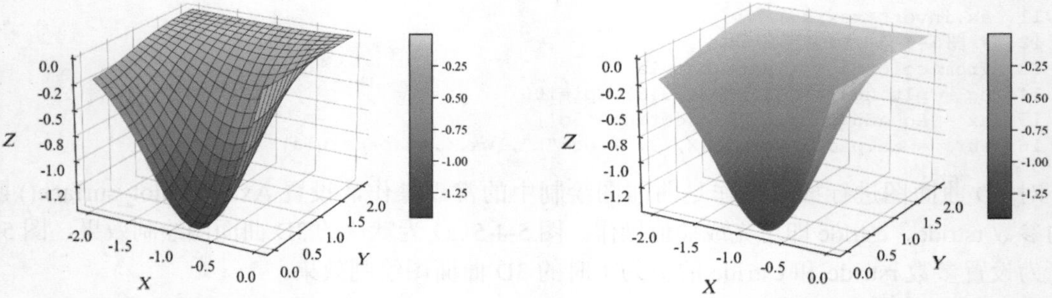
Z
X
Y
0.0
-0.2
-0.5
-0.8
-1.0
-1.2
-2.0
-1.5
-1.0
-0.5
0.0
0.5
1.0
1.5
2.0
-0.25
-0.50
-0.75
-1.00
-1.25

（a）未插值计算的 3D 曲面图绘制示例

（b）使用 interp2d() 函数进行插值计算后的 3D 曲面图绘制示例

图 5-4-6 插值计算前后的 3D 曲面图绘制示例

技巧：利用 interp2d() 函数的插值计算结果绘制 3D 曲面图

在使用 SciPy 库的 interpolate.interp2d() 函数进行二维数组的插值操作时，首先，确定插值范围，即 *X*、*Y* 轴方向上的插值个数，使用 NumPy 库中的 linspace() 函数即可实现插值个数范围内的等距离指定个数的范围值的生成，即 xnew 和 ynew；然后，使用 interpolate.interp2d() 函数并指定插值类型参数 kind 的值，构建插值函数；最后，将插值函数应用到新构建的数值以生成 znew 数值，即可完成插值所有数据操作。图 5-4-6（b）的核心绘制代码如下。

```
from colormaps import parula
from scipy import interpolate
from matplotlib.ticker import FormatStrFormatter
x = np.linspace(-2, 0, 20)
y = np.linspace(0, 2, 20)
[X, Y] = np.meshgrid(x,y)
Z = 2./np.exp((X-.5)**2+Y**2)-2./np.exp((X+.5)**2+Y**2)
xnew, ynew = np.linspace(-2,0,1000),np.linspace(0,2,1000)
# 插值处理
f = interpolate.interp2d(x, y, Z, kind='cubic')
```

```
znew = f(xnew, ynew)
[Xnew,Ynew] = np.meshgrid(xnew, ynew)
fig = plt.figure(figsize=(4,3.5),dpi=100,facecolor="w")
ax = fig.add_subplot(projection='3d')
surf_inter = ax.plot_surface(Xnew, Ynew,znew,cmap=parula,
                              linewidth=0.1)
ax.xaxis.set_major_formatter(FormatStrFormatter('%.1f'))
ax.yaxis.set_major_formatter(FormatStrFormatter('%.1f'))
ax.zaxis.set_major_formatter(FormatStrFormatter('%.1f'))
# 设置Z刻度轴的位置
ax.zaxis._axinfo['juggled'] = (1,2,0)
ax.view_init(20)
colorbar = fig.colorbar(surf_inter, shrink=0.5, aspect=8)
colorbar.ax.tick_params(width=.5,labelsize=8)
colorbar.ax.yaxis.set_major_formatter(
                                FormatStrFormatter('%.2f'))
ax.set(xlabel='X', ylabel='Y', zlabel='Z')
```

提示：这里使用 matplotlib.ticker.FormatStrFormatter () 函数对图刻度轴进行数值形式的自定义设置，使刻度轴标签形式统一。

5.4.4 3D 组合图系列

在 Matplotlib 库的 3D 坐标系下，除可以绘制单一图类型以外，还常用于绘制多图层的组合图。得益于 3D 坐标系的视角特点，多个图层在同一坐标系中能够很好地进行展示。3D 组合图可以实现同一坐标系下多图层属性的展示。在通常情况下，3D 组合图以曲面图和等高线图为主。图 5-4-7 为利用 Matplotlib 绘制的等高线图和曲面图的 3D 组合图示例。

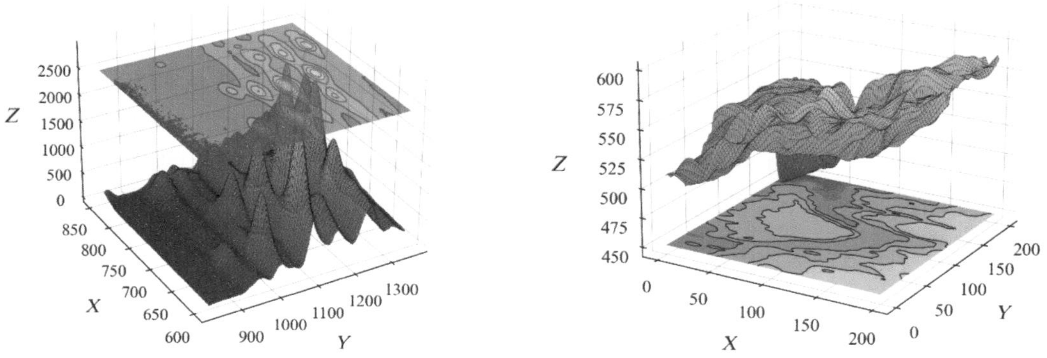

Z
2500
2000
1500
1000
500
0
850
800
750
700
650
600
X
900
1000
1100
1200
1300
Y
Z
600
575
550
525
500
475
450
0
50
100
150
200
X
0
50
100
150
200
Y

（a）3D 组合图绘制示例（等高线图）　（b）3D 组合图绘制示例（曲面图）

图5-4-7　3D组合图绘制示例

技巧：3D 组合图的绘制

Matplotlib 在 3D 坐标系下的组合图的绘制主要是使用 3D 绘图对象的 plot_surface() 函数绘制 3D 曲面图，使用 contourf() 和 contour() 函数绘制等高线图。在绘制等高线时，还需要设置参数 offset 的值，使绘制结果具有明显的层次性。图 5-4-7 的核心绘制代码如下。

```
# 5-4-7(a) 的绘制代码
surface_data = pd.read_excel(r"\3D Surfaceplot.xlsx",
```

```
                                     skiprows=2)
x = surface_data["X"].values
y = surface_data.columns[1:]
X,Y = np.meshgrid(y,x)
Z = surface_data.iloc[0:,1:].values
fig = plt.figure(figsize=(4,3.5),dpi=100,facecolor="w")
ax = fig.add_subplot(projection='3d')
# 绘制曲面图
ax.plot_surface(X, Y, Z,rstride=2, cstride=2,cmap=parula,
                 edgecolor='k', linewidth=0.1,alpha=.9)
# 添加等高线图
ax.contourf(X, Y, Z,linewidths=1,cmap=parula,
            offset=2500,alpha=.6)
ax.contour(X, Y, Z,linewidths=.6,linestyles="solid",
           colors="k",offset=2500,)
# 5-4-7(b) 的绘制代码
mul_data = pd.read_excel(r"\Multiple Surfaces in Same
                         Layer.xlsx",header=None)
x = np.arange(0,len(mul_data), 1)
y = np.arange(0,len(mul_data), 1)
X, Y = np.meshgrid(x, y)
Z = mul_data.values
fig = plt.figure(figsize=(4,3.5),dpi=100)
ax = fig.add_subplot(projection='3d')
# surface
ax.plot_surface(X, Y, Z,rstride=2, cstride=2,cmap=parula,
                edgecolor='k', linewidth=0.1,alpha=1)
ax.contourf(X, Y, Z,linewidths=1,cmap=parula,offset=450)
ax.contour(X, Y, Z,linewidths=.4,linestyles="solid",
           colors="k",offset=450,)
# 设置Z刻度轴的位置
ax.zaxis._axinfo['juggled'] = (1,2,0)
ax.view_init(20)
ax.set(xlabel='X', ylabel='Y', zlabel='Z')
fig.tight_layout()
```

如果要将 3 个或 3 个以上的图层绘制在同一个 3D 坐标系中，那么绘制方法与上面介绍的两个图层的 3D 组合图类似，唯一不同的是，3 个或 3 个以上图层的绘制需要对每个图层的颜色进行合理选择。图 5-4-8 为利用 Matplotlib 绘制的 3 个图层的 3D 组合图绘制示例，其中，上层的曲面图设置了每个面的边框颜色，填充颜色设置为 none，中间层则使用了单一色系的颜色进行了数值映射，除此之外，还设置了合理的透明度。

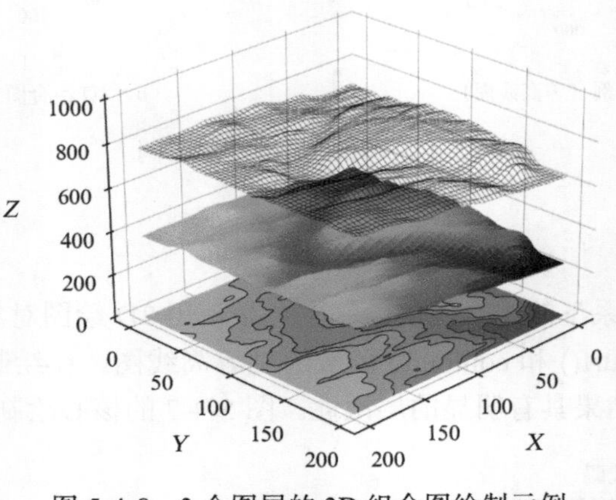
1000
800
600
400
200
0
Z
0
50
100
150
200
Y
0
50
100
150
200
X

图 5-4-8　3 个图层的 3D 组合图绘制示例

在使用 Matplotlib 绘制 3 个或 3 个以上的图层时，除正确设置每个图层所在的位置以外，还需要将 *Z* 轴的刻度范围进行限定。若只是进行多个等高线图的图层叠加，则只需要进行绘制函数（ax.contourf() 和 ax.contour()）的 offset 参数的设置。如果涉及多个曲面图的叠加，则需要对 *Z* 轴对应的数值进行调整。图 5-4-8 的核心绘制代码如下。

```
multile_surdata =
pd.read_excel(r"multiple_surface.xlsx",header=None)
x = np.arange(0,len(multile_surdata), 1)
y = np.arange(0,len(multile_surdata), 1)
X, Y = np.meshgrid(x, y)
Z1 = multile_surdata.values
# 对每个图层的Z值进行调整
Z1 = Z1-200
Z2 = Z1 +200
Z3 = Z1 + 400
fig = plt.figure(figsize=(4,3.5),dpi=100)
ax = fig.add_subplot(projection='3d')
# 曲面图的绘制
ax.plot_surface(X, Y, Z1, cmap="copper",
                edgecolor='none', linewidth=0.1,alpha=1)
ax.contourf(X, Y, Z1, zdir='z', offset=0,cmap=parula)
ax.contour(X, Y, Z2,zdir='z',offset=0,colors="k",
           linewidths=.3,linestyles="solid",)
ax.plot_surface(X, Y, Z3,edgecolor='k',linewidth=0.1,
                alpha=0)
ax.set_zlim(bottom=0,top=1000)
ax.view_init(25, 45)
ax.set(xlabel='X', ylabel='Y', zlabel='Z')
fig.tight_layout()
```

除上面介绍的 3D 散点图、3D 柱形图和 3D 曲面图以外，有时还需要对 3D 图的布局进行展示，即需要绘制 3D 填充要素图。图 5-4-9（a）为利用 Matplotlib 的 ax.voxels() 函数绘制的网格填充要素图，图 5-4-9（b）则为使用 3D 绘图对象的 ax.plot() 函数绘制的散点样式填充要素图。需要注意的是，这里使用默认的 Matplotlib 3D 坐标系中 *Z* 轴位置的设定。

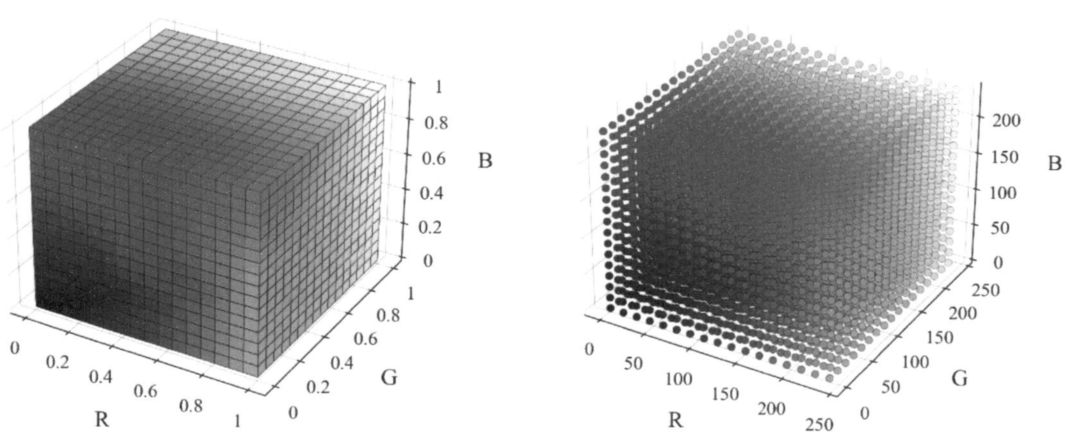
R
G
B
0
0.2
0.4
0.6
0.8
1
50
100
150
200
250

（a）网格填充要素图绘制示例　　（b）散点样式填充要素图绘制示例

图 5-4-9　3D 填充要素图示例

图 5-4-9 的核心绘制代码如下。

```
# 5-4-9(a) 的绘制代码
from mpl_toolkits.mplot3d import Axes3D
def midpoints(x):
    sl = ()
    for i in range(x.ndim):
        x = (x[sl + np.index_exp[:-1]] + x[sl +
             np.index_exp[1:]]) / 2.0
        sl += np.index_exp[:]
    return x
#构建绘图所需的数据集
r, g, b = np.indices((17, 17, 17)) / 16.0
rc = midpoints(r)
gc = midpoints(g)
bc = midpoints(b)
sphere = rc > -1
colors = np.zeros(sphere.shape + (3,))
colors[..., 0] = rc
colors[..., 1] = gc
colors[..., 2] = bc
fig = plt.figure(figsize=(4,3.5),dpi=100)
ax = fig.add_subplot(projection='3d')
ax.voxels(r, g, b, sphere,facecolors=colors,
          edgecolors="k",linewidth=0.2,shade=False)
# 5-4-9(b) 的绘制代码
fig = plt.figure(figsize=(4,3.5),dpi=100,facecolor="w")
ax = fig.add_subplot(projection='3d')
x=range(0,255,15)
for i in x:
    for j in x:
        for k in x:
            ax.plot([i],[j],[k],
                    color=(i/255.,j/255.,k/255.),
                    markersize=4,marker='o',mec="k",mew=.1)
```

5.4.5　利用 Mayavi 库绘制 3D 图系列

在绘制 3D 图系列时，Matplotlib 虽能较好地完成常规图类型的绘制，但在细节上，如 3D 图的光照阴影、填充密集程度等，还不能进行很好地处理，且 Matplotlib 所能绘制的 3D 图的种类有限，也就是说，在面对较复杂的图类型时，则不能很好地实现绘制需求。Mayavi 库作为专门绘制 3D 图的第三方库，它利用可视化工具包（Visualization Toolkit，VTK）的强大功能，而无须用户具备其先验知识即可完成 3D 图的绘制。此外，还为相同的目的提供了一个面向对象（Object-Oriented）的绘图接口，即可使用 Python 脚本进行多个图的批量绘制。

Mayavi 库支持以 2D 或 3D 形式的可视化标量、矢量和张量数据，通过 mlab 模块进行 3D 图的可视化绘制。较为重要的一点是，Mayavi 的绘制结果可通过交互式界面应用程序进行坐标轴刻度、标题、图例等图层属性的定制化操作。本节只使用 Mayavi 库对常规 3D 图进行绘制，涉及的内容主要包括具体示例曲面图的绘制，更多复杂和进阶的绘图功能，读者可参考 Mayavi 库官网教程。

1. 基础 3D 曲面图的绘制

Mayavi 库中的 mlab.surf() 函数即可绘制 3D 曲面图，其中，参数 x、y、s 用于控制曲面图的 X、Y 坐标值以及对应的 Z 值；参数 warp_scale 既可设置为“auto”，也可为具体浮点类型数值，用于设置 Z 轴的比例；参数 representation 用于控制曲面类型，可选项为 surface（曲面）、wireframe（线框）和 points（点）；参数 colormap 用于选择 Z 值数值映射的颜色系。图 5-4-10

为利用 Mayavi 库绘制的基础 3D 曲面图类型（线框和曲面）。

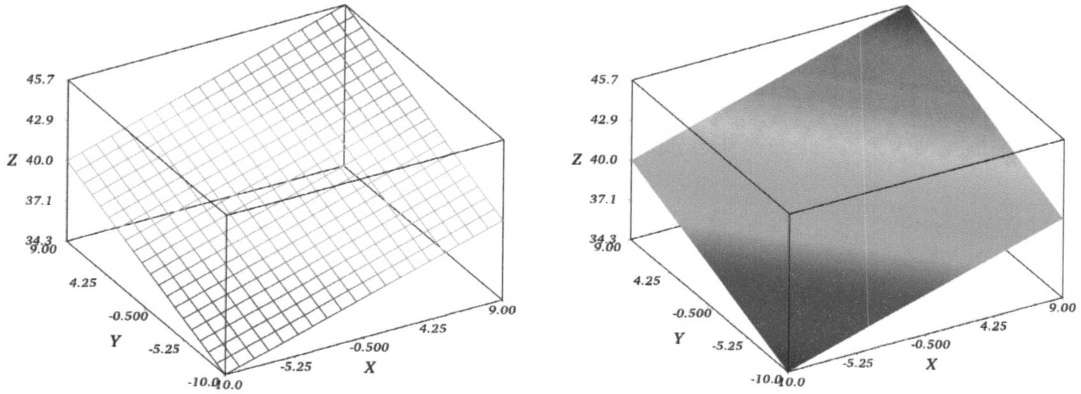
45.7
42.9
Z 40.0
37.1
34.3
9.00
4.25
-0.500
Y
-5.25
-10.0
10.0
-5.25
-0.500
4.25
9.00
X
45.7
42.9
Z 40.0
37.1
34.3
9.00
4.25
-0.500
Y
-5.25
-10.0
10.0
-5.25
-0.500
4.25
9.00
X

（a）利用 Mayavi 库绘制的基础 3D 曲面图（线框）　（b）利用 Mayavi 库绘制的基础 3D 曲面图（曲面）

图 5-4-10　利用 Mayavi 绘制的不同表面类型的 3D 曲面图示例

技巧：利用 Mayavi 绘制不同表面类型的 3D 曲面图

Mayavi 库绘制的可视化结果会显示一个交互式编辑界面，读者可自行修改图层属性参数，也可使用 Python 脚本进行前期绘图画布（figure）等属性的修改。图 5-4-10 的核心绘制代码如下。

```
import numpy as np
from mayavi import mlab
from colormaps import parula
x=y=np.linspace(-10, 10,20)
[X, Y] = np.meshgrid(x,y)
Z = X + Y
Z = np.rollaxis(Z,0,2)
X = np.rollaxis(X,0,2)
Y = np.rollaxis(Y,0,2)
fig = mlab.figure(size=(900,800), bgcolor=(1,1,1),
                   fgcolor=(0,0,0))
surf = mlab.surf(X, Y, Z, warp_scale="auto", opacity=1,
                 colormap='jet')
# 设置参数representation的值，修改曲面类型
#surf = mlab.surf(X, Y, Z, warp_scale="auto",
#     representation="wireframe",opacity=1,colormap='jet')
# 图层属性脚本修改
mlab.outline(color=(0, 0, 0),line_width=2)
axes = mlab.axes(color=(0, 0, 0), nb_labels=5,
                 line_width=1)
axes.title_text_property.color = (0.0, 0.0, 0.0)
# 字体属性修改
axes.title_text_property.font_family = 'times'
axes.label_text_property.color = (0.0, 0.0, 0.0)
axes.label_text_property.font_family = 'times'
axes.label_text_property.font_size= 30
mlab.axes(xlabel='X', ylabel='Y', zlabel='Z')
mlab.view(azimuth=60, elevation=-60, figure=fig,
          distance='auto')
mlab.gcf().scene.parallel_projection = True
```

注意：Mayavi 库支持的字体类型分别为 times、arial、courier，用户可根据实际需求选择字体。

2. 其他 3D 曲面图的绘制

根据之前构建的数据集，利用 Mayavi 库绘制其他 3D 曲面图。图 5-4-11 为利用 Mayavi 库绘制的两种 3D 曲面图样式，和利用 Matplotlib 绘制的 3D 曲面图样式对比，Mayavi 库的绘制结果在 3D 呈现效果、曲面密集程度和 3D 光照阴影效果等方面都要优于 Matplotlib。

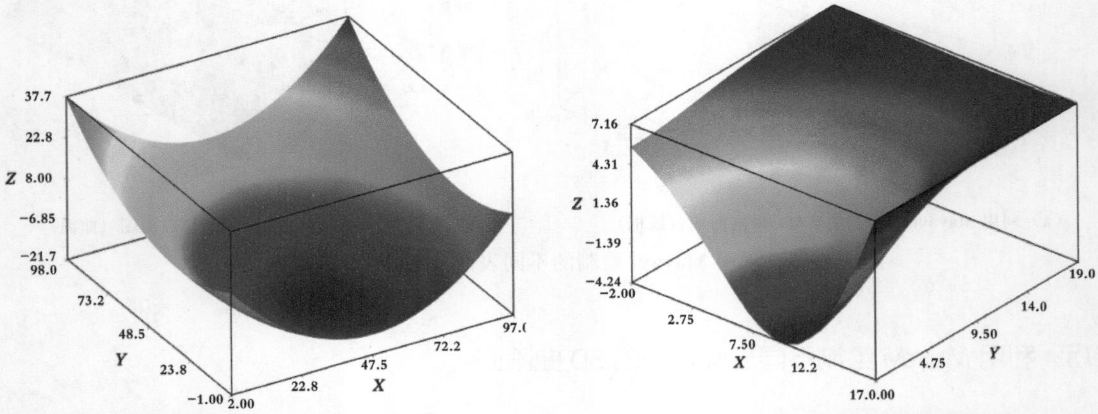
37.7
22.8
Z 8.00
−6.85
−21.7
98.0
73.2
48.5
Y
23.8
−1.00
2.00
22.8
47.5
X
72.2
7.16
4.31
Z 1.36
−1.39
−4.24
−2.00
2.75
7.50
X
12.2
17.0
0.00
4.75
9.50
Y
14.0
19.0

（a）利用 Mayavi 绘制的 3D 曲面图样式一　　（b）利用 Mayavi 绘制的 3D 曲面图样式二

图 5-4-11　利用 Mayavi 绘制的其他 3D 曲面图示例

3. 真实数据集 3D 曲面图的绘制

在读取真实数据集时，首先需要对数据进行相关处理，即选择合理的 X 轴、Y 轴、Z 轴坐标对应的数据值。此外，在面对较大数据集时，还需要添加 Z 轴的 colorbar，方便通过 3D 图的颜色分布确定具体数值范围。图 5-4-12 为读取真实数据集后利用 Mayavi 绘制的两个 3D 曲面图示例，可以看出，在利用 Mayavi 绘制的可视化结果中，由于它对数值之间的范围进行了优化处理，较 Matplotlib 绘制结果而言，其结果更易辨认，数值分布纹理填充样式更加饱满。

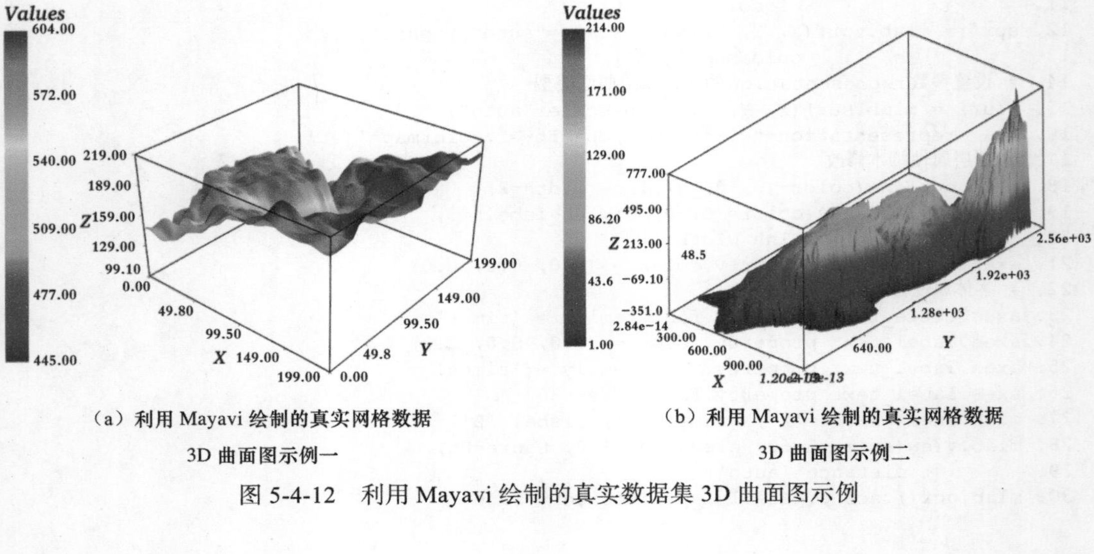
Values
604.00
572.00
540.00
509.00
477.00
445.00
219.00
189.00
Z 159.00
129.00
99.10
0.00
49.80
99.50
X 149.00
199.00
0.00
49.8
99.50
149.00
199.00
Y
Values
214.00
171.00
129.00
86.20
43.6
1.00
777.00
495.00
Z 213.00
−69.10
−351.0
2.84e−14
48.5
300.00
600.00
900.00
X
640.00
1.28e+03
1.92e+03
2.56e+03
Y

（a）利用 Mayavi 绘制的真实网格数据 3D 曲面图示例一　　（b）利用 Mayavi 绘制的真实网格数据 3D 曲面图示例二

图 5-4-12　利用 Mayavi 绘制的真实数据集 3D 曲面图示例

技巧：利用 Mayavi 绘制真实数据集 3D 曲面图

在使用 Mayavi 绘制 3D 图之前，需要对绘制数据进行读取并选择正确的 *X*、*Y*、*Z* 值。首先，使用 pandas 读取网格化数据集，*X* 轴、*Y* 轴对应的数据长度可通过 numpy.arange() 函数结合数据形状维度值构建；然后，通过 numpy. meshgrid() 函数转变成二维数组。图 5-4-12（b）的核心绘制代码如下。

```
import pandas as pd
import numpy as np
from mayavi import mlab
elevation = pd.read_excel(r"\elevation.xlsx",header=None)
x = np.arange(0,elevation.shape[1], 1)
y = np.arange(0,elevation.shape[0], 1)
X, Y = np.meshgrid(x, y)
Z = elevation.values
Z = np.rollaxis(Z,0,2)
fig = mlab.figure(size=(1000,800), bgcolor=(1,1,1),
                  fgcolor=(0,0,0))
surf = mlab.surf(X, Y, Z, warp_scale="auto", opacity=1,
                 colormap='jet')
mlab.outline(color=(0, 0, 0),line_width=2)
axes = mlab.axes(color=(0, 0, 0),nb_labels=5,line_width=1)
axes.title_text_property.color = (0.0, 0.0, 0.0)
axes.title_text_property.font_family = 'times'
axes.label_text_property.color = (0.0, 0.0, 0.0)
axes.label_text_property.font_family = 'times'
axes.label_text_property.font_size= 25
# 添加colorbar
sbar =mlab.scalarbar(object=surf,title="Values",
                     nb_labels=6,orientation="vertical")
sbar.label_text_property.font_family = 'times'
sbar.title_text_property.font_family = 'times'
sbar.title_text_property.font_size= 24
mlab.axes(xlabel='X', ylabel='Y', zlabel='Z')
mlab.view(azimuth=310, elevation=60, figure=fig,
          distance='auto')
mlab.show()
```

5.4.6 利用 PyVista 库绘制 3D 图系列

Mayavi 库虽然能绘制多类别 3D 图，其绘制的 3D 可视化效果也远超 Matplotlib 库，但因它在图层细节设置上较为烦琐，如网格线添加、colorbar 图例设置等，导致它在科研绘图任务中的使用场景较窄。本节将介绍一个更适合科研绘图任务的 Python 3D 可视化绘图库 PyVista，它所绘制的 3D 可视化结果经过简单的修改即可直接用于出版使用。

PyVista 作为 Python 中另一个基于 VTK 功能的 3D 可视化绘图库，其绘图功能亦是非常丰富，不但有专门用于空间网格数据的绘图函数，而且在面对大数据集和复杂数据集时，也能轻松实现 3D 图样式。此外，它具备完整的图层属性设置 API，这使它在面对图结果细节的设置时，更易绘制出符合科研论文要求的结果。我们依然使用自构建和真实数据集绘制几个常规 3D 图样式。图 5-4-13 分别展示了使用 PyVista 库绘制的不同类型 3D 曲面图样式，从中可以看出，PyVista 绘制结果更倾向于 Matplotlib 的结果，但在如 3D 网格线、主副刻度、colorbar 添加细节设置上更趋于科研图类型。

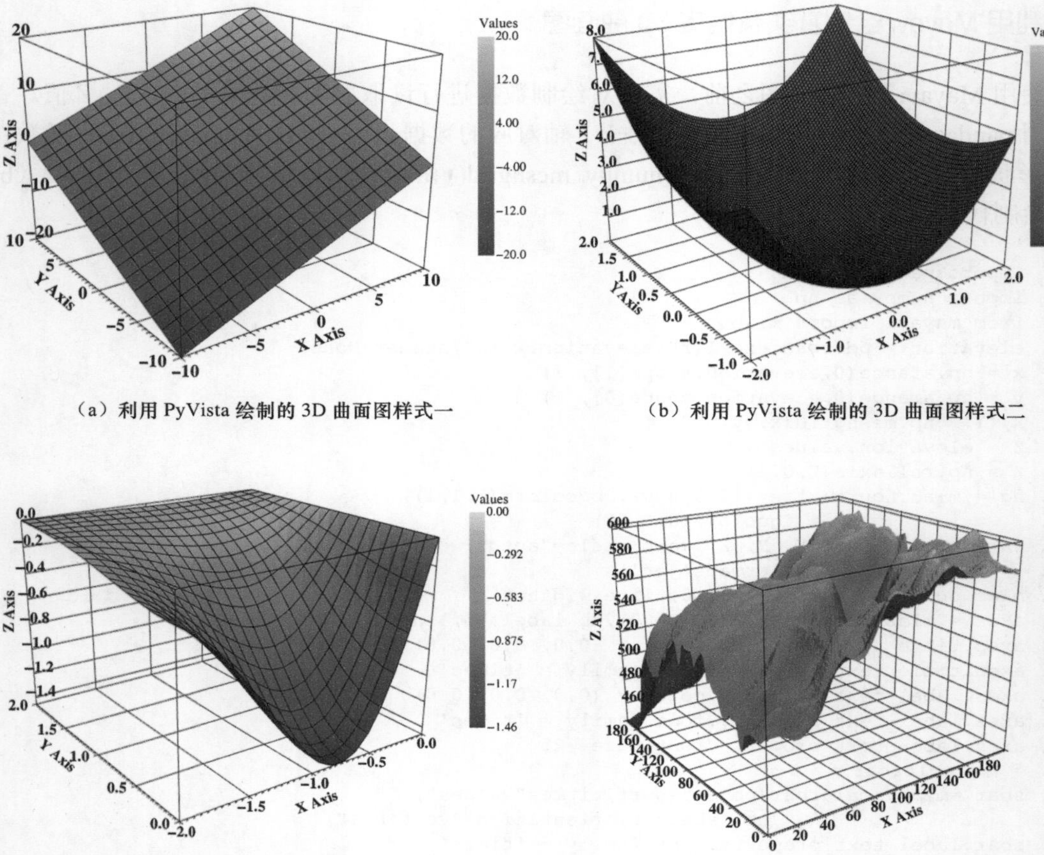
Values
Z Axis
Y Axis
X Axis

（a）利用 PyVista 绘制的 3D 曲面图样式一　　（b）利用 PyVista 绘制的 3D 曲面图样式二

（c）利用 PyVista 绘制的 3D 曲面图样式三　　（d）利用 PyVista 绘制的 3D 曲面图样式四

图 5-4-13　利用 PyVista 绘制的不同 3D 曲面图示例

技巧：利用 PyVista 绘制 3D 曲面图

在利用 PyVista 库绘制 3D 曲面图之前，需要先使用 pyvista.StructuredGrid() 函数将绘图数据集转换成 PyVista 绘图所需的数据格式。另外，其绘图函数 pyvista.Plotter.add_mesh() 可实现对图层网格、colormap、scalarbar 等绘图属性的灵活添加，pyvista.Plotter.show_bounds() 函数则用于刻度范围、刻度边框颜色、刻度轴标签、字体等属性的设置。图 5-4-13（d）的核心绘制代码如下。

```
import pyvista as pv
from colormaps import parula
mul_data = pd.read_excel(r"\Multiple Surfaces in Same
                             Layer.xlsx",header=None)
x = np.arange(0,len(mul_data), 1)
y = np.arange(0,len(mul_data), 1)
X, Y = np.meshgrid(x, y)
Z = mul_data.values
grid = pv.StructuredGrid(X,Y,Z)
plotter = pv.Plotter()
plotter.set_scale(zscale=.9999)
plotter.add_mesh(grid, scalars=grid.points[:, -1],
```

```
show_edges=False,lighting=True,colormap=parula,
                 scalar_bar_args={'vertical': True,
                                  "title":"Values",
                                  "title_font_size":20,
                                  "label_font_size":18,
                                  "n_labels":6,
                                  "color":"k",
                                  "font_family":"times",
                                  "width":.06,
                                  "position_x":.85,
                                  "position_y":.3,
                                  })
plotter.set_background('white')
plotter.show_bounds(color='black',all_edges=True,font_size
     =22,font_family="times",minor_ticks=True,
    grid='front',location='outer',ticks="outside")
plotter.camera.azimuth = 190
plotter.camera.elevation = -15
plotter.camera.zoom(.9)
```

除绘制 3D 曲面图以外，PyVista 库还可用于绘制 3D 等高线图。图 5-4-14 分别展示了使用 PyVista 库绘制的 3D 等高线图和带指示向量的 3D 等高线图。

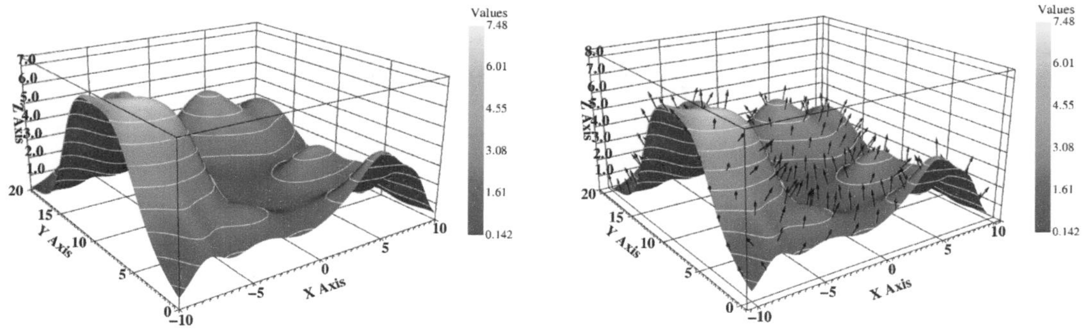
Values
7.48
6.01
4.55
3.08
1.61
0.142
Z Axis
Y Axis
X Axis
Values
7.48
6.01
4.55
3.08
1.61
0.142
Z Axis
Y Axis
X Axis

（a）利用 PyVista 库绘制的 3D 等高线图示例

（b）利用 PyVista 库绘制的带指示向量的 3D 等高线图示例

图5-4-14 利用PyVista绘制3D等高线图系列示例

技巧：利用 PyVista 绘制 3D 等高线图

图 5-4-14（b）的核心绘制代码如下。

```
# 图5-4-14(b）的绘制代码
import pyvista as pv
from pyvista import examples
from colormaps import parula
mesh = examples.load_random_hills()
# 指示向量
arrows = mesh.glyph(scale="Normals", orient="Normals",
tolerance=0.05)
contours = mesh.contour()
p = pv.Plotter()
p.set_scale(zscale=1.4)
p.set_background('white')
p.add_mesh(arrows, color="black")
```

```
p.add_mesh(mesh, scalars="Elevation", lighting=True,
colormap=parula,scalar_bar_args={'vertical': True,
            "title": "Values","title_font_size": 20,
            "label_font_size": 18,"n_labels": 6,
            "color": "k","font_family": "times",
            "width": .06,"position_x": .85,
            "position_y": .3})
p.add_mesh(contours, color="w", line_width=2)
p.show_bounds(color='black',all_edges=True,font_size=22,
    font_family="times", minor_ticks=True,grid='front',
    location='outer',ticks="outside")
p.camera.azimuth = 190
p.camera.elevation = -15
p.camera.zoom(.9)
```

PyVista 库还有一个超强的绘图功能，就是可以快速绘制地理相关的 3D 可视化图，如绘制 DEM（数字高程模型）数据。图 5-4-15 为利用 PyVista 绘制的 DEM 数据的 3D 可视化结果。

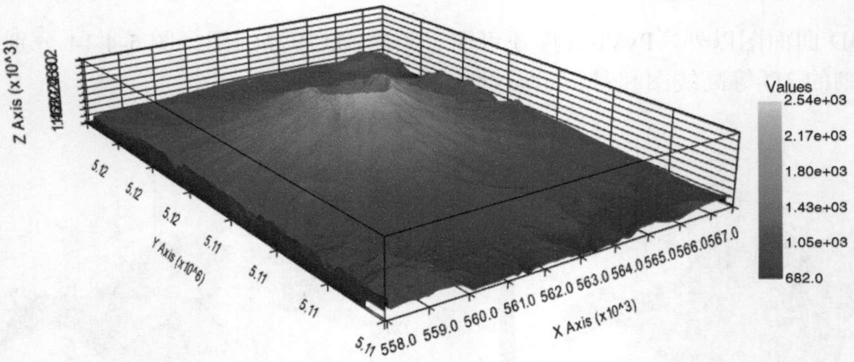
Z Axis (x10^3)
Values
2.54e+03
2.17e+03
1.80e+03
1.43e+03
1.05e+03
682.0
Y Axis (x10^6)
5.12
5.12
5.12
5.11
5.11
5.11
5.11
558.0 559.0 560.0 561.0 562.0 563.0 564.0 565.0 566.0 567.0
X Axis (x10^3)

图 5-4-15　利用 PyVista 绘制的 DEM 数据的 3D 可视化结果

技巧：利用 PyVista 对 DEM 数据进行 3D 图的绘制

图 5-4-15 的核心绘制代码如下。

```
import pyvista as pv
from pyvista import examples
from colormaps import parula
mesh = examples.download_st_helens().warp_by_scalar()
p = pv.Plotter()
p.set_background('white')
p.add_mesh(mesh,lighting=True,colormap=parula,
                scalar_bar_args={'vertical': True,
                                "title": "Values",
                                "title_font_size": 20,
                                "label_font_size": 18,
                                "n_labels": 6,
                                "color": "k",
                                #"font_family": "times",
                                "width": .06,
                                "height":.3,
                                "position_x": .85,
                                "position_y": .3,
                                })
p.show_bounds(color='black',all_edges=True,font_size=22,
```

```
    font_family="times",minor_ticks=True,grid='front',
    location='outer',ticks="outside")
```

5.5 平行坐标图

平行坐标图（parallel coordinate plot）是多变量数据集中常用的一种统计可视化表示方法，该图能显示多变量数据值，适合用来对比同一时间段多个变量之间的关系。在平行坐标图中，每个变量都有自己的轴线，所有轴线彼此平行排列，各自有不同的刻度和刻度测量单位。

平行坐标图和折线图类似，但其功能又与之有较大不同，因为平行坐标图不表示数据趋势，且各个坐标轴之间也没有因果关系，数据集的一行数据在平行坐标图中用一条折线表示，纵向是属性值，横向是属性类别（用索引表示），轴线排列顺序对数据的理解有着较大影响。需要注意的是，平行坐标图在面对数据较密集的情况时，容易变得混乱，此时，可通过设置线条透明度，或者突出显示所选的一条或多条线，同时淡化其他所有线条等操作进行调整。

平行坐标图常用于多维数据（尤其是维度大于 3 个）的分析和比较，如在特定研究任务中对多个对比参数、研究指标等的分析，前提是这些用于对比的对象都具有需要比较的维度。典型的使用案例为汽车案例，即使用平行坐标图对比各种汽车在性能上的差异，对比参数包括汽车的气缸数（cylinders）、每加仑汽油行驶的里程（MPG）、功率（horsepower）、汽车重量（weight）等指标。

在 Python 中，有多种方法或多个第三方拓展库可以绘制平行坐标图，本节分别使用 pandas、Plotly、Paxplot 和 Matplotlib 库进行平行坐标图的绘制。

5.5.1 pandas 库绘制

pandas 库是 Python 中强大的数据处理和分析第三方拓展库，其绘图模块的使用非常方便，可直接基于 pandas 的 Series 或 DataFrame 数据类型绘图，省去了不必要的数据处理环节。用户使用 pandas.plotting.parallel_coordinates() 函数即可完成平行坐标图的绘制。图 5-5-1（a）为根据原始数据集绘制的平行坐标图示例，图 5-5-1（b）为经过归一化数据规整之后绘制的平行坐标图示例。

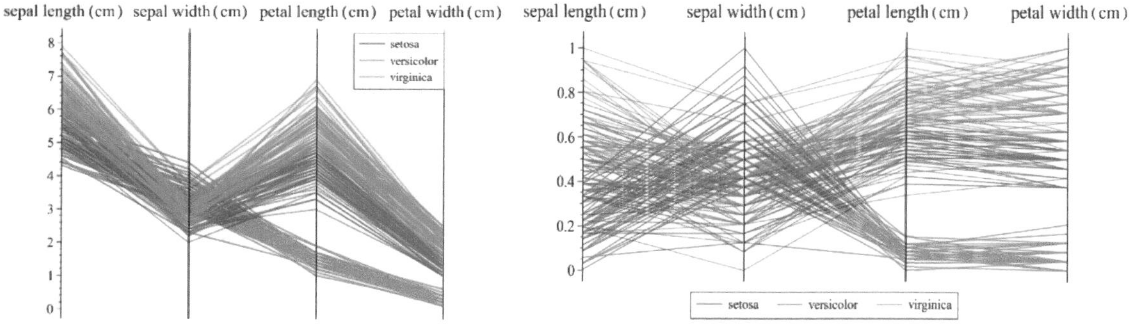
sepal length (cm)
sepal width (cm)
petal length (cm)
petal width (cm)
setosa
versicolor
virginica
0
1
2
3
4
5
6
7
8
0.2
0.4
0.6
0.8

（a）根据原始数据集绘制的平行坐标图示例　　（b）经过归一化数据规整之后绘制的平行坐标图示例

图5-5-1　利用pandas绘制的平行坐标图示例

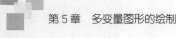

技巧：利用 pandas 绘制平行坐标图

对 pandas 库中的 parallel_coordinates() 函数设置数据集参数 frame 和分类列名参数 class_column，即可完成图 5-5-1（a）所示的可视化效果。但要实现图 5-5-1（b）所示的效果，还需要使用 scikit-learn 库数据预处理模块（preprocessing）中的 MinMaxScaler() 函数对数据集进行归一化处理，使数据集中任意数值归一处理到一定的区间内，且能较好地保持原有数据结构。图 5-5-1（b）的核心绘制代码如下。

```
import pandas as pd
import numpy as np
import matplotlib.pyplot as plt
from sklearn.datasets import load_iris
from sklearn.preprocessing import MinMaxScaler
iris = load_iris()
# 绘图数据归一化处理
iris_data_scaled = MinMaxScaler().fit_transform(iris.data)
iris_data_scaled = np.hstack((iris_data_scaled,
                              iris.target.reshape(-1,1)))
iris_scaled_df = pd.DataFrame(data=iris_data_scaled,
              columns=iris.feature_names+ ["FlowerType"])
colors = plt.cm.Set1.colors
fig,ax = plt.subplots(figsize=(7,3.5),dpi=100,)
ax = pd.plotting.parallel_coordinates(iris_scaled_df,
      "FlowerType",color=colors,alpha=0.7,linewidth=.8,
       axvlines_kwds={"color":"k","linewidth":1},ax=ax)
ax.spines['top'].set_visible(False)
ax.spines['bottom'].set_visible(False)
ax.tick_params(axis="x",which ="minor",width=0)
ax.tick_params(axis='x', which='major',pad=7,labelsize=14)
# 添加图例
h,l = ax.get_legend_handles_labels()
ax.legend(h,iris.target_names,loc='lower center',
          bbox_to_anchor=(0.5, -0.15),
          ncol=len(iris.target_names),fontsize=10)
# 将刻度和刻度标签移动到轴的顶部
ax.xaxis.tick_top()
```

提示：pandas 库绘图的底层逻辑还是基于 Matplotlib，且每个绘图函数中都有 ax 参数，用于设置当前画布 Figure 中的绘图对象 Axis。在设置完之后，就可以对 ax 对象进行和 Matplotlib 绘图一样的定制化操作了。

5.5.2 Plotly Express 库绘制

Plotly 库是 Python 中绘制交互可视化图的强大第三方拓展工具，它提供多种绘图函数，包括基础类、统计分析类、提高类和地图类等，其中，Plotly Express 库作为对 Plotly 库的高级封装，内置了大量实用的绘图模板，可轻松绘制所需的图样式。在对 plotly.express.parallel_coordinates() 函数设置合理的参数选项后，用户即可绘制交互式平行坐标图。图 5-5-2 为利用 Plotly Express 库绘制的平行坐标图示例，可以看出，图中都添加了 colorbar 用于变量的数值映射。

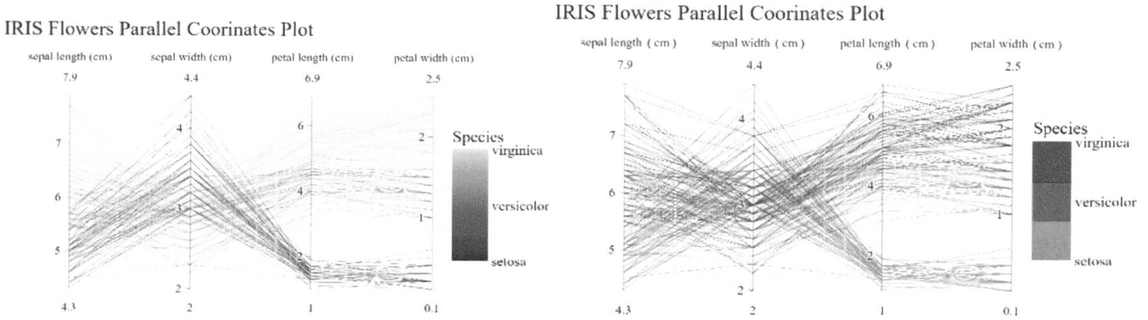
IRIS Flowers Parallel Coorinates Plot
sepal length (cm)
sepal width (cm)
petal length (cm)
petal width (cm)
Species
virginica
versicolor
setosa
IRIS Flowers Parallel Coorinates Plot
sepal length (cm)
sepal width (cm)
petal length (cm)
petal width (cm)
Species
virginica
versicolor
setosa

（a）利用 Plotly Express 绘制的平行坐标图示例一　　（b）利用 Plotly Express 绘制的平行坐标图示例二

图5-5-2　利用Plotly Express绘制的平行坐标图示例

技巧：利用 Plotly Express 绘制平行坐标图

Plotly Express 库中 parallel_coordinates() 函数的参数 df 的选项为所要绘制的 pandas 的 DataFrame 数据类型，参数 color 的值为需要进行颜色映射的数据列名称，参数 dimensions 的值为需要展示的数据列名称列表。此外，还有 colorbar 设置参数 color_continuous_scale、标题设置参数 title 等。由于 Plotly Express 库是对 Plotly 库的高级封装，因此，二者大部分对可视化结果进行定制化的参数都是通用的，即可以使用 update_layout() 函数对图中字体、colorbar 等图元素进行修改。图 5-5-2（b）的核心绘制代码如下。

```
import numpy as np
import pandas as pd
import plotly.express as px
iris = load_iris()
iris_data = np.hstack((iris.data, iris.target.reshape(-1,1)))
iris_df = pd.DataFrame(data=iris_data,
                columns=iris.feature_names+ ["FlowerType"])
cols = ['sepal length (cm)', 'sepal width (cm)',
        'petal length (cm)', 'petal width (cm)']
fig = px.parallel_coordinates(iris_df, color="FlowerType",
  dimensions=cols, width=500, height=350,
  color_continuous_scale=[(0.00, "red"), (0.33, "red"),
                          (0.33, "green"), (0.66, "green"),
                          (0.66, "blue"),  (1.00, "blue")],
              title="IRIS Flowers Parallel Coorinates Plot")
fig.update_layout(
    font_family="Times New Roman",
    font_color="black",
    coloraxis_colorbar=dict(
              len=0.8,
              title="Species",
              tickvals=[0,1,2],
              ticktext=["setosa","versicolor","virginica"]))
```

注意：Plotly Express 库绘制的可视化结果是交互式的，在保存格式上，一般要求保存为矢量类型，如 PDF 和 SVG 格式，而在保存成 PNG 图格式时，可通过设置结果保存函数 write_image() 的参数 scale 的值调整图片分辨率。一般情况下，scale 数值大于 1 时会增加图片分辨率，小于 1 则降低图片分辨率。

5.5.3 Paxplot 库绘制

Paxplot 是 Python 中专门用于绘制平行坐标图的第三方拓展工具，它基于 Matplotlib 开发，可绘制多种类型的平行坐标图。图 5-5-3 为利用 Paxplot 库绘制的平行坐标图示例。

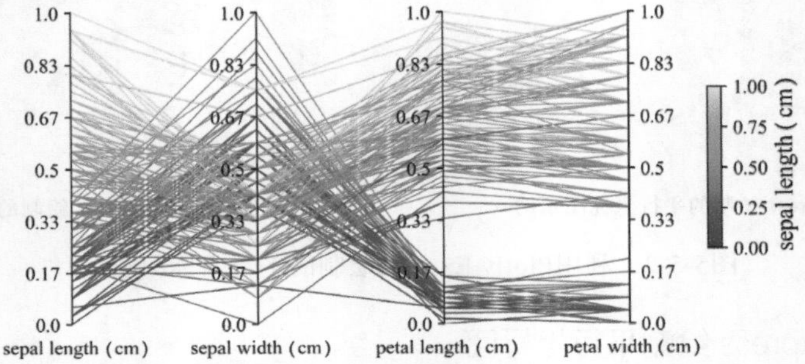
sepal length (cm)
sepal width (cm)
petal length (cm)
petal width (cm)
sepal length (cm)

图 5-5-3　利用 Paxplot 库绘制的平行坐标图示例

技巧：利用 Paxplot 绘制平行坐标图

Paxplot 库先使用其 pax_parallel() 函数构建 paxplot.PaxFigure 类（命名为 paxfig），再使用 paxfig 的 plot() 函数完成数据映射和线属性的设置，然后利用 add_colorbar() 函数完成图例 colorbar 的添加。图 5-5-3 的核心绘制代码如下。

```
import paxplot
from sklearn.datasets import load_iris
from colormaps import parula
iris_scaled_df = iris_scaled_df[cols]
cols = iris_scaled_df.columns
paxfig = paxplot.pax_parallel(n_axes=len(cols))
paxfig.plot(iris_scaled_df.to_numpy(),
            line_kwargs={"linewidth":.7})
paxfig.set_labels(cols)
color_col = 0
paxfig.add_colorbar(ax_idx=color_col,cmap=parula,
        colorbar_kwargs={'label':  cols[color_col],
                                 "aspect":12,"shrink":.8})
```

在面对具有多个数值范围的多数据集时，Paxplot 也能够很好地完成平行坐标图的绘制任务。图 5-5-4 为利用 Paxplot 绘制的具有多个不同量级数值的平行坐标图示例，其绘制方法与图 5-5-3 类似，详细绘制代码位于本书附带的绘图代码集合中。

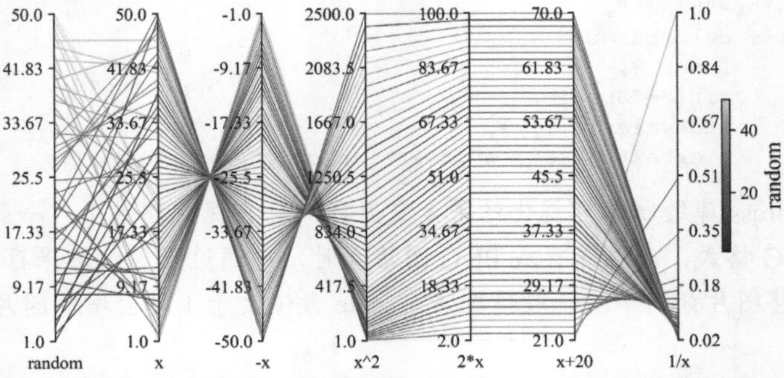
random
x
-x
x^2
2*x
x+20
1/x
random

图 5-5-4　利用 Paxplot 绘制的具有多个不同量级数值的平行坐标图示例

5.5.4 曲线样式绘制

有时，我们可以通过相关操作将平行坐标图中的连接直线修改成圆滑的曲线，不但可以解决数据线杂乱且相互干扰的问题，而且可以在视觉上提高数据的辨识度。图 5-5-5 为使用 Matplotlib 的 patches.PathPatch() 函数构建的圆滑曲线样式的平行坐标图示例。

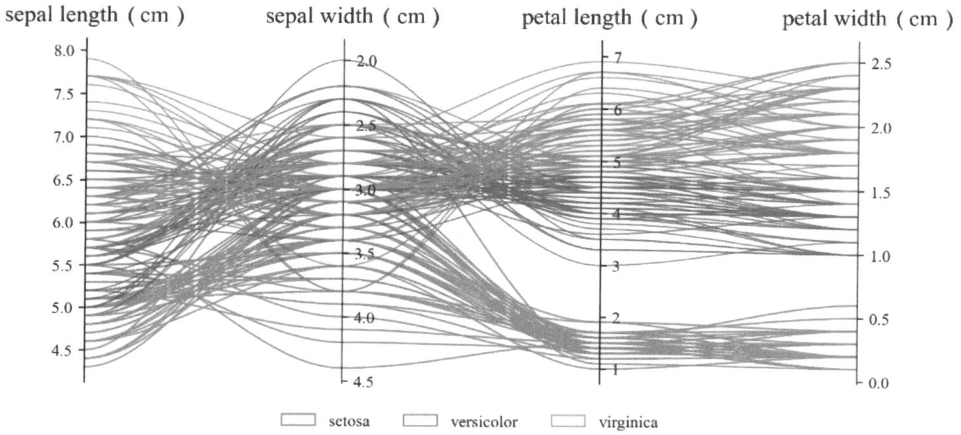
sepal length（cm）
sepal width（cm）
petal length（cm）
petal width（cm）
setosa
versicolor
virginica

图 5-5-5　圆滑曲线样式的平行坐标图示例

技巧：圆滑曲线样式的平行坐标图的绘制

绘制圆滑曲线样式的平行坐标图的本质是使用 Matplotlib 绘制多个 Axes 对象，并对每个绘图对象进行共享轴（ax.twinx()）、网格（grid）、轴脊（spines）等图层属性的细节设置，最后通过 ax.add_patch() 函数添加 Path.CURVE4（三次贝塞尔曲线）对象即可。图 5-5-5 的核心绘制代码如下。

```
from matplotlib.path import Path
import matplotlib.patches as patches
import numpy as np
from sklearn import datasets
iris = datasets.load_iris()
ynames = iris.feature_names
ys = iris.data
ymins = ys.min(axis=0)
ymaxs = ys.max(axis=0)
dys = ymaxs - ymins
# 向下或向上添加5%的填充
ymins -= dys * 0.05
ymaxs += dys * 0.05
# 反转轴1以减少交叉点
ymaxs[1], ymins[1] = ymins[1], ymaxs[1]
dys = ymaxs - ymins
# 将所有数据转换为与主轴兼容
zs = np.zeros_like(ys)
zs[:, 0] = ys[:, 0]
zs[:, 1:] = (ys[:, 1:]-ymins[1:])/dys[1:]*dys[0]+ymins[0]
```

```
fig, host = plt.subplots(figsize=(8,4))
axes = [host] + [host.twinx()for i  in range(ys.shape[1] - 1)]
for i, ax in enumerate(axes):
    ax.grid(False)
    ax.set_ylim(ymins[i], ymaxs[i])
    ax.spines['top'].set_visible(False)
    ax.spines['bottom'].set_visible(False)
    ax.tick_params(axis="x",which ="minor",width=0)
    if ax != host:
        ax.spines['left'].set_visible(False)
        ax.yaxis.set_ticks_position('right')
        ax.spines["right"].set_position(("axes", i /
                                         (ys.shape[1] - 1)))
        ax.tick_params(axis="x",top=False)
legend_handles = [None for _ in iris.target_names]
for j in range(ys.shape[0]):
    # 创建连接曲线
    verts = list(zip([x for x in np.linspace(0, len(ys) - 1,
                    len(ys) * 3 - 2, endpoint=True)],
                    np.repeat(zs[j, :], 3)[1:-1]))
    codes = [Path.MOVETO] + [Path.CURVE4 for _ in
             range(len(verts) - 1)]
    path = Path(verts, codes)
    patch = patches.PathPatch(path, facecolor='none', lw=1,
           alpha=0.7, edgecolor=colors[iris.target[j]])
    legend_handles[iris.target[j]] = patch
    host.add_patch(patch)
```

提示：上述绘制方法涉及 Matplotlib 中不常用的类 Path 及其使用方法、多绘图对象分条件组合使用、多个数据处理操作等，绘制难度较大，读者可学习其绘制理念并用于自己的可视化图绘制中。

5.6 Radviz 图

Radviz（Radial Coordinate Visualization）图是一种径向投影型多维数据可视化图类型，该类图将多变量维度作为维度锚点（Dimensional Anchors，DA）固定到一个圆环上，各变量数据点在各维度锚点的作用下被映射到圆内的位置上，具有相似维度取值的数据点将被映射到圆内相近位置处，这样就可通过观察数据点投影到圆内的簇聚结构，实现多变量数据在二维空间的可视化展示效果。

Radviz 图的基本原理是数据集各维度作为维度锚点分布在圆环上，各维度中具体的数据点分布在圆内，各数据点在圆中的位置由来自各维度描点的弹簧张力共同决定，且稳定在合力为 0 的位置处。如图 5-6-1（a）所示，以四维度（DA1、DA2、DA3、DA4）数据集中的数据点（红色圆点）为例，数据点数值受 4 个维度变量的拉力作用分布在圆内，数据点 *P* 展示了具体的受力情况，可以看出，由于 *P* 点受维度 DA1 和 DA2 的拉力作用要大于其他两个维度，因此其位置更靠近这两个维度。同时，从图 5-6-1（b）中可以看出，在 Radviz 的数据投影影响下，具有相似特征的数据点将被映射到圆内相近的位置处，形成数据点在视觉上的聚类效果，以便发现聚类信息。

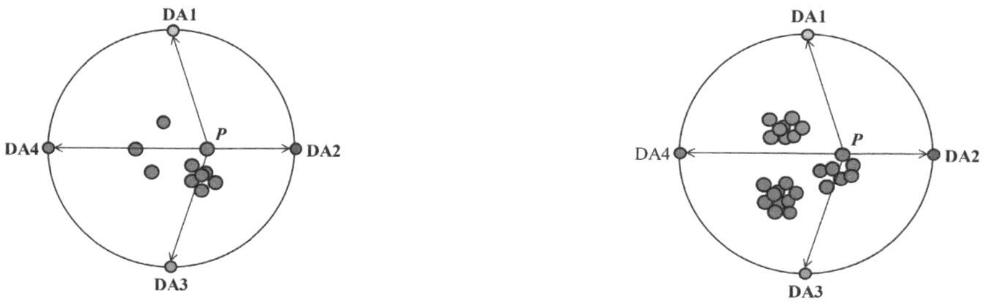
DA1
DA2
DA3
DA4
P
DA1
DA2
DA3
DA4
P

（a）单数据系列 Radviz 示意图　　　（b）多数据系列 Radviz 示意图

图 5-6-1　Radviz 示意图

Radviz 图因其良好的数据原始特征的保持性和拓展性，且计算复杂度较低，因此被广泛应用于生物医学、故障分析和商业智能等领域；而在学术科研中，Radviz 图则倾向于分析高维数据的层次结构、数据集各维度指标在实验研究中的取值变化，以及与异常监测等算法结合，实现高效结果输出。Radviz 图是多对一的数值映射输出，使数据点在二维平面展示上容易出现遮挡和重叠问题。此外，圆环上维度锚点位置和顺序对投影结果影响较大。

在 Python 中，可使用 pandas 库中的 plotting.radviz() 函数绘制 Radviz 图。图 5-6-2 为利用 pandas 绘制的 Radviz 图示例。

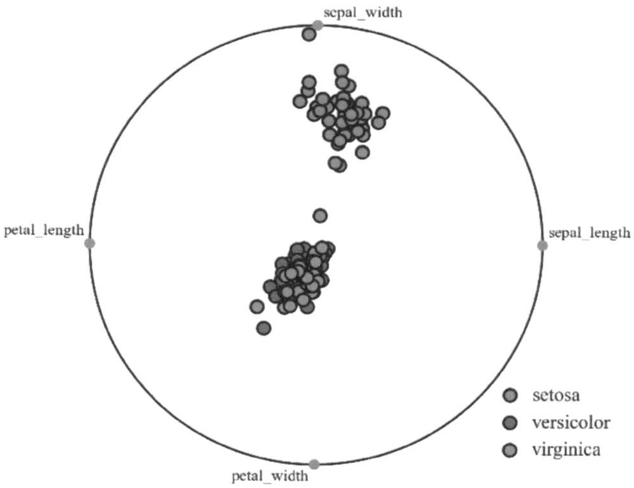
sepal_width
petal_length
sepal_length
petal_width
setosa
versicolor
virginica

图 5-6-2　利用 pandas 绘制的 Radviz 图示例

技巧：利用 pandas 绘制 Radviz 图

在 pandas 库的 plotting.radviz() 函数中，参数 frame 的选项为所要绘制的 DataFrame 样式数据，参数 class_column 的值为包含数据点类别名称的列名。需要注意的是，由于 pandas 绘制结果没有明显的圆圈线样式，因此这里通过自构建数据集进行添加。图 5-6-2 的核心绘制代码如下。

```
import matplotlib.pyplot as plt
import proplot as pplt
import numpy as np
import Seaborn as sns
data_df = sns.load_dataset("iris")
colors = plt.cm.Set1.colors
fig,ax = plt.subplots(figsize=(4,3.5),dpi=100)
radviz = pd.plotting.radviz(data_df,'species',
 edgecolors='k',marker='o',s=35,linewidths=1,color=colors,
 ax=ax)
# 添加圆圈线
angle=np.arange(360)/180*3.1415926
x=np.cos(angle)
y=np.sin(angle)
ax.plot(x,y,color='k',lw=1,zorder=0)
ax.axis('off')
```

除使用 pandas 绘制 Radviz 图以外，我们还可以使用 RadViz-Plotly 库绘制交互式 Radviz 图。该库是基于 Plotly 库开发的，具有灵活的交互功能，可以绘制 3D Radviz 图。图 5-6-3 为使用 RadViz-Plotly 库分别绘制的 2D Radviz 图、3D Radviz 图示例。注意，该库还在开发中，一些细节设置等功能尚未完善。

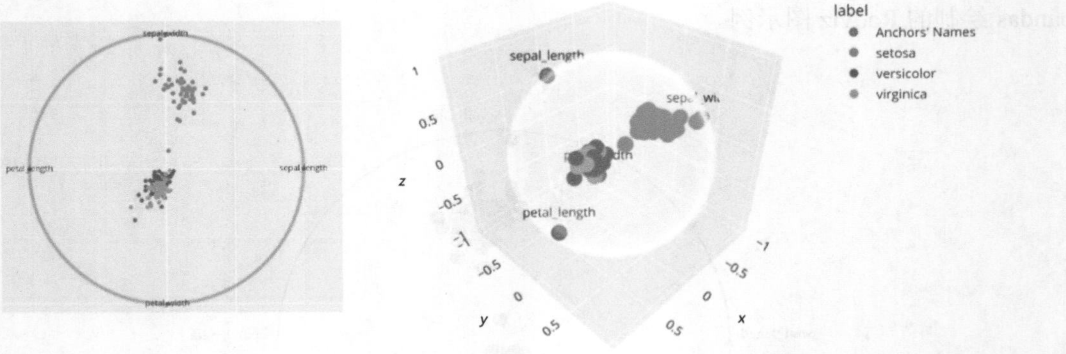
sepal_width
petal_length
sepal_length
petal_width
label
Anchors' Names
setosa
versicolor
virginica
sepal_length
petal_length
z
y
x

图 5-6-3　使用 RadViz-Plotly 库绘制的 2D Radviz 图、3D Radviz 图示例

5.7　主成分分析图

主成分分析（Principal Component Analysis，PCA）就是分析一组数据的主要成分，其原理是利用降维思想将原数据中多个原始变量（重复和关系紧密的变量）转变为尽可能多地反映原来变量信息、更具代表性和综合性的新变量。新变量由原始变量的几个或多个线性组合构建而成，各变量之间互不相关。需要注意的是，主成分分析方法通过对原指标变量进行变化后形成新的彼此独立的主成分，这样一来，在面对变量较多且杂乱的研究问题时，就可只考虑少量主成分，减少指标选择花费的精力，提高分析效率，更多关注于原始样本之间的相似和不同，这一过程也常常用在计算模型构建前的指标筛选、筛选关键因素、数据降噪等研究中。主成分分析的缺点也显而易见，即由于对原始变量进行了二次转变，使它无法具有明显的现实意义，

且对变量的分解在某些场景下具有一定的局限性，比如面对非线性数据集时。

在学术科研中，PCA 方法常用于生物信息学领域，其中高通量测序实验（如 RNA-seq）通常会生成高维数据集（数百到数千个样本），可使用 PCA 方法进行降维操作；在 RNA-seq 实验中，PCA 有助于了解高维 RNA-seq 数据集中的基因表达模式和生物变异等情况。图 5-7-1 为添加置信椭圆区间前后的主成分分析图绘制示例。

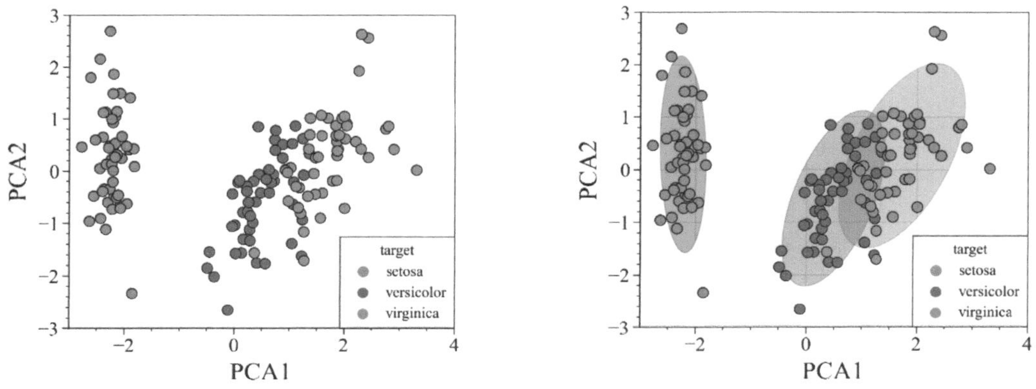
PCA2
PCA1
target
setosa
versicolor
virginica

（a）未添加置信椭圆区间的主成分分析图绘制示例 （b）添加置信椭圆区间的主成分分析图绘制示例

图 5-7-1 利用 Matplotlib 绘制的主成分分析图示例

技巧：主成分分析图的绘制

Python 绘制主成分分析图的重点在于数据预处理，即需要使用 scikit-learn 库的 preprocessing.StandardScaler() 函数和 decomposition.PCA() 函数对数据进行标准化和降维处理。数据标准化是建模分析前数据预处理的常见步骤，其目的是将数据缩放到相同的区间和范围，减少规模、特征和分布差异等对模型的影响。主成分分析降维操作需要设置参数 n_components 的值（主成分个数）以确定降维后的主成分的数量，然后可使用降维之后的数据集进行主成分分析图的绘制。图 5-7-1 为设置主成分个数为 2（n_components=2）的主成分分析散点图，其中图 5-7-1（b）中为各类别数据集添加了置信椭圆区间，可通过自定义函数完成绘制。图 5-7-1（b）的核心绘制代码如下。

```
import numpy as np
import pandas as pd
import proplot as pplt
import Seaborn as sns
import matplotlib.pyplot as plt
from sklearn import datasets
from sklearn.preprocessing import StandardScaler
from sklearn.decomposition import PCA
iris = datasets.load_iris()
target_names = {0:'setosa',1:'versicolor', 2:'virginica'}
df = pd.DataFrame(iris.data, columns=iris.feature_names)
df['target'] = iris.target
df['target_names'] = df['target'].map(target_names)
# 标准化处理
X = iris.data,y = iris.target
x_scaled = StandardScaler().fit_transform(X)
```

```
# 降维处理
pca = PCA(n_components=2)
pca_features = pca.fit_transform(x_scaled)
pca_df = pd.DataFrame(data=pca_features,columns=['PCA1','PCA2'])
pca_df['target'] = y
pca_df['target'] = pca_df['target'].map(target_names)
pca_scatter = sns.scatterplot(data=pca_df,x="PCA1",y="PCA2",
                      hue="target",palette=colors,s=40,ec="k",ax=ax)
confidence_ellipse(setosa.PCA1,setosa.PCA2,ax,n_std=2,
        facecolor=colors[0],edgecolor=colors[0],alpha=.5,zorder=0)
confidence_ellipse(versicolor.PCA1,versicolor.PCA2,ax,n_std=2,
                   facecolor=colors[1],edgecolor=colors[1],
                   alpha=.5,zorder=0)
confidence_ellipse(virginica.PCA1,virginica.PCA2,ax,n_std=2,
facecolor=colors[2],edgecolor=colors[2],alpha=.5,zorder=0)
ax.set(xlim=(-3, 4),ylim=(-3, 3))
plt.tight_layout()
```

提示：在建立主成分分析模型时，虽然可通过 n_components 确定要获得的主成分数量，但通常不建议采用此方式，可通过所有主成分的方差占比之和选择合适的主成分个数。当然，在对变量有明确要求或有丰富的先验经验的情况下，可直接通过确定主成分个数进行设定。

主成分分析结果还可以使用主成分分析载荷图（loading plot）进行表示，载荷图显示了从原点到每个特征对主成分的影响程度。载荷（loading）是原始特征和主成分之间的相关系数（correlation coefficient），它在组件上的投影值解释了它在该组件上的权重。主成分分析散点图和主成分分析载荷图组成了主成分分析双标图（PCA biplot）。图 5-7-2 分别展示了主成分分析载荷图和主成分分析双标图的绘制示例。

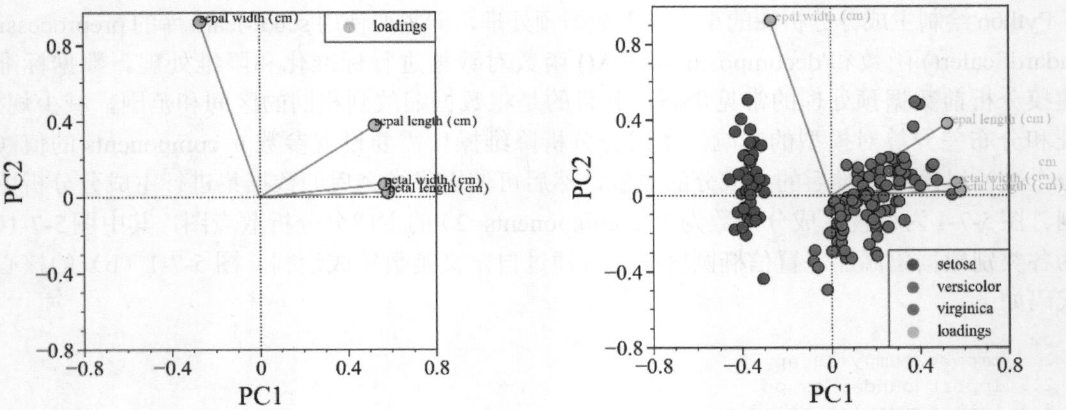
sepal width (cm)
loadings
sepal length (cm)
petal width (cm)
petal length (cm)
PC2
PC1
0.8
0.4
0
−0.4
−0.8
setosa
versicolor
virginica
loadings

（a）主成分分析载荷图绘制示例　　（b）主成分分析双标图绘制示例

图 5-7-2　利用 Matplotlib 绘制的主成分分析载荷图和主成分分析双标图示例

技巧：主成分分析图系列的绘制

在绘制主成分分析载荷图和主成分分析双标图时，首先，需要通过主成分分析模型的“components_”属性获取主成分相关系数，即荷载；然后，通过简单的数据处理操作将结果转换成规整的 pandas DataFrame 格式；最后，通过 Matplotlib 的 axes.Axes.scatter()、arrow() 和

text() 函数分别绘制散点、指示线与文本属性。在绘制主成分分析双标图之前，需要将绘制主成分分析散点图的数据进行缩放处理，使它与主成分分析载荷图的数据在同一大小范围。图 5-7-2（b）的核心绘制代码如下。

```
pca = PCA(n_components=2)
pca_features = pca.fit_transform(x_scaled)
# 获取主成分相关系数
loadings = pca.components_
pca_df_scaled = pca_df.copy()
scaler_df = pca_df[['PCA1', 'PCA2']]
scaler = 1 / (scaler_df.max() - scaler_df.min())
for index in scaler.index:
    pca_df_scaled[index] *= scaler[index]
xs = loadings[0]
ys = loadings[1]
fig,ax = plt.subplots(figsize=(4,3.5),dpi=100,)
pca_scatter = sns.scatterplot(data=pca_df_scaled,x="PCA1",
            y="PCA2",hue="target",s=40,ec="k",ax=ax)
for i, varnames in enumerate(feature_names):
    ax.scatter(xs[i], ys[i], s=40,ec="k",color="#FFCC37",
               zorder=1)
    # 添加原点指示箭头
    ax.arrow(0, 0, xs[i], ys[i], color='r',zorder=0)
    ax.text(xs[i], ys[i], varnames,color="#FFCC37",
           fontsize=8)
# 添加loading图例
ax.scatter([],[],label="loadings",color="#FFCC37")
# 添加经过原点互相垂直的虚线
ax.axvline(c='k', lw=.8,ls=":")
ax.axhline(c='k', lw=.8,ls=":")
xticks = np.linspace(-0.8, 0.8, num=5)
yticks = np.linspace(-0.8, 0.8, num=5)
ax.legend()
ax.grid(False)
ax.set(xlabel="PC1",ylabel="PC2",xticks=xticks,
       yticks=yticks)
plt.tight_layout()
```

提示：主成分分析图系列主要是为了展示各主成分之间的关系，以 2D 图系列的绘制为主，即以两个主成分进行二维图的展示。在学术研究中，主成分分析图多以主成分分析载荷图形式出现，且主要出现在数据探索阶段。

5.8 和弦图

和弦图（chord diagram）是一种可以表示不同实体之间相互关系和彼此共享信息的图形表示方法。从视觉角度来看，和弦图由节点分段和连接弧的边构成，节点分段沿圆周排列，节点之间通过连接弧相互连接，每条连接弧会分配数值（以每个圆弧的大小比例表示）。此外，也可以用颜色（一般为渐变色）将数据分成不同类别，这有助于比较和区分不同类别的数据集。在绝大多数据情况下，和弦图往往具备交互作用，这可以让读者更容易阅读图并进行自由探索。

在寻找人与其他物种的基因联系、可视化基因数据、研究目标（如某一市场产品的使用情况）数据的流动关系等任务中，都可以使用和弦图表示研究目标和研究变量的关系。图 5-8-1 展示了和弦图的两种基本样式，其中，图 5-8-1（b）将和弦图的连接弧的边与所属节点的分段设置为统一的颜色，且连接弧为渐变色。

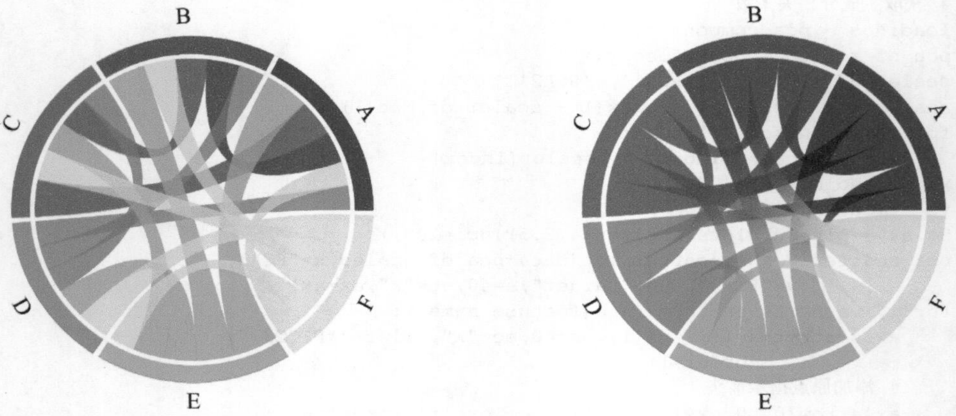
B
A
C
D
F
E
B
A
C
D
F
E

（a）和弦图绘制基本样式一　　（b）和弦图绘制基本样式二

图 5-8-1　和弦图绘制示例

技巧：和弦图的绘制

在 Python 中，常规的绘图库 Matplotlib 中没有可以绘制和弦图的特定绘图函数，但基于 Python 强大的第三方拓展库，可使用 mpl-chord-diagram 库进行绘制，该库将绘制和弦图所需的 Matplotlib 绘图函数封装成单独的绘图库，绘图时只需要输入符合绘图函数 chord_diagram() 规定的数据类型就可完成和弦图的绘制，其中，参数 mat 的值为方块矩阵数据类型（square matrix），参数 names 的值为分类节点名称，参数 use_gradient 用于设置是否使用渐变色填充连接弧以及连接弧与所属节点的分段是否为相同颜色等。图 5-8-1（b）的核心绘制代码如下。

```
import matplotlib.pyplot as plt
from mpl_chord_diagram import chord_diagram
plt.rcParams["image.composite_image"] = False
flux_data = np.array([
    [0, 5, 6, 4, 7, 4],
    [5, 0, 5, 4, 6, 5],
    [6, 5, 0, 4, 5, 5],
    [4, 4, 4, 0, 5, 5],
    [7, 6, 5, 5, 0, 4],
    [4, 5, 5, 5, 4, 0],])
names = ["A","B","C","D","E","F"]
fig,ax = plt.subplots(figsize=(4,3.5),dpi=100)
# 设置use_gradient=True来用渐变色填充连接弧
chord_diagram = chord_diagram(mat=flux_data,names=names,
                alpha=.8,use_gradient=True,ax=ax)
plt.tight_layout()
```

提示：在使用 mpl-chord-diagram 库绘制渐变色填充连接弧的和弦图时，如果保存成 PDF 格式的文件，则需要设置 plt.rcParams["image.composite_image"] = False，否则保存的 PDF 文件会出现渐变色填满画布等问题。

利用 mpl-chord-diagram 库绘制和弦图时所需的数据类型为方块矩阵类型，但是，现实中的数据集大多以“长”数据和“宽”数据类型为主。长数据是指数据集中的变量无明确的细分，即变量中至少有一个特征元素存在值严重重复循环的情况（可以归为几类），数据整体的形状为长方形，即变量少而观察值多；宽数据则相反，它对数据集中的所有变量进行了明确的细分，总体表现为变量多而观察值少，且每一列为一个变量，每一行为变量所对应的数值（行列的交叉点）。图 5-8-2 分别为使用长、宽数据类型绘制的和弦图和其渐变色填充样式。

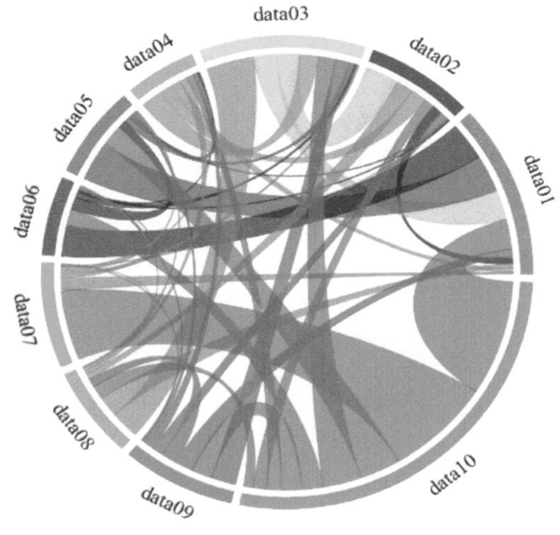
data03
data02
data01
data10
data09
data08
data07
data06
data05
data04

（a）长数据和弦图绘制示例

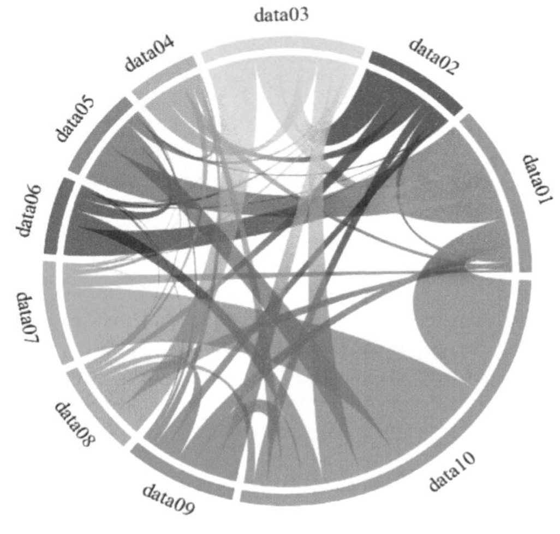
data03
data02
data01
data10
data09
data08
data07
data06
data05
data04

（b）长数据和弦图渐变色填充绘制示例

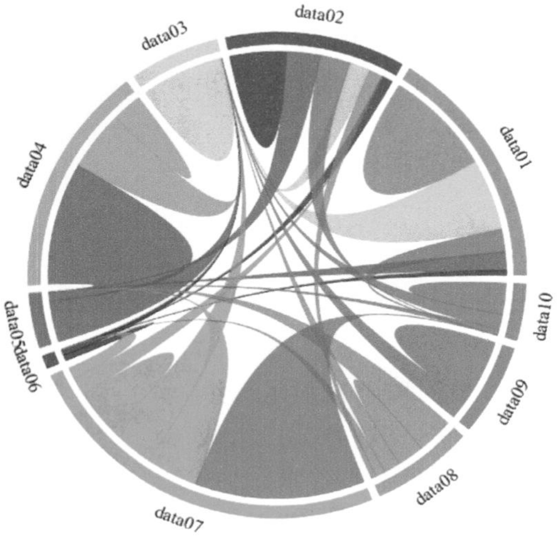
data02
data01
data10
data09
data08
data07
data05data06
data04
data03

（c）宽数据和弦图绘制示例

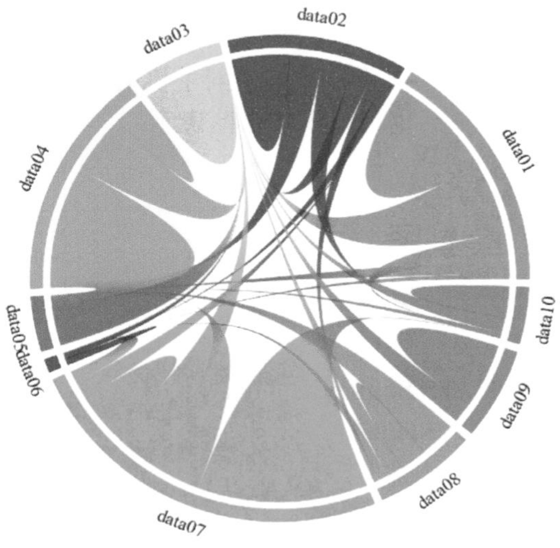
data02
data01
data10
data09
data08
data07
data05data06
data04
data03

（d）宽数据和弦图渐变色填充绘制示例

图 5-8-2　长、宽数据和弦图及其渐变色填充绘制示例

技巧：长、宽数据和弦图的绘制

由于 mpl-chord-diagram 库特殊的方块矩阵数据要求，因此，在针对长、宽数据类型时，需要进行相应的数据转换操作。在面对长数据类型时，可先使用 pandas 的 pivot_table() 函数将它转换成宽数据，再使用 pandas.DataFrame.to_numpy() 或 DataFrame.values() 函数将宽数据转换成矩阵数据类型；对于宽数据类型，直接使用 to_numpy() 或 values() 函数即可。图 5-8-2（b）的核心绘制代码如下。

```
import numpy as np
import pandas as pd
import matplotlib.pyplot as plt
from mpl_chord_diagram import chord_diagram
plt.rcParams["image.composite_image"] = False
chord_df01 = pd.read_excel(r"\Chord Diagram data01.xlsx")
# pandas.DataFrame.pivot_table()函数将长数据转换成宽数据
chord_df01_matx = pd.pivot_table(chord_df01,
    values="values",index="B",columns="A",fill_value=0)
flux = chord_df01_matx.values
names = chord_df01_matx.columns.to_list()
color_list =
     ["#EF0000","#18276F","#FEC211","#3BC371","#666699",
      "#134B24","#FF6666","#6699CC","#CC6600","#009999"]
colors = color_list[:len(names)]
fig,ax = plt.subplots(figsize=(4,3.5),dpi=100)
chord_diagram(flux,names,chordwidth=.5,colors=colors,
          width=.05,fontsize=9, use_gradient=True,ax=ax)
plt.tight_layout()
```

提示：*在绘制具有多个类型数据集的和弦图时，可自定义合适的类别映射颜色集，这样可以帮助用户更好地观察和弦图中各数据之间的流动关系，避免因颜色较亮或相近，导致视觉上的误判。*

使用场景

和弦图常用来表现研究目标间的复杂关系，如生态学研究中不同物种间的联系、社会学中观测目标的数据关系（如不同手机的市场份额流动情况）。此外，当数据为矩阵类型时，数据间的双向关系也可以用和弦图表示。

5.9 桑基图

桑基图（Sankey diagram）也称桑基能量平衡图，是一种用来显示一组数据与另一组数据之间流向和数量的关系图。桑基图主要由流量（数据值）、边和节点组成，其中，边表示流动的数据，流量表示流动数据的具体数值，节点表示不同数据类别。边的宽度和流量成比例关系，即边越宽，流量越大。在数据流动的可视化过程中，桑基图紧紧遵循能量守恒定律，数据从开始到结束，总量都保持不变。图 5-9-1 为使用 Python 绘制的两种图层数量的桑基图示例。

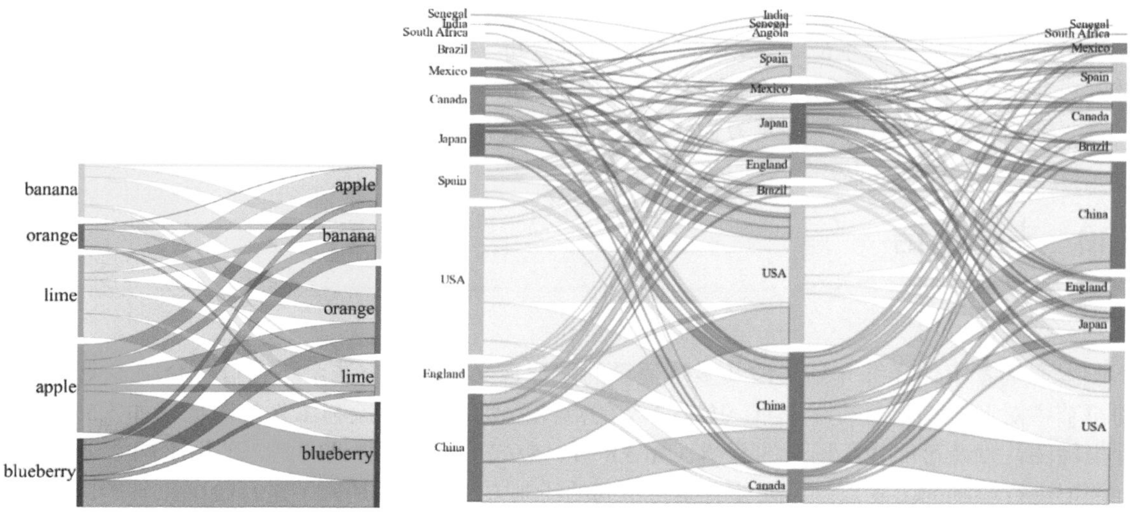
banana
orange
lime
apple
blueberry
apple
banana
orange
lime
blueberry
Senegal
India
South Africa
Brazil
Mexico
Canada
Japan
Spain
USA
England
China
India
Senegal
Angola
Spain
Mexico
Japan
England
Brazil
USA
China
Canada
Senegal
South Africa
Mexico
Spain
Canada
Brazil
China
England
Japan
USA

（a）桑基图绘制示例（单图层）　　（b）桑基图绘制示例（双图层）

图5-9-1　两种图层数量的桑基图绘制示例

技巧：桑基图的绘制

桑基图的绘制以交互式样式为主，即用鼠标单击后出现数值点等的展示。但在学术研究中，静态式桑基图更符合阅读要求。此时，我们可使用第三方工具——pySankey2 绘制静态式桑基图。pySankey2 实现以 Matplotlib 为基础的桑基图的绘制，绘制结果可通过常规 Matplotlib 属性设置函数来完成定制化操作，其 Sankey() 类中的 sankey() 函数用于初始图的样式，如数据对象参数 df、颜色模型参数 colorMode 等；plot() 函数可用于绘制桑基图，并且可修改画布对象大小、字体颜色、类别等图层属性。图 5-9-1 的核心绘制代码如下。

```
import pandas as pd
import matplotlib.pyplot as plt
from pysankey2.datasets import load_fruits,load_countrys
from pysankey2 import Sankey
# 图5-9-1(a) 的绘制代码
colorDict = {
    'apple':'#EF0000',
    'blueberry':'#18276F',
    'banana':'#FEC211',
    'lime':'#3BC371',
    'orange':'#666699'}
df1 = load_fruits()
sky = Sankey(df1,colorMode="global",colorDict=colorDict,
             stripColor='left')
fig,ax = sky.plot(figSize=(4, 4),fontSize=13,boxWidth=.2,
                  text_kws={"family":"Times New Roman"})
plt.tight_layout()
# 图5-9-1(b) 的绘制代码
df2 = load_countrys()
Sky2 = Sankey(df2,colorMode="global",stripColor='left')
fig,ax = Sky2.plot(figSize=(4, 3),fontSize=4.5,
         boxWidth=.5,text_kws={"family":"Times New Roman"})
plt.tight_layout()
```

使用场景

桑基图通常用于展示能源学、材料学、金融分析学等研究数据。此外，新闻学相关的研究报告也常使用桑基图展示研究话题或关注对象不同时段的数据走势分析情况。需要注意的是，在新闻学相关的可视化结果展示方面，对其配色一般有固定的模式。

5.10　本章小结

本章笔者不仅详细介绍了涉及多个变量的图形含义和绘制方法，还在每个介绍多变量图形的小节中对此类图形进行了拓展（如 5.2 节的点图系列）、不同绘制工具的对比（如 5.5 节的平行坐标图）以及可能使用场景的介绍（如 5.8 节、5.9 节）。需要强调的是，使用不同工具对同一种图形进行绘制的出发点是方便读者学习不同的绘制方法，而不是为了进行绘图工具的比较。

第 6 章　空间数据型图形的绘制

地理空间图作为学术图中一种常见的类型，在地理学、气象学、环境科学、测绘学等学科领域，被用于研究目标在空间尺度上的可视化。地理空间图可视化的主要任务是将地图学方法和其他统计方法相结合，对研究目标进行多角度的探索、分析、合成和表达，具体包括：研究或监测指标在地图数据图层上的视觉元素类别展示，如不同类型研究目标的标记形状（散点、三角形等）；柱形图、饼图等统计图和地图相结合，多维度分析变量数值。

本章从常见的科研需求出发，介绍空间数据处理方法、常见地理绘图问题，以及多种学术空间图类型及其绘制方法，涵盖基础、常见和提高 3 种不同等级的图形类型。此外，还对空间图的图层属性（坐标轴、刻度范围、轴脊样式等）进行定制化设置，使它更加符合学术期刊的出版需求。需要注意的是，由于涉及地图绘制，特别是国家地图层面，在绘制之初，读者应严格按照《地图管理条例》规定进行地图审核，基于此，本章使用的所有地图文件均为虚构数据。

本章绘图使用的工具分别为 Python 基础绘图库 Matplotlib（3.4.3）、地图数据处理及可视化绘制工具库 GeoPandas（0.9.0）以及绘图主题库 ProPlot（0.9.5）等。

6.1　地理空间数据可视化分析

6.1.1　空间数据处理方法及常见的地理投影

在地理空间数据分析领域，常见的空间分析工具主要有地理信息系统（Geographic Information System，GIS）和一些统计分析软件。GIS 不但可以实现对空间数据的存储、计算、展示等基础功能，而且能实现诸如拓扑分析、网络分析等定制化任务需求，以提高对空间数据的认知和分析效率。随着 GIS 技术的发展，其结构和分析功能日益复杂，导致在分析过程中难以理解 GIS 提供的功能和本身参数，特别是在面对复杂的空间数据分析过程中，导致关键信息的表达结果具有较高的不确定性。将点、线、面等视觉元素地理空间数据，以及关键计算指标统计分析结果和特有的数据特征与地理空间数据相结合，使用可视化（visualization）技术对它进行展示，高效发掘地理空间数据价值和进行关键指标的展现。

在常见的学术研究中，地理信息学以及与空间数据相关的交叉学科在展示研究区状况、研究区关键指数、研究区特定区域标注以及不同研究点统计信息等信息时，就需要使用地理坐标系（Geographic Coordinate System，GCS）进行地理空间数据地图的绘制。一般的地图绘制需要考虑地理坐标系和投影坐标系（Projection Coordinate System，PCS）的选择。GCS 是使用三维球面来定义地球表面位置，以实现通过经纬度对地球表面点位的引用，它为球面坐标系统。完整的 GCS 包括角度测量单位、本初子午线和参考椭球体三部分。在球面系统中，水平线是等纬度线或纬线，垂直线是等经度线或经线。PCS 是平面坐标系统，坐标单位通常为米或者千米，它使用基于 X、Y 值的坐标系统来描述地球上某个点所处的位置，而这个坐标系是从地球的近似椭球体投影得到的，它对应于某个地理坐标系。地理坐标转换到投影坐标的过程可理解为投影，即将不规则的球面转换成规则平面。可将投影方式归为三大类，分别为圆柱投影（cylindrical projection）系列、圆锥投影（conic projection）系列和方位投影（azimuthal projection）系列。图 6-1-1 为这 3 类投影系列的绘制简图。

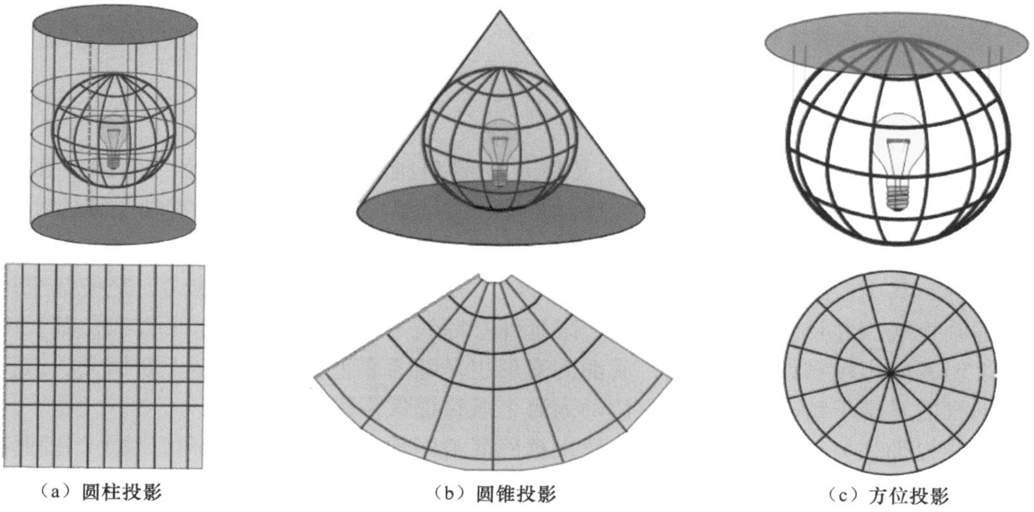
（a）圆柱投影
（b）圆锥投影
（c）方位投影

图 6-1-1　3 类常见的地图投影类别

在常见的地理科研绘图中，所绘制的地图类型大部分都是基于以上 3 类投影系列。下面分别介绍每类投影系列中常见的地图投影。

1. 等距圆柱投影

等距圆柱投影（equidistant cylindrical）又称方格投影或简易圆柱地图投影，是比较简单的圆柱投影方式。该投影方法是假想球面与圆筒面相切于赤道，赤道为没有变形的线，将地球转换为笛卡儿格网，纬线和经线格网从东到西以及两极之间形成等积矩形，所有矩形格网像圆柱在投影空间中的大小、形状和面积相同。在此投影中，各极点被表示为通过格网顶部和底部的直线，其长度与赤道相同。经纬网沿赤道和中央经线对称。

该投影方法用于以最少的地理数据进行简单的地图绘制，如城市地图或其他面积较小的研究区域。对于一些气象、环境、遥感等公开数据集（多为 NetCDF 格式数据），多以等距圆柱投影方式进行展示。此外，在涉及全球尺度的地图绘制（如监测点标记等）时，多采用此投影地图进行绘制。图 6-1-2 为等距圆柱投影示意简图。

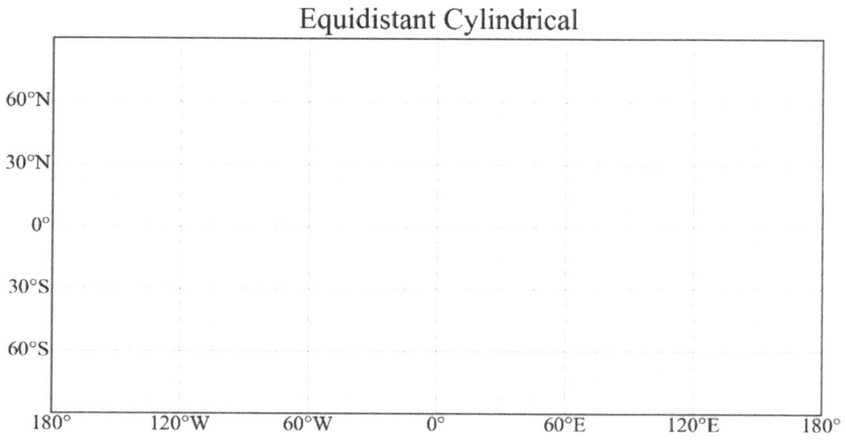
Equidistant Cylindrical
60°N
30°N
0°
30°S
60°S
180°
120°W
60°W
0°
60°E
120°E
180°

图 6-1-2　等距圆柱投影示意简图

注意：由于涉及陆地轮廓的地图需要到相关部门进行报备和审核，因此，这里只使用经纬度刻度进行基本样式的展示。

2. 墨卡托投影

墨卡托投影（Mercator projection）又称正轴等角圆柱投影，是由荷兰地图学家墨卡托（Mercator）于 1569 年创立的。该投影方法假设一个与地轴方向一致的圆柱切于或割于地球并按照等角条件将经纬网投影到圆柱面上，将圆柱面展为平面后，即可获取投影转变后的平面经纬线网地图，其中，经线（注意，这里的“经线”是投影后的经线，纬线同）是彼此平行且等距分布的垂直线，并且它在接近极点时无限延伸；纬线是垂直于经线的水平直线，其长度与赤道相同，但其间距越靠近极点越大，其面的变形也是随着靠近两极地区而不断增大。该投影最初创建的目的是用于精确显示罗盘方位，为海上航行提供保障。

墨卡托投影的另一个功能是以最小比例精确而清晰地定义所有局部形状。墨卡托投影是目前现实应用中使用较为广泛的一种地图投影方法，如绝大多数在线地图服务、海上航行、风向测定等。图 6-1-3 为墨卡托投影示意简图。

3. 阿尔伯斯投影

阿尔伯斯投影（Albers equal area）又称为正轴等积（等积是指面积不变形）割圆锥投影，是一种等积圆锥投影，由德国人阿尔伯斯（Albers）于 1805 年提出。该投影方式使用两条标准纬线，相比仅使用一条标准纬线的投影，可在某种程度上减少畸变，且所有地区的面积均与地球上相同地区的面积成比例。

由于阿尔伯斯投影特有的等面积属性，因此它被广泛用于国家级别或较大面积区域的地图绘制，特别是东西方向延伸的中低纬度地区。图 6-1-4 为阿尔伯斯投影示意简图。

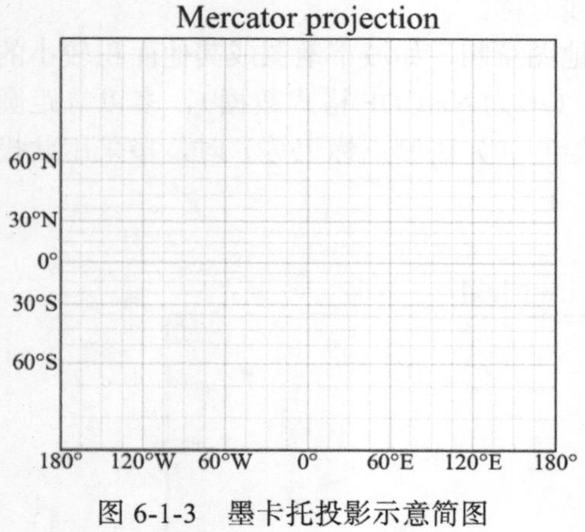
Mercator projection
60°N
30°N
0°
30°S
60°S
180°
120°W
60°W
0°
60°E
120°E
180°

图 6-1-3　墨卡托投影示意简图

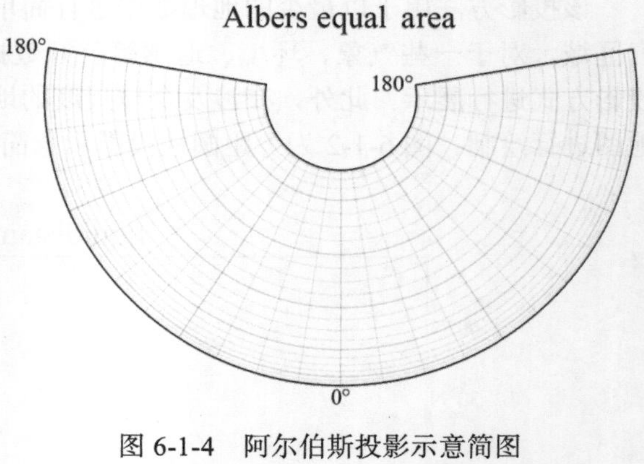
Albers equal area
180°
180°
0°

图 6-1-4　阿尔伯斯投影示意简图

4. 等距方位投影

等距方位（azimuthal equidistant）投影会将所有经线和纬线划分为相等的部分，以保持等距离属性。地图上任意一点沿着经纬度到该投影中原点的位置的距离都是保持不变的。此投影常用于具有适当纵横比的极地地图或空中和海上导航路线地图，也常用于表示地震影响范围的地图绘制。尽管该投影可以显示整个地球，但其实际使用范围通常仅限于半球。图 6-1-1（c）为等距方位投影示意简图。

5. 其他投影

除以上三大类型地图投影以外，在一些涉及全球尺度的研究内容中，经常需要在全球尺度的地图上标记出研究点或大范围的目标变量监测情况。针对这一需求，在一些常见的学术期刊或研究报告中，经常会出现使用诸如平等地球投影（equal earth）、正弦曲线投影（sinusoidal）等投影方式绘制的地图，用于数据的精准表达。图 6-1-5 分别展示了平等地球投影和正弦曲线投影的示意简图。

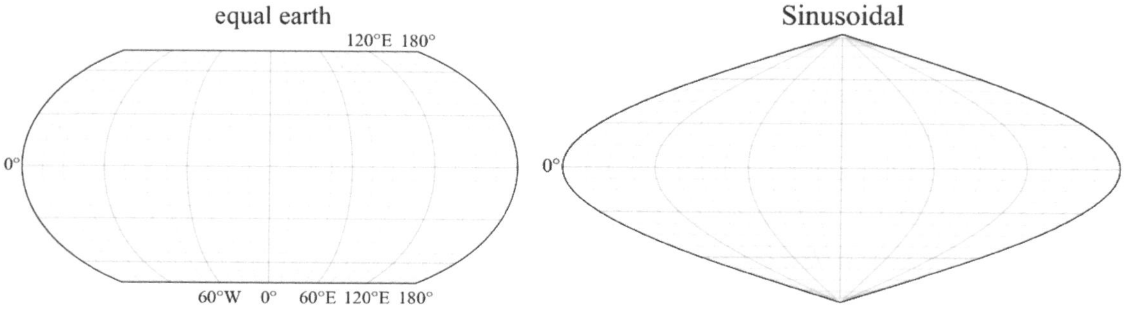
equal earth
120°E 180°
0°
60°W 0° 60°E 120°E 180°
Sinusoidal
0°

（a）平等地球投影　（b）正弦曲线投影

图 6-1-5　平等地球投影和正弦曲线投影的示意简图

6.1.2 地理空间数据格式

常见的地理空间数据格式包括 Shapefile、GeoJSON、KML 和 GDB，其中以 Shapefile 和 GeoJSON 格式的地理空间数据的使用比较广泛。

1. Shapefile 文件格式

Shapefile 文件作为地理空间数据的一种文件存储方式，由多个文件组成，包含地图的边界线段的经纬度坐标信息、行政单位名称和面积等众多信息。想要组成一个完整的 Shapefile 文件，3 种文件类型必不可少，分别为 .shp、.shx 和 .dbf 文件，其中，.shp 文件为图形格式，用于保存文件的几何体；.shx 文件为几何体位置索引文件，用于记录每一个几何体在 .shp 文件中的位置，能够加快向前或向后搜索几何体的速度；.dbf 文件为数据属性文件，用于存储每个几何形状的属性数据。另外，.prj 文件用于保存地理坐标系统与投影信息，.shp.xml 文件以 XML 格式保存元数据，等等。

在一般的学术研究中，由于研究区域的独特性，因此常使用 Shapefile 文件存储地图绘制结果。在大多数情况下，需要借助专业的地图绘制工具，如 QGIS 等，单独进行研究区域 Shapefile 文件的制作。在涉及较大范围和固定区域的研究时，在相应网站即可下载到相关的 .shp 文件。在 Python 中，可使用 GeoPandas 库中的 read_file() 和 to_file() 函数分别进行 .shp 文件的读取与写入。

2. GeoJSON 文件格式

GeoJSON 是一种对各种地理数据结构进行编码的格式，是基于 JavaScript 对象表示法（JavaScript Object Notation，JSON）的地理空间信息数据交换格式。GeoJSON 支持点、线、面、多点、多线、多面和几何集合对象。它定义了几种 JSON 对象及其组合方式，以表示有关地理要素及其属性和空间信息。

GeoJSON 格式的地图文件作为一种使用越来越普遍的地理信息数据文件，其优势在于，可将多个地理信息存储在一个文件中，这种数据格式一般用来表示较大或者较完整的区域，如国家、省市级别。然而，如果学术研究中的区域具有独特性和自制性特点，则还需要进行二次加工。在 Python 中，同样可以使用 GeoPandas 库中的 read_file() 和 to_file() 函数对 .geojson 格式的地理数据进行读取和另存操作。

6.1.3 地理空间地图类型

地理空间数据种类繁多，使用场景多种多样，加上不同的绘图需求等因素，造成在不同绘图任务中绘制的地理空间地图不一，增加了图的种类。然而，在常见的科研配图绘制过程中，地理空间数据涉及的图类型较为固定，常见的类型包括表示面积与定量目标变量关系的符号（圆形、方形等）地图、根据定量变量对面积区域进行着色的分级统计图（choropleth map）、用于在地图上显示不同类别变量的类别地图，以及以上几种类型地图相互结合的组合地图。

6.2 常见地理空间地图的绘制

本节介绍如何使用 Python 中的 GeoPandas 库进行基础空间数据的可视化展示，涉及的绘图内容包括：GeoSeries 或 GeoDataFrame 对象基础绘图、地理空间数据绘图坐标系更改，以及常见的点地图（标记研究数据点）、区域地图（标记研究区域）和注释地图（带注释信息）等地理空间地图的绘制。

6.2.1 GeoPandas 库对象基础绘图

Python 中的 GeoPandas 库可实现对不同格式（.shp、.geojson）地理空间数据的读取、操作和可视化展示。GeoPandas 库中 GeoSeries 和 GeoDataFrame 对象的 plot() 函数可用于绘制不同级别空间数据可视化结果。图 6-2-1 为利用 GeoPandas 库读取 Virtual_Map0.shp 和 Virtual_Map1.shp 文件后，使用 GeoDataFrame 对象绘制的地图可视化样式。

在 GeoDataFrame.plot() 函数中，设置参数 column 为 .shp 文件属性变量名称即可实现将数据变量映射到地图多边形的填充颜色上，参数 legend_kwds 可实现对图例位置、文本大小等属性的设置。此外，参数 color 在设置某一颜色值后是对全区域颜色进行统一设置，无法实现颜色区域表示效果，此时，可通过设置 cmap 参数实现对不同区域的颜色的定制修改。图 6-2-1 为利用 Virtual_Map0.shp 文件并根据数据变量 type（mainland 和 island 类型）映射到地图多边形填充颜色和修改颜色设置后的可视化效果。图 6-2-2 为利用 Virtual_Map1.shp 文件并根据多数据变量 country（如 PETTER、JACK、EELIN 等）映射到地图多边形填充颜色和修改填充颜色后的绘制结果。

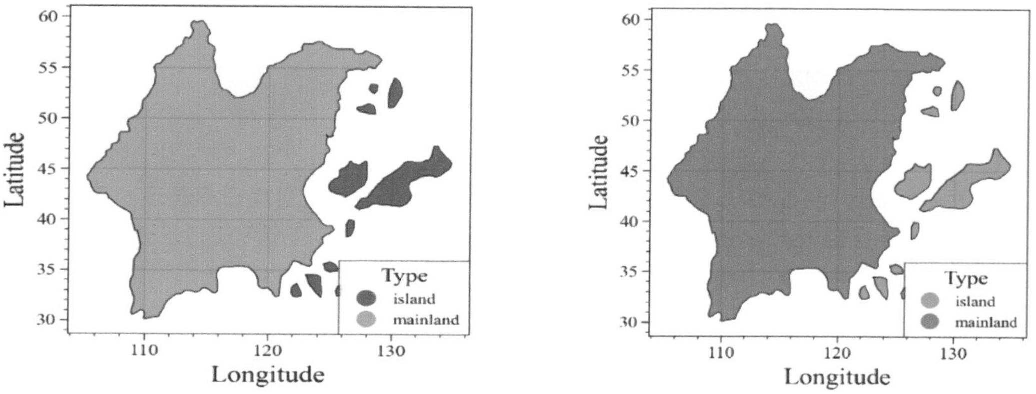
Type
island
mainland
Latitude
Longitude
60
55
50
45
40
35
30
110
120
130

（a）地理空间地图基本样式　　（b）地理空间地图基本样式（自定义颜色）

图 6-2-1　利用 GeoPandas 绘制的基础地理空间地图样式（自定义颜色）示例

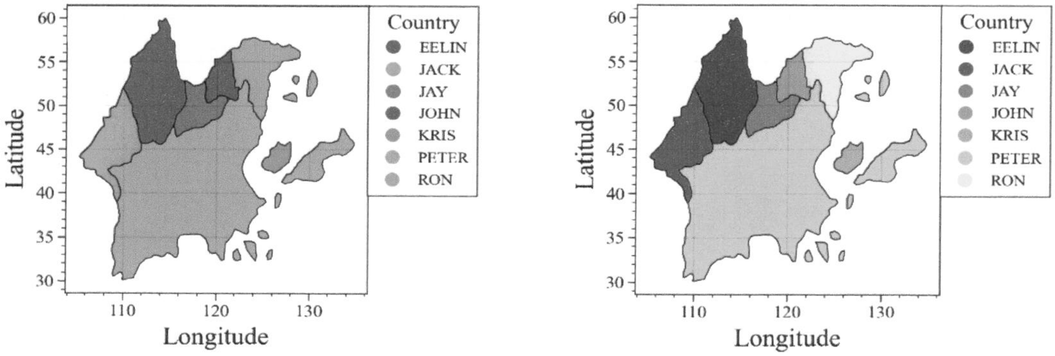
Country
EELIN
JACK
JAY
JOHN
KRIS
PETER
RON
Latitude
Longitude
60
55
50
45
40
35
30
110
120
130

（a）多数据变量填充地图绘制　　（b）多数据变量填充地图绘制（颜色修改）

图 6-2-2　利用 Virtual_Map1.shp 进行颜色填充和修改的示例

图 6-2-1（b）绘制核心代码如下：

```
import pandas as pd
import numpy as np
import geopandas as gpd
import matplotlib.pyplot as plt
import matplotlib as mpl
from proplot import rc
rc["font.family"] = "Times New Roman"
rc["axes.labelsize"] = 15
rc["tick.labelsize"] = 10
rc["suptitle.size"] = 15
# GeoPandas读取.shp格式的地图文件
file = r"\空间数据型图表绘制\Virtual_Map0.shp"
map_fig01 = gpd.read_file(file)

fig,ax = plt.subplots(figsize=(4,3.5),dpi=100,)
map_fig01.plot("type",legend=True,ec="k",lw=.5,
                    legend_kwds=dict(loc="lower right",
                    title="Type",title_fontsize=12),ax=ax)
ax.set_xlabel("Longitude")
```

```
ax.set_ylabel("Latitude")
# 自定义颜色
from matplotlib.colors import ListedColormap
colors = ["#2FBE8F","#459DFF"]
cmap=ListedColormap(colors)
map_fig01.plot("type",legend=True,ec="k",lw=.5,
                    cmap= cmap,...)
```

提示：GeoPandas 的 plot() 函数和自定义的 cmap 参数的结合，可实现面积区域颜色的更改。使用 matplotlib.colors.ListedColormap() 方法即可实现 cmap 的构建，这个方法同样适用于制作定制化颜色映射的图形绘制任务。

6.2.2　地理空间绘图坐标系样式更改

在一般的科研论文中，地理空间图的绘制涉及研究点（监测点等）、研究区域标记、文本注释信息、特殊点注释信息等多种图形类型，这些图形的绘制在丰富地图信息的同时，会造成坐标系空间布局过于拥挤，导致关键信息展示不全等问题。此时，可考虑对空间绘图坐标系刻度（经纬度坐标）、坐标轴脊元素进行修改，即设置轴脊边界范围和轴脊从数据区域向外拓展的位置点数。图 6-2-3 展示了使用 ProPlot 库绘图主题默认样式和修改轴脊图层属性（样式和刻度范围）后的可视化结果，经过对比，我们可以发现：修改之后的坐标轴绘图结果在地图文件排版布局和其他图层属性添加方面的可调整性明显提高，空间利用率更高。

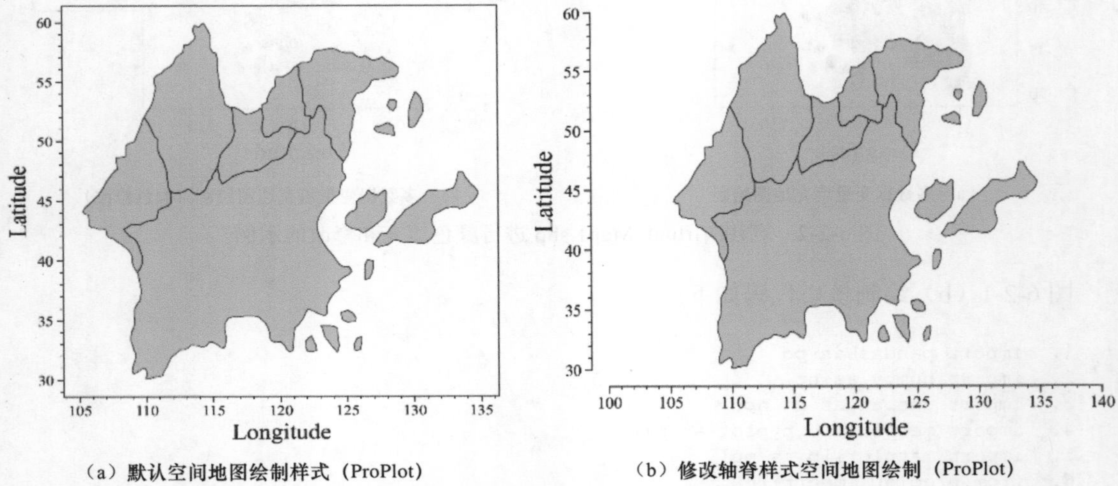

Latitude
Longitude
60
55
50
45
40
35
30
105
110
115
120
125
130
135
100
140

（a）默认空间地图绘制样式（ProPlot）　　（b）修改轴脊样式空间地图绘制（ProPlot）

图 6-2-3　不同坐标系样式空间地图绘制示例对比

技巧：轴脊外扩空间地图样式的绘制

绘制轴脊外扩样式的空间地图样式，主要使用了 Matplotlib 中轴脊（spines）左、下位置设置函数 spines.set_position()，该函数参数值为元组（tuple）类型，支持格式为（position type, amount），其中 position type 参数值设置为“outward”，即将轴脊位置设置在数据区域外，amount 参数设置具体的位置调整数量，本案例设置为 10。图 6-2-3（b）绘制核心代码如下。

```python
import pandas as pd
import numpy as np
import geopandas as gpd
import matplotlib.pyplot as plt
from proplot import rc
rc["font.family"] = "Times New Roman"
rc["axes.labelsize"] = 15
rc["tick.labelsize"] = 10
rc["suptitle.size"] = 15
file = r"\空间数据型图表绘制\Virtual_Map1.shp"
map_fig02 = gpd.read_file(file)
# 默认主题样式绘制
fig,ax = plt.subplots(figsize=(5,4.5),dpi=100)
map_fig02.plot("type",ec="k",lw=.5,color="#9CCA9C",
                    alpha=.8,ax=ax),
ax.grid(False)
ax.set_xlabel("Longitude")
ax.set_ylabel("Latitude")
fig.tight_layout()
# 图6-2-3(b) 的绘制代码
map_fig02.plot("type",ec="k",lw=.5,color="#9CCA9C",
                     alpha=.8,ax=ax),
ax.grid(False)

ax.set_ylim((30, 60))
ax.set_xlim((100, 140))
ax.spines.right.set_visible(False)
ax.spines.top.set_visible(False)
ax.spines.left.set_position(("outward",10))
ax.spines.bottom.set_position(("outward",10))
```

6.2.3 常见地理空间地图类型

常见的地理空间地图类型有，在空间地图上添加数据研究点的点地图、标记出研究区域的区域 / 面地图和带有注释信息的注释地图等。这些类型的地理空间地图不但能够丰富地图图层的内容，而且有助于用户加深对地理空间地图的理解。图 6-2-4 展示了科研绘图中常见的点信息（地图文件多面体中心点）、监测站点、研究区域和注释信息等空间地图类型。

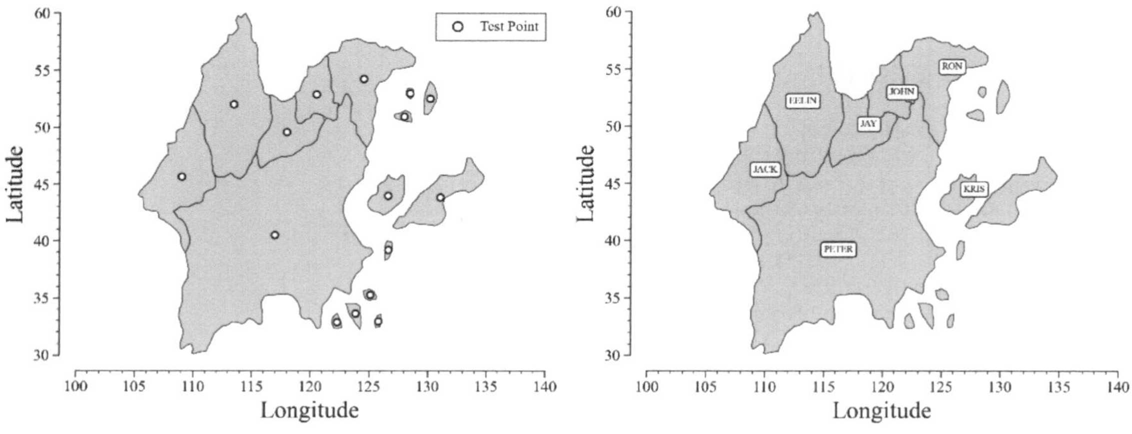
Test Point
Latitude
Longitude
60
55
50
45
40
35
30
100
105
110
115
120
125
130
135
140
RON
JOHN
EELIN
JAY
JACK
KRIS
PETER

（a）多面中心坐标点绘制示例　　（b）多面中心坐标文本添加示例

图 6-2-4　常见基础地理空间地图类型绘制示例

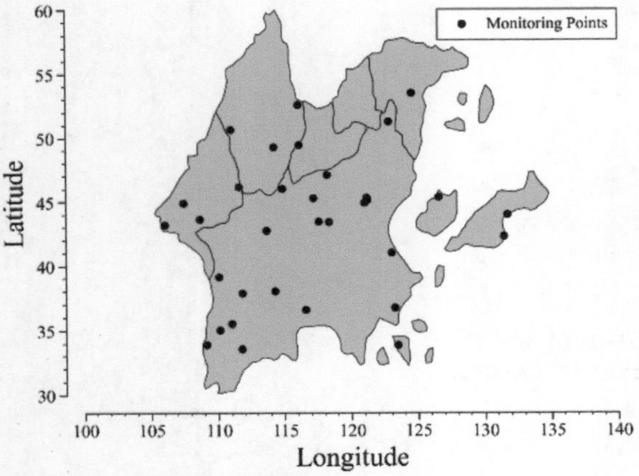
Monitoring Points
Latitude
Longitude

（c）单系列虚拟监测站点绘制示例

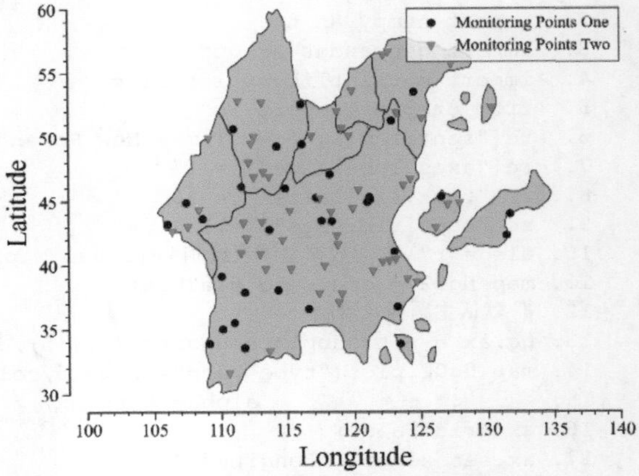
Monitoring Points One
Monitoring Points Two
Latitude
Longitude

（d）多系列虚拟监测站点绘制示例

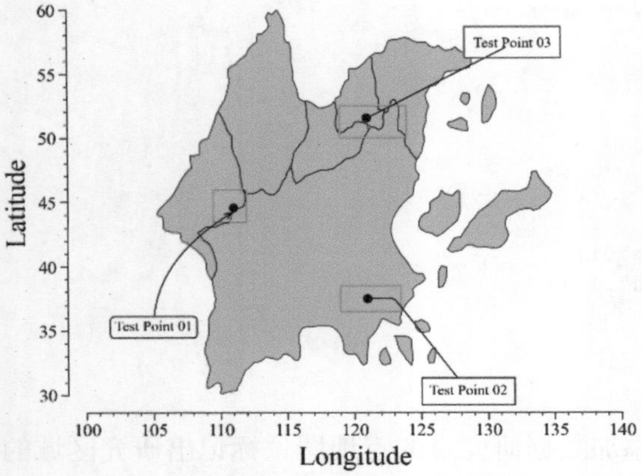
Test Point 03
Test Point 01
Test Point 02
Latitude
Longitude

（e）研究区域、注释信息绘制示例

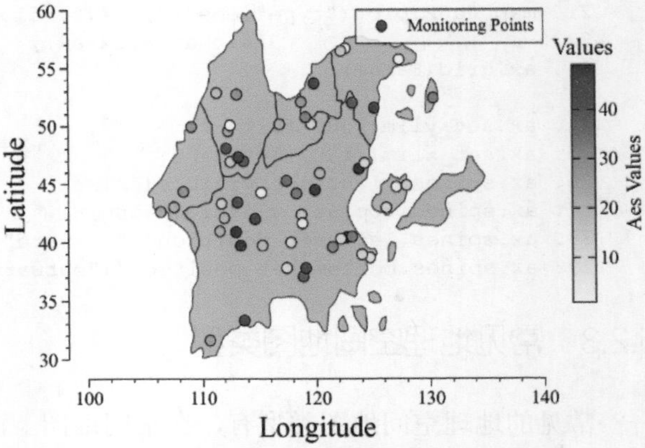
Monitoring Points
Values
Aes Values
Latitude
Longitude

（f）单系列监测站点数值映射绘制示例

图 6-2-4　常见基础地理空间地图类型绘制示例（续）

技巧：常见基础地图样式绘制

图 6-2-4（a）、（b）的核心绘制代码如下。

```
# 6-2-4(a) 的绘制代码
file = r"\空间数据型图表绘制\Virtual_Map1.shp"
map_fig02 = gpd.read_file(file)
fig,ax = plt.subplots(figsize=(5,4.5),dpi=100)
map_fig02.plot("country",legend=False,ec="k",lw=.5,color=
                "#9CCA9C",alpha=.8,ax=ax)
# 获取每个面中心点坐标
for loc in map_fig02.geometry.centroid:
    ax.scatter(loc.x,loc.y,s=18,fc="w",ec="k",lw=1)
# 构建图例，注意，没有映射数值
ax.scatter([],[],fc="w",ec="k",lw=1,label="Test Point")
ax.legend()
fig.tight_layout()

# 6-2-4(b) 的绘制代码
```

```
values01 = pd.read_csv(r"Virtual_City.csv")
# 拼接数据
merger01 = map_fig02.merge(values01,on="country")
map_fig02.plot("country",legend=False,ec="k",lw=.5,
                        color="#9CCA9C",alpha=.8,ax=ax)
for x, y,label in zip(merger01.long,merger01.lat,
                              merger01.country):
     ax.text(x,y,label,size=6,color="k",
                bbox=dict(boxstyle="round", fc="w"))
```

提示：在绘制图 6-2-4（b）时的数据处理过程中，笔者使用了 GeoDataFrame.merge() 函数对两种数据进行拼接，这是在地理空间绘图数据处理阶段较为常见的一种操作方式。笔者建议直接使用 GeoDataFrame 对象拼接且在左侧（left）位置，其结果会是 GeoDataFrame 对象。如果 pandas 的 DataFrame 对象在左，GeoDataFrame 在右，其结果将不是 GeoDataFrame 对象，而是基础的 DataFrame 数据对象。

地理空间地图上绘制的监测点或者数据采样点是数据空间分布常见的一种地图表示形式。在一般情况下，不同系列采样点使用不同图标类型表示，而在涉及数值变化的表示时，则需要对不同监测点进行空间地图上的数值映射表示。图 6-2-4（c）、图 6-2-4（d）和图 6-2-4（f）分别是单系列、多系列、单系列数值映射类型地图绘制示例，其核心绘制代码如下。

```
# 6-2-4(c)、(d) 的绘制代码
point_data = pd.read_excel(r"\地图监测点数据.xlsx")
single = point_data[point_data['type']==1]
single2 = point_data[point_data['type']==2]
point_x = single["lon"]
point_y = single["lat"]
point_x2 = single2["lon"]
point_y2 = single2["lat"]
fig,ax = plt.subplots(figsize=(5,4.5),dpi=100,)
map_fig02.plot("type",ec="k",lw=.5,color="#9CCA9C",
                    alpha=.8,ax=ax)
# 添加监测站点信息（单、多系列）
ax.scatter(x=point_x,y=point_y,s=15,color="k",
           label="Monitoring Points One")
ax.scatter(x=point_x2,y=point_y2,s=15,marker="v",
            color="r",label="Monitoring Points Two")

# 6-2-4(f) 的绘制代码
from palettable import colorbrewer,cartocolors
cmap = colorbrewer.sequential.GnBu_9.mpl_colormap
single = point_data[point_data['type']==1]
point_x = single["lon"]
point_y = single["lat"]
aes_values = single["values"]
fig,ax = plt.subplots(figsize=(5,4.5),dpi=100,)
map_fig02.plot("type",ec="k",lw=.5,color="#9CCA9C",
                    alpha=.8,ax=ax)
# 添加监测站点信息
aes_scatter = ax.scatter(x=point_x,y=point_y,s=30,
                   c=aes_values,ec="k",lw=.5,cmap = cmap,
                   label="Monitoring Points")
# 添加colorbar，并对它进行定制化操作
cbar = fig.colorbar(aes_scatter,shrink=.4,aspect=10)
cbar.ax.set_ylabel(ylabel="Aes Values",fontsize=11)
cbar.ax.set_title("Values",fontsize=12,pad=5)
cbar.ax.tick_params(left=True,direction="in",labelsize=10)
cbar.ax.tick_params(which="minor",right=False)
```

除采样点的标记以外，还需要在地图上标记研究区域。在通常情况下，研究区域数据为用户自定义的 SHP 文件格式，且为不规则面数据对象。为了方便展示，这里直接利用 geopandas.GeoDataFrame() 方法对使用 Polygon 对象构建的规则面数据对象进行绘制示例表示。如果我们知道研究区域大致的经纬度范围和部分范围关键点地理坐标，那么可以使用 GeoPandas 结合自定义 Polygon 对象进行构建的方法，避免自定义过程中因投影坐标转换等问题而导致数据出错等问题。

在对研究区域进行地图上的表示后，还需要进行注释信息、特殊监测点标记等操作，这里使用 Matplotlib 的 axes.Axes.annotate() 函数实现。需要注意的是，annotate() 函数中多样式箭头和指示线的合理选择对最终的注释信息的简洁性与明确性都起着非常重要的作用。图 6-2-4（e）中使用了 3 种不同的箭头和指示线组合样式对研究区域名称、特殊监测点标记等关键信息进行绘制，其核心绘制代码如下。

```
from shapely.geometry import Point, Polygon
ploygon = {'geometry': [Polygon([(109.5, 43.5), (109.5,
                        46), (112, 46),(112, 43.5)]),
                        Polygon([(119,36.5), (119,38.5),
                        (123.5,38.5),(123.5,36.5)]),
                        Polygon([(119, 50), (119, 52.5),
                        (124, 52.5),(124, 50)])]}
ploygon_df = gpd.GeoDataFrame(ploygon)
test_point_x = [111,121,121]
test_point_y = [44.5,37.5,51.5]
fig,ax = plt.subplots(figsize=(5,4.5),dpi=100,)
map_fig02.plot("type",legend=True,ec="k",lw=.5,
             color="#9CCA9C",alpha=.8,ax=ax)
ploygon_df.plot(ax=ax,fc="none",ec="#F8A202",lw=.8)
for x,y in zip(test_point_x,test_point_y):
    ax.scatter(x,y,s=20,color="k")
# 使用annotate()函数方法添加注释信息，
# 注意每个注释符号和指示箭头的绘制方法
ax.annotate(text="Test Point01",xy=(111.5,44.5),
            xytext=(105,35),
            ha="center",fontsize=8,
            bbox=dict(boxstyle="round", fc="w"),
            arrowprops=dict(arrowstyle="->", color="k",
                            shrinkA=5, shrinkB=5,
                            patchA=None, patchB=None,
            connectionstyle="angle3,angleA=90,angleB=30",))
ax.annotate(text="Test Point 02",xy=(120,37.5),
            xytext=(128.5,30),
            ha="center",fontsize=8,
            bbox=dict(fc="w"),
            arrowprops=dict(arrowstyle="-", color="k",
                            shrinkA=5, shrinkB=5,
                            patchA=None, patchB=None,
                            connectionstyle="arc,angleA=50,
                          angleB=0,armA=0,armB=90,rad=10"))
ax.annotate(text="Test Point 03",xy=(120.5,51.2),
            xytext=(132,57),
            ha="center",fontsize=8,
            arrowprops=dict(arrowstyle="-", color="k",
                            shrinkA=5, shrinkB=5,
                            patchA=None, patchB=None,
                            connectionstyle="arc3,rad=0"))
```

6.2.4 气泡地图

在空间地图上，可通过绘制标记点（包括气泡、方形、三角形等）来对监测点或采样点位置进行标记，而在涉及除经纬度位置坐标信息以外的其他数据变量时，除采用定量变量数值颜色映射以外，还可以采用在地图上绘制气泡图（bubble chart）的形式进行展示。气泡地图（bubble map）不但可以直接通过散点位置展示地理空间信息分布，而且可以通过气泡大小对监测点数值（除经纬度位置变量外的第三个变量值）大小进行更为直观的表示。而在面对多个定量数值变量（除经纬度位置变量、数值大小变量外的第四个变量）表示的地图绘制时，还可以将维度数据值映射到颜色变化上，即用气泡大小映射维度数值大小，用气泡颜色映射其他维度数值变化。但需要注意的是，在空间地图上绘制气泡图时，所涉及的气泡个数不宜过多，且在出现气泡密集、相互遮蔽影响数值展示的情况时，可通过适当设置气泡透明度属性（alpha）进行调整。图 6-2-5 分别展示了单、双维度数值映射的气泡地图的绘制示例。

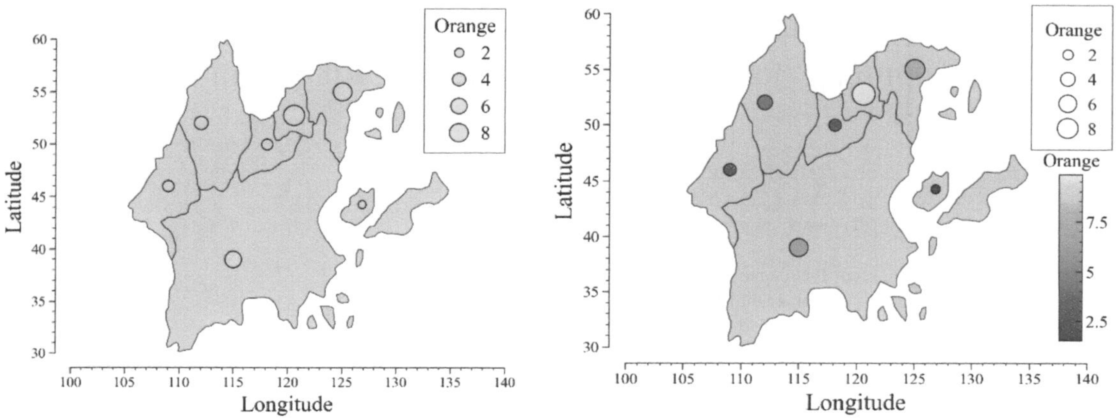
Orange
2
4
6
8
Latitude
Longitude
Orange
7.5
5
2.5

（a）气泡地图的单维度数值映射（气泡大小）　（b）气泡地图的双维度数值映射（气泡大小、颜色）

图 6-2-5　单、双维度数值映射气泡地图绘制示例

技巧：气泡地图的绘制

绘制气泡地区的方法和常规的气泡图绘制方法类似，唯一不同的是，绘制气泡点的 x、y 位置参数为经纬度位置参数，使用 Matplotlib 的散点绘制函数 ax.scatter（）即可完成气泡图的绘制。图 6-2-5（a）的核心绘制代码如下。

```
file = r"Virtual_Map1.shp"
map_fig02 = gpd.read_file(file)
values01 = pd.read_csv(r"Virtual_City.csv")
# 拼接数据
merger01 = map_fig02.merge(values01,on="country")
bubble_data = merger01[["lat","long","orange"]]
bubble_data = bubble_data.drop_duplicates()

# 6-2-5(a) 的绘制代码
```

```
fig,ax = plt.subplots(figsize=(5,4.5),dpi=100,)
merger01.plot("type",legend=True,ec="k",lw=.5,
                   color="#9CCA9C",alpha=.8,ax=ax)
bubble_plot = ax.scatter(bubble_x,bubble_y,bubble_s*20,
                                 color="#F7D826",ec="k")
# 添加图例
kw = dict(prop="sizes", num=5, color="#F7D826",mec="k",
             func=lambda s: s/20)
legend = ax.legend(*bubble_plot.legend_elements(**kw),
              loc="upper right", bbox_to_anchor=(1, 1.1),
              title="Orange",fontsize=13,handletextpad=.1,
              title_fontsize=14)
```

提示：这里通过对绘图对象（bubble_plot）的图例要素（legend_elements）进行自定义设置，实现对气泡散点数值映射图例的高效绘制。需要注意的是，在 ax.scatter() 函数中，设置大小参数为 bubble_s*20，这是为了更好在空间地图上展示气泡的大小。同时，在图例参数 kw 字典中，使用 func 自定义函数参数对每个图例大小进行了缩放处理（func=lambda s: s/20），使得前后数值表现一致。

在面对需要将其他维度数据映射到颜色变量上的操作时，采用 Matplotlib 的 axes.Axes.inset_axes() 方法进行对应图例的添加，该方法的优点是可以灵活设置图例位置，实现多图例的添加。注意，本书中还在多个绘图示例中使用了该方法进行定制化图例操作。图 6-2-5（b）的核心绘制代码如下。

```
file = r"Virtual_Map1.shp"
map_fig02 = gpd.read_file(file)
values01 = pd.read_csv(r"Virtual_City.csv")
# 拼接数据
merger01 = map_fig02.merge(values01,on="country")
bubble_data = merger01[["lat","long","orange"]]
bubble_data = bubble_data.drop_duplicates()

# 6-2-5(b) 的绘制代码
fig,ax = plt.subplots(figsize=(5,4.5),dpi=100,)
merger01.plot("type",legend=True,ec="k",lw=.5,
                   color="#9CCA9C",alpha=.8,ax=ax)
bubble_plot = ax.scatter(bubble_x,bubble_y,bubble_s*20,
                                 c=bubble_s,cmap=parula,ec="k")
# 添加图例
kw = dict(prop="sizes", num=5, color="none",mec="k",
             func=lambda s: s/20)
legend = ax.legend(*bubble_plot.legend_elements(**kw),
                   loc="upper right", bbox_to_anchor=(1.05, 1.),
                   title="Orange",fontsize=11,handletextpad=.1,
                   title_fontsize=12,frameon=False)

# 使用inset_axes()方法进行颜色映射图例的绘制
cax = ax.inset_axes([.94, 0.02, 0.05, 0.5],
                               transform=ax.transAxes)
colorbar = fig.colorbar(bubble_plot, cax=cax)
colorbar.ax.set_title("Orange",fontsize=12,pad=5)
colorbar.ax.tick_params(which="both",direction="in",
                                  labelsize=11)
colorbar.outline.set_linewidth(.5)
```

当然，除使用气泡（bubble）表示数值的变化以外，在空间地图上，还可以使用正方形（square）表示。这里，我们将图 6-2-5（a）中的气泡换成正方形。此外，在一些绘图情况下，还需要用不同标记符号颜色对数据进行类别区别，用于表示不同数据集在空间地图上的显示效果，同时需要对其标记符号大小进行数值映射。图 6-2-6 分别展示了使用正方形符号绘制的单、双维度数值映射空间地图示例。对于图 6-2-6 的绘制，我们只需要在图 6-2-5 对应的绘制气泡函数 ax.scatter() 中添加参数 marker="s"。

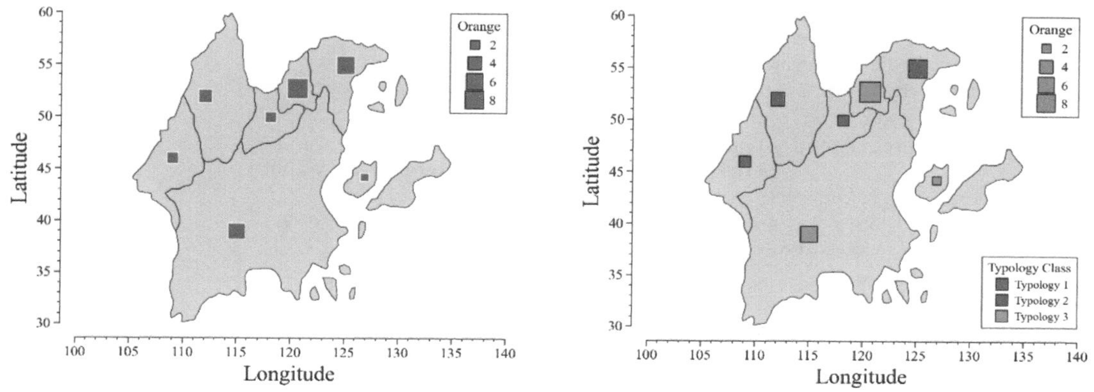
Orange
2
4
6
8
Latitude
Longitude
60
55
50
45
40
35
30
100
105
110
115
120
125
130
135
140
Typology Class
Typology 1
Typology 2
Typology 3

（a）方形气泡地图的单维度数值映射（方形大小）

（b）方形气泡地图的双维度数值映射（方形大小、数据类别）

图 6-2-6 单、双维度的方形气泡地图绘制示例

技巧：方形气泡地图的绘制

绘制方形气泡地图的方法只需将 Matplotlib 中的散点绘制函数 ax.scatter() 中的 marker 参数设置为“s”即可。绘制多类别数据时，则需自定义函数进行颜色区分和使用 ax.scatter() 函数设置 x、y 参数均为 [](空置，在图中就不会显示) 的方法进行图例的绘制。图 6-2-6（b）的核心绘制代码如下。

```
# 图6-2-6(b) 的绘制代码
# 定义颜色设置函数
def color_set(x):
    if x in ["JACK","JAY"]:
        color = "#BC3C29"
    elif x in ["EELIN","RON"]:
        color = "#0072B5"
    else:
        color = "#E18727"
    return color
merger_square["square_color"] =
      merger_square["country"].map(lambda x :color_set(x))
color = merger_square.square_color
fig,ax = plt.subplots(figsize=(5,4.5),dpi=100)
merger01.plot("type",legend=False,ec="k",lw=.5,
                       color="#9CCA9C",alpha=.8,ax=ax)
square_plot = ax.scatter(square_x,square_y,square_s*20,
                    marker="s",color=color,ec="k")
# 单独类别图例
colors = ["#BC3C29","#0072B5","#E18727"]
square1, = ax.plot([],[],marker="s",ls="",ms=8,mec="k",
                mew=.6,color=colors[0],label="Typology 1")
```

```
square2, = ax.plot([],[],marker="s",ls="",ms=8,mec="k",
                 mew=.6,color=colors[1],label="Typology 2")
square3, = ax.plot([],[],marker="s",ls="",ms=8,mec="k",
                 mew=.6,color=colors[2],label="Typology 3")
legend1 = [square1,square2,square3]
lab1 = [h.get_label() for h in legend1]
square_legend = ax.legend(legend1,lab1,title='Typology
                    Class',fontsize=8,title_fontsize=9,
                    loc='lower right',handletextpad=.1)
ax.add_artist(square_legend)
# 构建大小映射图例
handles, labels =
square_plot.legend_elements(prop="sizes", num=5,
                      color="gray",mec="k",func=lambda s: s/20)
legend2 = ax.legend(handles, labels, loc="upper right",
              bbox_to_anchor=(1, 1),title="Orange",fontsize=9,
              handletextpad=.1,title_fontsize=10)
ax.grid(False)
ax.set_ylim((30, 60))
ax.set_xlim((100, 140))
ax.spines.right.set_visible(False)
ax.spines.top.set_visible(False)
```

6.3　分级统计地图

分级统计地图（choropleth map），也称色级统计地图，是一种在地图分区上使用视觉符号（如颜色、阴影）来表示相关特征变量值分布情况的地图。在分级统计地图的制作过程中，可以根据各分区的特征变量数值（相对）指标进行分级，并使用相应色级反映各分区现象的集中程度或发展水平的分布差别，常见于选举和人口普查数据的可视化展示。

在分级统计地图中，合适的色级选择对研究目标在不同区域的合理展示有着非常大的影响。典型的颜色选择方法包括单色系渐变、双色系渐变和完整色谱变化。分级统计地图是通过颜色等属性来表现研究变量数值本身内在的模式，从而通过区域颜色实现对变量数值变化的外在体现，当数据的值域大或者数据的类型多样时，选择合适的颜色映射具有较大挑战性。

分级统计地图存在的最大问题是无法平衡数据分布和地理区域大小的关系，即二者具有不对称性。通常，对于人口密度程度较高的区域，地图呈现面积小，所研究的变量指标数值较大，而对于人口稀疏的地区，地图呈现面积大、变量指标数值小，空间利用方面非常不经济。这种不对称还常常造成用户对数据的错误理解，不能很好地帮助用户准确区分和比较地图上各个分区的数据值。

在科研绘图中，对于涉及的分级统计地图，可按变量个数分为单变量分级统计地图和双变量分级统计地图。

6.3.1　单变量分级统计地图

单变量分级统计地图（univariate choropleth map），也就是常见的用颜色映射地图不同区域的数据量变化的地图，这种地图在学术研究中经常用于研究目标（如农作物播种面积等）在空间尺度上变化的展示，涉及的变量个数为单一类别，即在地图上只能通过颜色的变化观察单个维度数据的数值分布。图 6-3-1 为使用 GeoPandas 绘制的单色系渐变、双色系渐变单变量分级统计地图示例。

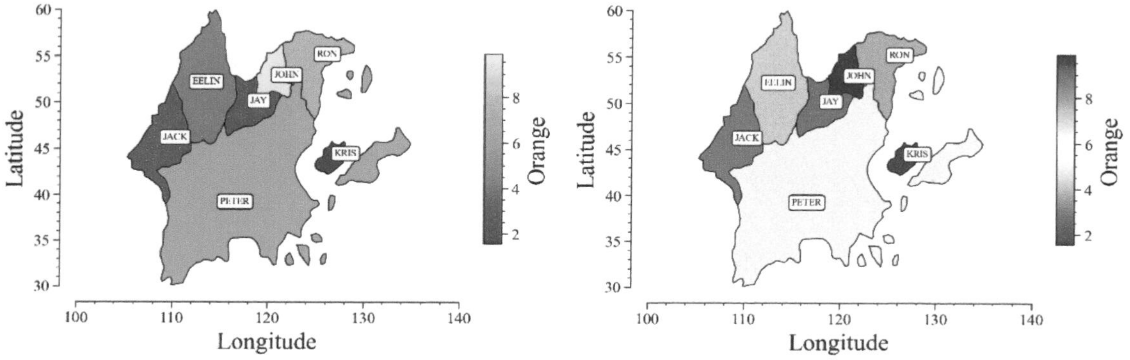
Latitude
Longitude
Orange
EELIN
JOHN
RON
JAY
JACK
KRIS
PETER

（a）单变量分级统计地图的单色系渐变映射　　（b）单变量分级统计地图的双色系渐变映射

图 6-3-1　单变量分级统计地图绘制示例

技巧：单变量分级统计地图的绘制

使用 GeoPandas 绘制单变量分级统计地图的关键在于，需要将单一维度数值映射到地图上的不同区域，因此，需要使用 GeoDataFrame 对象的 merger() 函数将地图数据（map_df）和含有共同列的维度数据（values_df）进行融合处理。由于是通过 GeoDataFrame 对象在左侧进行合并（merger）操作的，因此，所得结果还是 GeoDataFrame 格式，可直接进行绘图操作。最后，使用 plot() 函数设置 column 和 cmap 参数，即可绘制不同的颜色区域。此外，还可将地图不同区域的名称使用 text() 方法进行添加。图 6-3-1（a）的核心绘制代码如下。

```
import geopandas as gpd
import pandas as pd
from colormaps import parula
file02 = r"Virtual_Map1.shp"
map_df = gpd.read_file(file)
values_df = pd.read_csv(r"Virtual_City.csv")
merger01 = map_df.merge(values_df,on="country")
fig,ax = plt.subplots(figsize=(5,4.5),dpi=100,)
merger01.plot(column="orange",ec="k",lw=.6,cmap=parula,
     legend=True, legend_kwds=dict(label="Orange",
                              aspect=11,shrink=0.4),ax=ax)
# 添加文本信息
for x, y,label in
zip(merger01.long,merger01.lat,merger01.country):
    ax.text(x,y,label,size=6,color="k",
              bbox=dict(boxstyle="round", fc="w"))
```

在使用双色系渐变颜色主题（ProPlot 库的 Div 色系）绘制单变量分级统计地图时，只需要将 plot() 函数中的 cmap 参数设置为“div”。双色系渐变色一般呈现中间为亮白色、两端为不同颜色的样式，当然，用户也可自行定义双色系渐变颜色主题。图 6-3-1（b）绘制核心代码如下。

```
fig,ax = plt.subplots(figsize=(5,4.5),dpi=100,)
merger01.plot(column="orange",ec="k",lw=.6,cmap="div",
                  legend=True,
                  legend_kwds=dict(label="Orange",aspect=11,
                                   shrink=0.4),ax=ax)
# 添加文本信息
for x, y,label in zip(merger01.long,merger01.
                            lat,merger01.country):
    ax.text(x,y,label,size=6,color="k",
             bbox=dict(boxstyle="round", fc="w"))
```

6.3.2　双变量分级统计地图

如果需要在地图上使用不同区域颜色同时展示两个变量的数值变化，就需要使用双变量分级统计地图（bivariate choropleth map）。双变量分级统计地图常给人难以绘制的印象，因为用户在使用集成该绘图功能的一些软件进行绘图时，会对其制图过程及绘图方法产生一些疑惑。现在，用户通过灵活使用 GeoPandas 中 plot() 函数的 cmap、categorical 参数，以及与定制的 column 参数的值的结合，即可完成双变量分级统计地图的绘制。

在进行双变量分级统计地图的绘制之前，需要对其绘制原理有一定的了解：首先，需要将在地图上展示的两个维度的变量数据进行对应的地图区域数值映射。然后，需要根据两个维度具体数值的范围对数据进行分箱（bin）操作，既可以根据具体数值进行自定义分箱，又可以使用四分之一（quantile）方法分箱，以生成映射地图区域颜色的双变量类别。需要注意的是，由两个变量组成的分箱数一定要等于地图中需要显示的颜色类别数。在通常情况下，想要展示双变量数据，要为每个维度的变量生成 3 个分箱，共 9 个分箱。当然，我们也可以制作更多个分箱（如 4、6 个等），但前提是要保证数据在每个分箱中都会有具体的数据量。最后，定义数值映射所需的颜色表（colormap），此时可根据 Joshua Stevens 编写的经典双变量分级统计地图绘制教程，并结合 Matplotlib.colors.ListedColormap() 函数进行自定义绘制。图 6-3-2 为自定义 colormap 示例。

图 6-3-2　双变量分级统计地图自定义 colormap 示例

图 6-3-2 的绘制代码如下。

```
from matplotlib.colors import ListedColormap
colors = ['#e8e8e8', '#dfb0d6', '#a5add3', '#8c62aa',
             '#5ac8c8', '#5698b9', '#3b4994']
cmap = mpl.colors.ListedColormap(colors)
```

图 6-3-3 分别展示了 4 种 colormap 样式对应的双变量分级统计地图绘制示例。

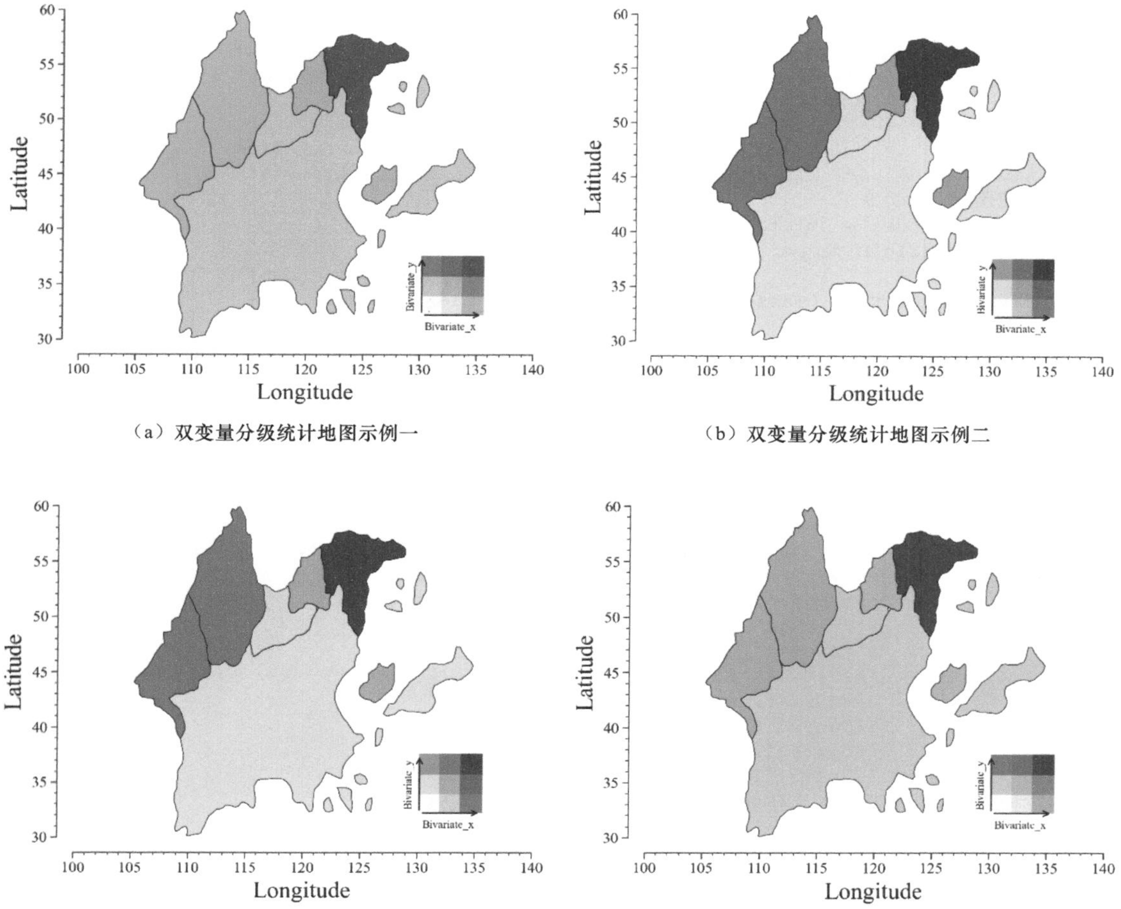
Latitude
Longitude
Bivariate_y
Bivariate_x
60
55
50
45
40
35
30
100
105
110
115
120
125
130
135
140

（a）双变量分级统计地图示例一

（b）双变量分级统计地图示例二

（c）双变量分级统计地图示例三

（d）双变量分级统计地图示例四

图 6-3-3 双变量分级统计地图绘制示例

技巧：双变量分级统计地图的绘制

在绘制双变量分级统计地图之前，需要先明确地图区域颜色所要映射的变量数值，本节使用虚构的双变量（Bivariate_x 和 Bivariate_y）数据进行绘制。首先设置分箱区间并使用 pandas 的 cut() 函数进行分区；然后分别对 Bivariate_x 和 Bivariate_y 变量进行序号（数字类型和字母类型）标记，构建最终的双变量颜色类别（Bi_Class）；最后在 GeoPandas 的 GeoDataFrame.plot() 函数中设置合适的映射维度 column、cmap 等参数进行绘制。

图 6-3-3 的核心绘制代码如下。

```
file = r"Virtual_Map1.shp"
map_df = gpd.read_file(file)
Bivariate_data = pd.read_excel(r"Bivariate_choropleth_data.xlsx")
# 合并数据
Biva_merge = map_df.merge(Bivariate_data,on="country")
# 定义分箱区间，根据具体维度数据进行设置
bins = [0, 0.33, 0.66, 1]
```

```
# 定义变量Var1_Class
Biva_merge['Var1_Class'] = pd.cut(Biva_merge['Bivariate_x'],
                             bins=bins, include_lowest=True)
Biva_merge['Var1_Class'] = Biva_merge['Var1_Class'].astype('str')
# 定义变量Var2_Class
Biva_merge['Var2_Class'] = pd.cut(Biva_merge['Bivariate_y'],
                             bins=bins, include_lowest=True)
Biva_merge['Var2_Class'] = Biva_merge['Var2_Class'].astype('str')
# 创建序列1、2、3
x_class_codes = np.arange(1, len(bins))#对应序号值
d = dict(zip(Biva_merge['Var1_Class'].value_counts().
                         sort_index().index, x_class_codes))
Biva_merge['Var1_Class'] = Biva_merge['Var1_Class'].replace(d)
# 创建序列A、B、C
y_class_codes = ['A', 'B', 'C']
d = dict(zip(Biva_merge['Var2_Class'].value_counts().
                         sort_index().index, y_class_codes))
Biva_merge['Var2_Class'] = Biva_merge['Var2_Class'].replace(d)
# 构建Bi_Class颜色映射维度，进行字符串拼接
Biva_merge['Bi_Class'] = Biva_merge['Var1_Class'].astype('str') +
                            Biva_merge['Var2_Class']
all_colors = ['#e8e8e8', '#dfb0d6', '#be64ac', '#ace4e4',
              '#a5add3', '#8c62aa', '#5ac8c8', '#5698b9', '#3b4994']
colors = ['#e8e8e8', # 1A
          '#dfb0d6', # 1B
         #'#be64ac', # 1C
         #'#ace4e4', # 2A
          '#a5add3', # 2B
          '#8c62aa', # 2C
          '#5ac8c8', # 3A
          '#5698b9', # 3B
          '#3b4994'] # 3C
cmap = mpl.colors.ListedColormap(colors)
# 可视化绘制
fig,ax = plt.subplots(figsize=(5,4.5),dpi=100)
map_fig = map_fig02.plot("country",facecolor='none',
               edgecolor='k',lw=.4,zorder=5,ax=ax)
# 构建双变量分级统计地图
Bivariate_fig = Biva_merge.plot(column='Bi_Class',
    cmap=cmap,categorical=True,legend=False,ax=ax)
# 添加图例：颜色值对应为all_colors
ax2 = fig.add_axes([0.75, 0.25, 0.12, 0.12])
alpha = 1
# 第一列
ax2.axvspan(xmin=0, xmax=0.33, ymin=0, ymax=0.33,
             alpha=alpha, color=all_colors[0])
ax2.axvspan(xmin=0, xmax=0.33, ymin=0.33, ymax=0.66,
             alpha=alpha, color=all_colors[1])
ax2.axvspan(xmin=0, xmax=0.33, ymin=0.66, ymax=1,
             alpha=alpha, color=all_colors[2])
# 第二列
ax2.axvspan(xmin=0.33, xmax=0.66, ymin=0, ymax=0.33,
             alpha=alpha, color=all_colors[3])
ax2.axvspan(xmin=0.33, xmax=0.66, ymin=0.33, ymax=0.66,
             alpha=alpha, color=all_colors[4])
ax2.axvspan(xmin=0.33, xmax=0.66, ymin=0.66, ymax=1,
             alpha=alpha, color=all_colors[5])
# 第三列
ax2.axvspan(xmin=0.66, xmax=1, ymin=0, ymax=0.33,
             alpha=alpha, color=all_colors[6])
ax2.axvspan(xmin=0.66, xmax=1, ymin=0.33, ymax=0.66,
             alpha=alpha, color=all_colors[7])
ax2.axvspan(xmin=0.66, xmax=1, ymin=0.66, ymax=1,
```

```
                   alpha=alpha, color=all_colors[8])
ax2.axis('off')
ax2.annotate("", xy=(0, 1), xytext=(0, 0),
                    arrowprops=dict(arrowstyle="->", lw=.8))
ax2.annotate("", xy=(1, 0), xytext=(0, 0),
                 arrowprops=dict(arrowstyle="->", lw=.8))
ax2.text(s='Bivariate_x', x=0.05, y=-0.25,fontsize=7)
ax2.text(s='Bivariate_y', x=-0.25, y=0.1, rotation=90,
              fontsize=7);
ax.grid(False)
ax.spines.right.set_visible(False)
ax.spines.top.set_visible(False)
ax.spines.left.set_position(("outward",10))
ax.spines.bottom.set_position(("outward",10))
```

提示：在构建双变量分级统计地图对应的维度映射颜色值时，需要先根据具体维度数值计算的结果求出 Bi_Class 变量唯一值，再根据 1A、1B、1C 等值进行颜色筛选。在构建单独的 9 × 9 方块图例时，需要使用原本的 9 个颜色序列并结合 axes.Axes.axvspan() 函数进行绘制，即图例表示全部的数值映射。其中，图例中各颜色对应的变量数值排列及大小强弱关系如图 6-3-4 所示。

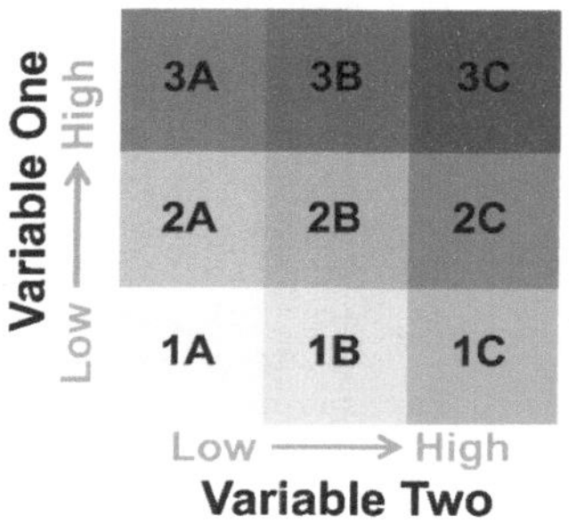
3A
3B
3C
2A
2B
2C
1A
1B
1C
Variable One
Low → High
Low → High
Variable Two
图 6-3-4　双变量分级统计地图图例示意图

6.4　带统计信息的地图

有时，我们需要在地图上绘制常见的统计图（如柱形图、饼图等），用于表示特定监测点或者研究区域的不同研究目标之间的统计关系，如数量和占比等。带统计信息的地图的绘制实际上是地图和统计图两个绘图图层的叠加，统计图在地图上的位置可用监测点的经纬度坐标信息确定。图 6-4-1 分别展示了带柱形图的地图和带饼图的地图绘制示例。

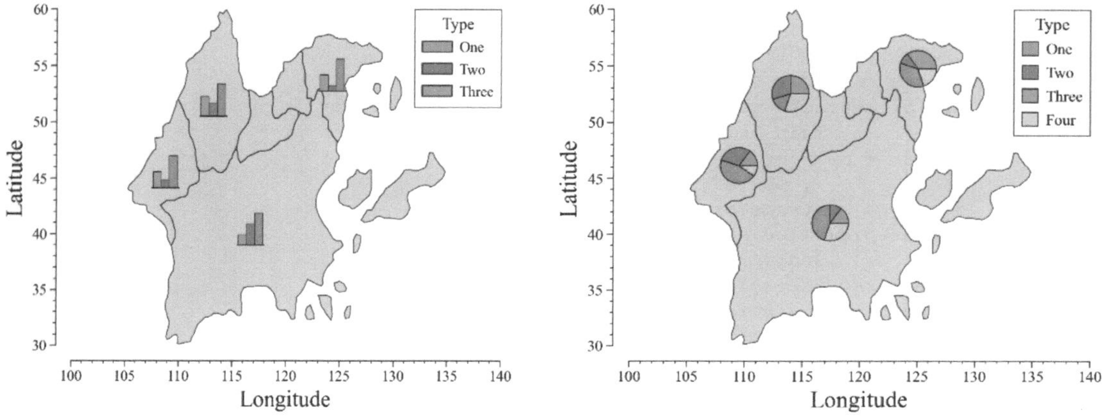
Type
One
Two
Three
Four
Latitude
Longitude
30
35
40
45
50
55
60
100
105
110
115
120
125
130
135
140
（a）带柱形图的地图示例　　（b）带饼图的地图示例

图 6-4-1　带统计信息的地图绘制示例

技巧：带统计信息的地图的绘制

GeoPandas与Matplotlib的axes.Axes.inset_axes()函数的结合即可绘制带统计信息的地图，其中，GeoPandas的GeoDataFrame.plot()用于绘制地图文件数据，axes.Axes.inset_axes()则用于绘制每个经纬度位置的统计地图。注意，由于需要重复绘制统计图，因此这里定义绘图函数以简化绘图过程。图6-4-1的核心绘制代码如下。

```
# 定义map_bar3()函数，用于多个统计图的绘制
def map_bar3(height,x_pos,y_pos,adjust,ax_width,ax_height,
             main_ax):
    x = np.arange(1,len(height)+1)
    ax_bar = main_ax.inset_axes([x_pos-adjust,y_pos-
    adjust,ax_width,ax_height],transform=main_ax.transData)
    ax_bar.bar(x, height,width=1,ec="k",lw=.3,
                 color=colors[:3])
    ax_bar.set_facecolor("none")
    ax_bar.grid(False)
    ax_bar.tick_params(which="both",labelleft=False,
             left=False,bottom=False,labelbottom=False)
    for spine in ["left","top","right"]:
        ax_bar.spines[spine].set_visible(False)
    return ax_bar
# 6-4-1(a)的绘制代码，其中的数值是虚拟构建的
heights = [[1,2,3],[2,1,4],[3,2,5],[3,1,6]]
colors = ["#2FBE8F","#459DFF","#FF5B9B"]
fig,main_ax = plt.subplots(figsize=(5,4.5),dpi=100)
map_df.plot("country",legend=False,ec="k",lw=.5,
               color="#9CCA9C",alpha=.8,ax=main_ax)
# 绘制柱形图
for x, y, height in zip(stats_map.centroid.x,
                          stats_map.centroid.y,heights):
    height, adjust = height,1.5
    map_bar = map_bar3(height,x_pos=x,y_pos=y,adjust=adjust,
                ax_width=2.5,ax_height=3,main_ax=main_ax)
# 绘制构建的柱形图的图例
labels = ["One","Two","Three"]
handles = [plt.Rectangle((0,0),.5,.5, color=color,ec="k") for
             color in colors]
bar_legend = main_ax.legend(handles, labels, loc='upper
         right', title='Type',fontsize=10,title_fontsize=11)
# 图6-4-1(b)的绘制代码
# 定义map_pie()函数，绘制带饼图的地图
def map_pie(value,x_pos,y_pos,adjust,ax_width,ax_height,
               main_ax,colors):
    ax_bar = main_ax.inset_axes([x_pos-adjust,
               y_pos-adjust,ax_width,ax_height],
               transform=main_ax.transData)
    ax_bar.pie(value,shadow=False,colors=colors,
               wedgeprops={"lw": .5, "edgecolor": "k"})
    ax_bar.set_facecolor("none")
    ax_bar.grid(False)
    ax_bar.tick_params(which="both",labelleft=False,
           left=False,bottom=False,labelbottom=False)
    for spine in ["left","top","right"]:
        ax_bar.spines[spine].set_visible(False)
    return ax_bar
# 定义数值等图属性
values = [[15, 10, 45, 30],[15, 30, 45, 10],
```

```
               [25, 30, 15, 30],[35, 10, 35, 20]]
colors = ["#2FBE8F","#459DFF","#FF5B9B","#FFCC37"]
labels = ['One', 'Two','Three','Four']
fig,main_ax = plt.subplots(figsize=(5,4.5),dpi=100,)
map_df.plot("country",legend=False,ec="k",lw=.5,
                 color="#9CCA9C",alpha=.8,ax=main_ax)
# 绘制饼图
for x, y, value in zip(stats_map.centroid.x,stats_map.centroid.y,values):
    height = height
    adjust = 1.5
    map_bar = map_pie(value,colors=colors,x_pos=x,y_pos=y,
    adjust=adjust,ax_width=4,ax_height=4,main_ax=main_ax)
# 绘制构建的饼图的图例
handles = [plt.Rectangle((0,0),.5,.5, color=color,ec="k")
              for color in colors]
bar_legend = main_ax.legend(handles, labels, loc=1,
          title='Type',fontsize=10,title_fontsize=11,
           handlelength=1,handleheight=1)
```

提示：在绘制带统计信息的地图时，无论是柱形图还是饼图都使用单独图例绘制方法，该方法是绘制多图层图的一种常用方法。在图 6-4-1（b）的图例绘制中，分别设置 handlelength、handleheight 为 1，用于美化图例。

6.5 连接线地图

连接线地图（link map）是在地图上绘制点与点的连接线。连接线是根据离散值的宽度类别进行绘制的。该种地图可展示某个研究点与其他研究点的关系，连接线的宽度表示不同的数值权重映射。图 6-5-1 展示了两种连接线样式的地图绘制示例。

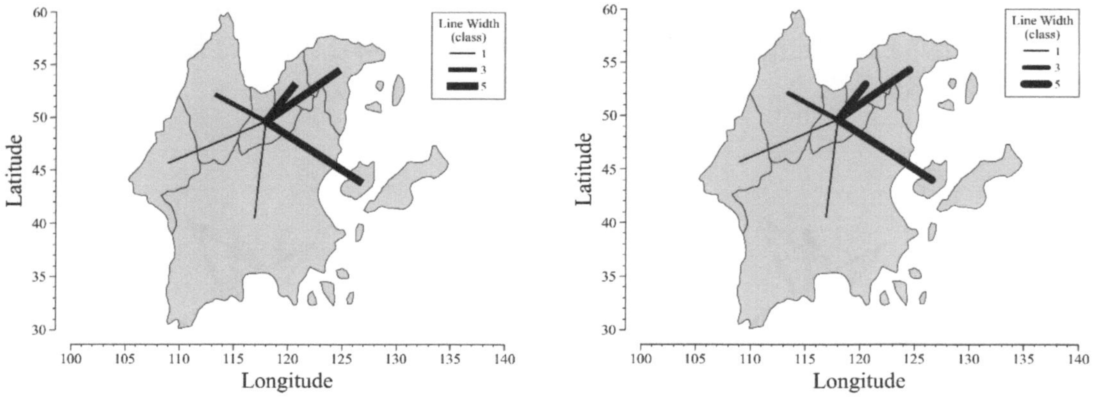
Line Width
(class)
1
3
5
Latitude
Longitude
60
55
50
45
40
35
30
100
105
110
115
120
125
130
135
140
Line Width
(class)
1
3
5
Latitude
Longitude

（a）直角连接线样式地图绘制示例　　（b）圆角连接线样式地图绘制示例

图 6-5-1　连接线地图绘制示例

技巧：单类别连接线地图

首先，使用 GeoPandas 的 GeoDataFrame.plot() 完成对地图文件（map_df）的绘制；然后，

使用 Matplotlib 的 axes.Axes.plot() 函数实现一对多的连接线的绘制，并根据图例宽度数据（类别类型）设置连接线的不同宽度（linewidth）；最后，构建无数值图形对象，完成图例的绘制。图 6-5-1（b）的核心绘制代码如下。

```
file = r"Virtual_Map1.shp"
map_df = gpd.read_file(file)
link_data = pd.read_excel(r"Link_Map_data.xlsx")
link_one_data = link_data[link_data["line class"]==1]
link_one_lon =
link_one_data.loc[link_one_data["country"]==
                  "Link Point1","long"]
link_one_lat =
link_one_data.loc[link_one_data["country"]==
                    "LinkPoint1","lat"]
link_one_other =
link_one_data.loc[link_one_data["country"]!="LinkPoint1",:]
legend_data = link_one_other["line width"].unique()
fig,ax = plt.subplots(figsize=(5,4.5),dpi=100,)
map_df.plot("country",legend=False,ec="k",lw=.5,
                  color="#9CCA9C",alpha=.8,ax=ax)
# 设置solid_capstyle="round"以绘制圆角连接线
for x,y,width in zip(link_one_other["long"],
        link_one_other["lat"],link_one_other["line width"]):
      ax.plot([link_one_lon,x],[link_one_lat,y],
          linewidth=width,color="k",solid_capstyle="round")
# 单独构建图例
for value in legend_data:
ax.plot([],[],color="k",linewidth=value,
           label=str(value),solid_capstyle="round")
line_legend = ax.legend(title='Line Width\n(class)',
                         fontsize=8,title_fontsize=9)
# 设置图例标题文本居中
line_legend.get_title().set_horizontalalignment("center")
```

在地图上，有时我们还需要绘制多类别的连接线，用于表明不同数据类型或研究对象，此时需要绘制多类别连接线地图。多类别连接线地图的绘制方法与单类别连接线地图类似，唯一不同的就是需要单独绘制连接线的类别和数值映射图例。图 6-5-2 为两种连接线样式的多类别连接线地图绘制示例。

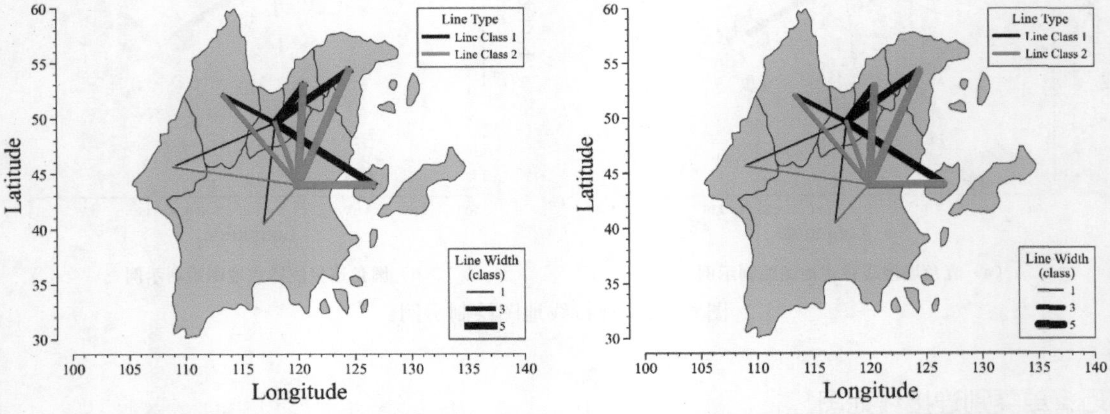
Line Type
Line Class 1
Line Class 2
Line Width
(class)
1
3
5
Latitude
Longitude
60
55
50
45
40
35
30
100
105
110
115
120
125
130
135
140

（a）多类别连接线地图绘制（直角连接线）　　（b）多类别连接线地图绘制（圆角连接线）

图 6-5-2　多类别连接线地图绘制示例

技巧：多类别连接线地图

本节使用 Matplotlib 的 axes.Axes.plot() 函数构建无映射图形，并获取其图例的 handles 和 labels 属性以进行单独图例的构建。在设置直角连接线时，只需要修改 solid_capstyle="round"。图 6-5-2 的核心绘制代码如下。

```
# 数据处理
link_one_data = link_data[link_data["line class"]==1]
link_two_data = link_data[link_data["line class"]==2]
link_one_lon =
link_one_data.loc[link_one_data["country"]=="LinkPoint1",
                     "long"]
link_one_lat =
link_one_data.loc[link_one_data["country"]=="Link Point1",
                      "lat"]
link_two_lon =
link_two_data.loc[link_two_data["country"]=="Link Point2",
                     "long"]
link_two_lat =
link_two_data.loc[link_two_data["country"]=="Link Point2",
                     "lat"]
link_one_other =
link_one_data.loc[link_one_data["country"]!="LinkPoint1",:]
link_two_other =
link_two_data.loc[link_two_data["country"]!="LinkPoint2",:]
fig,ax = plt.subplots(figsize=(5,4.5),dpi=100)
map_df.plot("country",legend=False,ec="k",lw=.5,
              color="#9CCA9C",alpha=.8,ax=ax)
# 绘制类别1
for x,y,width in zip(link_one_other["long"],
       link_one_other["lat"],link_one_other["line width"]):
     ax.plot([link_one_lon,x],[link_one_lat,y],
              linewidth=width,color="k")
# 绘制类别2
for x,y,width in zip(link_two_other["long"],
     link_two_other["lat"],link_two_other["line width"]):
   ax.plot([link_two_lon,x],[link_two_lat,y],
            linewidth=width,color="r")
# 单独构建图例
# 图例1
Line1, = ax.plot([],[],color="k",linewidth=2,
                     label="Line Class 1")
Line2, = ax.plot([],[],color="r",linewidth=2,
                     label="Line Class 2")
legend1 = [Line1,Line2]
lab1 = [h.get_label() for h in legend1]
line_legend = ax.legend(legend1,lab1,
    title='Line Type',fontsize=8,title_fontsize=9,loc=1)
ax.add_artist(line_legend)
# 图例2
legend2 = []
for value in legend_data:
    line, = ax.plot([],[],color="k",linewidth=value,
                    label=str(value))
    legend2.append(line)
lab2 = [ h.get_label() for h in legend2]
line_width_legend = ax.legend(legend2,lab2, loc=4,
 title='Line Width\n(class)',fontsize=8,title_fontsize=9)
# 设置标题文本居中
line_width_legend.get_title().set_horizontalalignment("center")
```

6.6　类型地图

类型地图（typology map）就是在地图上用不同颜色表示需要特别标记的区域的地图。它和分级统计地图类似，但前者用于分类数据的映射表示，后者主要用于连续数据的映射表示。图 6-6-1（a）、图 6-6-1（b）分别为类型地图添加文本注释前后的样式，图 6-6-1（c）、图 6-6-1（d）则是对注释文本的两类阴影效果表示。

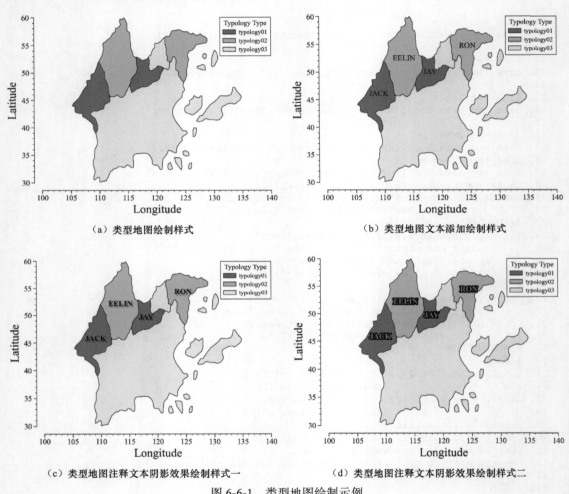

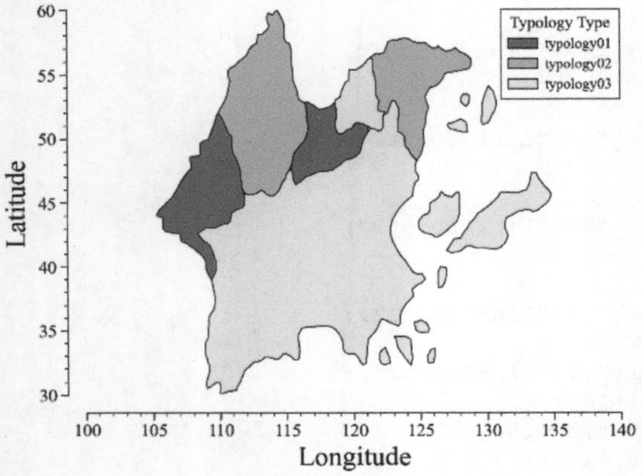
Typology Type
typology01
typology02
typology03
Latitude
Longitude

（a）类型地图绘制样式

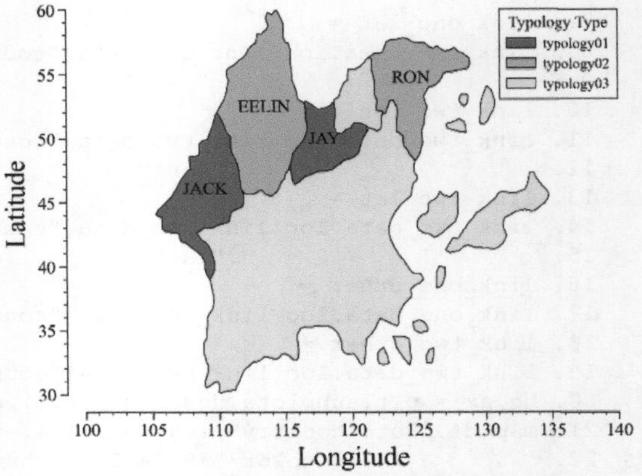
Typology Type
typology01
typology02
typology03
EELIN
RON
JAY
JACK
Latitude
Longitude

（b）类型地图文本添加绘制样式

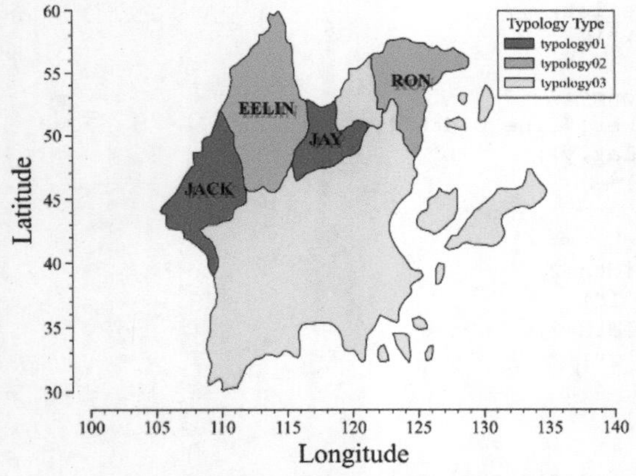
Typology Type
typology01
typology02
typology03
EELIN
RON
JAY
JACK
Latitude
Longitude

（c）类型地图注释文本阴影效果绘制样式一

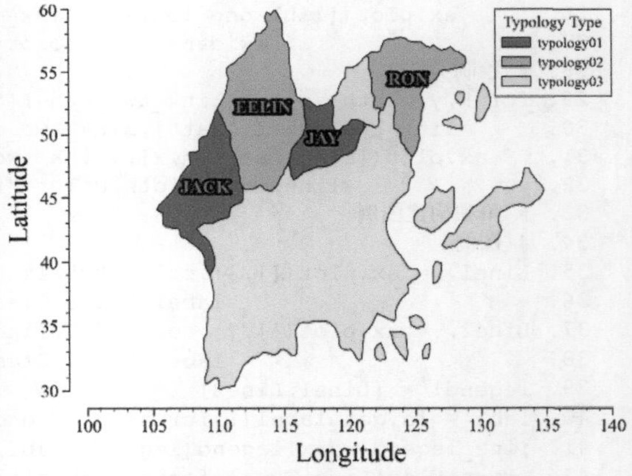
Typology Type
typology01
typology02
typology03
EELIN
RON
JAY
JACK
Latitude
Longitude

（d）类型地图注释文本阴影效果绘制样式二

图 6-6-1　类型地图绘制示例

技巧：类型地图的绘制

使用 GeoPandas 绘制类型地图的步骤较为简单，即先筛选出需要特别标注的子图区域，再使用 GeoDataFrame.plot() 函数设置不同区域颜色即可。对于注释文本，则需要使用 Matplotlib 的 axes.Axes.text() 函数对不同数据进行绘制添加。图 6-6-1（a）、图 6-6-1（b）的核心绘制代码如下。

```
file = r"Virtual_Map1.shp"
map_df = gpd.read_file(file)
# 筛选不同区域数据
type01 = map_df[map_df['country'].isin(["JACK","JAY"])]
type02 = map_df[map_df['country'].isin(["EELIN","RON"])]
type03 =
map_df[~map_df['country'].isin(["JACK","JAY","EELIN","RON"])]
# 地图绘制
colors = ["#458B74","#CDCD00","#F5DEB3"]
fig,ax = plt.subplots(figsize=(5,4.5),dpi=100)
typology01 = type01.plot("country",legend=False,ec="k",
                              lw=.5,color=colors[0],ax=ax)
typology02 = type02.plot("country",legend=False,ec="k",
                              lw=.5,color=colors[1],ax=ax)
typology03 = type03.plot("country",legend=False,ec="k",
                              lw=.5,color=colors[2],ax=ax)
# 单独绘制图例
labels = ["typology01","typology02","typology03"]
handles = [plt.Rectangle((0,0),.5,.5, color=color,ec="k")
              for color in colors]
map_legend = ax.legend(handles, labels, loc='upper right',
              title='Typology Type',fontsize=8,title_fontsize=9)
# 对于图6-6-1(b)，添加注释文本信息
for loc,label in zip(type01.geometry.centroid,type01.country):
    text = ax.text(loc.x,loc.y,s=label,size=10,ha="center")
for loc,label in zip(type02.geometry.centroid,type02.country):
    text = ax.text(loc.x,loc.y,s=label,size=10,ha="center")
```

在实现图 6-6-1（c）、图 6-6-1（d）中的注释文本的阴影效果时，可使用 matplotlib.patheffects 类绘制，该类可实现对文本（text）和线对象（line2D）的效果样式添加。通过设置 text 对象的 set_path_effects() 函数中的 path_effects 参数，或者直接设置 text() 函数的 path_effects 参数即可完成文本样式的绘制，核心代码如下。

```
for loc,label in zip(type01.geometry.centroid,
                          type01.country):
    ax.text(loc.x,loc.y,s=label,size=10,ha="center",
        va="center",weight="bold",
     path_effects=[path_effects.withSimplePatchShadow()])
```

6.7 等值线地图

等值线地图（isopleth map）也称等位线地图，是通过显示具有连续分布的区域来简化有关区域信息的一种地图类型，它可被看作等值线图（contour plot）和地图的叠加组合。等值线地图可以使用线条来显示海拔、温度、降雨量或其他监测指标数值相同的区域，也可以对各等值线之间的值进行插值（interpolate）。此外，等值线还可以使用颜色来显示某些数值相同的区域，比如，在地图上，使用从红色到蓝色的阴影变化来显示温度范围。在使用该类地图的同时，我们要考虑它和分级统计地图的区别。图 6-7-1（a）、图 6-7-1（b）分别展示了绘制等值线地图时所需测试点的分布和数值颜色映射，需要注意的是，在只绘制测试点在地图上的位置时，如果涉及的点过多，那么应进行透明度的设置，这样有助于用户观察测试点的疏密程度。

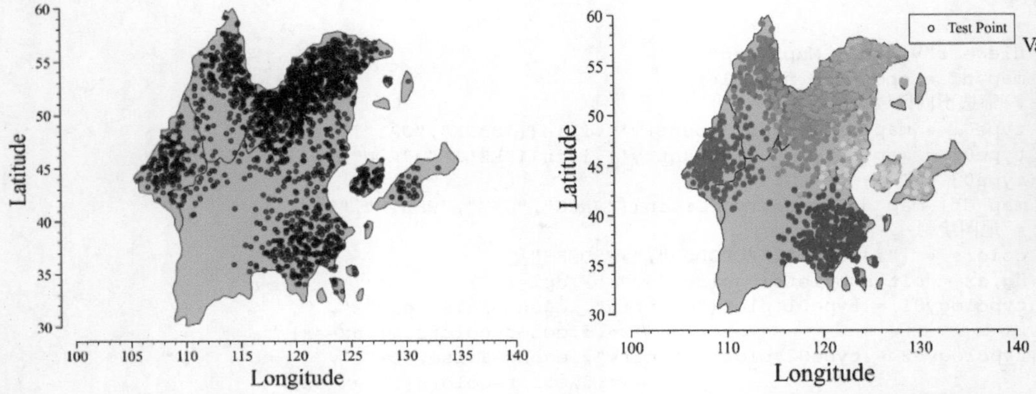
Latitude
Longitude
Test Point
Values
Point Values

（a）样例数据点位置分布（透明度设置）　　（b）样例数据点位置分布（数值映射颜色）

图 6-7-1　等值线地图中测试点绘制示例

技巧：等值线地图中测试点的绘制

Matplotlib 的 axes.Axes.scatter() 函数可以在等值线地图上绘制测试点图层。图 6-7-1（b）的核心代码如下。

```
point = ax.scatter(x=point_x,y=point_y,s=9,
                   color="k",alpha=.5)
# 数值映射颜色
from colormaps import parula
point = ax.scatter(x=point_x,y=point_y,s=9,
                   c=point_value,cmap=parula)
```

等值线地图的绘制前提是要有整个地图区域的网格数据进行覆盖。本节使用地理、大气、环境科学等研究中常用的克里金插值法（Kriging interpolation）根据已有的测试点数据对整个地图面数据进行插值。克里金插值法的原型被称为普通克里金（Ordinary Kriging，OK）插值法，而常见的改进算法一般指泛克里金（Universal Kriging，UK）插值法。Python 中的 PyKrige 库可以进行普通克里金插值操作。图 6-7-2 分别为利用 PyKrige 库进行插值计算的网格样式和根据地图文件裁剪的插值结果。

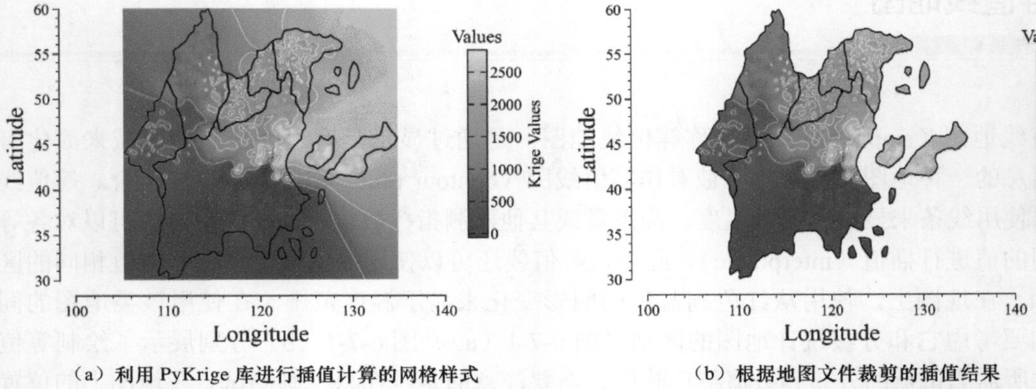
Latitude
Longitude
Values
Krige Values

（a）利用 PyKrige 库进行插值计算的网格样式　　（b）根据地图文件裁剪的插值结果

图 6-7-2　利用 PyKrige 库进行插值计算的网格样式和根据地图文件裁剪的插值结果

技巧：等值线地图的绘制

首先，使用 GeoPandas 的 GeoSeries.total_bounds 属性获取整个地图文件的经纬度范围，并根据范围生成等长、宽的网格点数；然后，使用 PyKrige 库中的 OrdinaryKriging() 方法并结合已有的测试点信息（经纬度、数值）进行克里金插值算法的构建，再将该算法应用到新的网格数据点上以获取对应的插值数据；最后，使用 Matplotlib 的 axes.Axes.pcolormesh() 和 contour() 函数绘制插值结果与对应的等值线。对于裁剪操作，需要先将插值结果使用 Geopandas.GeoDataFrame() 方法转换成地理类型数据，再使用 Geopandas.clip() 方法对两个 GeoDataFrame 对象进行裁剪操作。需要注意的是，在绘制裁剪结果时，可先直接使用裁剪后的 map_Krig_line_clip 对象并利用其 plot() 方法进行绘制，然后设置点大小参数 s=2（尽可能小）即可。图 6-7-2 的核心绘制代码如下。

```
file = r"Virtual_Map1.shp"
map_df = gpd.read_file(file)
df_city = pd.read_csv(r"Virtual_huouse.csv")
point_x = df_city["long"]
point_y = df_city["lat"]
point_value = df_city["value"]

bounds = map_df.geometry.total_bounds
# 插入400*400的网格点
grid_lon = np.linspace(bounds[0],bounds[2],400)
grid_lat = np.linspace(bounds[1],bounds[3],400)
# 克里金插值
OK = OrdinaryKriging(x=point_x,y=point_y,z=point_value,
                          variogram_model="linear")
# 对构建网格区域进行计算
z, ss = OK.execute("grid", grid_lon, grid_lat)
# 等值线等级
levels = np.linspace(z.data.min(), z.data.max(), 5)
# 图6-7-2(a) 的绘制代码
fig,ax = plt.subplots(figsize=(5,4.5),dpi=100,)
map_df.plot("country",legend=False,ec="k",lw=1,
                color="none",ax=ax,zorder=3)
cp = ax.pcolormesh(xgrid, ygrid,z.data,cmap=parula)
ct = ax.contour(xgrid,ygrid,z.data,
                    levels=levels,colors='w',linewidths=.4)
# 添加colorbar
cbar = fig.colorbar(cp,shrink=.4,aspect=10)
cbar.ax.set_ylabel(ylabel="Krige Values",fontsize=11)
cbar.ax.set_title("Values",fontsize=12,pad=5)
cbar.ax.tick_params(left=True,direction="in",labelsize=10)
cbar.ax.tick_params(which="minor",right=False)
# 图6-7-2(b) 的绘制代码
df_grid =pd.DataFrame(dict(lon=xgrid.flatten(),
                          lat=ygrid.flatten()))
df_grid["OK_result"] = z.data.flatten()
# 将构建的网格数据转换成GeoPandas类型
df_grid_geo = gpd.GeoDataFrame(df_grid,
geometry=gpd.points_from_xy(df_grid["lon"],df_grid["lat"]),
                              crs=map_df.crs)
# 使用clip()函数进行裁剪
map_Krig_line_clip = gpd.clip(df_grid_geo,map_df)
```

```
fig,ax = plt.subplots(figsize=(5,4.5),dpi=100,)
map_df.plot("country",legend=False,ec="k",lw=.8,
               color="none",ax=ax,zorder=3)
map_Krig_line_clip.plot("OK_result",ax=ax,legend=True,
  s=2,cmap=parula,legend_kwds=dict(label="Krige Values",
  aspect=11,shrink=0.4))
```

为了帮助读者更好地理解裁剪原理，这里提供另一种裁剪方法，即依次判断插值结果是否在地图文件的范围内，若在，则保留，若不在，则将其结果赋值为 NaN。该方法易于理解，但在面对较大数据集时，运行时间过长。该裁剪方法的核心代码如下。

```
from shapely.geometry import Polygon,Point
mask_shp = map_df

masked_value = [value if mask_shp["geometry"].
 contains(Point(long,lat)).any()==True else np.nan for
long,lat,value in zip(df_grid["lon"],df_grid["lat"],
                                df_grid["OK_result"])]
# 将判断结果另存
df_grid["mask_value"] = masked_value
# 转换矩阵形状
mask_value_grid =
        df_grid["mask_value"].values.reshape(xgrid.shape)
fig,ax = plt.subplots(figsize=(5,4.5),dpi=100,)
map_df.plot("country",legend=False,ec="k",lw=.8,
               color="none",ax=ax,zorder=3)
cp = ax.pcolormesh(xgrid, ygrid,mask_value_grid,cmap=parula)
ct = ax.contour(xgrid, ygrid,mask_value_grid,levels,
                    colors='w',linewidths=.4)
```

为了对比不同变异模式（variogram model）对克里金插值结果的影响，本节使用不同变异模式对克里金插值结果进行计算，即在使用 PyKrige 库进行 OrdinaryKriging() 方法构建时，依次更换变异模型。PyKrige 库提供的变异模式包括 linear、power、gaussian、spherical、exponential 和 hole-effect，默认为线性（linear）模式。图 6-7-3 为采用不同变异模式的克里金插值结果展示。

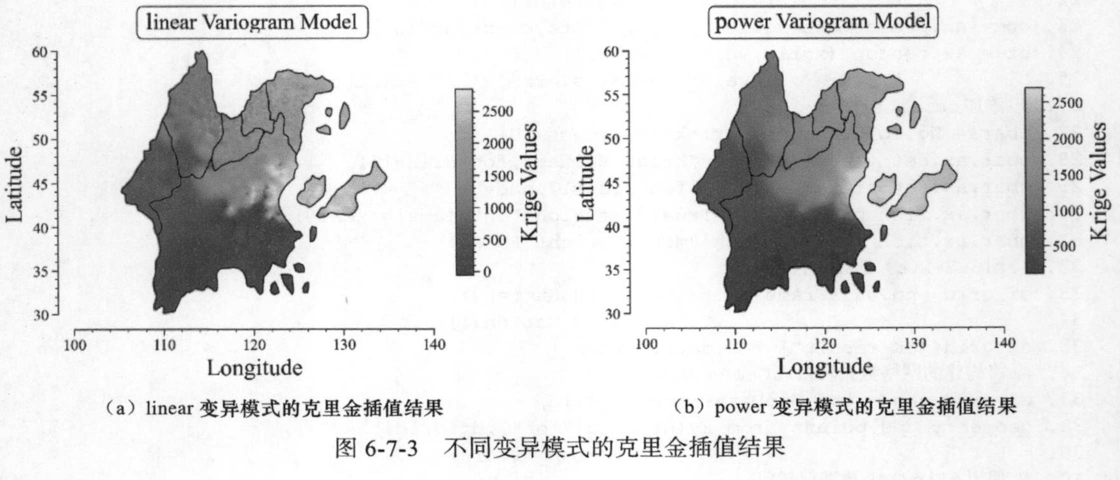
linear Variogram Model
Latitude
Longitude
Krige Values
power Variogram Model
Latitude
Longitude
Krige Values

（a）linear 变异模式的克里金插值结果　　（b）power 变异模式的克里金插值结果

图 6-7-3　不同变异模式的克里金插值结果

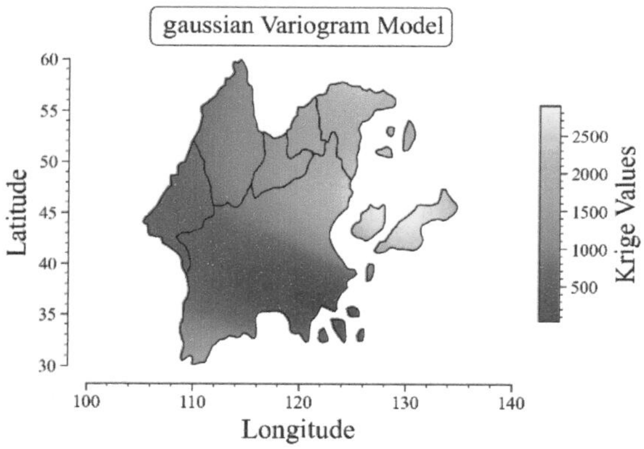
gaussian Variogram Model
Latitude
Longitude
Krige Values
60
55
50
45
40
35
30
100
110
120
130
140
2500
2000
1500
1000
500

（c）gaussian 变异模式的克里金插值结果

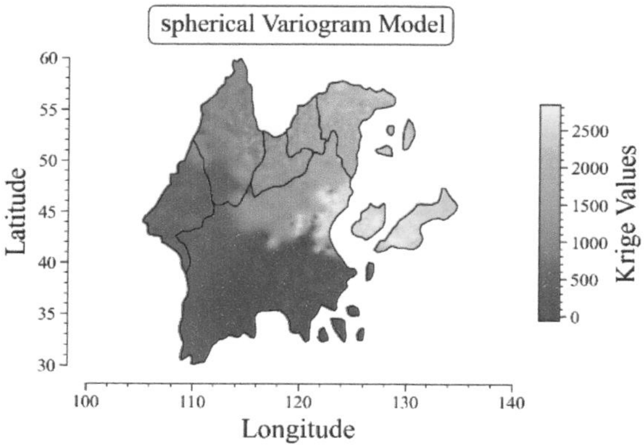
spherical Variogram Model
Latitude
Longitude
Krige Values
60
55
50
45
40
35
30
100
110
120
130
140
2500
2000
1500
1000
500
0

（d）spherical 变异模式的克里金插值结果

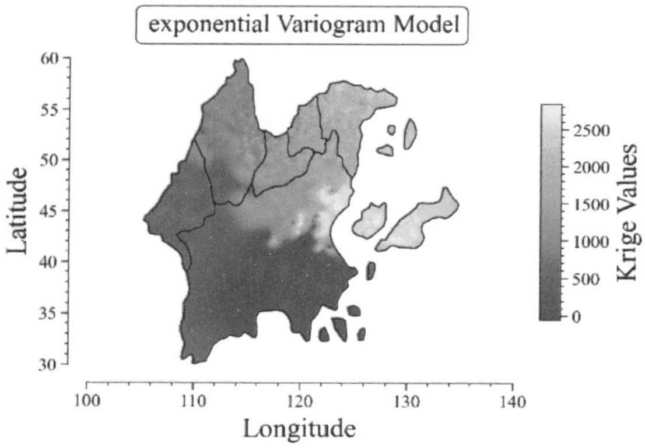
exponential Variogram Model
Latitude
Longitude
Krige Values
60
55
50
45
40
35
30
100
110
120
130
140
2500
2000
1500
1000
500
0

（e）exponential 变异模式的克里金插值结果

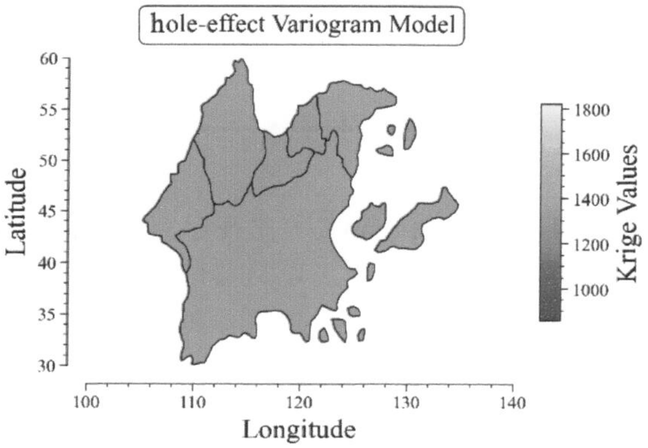
hole-effect Variogram Model
Latitude
Longitude
Krige Values
60
55
50
45
40
35
30
100
110
120
130
140
1800
1600
1400
1200
1000

（f）hole-effect 变异模式的克里金插值结果

图 6-7-3　不同变异模式的克里金插值结果（续）

技巧：不同变异模式克里金插值地图的绘制

需要绘制不同变异模式的克里金插值结果，只需要更改 OrdinaryKriging() 函数中的 variogram_model 参数的值，其他绘制代码类似。图 6-7-3（a）的可视化结果绘制核心代码如下。

```
import pykrige.kriging_tools as kt
from pykrige.ok import OrdinaryKriging
bounds = map_fig02.geometry.total_bounds
# 插入400*400的网格点
grid_lon = np.linspace(bounds[0],bounds[2],400)
grid_lat = np.linspace(bounds[1],bounds[3],400)
point_x = df_city["long"]
point_y = df_city["lat"]
point_value = df_city["value"]
# 想要使用不同变异模式，更换model的值即可
model = "linear"
OK = OrdinaryKriging(x=point_x,y=point_y,z=point_value,
                     variogram_model=model)
# 对构建网格区域进行计算
```

```python
z, ss = OK.execute("grid", grid_lon, grid_lat)
xgrid, ygrid = np.meshgrid(grid_lon, grid_lat)
# 将插值网格数据进行整理
df_grid =pd.DataFrame(dict(lon=xgrid.flatten(),
                           lat=ygrid.flatten()))
df_grid["OK_result"] = z.data.flatten()
df_grid_geo = gpd.GeoDataFrame(df_grid,
            geometry=gpd.points_from_xy(df_grid["lon"],
            df_grid["lat"]),crs=map_df.crs)
# 使用clip()函数进行裁剪
map_Krig_clip = gpd.clip(df_grid_geo,map_fig02)
fig,ax = plt.subplots(figsize=(5,4.5),dpi=100,)
map_df.plot("country",legend=False,ec="k",lw=.6,
             color="none",ax=ax,zorder=3)
map_Krig_clip.plot("OK_result",ax=ax,legend=True,s=1,
        cmap=parula,legend_kwds=dict(label="Krige Values",
        aspect=11,shrink=0.4))
```

6.8　子地图添加

子地图（inset map）就是在已有的地图图层上添加另一个地图图层，添加的图层可以是原地图图层的子区域，也可以是其母区域。通常，子地图用作定位器地图，以更广泛、更熟悉的地理参考框架显示主地图的区域或突出特定感兴趣区域的细节。图 6-8-1 为两种样式的子地图绘制示例。

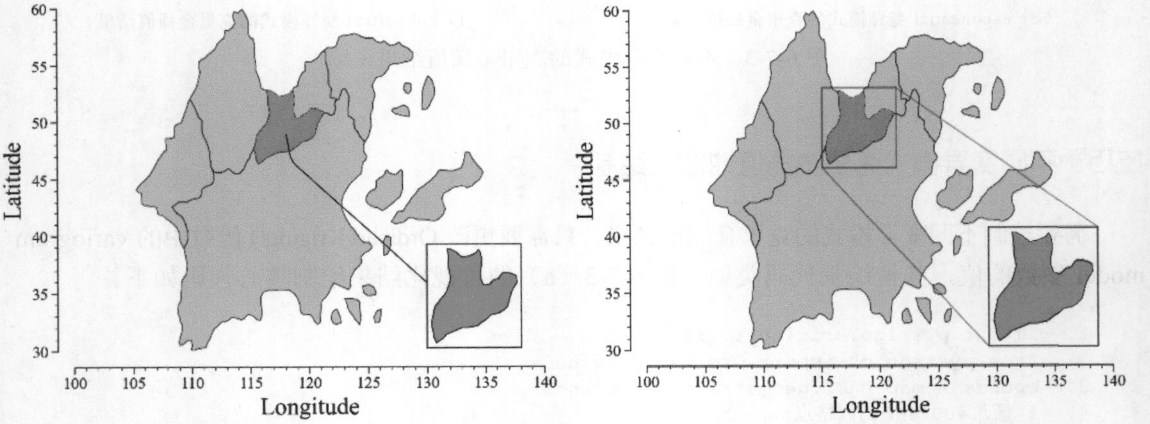
Latitude
Longitude
60
55
50
45
40
35
30
100
105
110
115
120
125
130
135
140

（a）子地图绘制样式一　　（b）子地图绘制样式二

图 6-8-1　两种样式的子地图绘制示例

技巧：子地图的添加

在绘制子地图时，可先使用 Matplotlib 的 axes.Axes.inset_axes() 函数重新添加一个绘图对象，绘制需要插入的子地图并设置合适的位置，再使用 axes.Axes.annotate() 函数绘制指示连接线。此外，还可以使用 axes.Axes.indicate_inset_zoom() 方法实现更加精美的子地图指示样式。图 6-8-1 的核心绘制代码如下。

```
file = r"Virtual_Map1.shp"
map_df = gpd.read_file(file)
# 选择需要表示的子地图
jay = map_df[map_df["country"]=="JAY"]
fig,main_ax = plt.subplots(figsize=(5,4.5),dpi=100,)
map_df.plot("country",legend=False,ec="k",lw=.5,
color="#9CCA9C",alpha=.8,ax=main_ax)
jay.plot("country",color="r",ax=main_ax)
# 图6-8-1(a) 的绘制代码
sub_map = main_ax.inset_axes([0.7, 0.01, 0.3, 0.3],
            transform=main_ax.transAxes)
sub_map.grid(False)
sub_map.tick_params(which="both",labelleft=False,
     left=False,bottom=False,labelbottom=False)
inset_map = jay.plot("country",color="r",ec="k",lw=.5,
                 ax=sub_map)
# 绘制指示连接线
main_ax.annotate("",xy=(jay.centroid.x,jay.centroid.y),
            xytext=(131,35),
            arrowprops=dict(arrowstyle="-", color="k",
                             shrinkA=5, shrinkB=5,
                             patchA=None, patchB=None,
                 connectionstyle="arc,angleA=50,
                 angleB=-80,armA=0,armB=90,rad=20"))

# 图6-8-1(b) 的绘制代码
sub_map = main_ax.inset_axes([0.7, 0.01, 0.3, 0.35],
                        transform=main_ax.transAxes)
sub_map.grid(False)
sub_map.tick_params(which="both",labelleft=False,
                left=False,bottom=False,labelbottom=False)
inset_map = jay.plot("country",color="r",ec="k",
                     lw=.5,ax=sub_map)
main_ax.indicate_inset_zoom(sub_map,edgecolor="black",
                          lw=.8)
```

6.9 本章小结

本章通过对地理空间数据可视化的分析，以及常见地理空间地图和其他多种地图的绘制，阐释了使用 Python 实现地图绘制的便利性和可重复性，并使用 ProPlot 库自带的出版级别绘图主题，进一步提高了绘图结果的出版要求。随着地理空间数据分析的需求的提高，出现了更多定制化空间图样式和图类别，单一使用 Python 工具已经很难满足研究结果的展示需求，需要借助更多的第三方工具。地图类学术图可以从以下方面进行拓展绘制。

1）地图视觉上的表达。虽然在类别和颜色搭配上，学术图不宜过于“花哨”，但在数据类别映射和具体的数值映射上，还可以考虑关联多个研究维度，使地图尽可能表达研究数据的多个维度信息。

2）多属性、多图层协同展示数据信息。在目前的空间学术图中，虽然有限的空间能展示二维空间不能实现的可视化效果，但在涉及多图层、多类别可视化等复杂情况时，还是会出现图层拥挤、关键信息遮挡等问题，影响可视结果的信息表达。如何选择地图投影以及进行对应投影下的多图层协同展示，是未来多研究目标的可视化结果展示的研究课题之一。

第 7 章　其他类型图的绘制

除前几章介绍的可系统分类的常见学术论文插图以外，还存在一些暂时无法对它们进行分类的图或者特定研究领域的专属图，本章就对这些图类型进行说明，并介绍其使用场景。

7.1 Bland Altman 图

Bland-Altman 图（Bland-Altman plot）又称差异图（difference plot），是一种比较两种测量技术的统计图形表示方法，可用于评估两次观测（或两个方法、两个评分者）的一致性。通常情况下，该图先在 Y 轴上绘制两个测量值的差值，在 X 轴上绘制两个测量值的平均值，再画出一致性界限。Bland-Altman 方法的基本思想是计算两组测量结果的一致性界限，并用图形直观地反映这个一致性界限。

在用两种方法对同一组数据进行测量时，获得的结果总是存在一定趋势的差异，如一种方法的测量结果经常大于（或小于）另一种方法的测量结果，这种差异被称为偏倚。偏倚可以用两种方法对多个测量结果差值的平均数 d 进行估计。平均数 d 的变异情况可以用差值的标准差（SD）来描述，如果两种方法多个测量结果的差值服从正态分布，则 95% 的差值应该落在 [d−1.96SD, d+1.96SD] 区间。这个区间为 95% 一致性界限（95% Limits of Agreement，95% LoA）。当绝大多数差值位于该区间时，可认为这两种方法具有较好的一致性，可以互相代替。

图 7-1-1 为 Bland-Altman 图绘制示例，图中上下两个淡蓝色区域内的黑色虚线分别表示 95% 一致性界限的上下限，即 1.96 倍的标准差；中间灰色区域内的黑色实线表示差值的平均数；蓝色实线表示差值平均数为 0 的位置。两种方法测量结果的一致性越高，表示差值平均数的线（黑色实线）就越接近表示差值平均数为 0 的线（蓝色实线）。

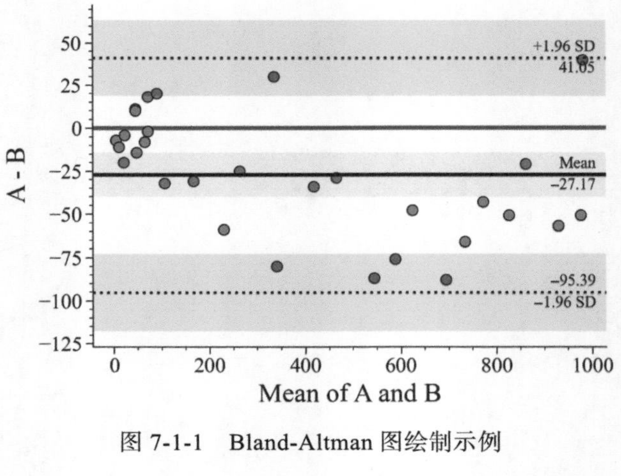

+1.96 SD
41.05
Mean
−27.17
−95.39
−1.96 SD
A - B
50
25
0
−25
−50
−75
−100
−125
0
200
400
600
800
1000
Mean of A and B

图 7-1-1　Bland-Altman 图绘制示例

技巧：Bland-Altman 图的绘制

Python 基础绘图工具库 Matplotlib 中没有 Bland-Altman 图的特定绘制函数，可通过第三方库 Pingouin 进行绘制。Pingouin 库是基于 Python 编写的一个统计分析工具，其绘图部分提供的 plot_blandaltman() 函数可用于绘制 Bland-Altman 图，其中参数 x、y 分别为第一次和第二次测量值，可以为 pandas.Series、numpy.array 或 list 数据类型；参数 agreement 的值为浮点数据类型，用于设置一致性限制的标准差的倍数，默认值为 1.96。图 7-1-1 的核心绘制代码如下。

```
import pingouin as pg
import matplotlib.pyplot as plt
bal_df = pg.read_dataset("blandaltman")
fig,ax = plt.subplots(figsize=(5,3.5),dpi=100)
ax = pg.plot_blandaltman(bal_df['A'], bal_df['B'],
            scatter_kws={"color":"red","ec":"k"},ax=ax)
ax.axhline(lw=2,color="b",zorder=0)
ax.grid(False)
plt.tight_layout()
```

使用场景

Bland-Altman 图常见于临床医学、生物统计、模型算法对比等科学研究中，如医学研究中的一致性检验，当需要对两种方法分别做一项实验（针对 10 个研究对象）时，需要对两种方法的测量数据进行一致性检验，此时可用 Bland-Altman 图对结果进行表示；在用新的测量技术和方法（如机器学习算法等）与“金标准”（gold standard）进行比较时，可使用 Bland-Altman 图进行对比结果的表示。

7.2 配对数据图系列

配对数据图（paired data plot）是使用配对数据（paired data）绘制的统计图。配对数据是指两组互相配对样本中同一变量的数值，和相关性分析中的两组数据类似，不同之处在于，相关性分析中的数据是同一批样本的不同变量，而配对数据是同一变量的两组互相匹配的样本。配对数据主要包括以下 4 种类型：对相同样本进行重复（双重）测量，以说明受试者内部的变异性；顺序测量（测试前 / 测试后），在一段时间过去之前和之后或干预之前和之后，测量某些因素的影响程度；交叉试验，个体被随机分配到两种治疗中的一种，然后分配到第二种治疗；匹配样本，个人在相似或相同的个人特征上匹配，如年龄和性别等属性，此方法可用于为每个测试个体分配一个对照样本。

配对样本涉及的统计分析图主要包括配对图、配对 T 检验图和前后图等，其中配对 T 检验图是在配对图图层上添加如 p 值、显著性水平等统计指标信息。

7.2.1 配对图

配对图（paired plot）是指使用配对数据绘制的基础图形，其类型通常包括实验样本数据的不同测量方法结果、不同时刻前后数值对比的绘图类型。配对图多为组合类型，一般包括柱形图、箱线图和散点图，绘图所使用的数据一般为“长”数据。图 7-2-1 分别展示了 4 种基础的配对图绘制样式。

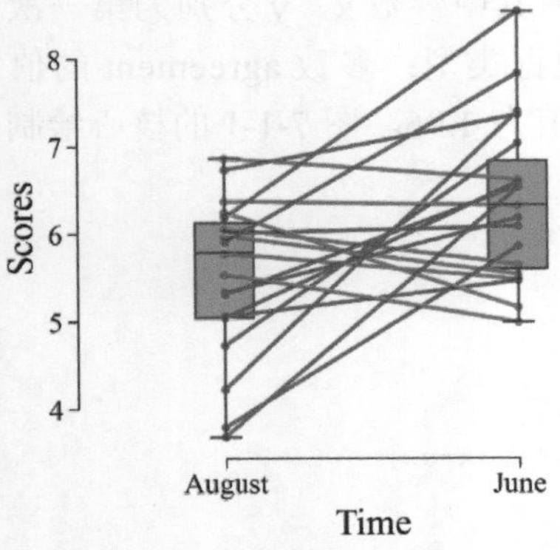
Scores
8
7
6
5
4
August
June
Time

（a）配对图基础样式一

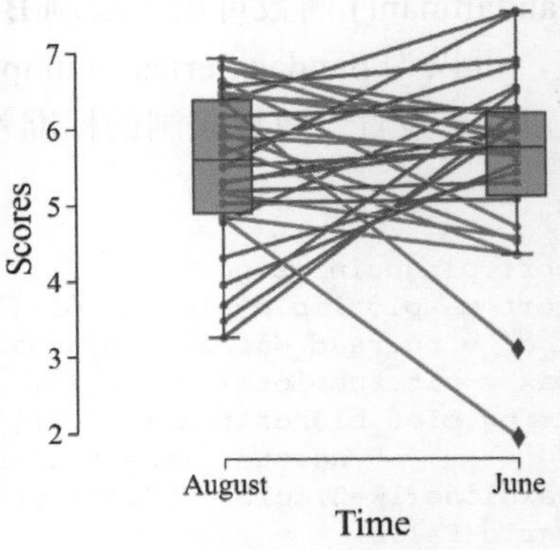
Scores
7
6
5
4
3
2
August
June
Time

（b）配对图基础样式二

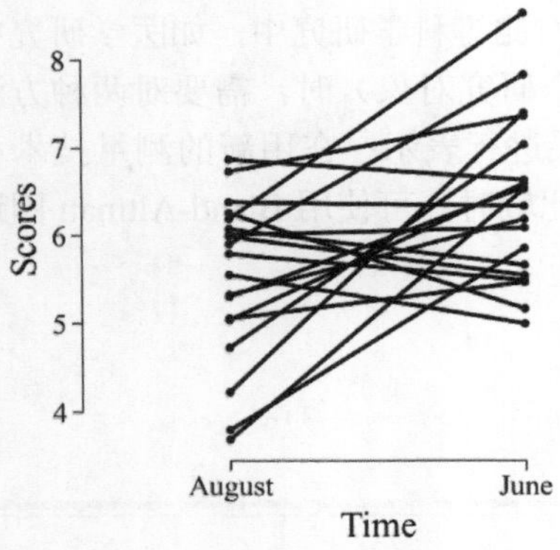
Scores
8
7
6
5
4
August
June
Time

（c）配对图基础样式三

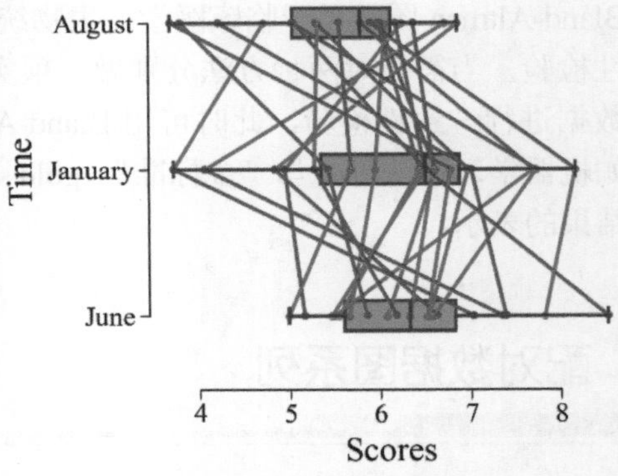
August
January
June
Time
4
5
6
7
8
Scores

（d）配对图基础样式四

图 7-2-1 配对图基础样式绘制示例

技巧：基础配对图的绘制

Matplotlib 中没有专门绘制配对图的函数，可通过自定义函数或者第三方库进行绘制。图 7-2-1 为使用 Python 第三方库 Pingouin 中的 plot_paired() 函数绘制的示例，设置参数 boxplot_in_front 为 True，即可将配对图中的箱线图部分绘制在最高图层上且设置轻微透明度（见图 7-2-1(b)）；设置参数 orient 为 h，可绘制水平方向上的配对图。图 7-2-1 的核心绘制代码如下。

```
import pingouin as pg
df = pg.read_dataset('mixed_anova').query("Time != 'January'")
df = df.query("Group == 'Meditation' and Subject > 40")
# 图7-2-1(a) 的绘制代码
fig,ax = plt.subplots(figsize=(4,3.5),dpi=100)
ax = pg.plot_paired(data=df, dv='Scores', within='Time',
 subject='Subject', boxplot_kwargs={"linewidth":1},ax=ax)
# 图7-2-1(b) 的绘制代码
df = pg.read_dataset('mixed_anova').query("Time != 'January'")
df = df.query("Group == 'Control'")
fig,ax = plt.subplots(figsize=(4,3.5),dpi=100)
ax = pg.plot_paired(data=df, dv='Scores', within='Time',
                    subject='Subject', boxplot_in_front=True,
```

```
                        boxplot_kwargs={"linewidth":1},ax=ax)
# 设置plot_paired()中的参数boxplot_in_front=False，可绘制图7-2-1(c)
# 图7-2-1(d) 的绘制代码
df = pg.read_dataset('mixed_anova').query("Group ='Meditation'")
df = df.query("Group == 'Meditation' and Subject > 40")
fig,ax = plt.subplots(figsize=(4,3.5),dpi=100)
ax = pg.plot_paired(data=df, dv='Scores', within='Time',
                subject='Subject', orient='h',ax=ax)
ax.grid(False)
plt.tight_layout()
```

提示：在绘制配对图之前的数据处理过程中，多次使用 pandas 的 query() 函数，该函数是数据处理过程的常用函数，主要起到数据筛选的作用，即对 DataFrame 数据类型中的特定 column 进行条件筛选，具有类似功能的函数还有 pandas 中的 filter() 函数。

7.2.2 配对 T 检验图

配对 T 检验图就是在基础配对图的图层上添加一些统计分析的指标结果，如添加显著性差异水平星号（*）。图 7-2-2 为使用 3 种样式绘制的添加显著性差异水平信息的配对 T 检验图，其中，图 7-2-2（c）为在原有图层上添加了对比数据组均值柱形图图层，提高了图的可解释性。

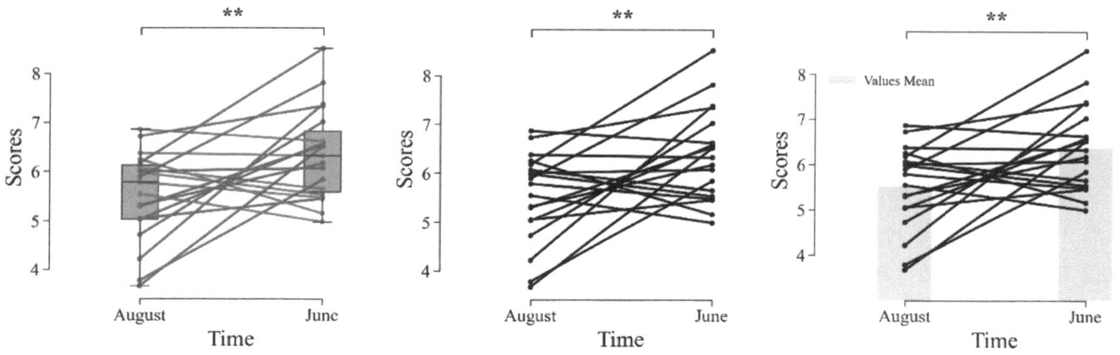
**
Scores
Time
August
June
Values Mean

（a）添加显著性水平配对 T 检验图样式一　（b）添加显著性水平配对 T 检验图样式二　（c）添加显著性水平配对 T 检验图样式三

图 7-2-2 配对 T 检验图绘制样式示例

技巧：配对 T 检验图的绘制

对于配对 T 检验图的绘制，可以在基础配对图的基础上进行显著性水平指标的添加。首先，使用 scipy.stats.ttest_ind() 进行显著性水平指标的计算，并结合自定义函数 convert_pvalue_to_asterisks() 将 p 值和星号（*）进行转换；然后通过 Matplotlib 的 ax.text() 函数进行绘制。图 7-2-2（c）的核心绘制代码如下。

```
import scipy
import pingouin as pg
August_scor_mean =
df.loc[df["Time"]=="August","Scores"].mean()
June_scor_mean =
```

```
df.loc[df["Time"]=="June","Scores"].mean()
August_scor =
df.loc[df["Time"]=="August","Scores"].to_numpy()
June_scor = df.loc[df["Time"]=="June","Scores"].to_numpy()
stat,p_value =
scipy.stats.ttest_ind(August_scor,June_scor,equal_var=Fals)
p_value_cov = convert_pvalue_to_asterisks(p_value)

fig,ax = plt.subplots(figsize=(4,3.5),dpi=100,)
pg.plot_paired(data=df, dv='Scores', within='Time',
               subject='Subject', ax=ax, boxplot=False,
               colors=['k', 'k', 'k'])
# 添加p值信息
x1, x2 = 0, 1
y,h = 8.8,.15
# 绘制横线位置
ax.plot([x1, x1, x2, x2], [y, y+h, y+h, y], lw=.8, c="k")
# 添加p值属性
ax.text((x1+x2)*.5, y+h, p_value_cov, ha='center',
va='bottom', color="k",fontsize=15,fontweight="bold")
ax.set_xlim(-.5,1.5)
bottom = 3
# 注意，这里设置了bottom参数，高度值也需要进行相应调整
ax.bar(x=0,height=August_scor_mean-bottom,width=.3,
       bottom=bottom,color="lightgray",zorder=0)
ax.bar(x=1,height=June_scor_mean-bottom,width=.3,
       bottom=bottom,color="lightgray",
       zorder=0,label="Values Mean")
ax.grid(False)
ax.legend(frameon=False,loc="upper left",
          bbox_to_anchor=(.02,.82))
plt.tight_layout()
```

提示：在绘制均值柱形图时，由于原始图层的刻度不是从0开始的，因此，需要设置ax.bar()函数中参数bottom的值。需要注意的是，在设置单系列柱形图的bottom参数后，柱形图对应的数值height需要进行对应的调整。

在上面那段代码中，用于将p值转换为星号（*）样式的函数代码如下。

```
# p值与星号转换函数
def convert_pvalue_to_asterisks(pvalue):
    if pvalue <= 0.0001:
        return "****"
    elif pvalue <= 0.001:
        return "***"
    elif pvalue <= 0.01:
        return "**"
    elif pvalue <= 0.05:
        return "*"
    return "ns"
```

7.2.3　前后图

前后图（before-after plot）作为配对图的一种特殊表达形式，常用在有时间前后对比的实例中，如同一研究指标在两个时间点的数值变化。在学术论文中，前后图常用来对比实验对象在经过处理、添加某种物质、改变实验环境等操作前后的变化，即自身与自身在不同处理方式前后的属性变化。图7-2-3为使用Python基础绘图库Matplotlib绘制的前后图示例，其中

图 7-2-3（a）为前后图基础样式，图 7-2-3（b）为添加了前后实验数据误差属性（mean+SD）的前后图，图 7-2-3（c）为添加了前后组数值均值柱形图图层对象的前后，图 7-2-3（d）为在图 7-2-3（c）基础上添加了前后组显著性标注图层的前后图。图 7-2-4 是图 7-2-3 的彩色赋值结果。

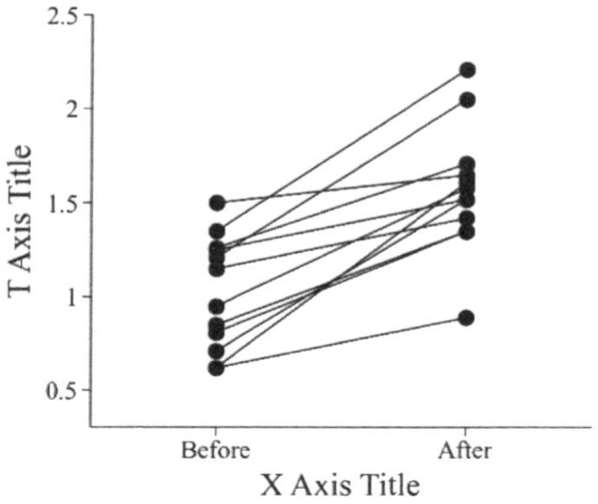
2.5
2
1.5
1
0.5
T Axis Title
Before
After
X Axis Title

（a）前后图基础样式绘制

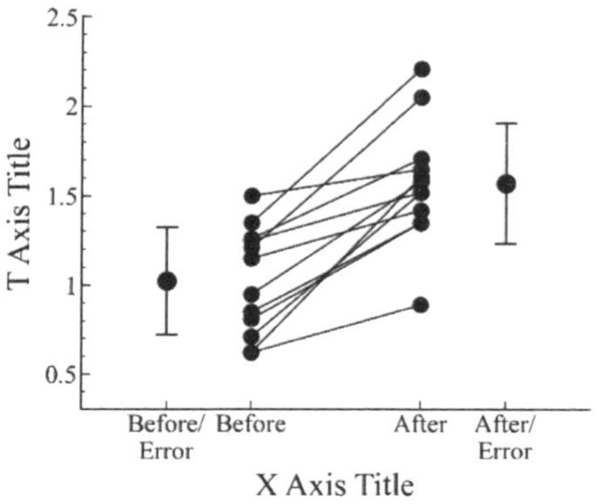
2.5
2
1.5
1
0.5
T Axis Title
Before/ Error
Before
After
After/ Error
X Axis Title

（b）前后图误差属性添加样式绘制

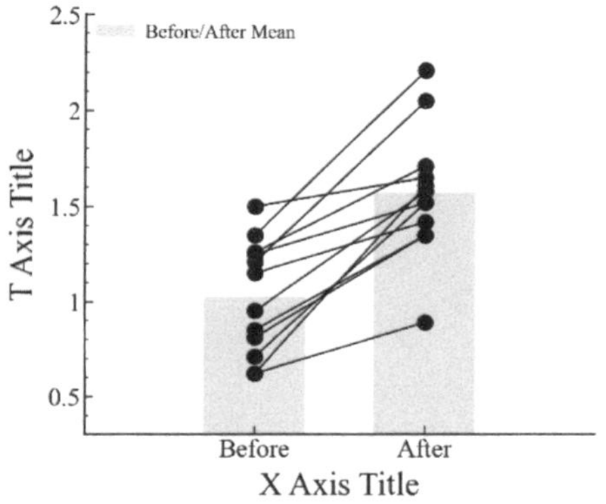
2.5
2
1.5
1
0.5
Before/After Mean
T Axis Title
Before
After
X Axis Title

（c）前后图均值柱形图添加样式绘制

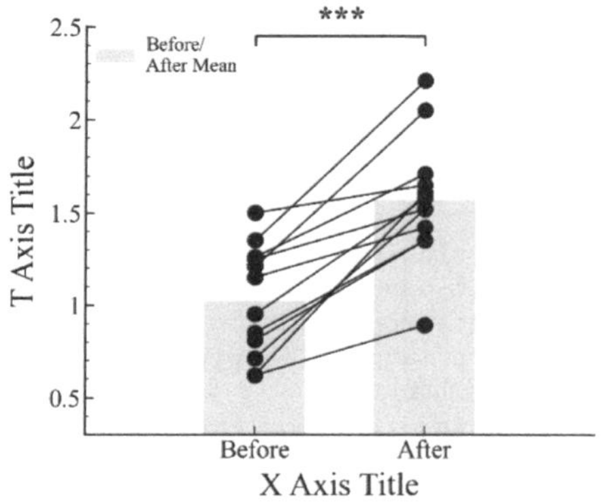
***
2.5
2
1.5
1
0.5
Before/ After Mean
T Axis Title
Before
After
X Axis Title

（d）前后图均值柱形图 p 值添加样式绘制

图 7-2-3　Matplotlib 前后图样式绘制示例

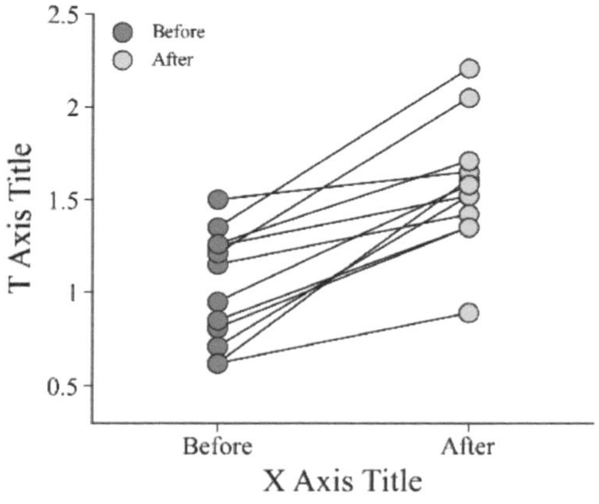
2.5
2
1.5
1
0.5
Before
After
T Axis Title
Before
After
X Axis Title

（a）前后图基础样式绘制（彩色）

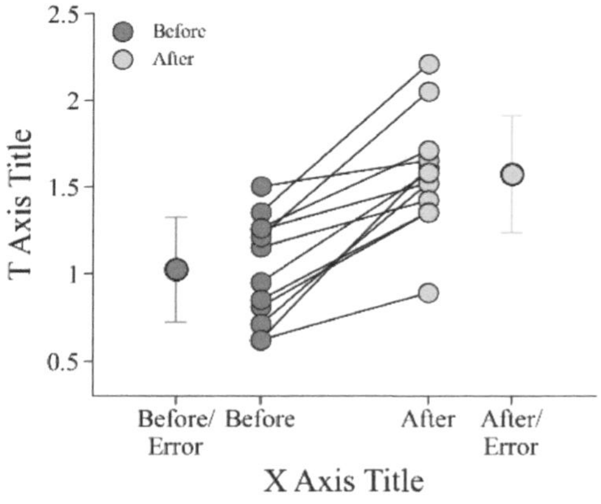
2.5
2
1.5
1
0.5
Before
After
T Axis Title
Before/ Error
Before
After
After/ Error
X Axis Title

（b）前后图误差属性添加样式绘制（彩色）

图 7-2-4　Matplotlib 前后图样式绘制示例（彩色系）

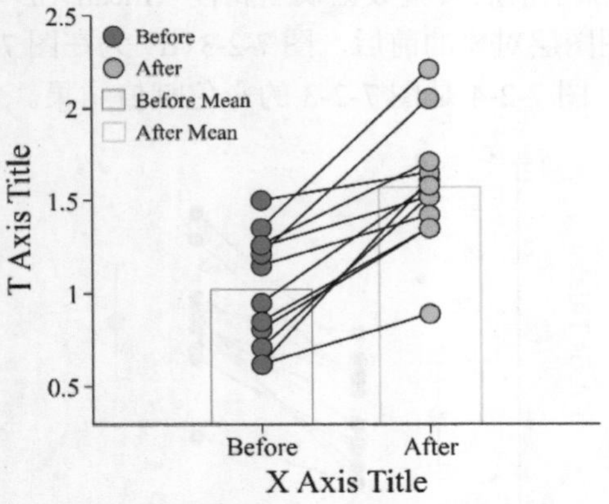

Before
After
Before Mean
After Mean
T Axis Title
2.5
2
1.5
1
0.5
Before
After
X Axis Title

（c）前后图均值柱形图添加样式绘制（彩色）

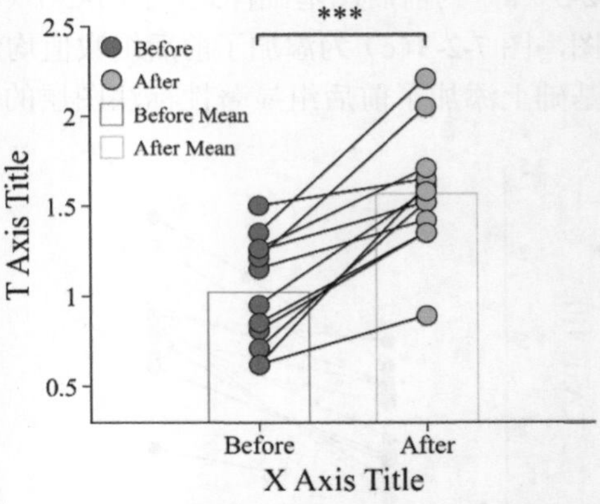

***
Before
After
Before Mean
After Mean
T Axis Title
2.5
2
1.5
1
0.5
Before
After
X Axis Title

（d）前后图均值柱形图 p 值添加样式绘制（彩色）

图 7-2-4 Matplotlib 前后图样式绘制示例（彩色系）（续）

技巧：前后图的绘制

我们可使用 Matplotlib 结合自定义的绘图函数完成前后图的绘制，即使用 ax.plot() 函数绘制前后图之间的连接线，使用 ax.scatter() 函数实现前后图数值散点映射，其他诸如显著性水平信息的添加、均值柱形图的绘制，和图 7-2-2 类似。图 7-2-4（d）的核心绘制代码如下。

```
import scipy
import pandas as pd
import proplot as pplt
import matplotlib.pyplot as plt
# 数据读取
ba_data = pd.read_excel(r"\前后图数据.xlsx")
Before = ba_data["Before"].values
After = ba_data["After"].values
stat,p_value = scipy.stats.ttest_ind(Before,After,
                                     equal_var=False)
p_value_cov = convert_pvalue_to_asterisks(p_value)
ticks = ["Before","After",]
before_mean = ba_data["Before"].mean()
after_mean = ba_data["After"].mean()
x = np.arange(len(ticks))
fig,ax = plt.subplots(figsize=(4,3.5),dpi=100,)
for i in range(len(Before)):
    ax.plot([0,1], [Before[i], After[i]],c='k',zorder=0,
            lw=.8)
ax.scatter(np.repeat(x[0],len(Before)), Before,
           color="#459DFF",ec="k",s=80,label="Before")
ax.scatter(np.repeat(x[1],len(After)), After,
           color = "#FFCC37",ec="k",s=80,label="After")
# 绘制均值柱形图
ax.bar(x=0,height=before_mean,width=.6,color="none",
       edgecolor="#459DFF",zorder=0,label="Before Mean")
ax.bar(x=1,height=after_mean,width=.6,color="none",
       edgecolor="#FFCC37",zorder=0,label="After Mean")
# 添加p值
x1, x2 = 0, 1
y,h = 2.4,.05
# 设置横线的位置
```

```
ax.plot([x1, x1, x2, x2], [y, y+h, y+h, y], lw=1, c="k")
# 添加p值属性
ax.text((x1+x2)*.5, y+h, p_value_cov, ha='center',
    va='bottom', color="k",fontsize=15,fontweight="bold")
# 修饰
for spine in ["top","right"]:
    ax.spines[spine].set_visible(False)
ax.legend(frameon=False,loc="upper left",handlelength=1,
          handleheight=1.2,fontsize=10)
plt.tight_layout()
```

7.2.4 应用场景

配对数据图系列常用于医学、物理、化学、生物等学科的任务研究中，具体包括医学中同一种药物对不同病人治疗前、后某一观测指标的变化情况；对同一受试对象不同部位给予不同的处理方式，并观测数值变化情况；对同一组实验样本采用不同方法前后的数值变化情况，这种情况经常出现在常规方法与新方法（如机器学习方法）的对比方面等；对配对的两个受试对象分别进行两种处理后的结果研究，等等。

7.3 韦恩图

韦恩图（Venn diagram），也称文氏图或者范氏图，是一种表示不同有限集合之间所有可能的逻辑关系的关系型图，每一个有限集合通常以一个圆圈表示，一般只展示 2 ～ 5 个集合之间的交、并集关系。一个完整的韦恩图包括以下 3 种元素：若干表示集合的圆、若干表示共有集合的重叠圆和圆内部的文本标签。需要注意的是，在涉及超过 5 个集合的场景中，不适合使用韦恩图进行表示。图 7-3-1 分别展示了 3 ～ 5 个数据集合的韦恩图绘制样式。

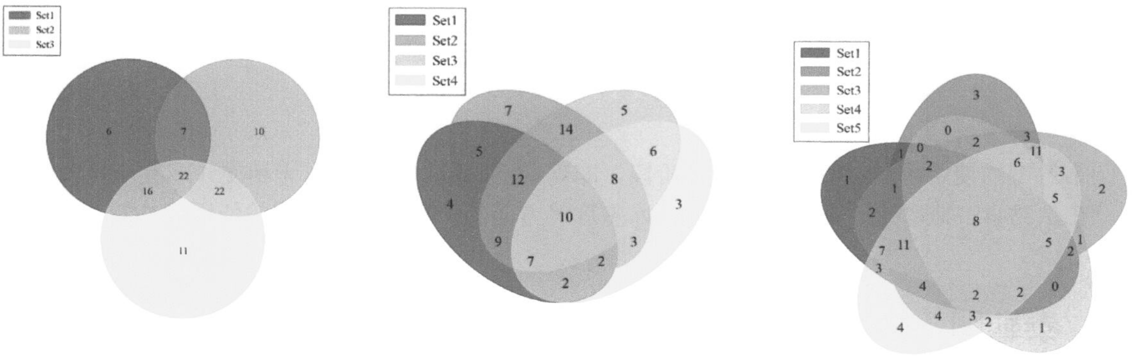
Set1
Set2
Set3
Set1
Set2
Set3
Set4
Set1
Set2
Set3
Set4
Set5

（a）3 个数据集合的韦恩图绘制　（b）4 个数据集合的韦恩图绘制　（c）5 个数据集合的韦恩图绘制

图 7-3-1　3 种数据集合的韦恩图绘制示例

技巧：韦恩图的绘制

Python 基础绘图库 Matplotlib 中无专门的绘图函数用于韦恩图的绘制，我们可以使用基于

Matplotlib 拓展的第三方工具库——pyvenn 进行绘制。该工具主要用于绘制 2 ～ 6 个集合的韦恩图，它提供 venn() 函数，输入字典类型数据集、颜色条参数 cmap 等即可完成绘制。图 7-3-1 的核心绘制代码如下。

```
import numpy as np
import pandas as pd
from venn import venn
import proplot as pplt
import matplotlib.pyplot as plt
from colormaps import parula
venn_data = pd.read_table(r"venn_data.txt")
# 图7-3-1(a) 的绘制代码
venn_dict3 = dict(Set1={i for i in
                  venn_data["Set1"].values},
          Set2={i for i in venn_data["Set2"].values},
          Set3={i for i in venn_data["Set3"].values})

fig,ax = plt.subplots(figsize=(5,4),dpi=100)
venn(venn_dict3,cmap=parula,ax=ax,legend_loc=2,
     fontsize=8,alpha=.6)
# 图7-3-1(b) 的绘制代码
venn_dict4 = dict(Set1={i for i in
                   venn_data["Set1"].values},
       Set2={i for i in venn_data["Set2"].values},
       Set3={i for i in venn_data["Set3"].values},
       Set4={i for i in venn_data["Set4"].values})
fig,ax = plt.subplots(figsize=(5,4),dpi=100,)
venn(venn_dict4,cmap=parula,ax=ax,legend_loc=2,
     fontsize=11,alpha=.6)
fig.tight_layout()
# 图7-3-1(c) 的绘制代码
venn_dict5 = dict(Set1={i for i in
                   venn_data["Set1"].values},
          Set2={i for i in venn_data["Set2"].values},
          Set3={i for i in venn_data["Set3"].values},
          Set4={i for i in venn_data["Set4"].values},
          Set5={i for i in venn_data["Set5"].values})
fig,ax = plt.subplots(figsize=(5,4),dpi=100)
venn(venn_dict5,cmap=parula,ax=ax,legend_loc=2,
     fontsize=11,alpha=.6)
fig.tight_layout()
```

使用场景

韦恩图的使用场景一般在数据探索阶段，即观察不同数据集之间有无相交（或互相包含）关系。在生物学、概率论、临床研究和数据库整理等方面的研究中，韦恩图的使用频次较高。

7.4　泰勒图

在做模型相关的工作时，常常需要对不同模型结果进行精度比较，在模型较少的情况下，一般的相关性散点图即可完成对模型结果与真实观测值的相关程度的分析，但当涉及使用多个模型时，如何判定哪一种模型的模拟效果最好、模型结果误差更小，仅使用相关性散点图进行对比，其结果是不直观且不全面的。泰勒图（Taylor diagram）则可以很好地完成同一或多个测试数据集多模型结果和实际观测值之间的比较分析。

泰勒图本质上是利用三角函数几何原理，将模型结果的相关系数、均方根误差和标准差 3 个评价指标整合在一个极坐标绘图坐标系中。通常情况下，泰勒图中的散点表示模型类别，向四周发散的辐射线样式的线表示相关系数，横、纵轴均表示标准差，虚线表示均方根误差。中心化的均方根误差越接近 0，空间相关系数和相对标准差越接近 1，模型模拟能力越好。图 7-4-1 为使用 Python 第三方拓展库 SkillMetrics 绘制的泰勒图示例，其中图 7-4-1（b）为自定义相关系数、均方根误差和标准差刻度属性（颜色、线段类型等）的泰勒图示例。

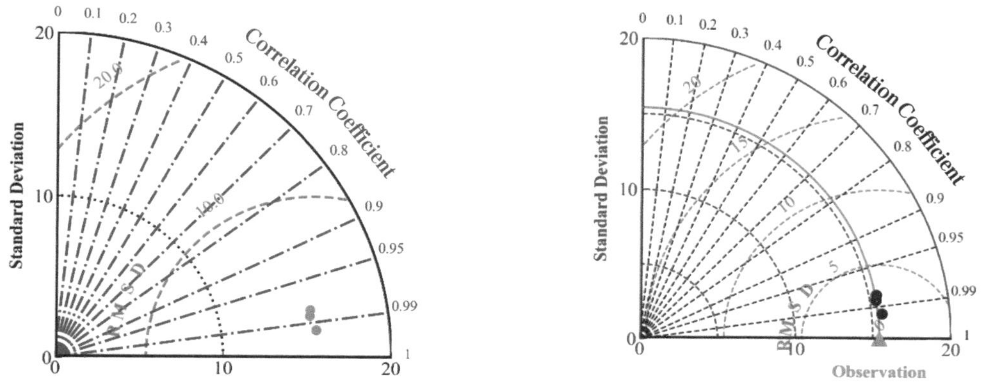
Correlation Coefficient
Standard Deviation
0 0.1 0.2 0.3 0.4 0.5 0.6 0.7 0.8 0.9 0.95 0.99 1
0 10 20
Correlation Coefficient
Standard Deviation
Observation

（a）泰勒图默认样式绘制示例　　（b）泰勒图自定义样式绘制示例

图 7-4-1　泰勒图绘制示例

技巧：泰勒图的绘制

泰勒图的 Python 绘制方法有很多，可通过定义基础绘图工具 Matplotlib 的绘图函数进行绘制，也可以通过优质的第三方工具 SkillMetrics 库进行绘制。在使用 SkillMetrics 库的 taylor_diagram() 函数进行绘制时，需要输入参照数据值和不同模型计算结果的相关系数、均方根误差和标准差，可通过 skill_metrics.taylor_statistics() 方法计算 3 种指标数值，也可直接输入对应指标值。通过设置 taylor_diagram() 函数的 markercolor、colCOR、tickSTD、colOBS 和 widthRMS 等参数完成对泰勒图不同指标刻度的定制化设置。图 7-4-1 的核心绘制代码如下。

```
import skill_metrics as sm
import proplot as pplt
import matplotlib.pyplot as plt
taylor_01 = pd.read_excel(r"\taylor_diagram_data_01.xlsx")
# 使用taylor_statistics()函数计算泰勒图的统计量
taylor_stats1 = sm.taylor_statistics(taylor_01.pred1,
                    taylor_01.ref,'taylor_01')
taylor_stats2 = sm.taylor_statistics(taylor_01.pred2,
                    taylor_01.ref,'taylor_01')
taylor_stats3 = sm.taylor_statistics(taylor_01.pred3,
                    taylor_01.ref,'taylor_01')
# 将统计信息存储在数组中
sdev = np.array([taylor_stats1['sdev'][0],
   taylor_stats1['sdev'][1],
   taylor_stats2['sdev'][1], taylor_stats3['sdev'][1]])
crmsd = np.array([taylor_stats1['crmsd'][0],
   taylor_stats1['crmsd'][1],
```

```
    taylor_stats2['crmsd'][1], taylor_stats3['crmsd'][1]])
ccoef = np.array([taylor_stats1['ccoef'][0],
    taylor_stats1['ccoef'][1],
    taylor_stats2['ccoef'][1], taylor_stats3['ccoef'][1]])
# 图7-4-1(a) 的绘制代码
fig,ax = plt.subplots(figsize=(4,3.5),dpi=100,)
sm.taylor_diagram(sdev,crmsd,ccoef)
# 图7-4-1(b) 的绘制代码
sm.taylor_diagram(sdev,crmsd,ccoef,markerSize=12,
    widthCOR=.9,markercolor='k',colCOR="k",styleCOR="--",
    colSTD="b",widthSTD=.9,tickSTD=np.arange(0,25,5),
    styleSTD="--",widthRMS=.9,tickRMS=np.arange(0,25,5),
    colOBS="r",styleOBS="-",widthOBS=1,markerObs="^",
    titleOBS="Observation")
```

在实际学术研究的模型功能对比分析中，大部分是参照方法和不同模型对测试数据集进行所需指标（相关系数、均方根误差和标准差）的计算，统计计算结果后再进行泰勒图的绘制。表 7-4-1 为虚构的不同模型在测试数据集上的性能评估结果（表中 PIR、NDIP 等为虚构的模型名称，无实际意义），图 7-4-2 为对应的不同泰勒图样式。

表 7-4-1　不同模型在测试数据集上的性能评估结果

模型	相关系数	均方根误差	标准差
Observation	1	0	5.136
PIR	0.907	1.477	5.432
NDIR	0.872	1.479	4.865
DIR	0.852	1.665	4.618
RIR	0.847	1.606	3.918
RIE	0.82	1.984	3.557
PIE	0.817	2.196	4.809
NDIE	0.815	2.277	4.702
DIE	0.774	2.087	4.956

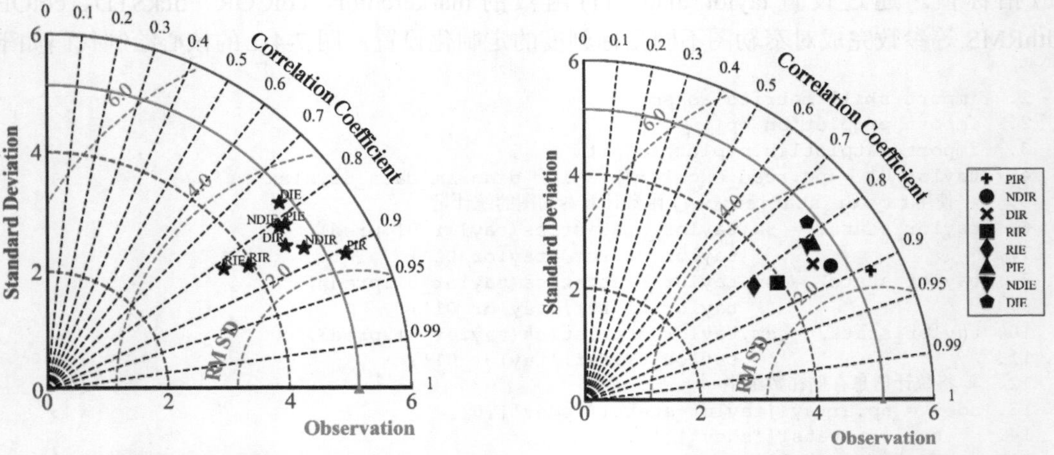
Correlation Coefficient
Standard Deviation
Observation
RMSD
PIR
NDIR
DIR
RIR
RIE
PIE
NDIE
DIE

（a）多模型精度比较泰勒图绘制样式一　　（b）多模型精度比较泰勒图绘制样式二

图 7-4-2　多模型评估指标不同样式泰勒图绘制示例

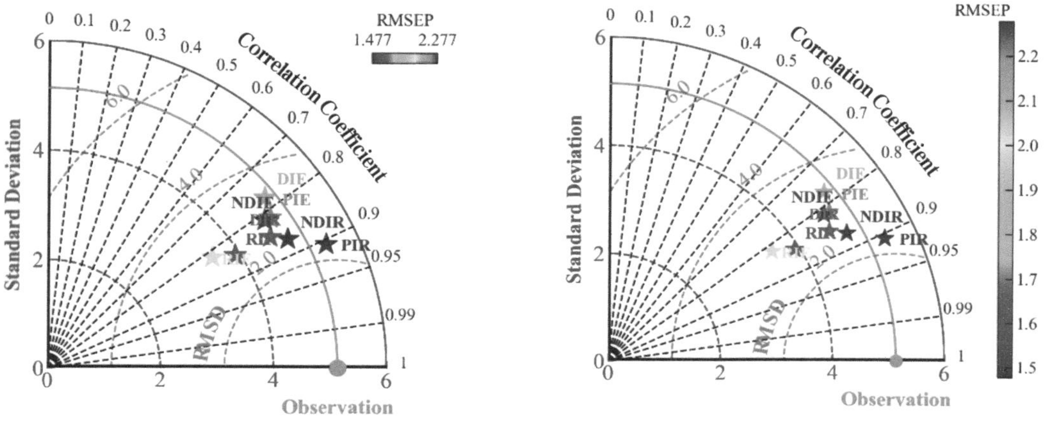
RMSEP
1.477 2.277
Correlation Coefficient
Standard Deviation
RMSD
Observation
DIE
PIE
NDIE
NDIR
PIR
RIR
RMSEP
Correlation Coefficient
Standard Deviation
RMSD
Observation

（c）多模型精度比较泰勒图 colorbar 样式一　　（d）多模型精度比较泰勒图 colorbar 样式二

图 7-4-2　多模型评估指标不同样式泰勒图绘制示例（续）

在获取不同模型在测试数据集上的性能评估指标后，可直接导入 taylor_diagram() 函数进行泰勒图的绘制，数据集见表 7-4-1，先使用 pandas 直接读取后，再使用 to_numpy() 方法即可转换成绘图所需的数据集格式。由于 taylor_diagram() 函数中的 markerLabel 参数需要的数据格式为列表类型，因此需要使用 Pandas.DataFrame.to_list() 方法获取。图 7-4-2（a）、图 7-4-2（b）和图 7-4-2（d）的核心绘制代码如下。

```
taylor_data2 = pd.read_excel(r"\taylor_diagram_data_02.xlsx")
sdev = taylor_data2["SD"].to_numpy()
crmsd = taylor_data2["RMSE"].to_numpy()
ccoef = taylor_data2["Correlation Coefficient"].to_numpy()
label = taylor_data2["Model"].to_list()
# 图7-4-2(a) 的绘制代码
fig,ax = plt.subplots(figsize=(4,3.5),dpi=100,facecolor="w")
sm.taylor_diagram(sdev,crmsd,ccoef,
       markerLabel = label,markerSymbol="*",markercolor="k",
       markerSize=8, colCOR="k",styleCOR="--",widthCOR=.9,
       colSTD="b",widthSTD=.9,styleSTD="--",widthRMS=.9,
       colOBS="r",styleOBS="-",widthOBS=1,markerObs="^",
       titleOBS="Observation")
# 图7-4-2(b) 的绘制代码
sm.taylor_diagram(sdev,crmsd,ccoef,
  markerLabel = label, markercolor="k",markerSize=6,
  markerLegend = 'on',colCOR="k",styleCOR="--",
  widthCOR=.9,colSTD="b",widthSTD=.9,styleSTD="--",
  widthRMS=.9,colOBS="r",styleOBS="-",
  widthOBS=1,markerObs="^",titleOBS="Observation")
# 图7-4-2(d) 的绘制代码
tay = sm.taylor_diagram(sdev,crmsd,ccoef,
   markerLabel = label, markerSymbol="*",
   markerDisplayed ='colorBar',markerSize=10,
   titleColorbar='RMSEP',cmapzdata=crmsd,colormap="on",
   locationcolorbar="eastoutside",colCOR="k",styleCOR="--",
   widthCOR=.9,colSTD="b",widthSTD=.9,styleSTD="--",
   widthRMS=.9,colOBS="r",styleOBS="-",
   widthOBS=1,markerObs="o",titleOBS="Observation")
```

注意：泰勒图的绘制是基于 SkillMetrics 库的，但该库在图的设置细节（模型标记符号、colorbar 细节设置等）上有很多不足。图 7-4-2（c）、图 7-4-2（d）均为修改不足后绘制的图形。

- 在为多个模型结果添加标签时，距离较近的数据点标签容易重叠遮挡，对观测数据情况造成困难。
- 在使用 colorbar 映射某一指标时，无法为具体数据点添加标签字样且数据点样式固定无法修改。此外，还应为每个数据点添加对应 colorbar 颜色映射。
- 对于 colorbar 的绘制，在设置参数 colormap 为 off 时，由于右上角的 colorbar 大小固定，使用默认的刻度样式，因此，在文本位数较多的情况下，刻度文本重合，不易阅读。

为了解决上述问题，作者对 SkillMetrics 库中的相关源代码进行了修改。具体措施如下。

- 针对数据点文本标签遮挡重叠的问题，作者对 plot_pattern_diagram_markers.py 文件进行了修改：引入 adjustText 库解决文本重叠问题。
- 针对添加 colorbar 时的一些问题，作者对 plot_pattern_diagram_colorbar.py 文件进行了修改：引入 adjustText 库解决多数据点文本重叠问题；在绘制数据点样式函数中，将 marker 参数修改为全局可修改的“option['markersymbol']”参数；标签文本颜色参数 color 使用 to_rgba() 函数获取对应 colorbar 映射颜色；对于 colorbar 刻度文本重叠问题，只需要注释掉文件中的“hc.set_ticklabels(['Min.', 'Max.'])”代码行。

笔者在随书代码合集中提供修改好的上述两个 .py 文件，建议读者直接用它们替换 ..Anaconda3\Lib\site-packages\skill_metrics 路径下对应的文件。需要注意的是，作者是基于 1.1.8 版本的 SkillMetrics 进行的修改，不排除 SkillMetrics 库作者后续对上述问题进行修正，如果在安装 SkillMetrics 后未出现以上问题，则读者无须进行替代操作。

使用场景

泰勒图多用于气象研究中，如紫外线辐射检索方法验证分析中的多模型方法对比；基于卫星数据构建的目标监测物方法和常规方法结果的精度对比分析；此外，在涉及多个模型性能评估的对比分析时，也可使用泰勒图进行表示。

7.5 森林图

森林图（forest plot）是一种以统计指标和统计分析方法为基础，用数值运算结果绘制的以图形外观直接命名的图类型。它也称效果测量图（effect measure plot）或者比值图（odds ratio plot）。从定义上来说，森林图是在平面直角坐标系中，以一条垂直于横轴（X 轴，刻度值通常为 0 或者 1）的无效线为中心，用若干条平行于横轴的线段描述每个研究的效应量和置信区间，并用一个菱形（或其他形状）表示多个研究合并的效应量和置信区间。它简单、便捷地描述了如 OR（Odds Ratio，比值比）、HR（Hazard Ratio，风险比）等效应量大小及其 95% 置信区间，是 Meta 分析或多因素回归分析中常用的结果综合表达形式。而 Meta 分析则是指先全面收集所有相关研究（study）并依次进行严格评估和分析，再使用定量或定性合成的方法对资料进行处理得出综合结论的研究方法。图 7-5-1 为使用 Python 第三方库 zEpid 绘制的森林图示例。

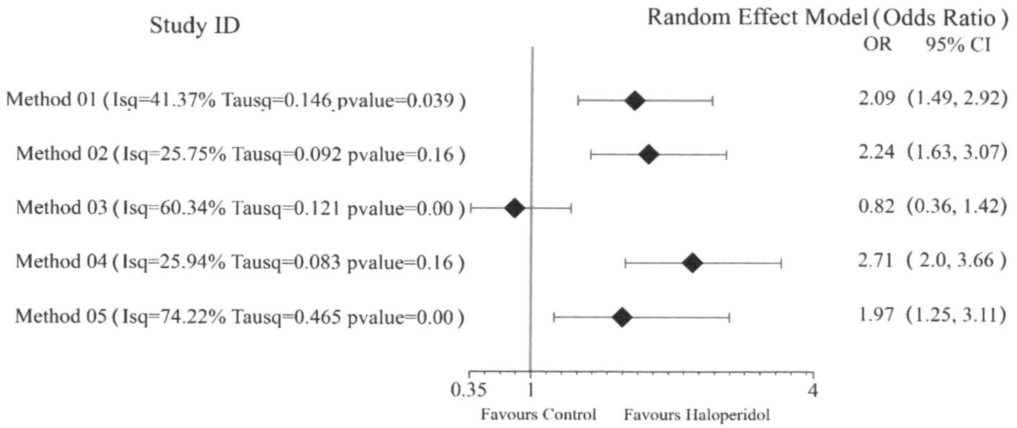
Study ID
Random Effect Model (Odds Ratio)
OR 95% CI
Method 01 (Isq=41.37% Tausq=0.146 pvalue=0.039)
Method 02 (Isq=25.75% Tausq=0.092 pvalue=0.16)
Method 03 (Isq=60.34% Tausq=0.121 pvalue=0.00)
Method 04 (Isq=25.94% Tausq=0.083 pvalue=0.16)
Method 05 (Isq=74.22% Tausq=0.465 pvalue=0.00)
2.09 (1.49, 2.92)
2.24 (1.63, 3.07)
0.82 (0.36, 1.42)
2.71 (2.0, 3.66)
1.97 (1.25, 3.11)
0.35
1
4
Favours Control
Favours Haloperidol

图 7-5-1 森林图绘制示例

从图 7-5-1 中可以看出，该森林图为经典的二分类变量森林图，在此类研究中，常用比值比或风险比来作为表示研究因素效应量大小的指标。通常情况下，在森林图中，以效应量估计值为 1 作为无效线，假定无效线左侧为因素 A（参考值），无效线右侧为因素 B。当效应量的 95% 置信区间包含 1 时，即森林图中的横线线段和无效线相交，则提示两组之间结局事件发生率的差异无统计学意义，不能认定因素 A、B 对结局事件发生风险的影响作用不同；当效应量的 95% 置信区间均大于 1 时，即森林图中的横线线段和无效线不相交，且在无效线右侧，则可判定因素 B 的结局事件发生概率大于因素 A，一般情况下，若结局事件为发病、死亡等不良事件，则提示与因素 A 相比，因素 B 可增加结局事件的发生率，为危险因素；当效应量的 95% 置信区间均小于 1 时，即森林图中的横线线段和无效线不相交，且在无效线左侧，可认为因素 B 的结局事件发生率小于因素 A，一般情况下，若结局事件为发病、死亡等不良事件，则提示与因素 A 相比，因素 B 可减少结局事件的发生率，为保护因素。

技巧：森林图的绘制

使用 Python 的第三方拓展工具 zEpid 库中 graphics 模块的 EffectMeasurePlot() 函数即可绘制森林图。该函数中的参数 label、effect_measure、lcl 和 ucl 分别对应森林图的纵轴刻度标签、效应量大小、置信区间上限和置信区间下限。图 7-5-1 的核心绘制代码如下。

```
import matplotlib.pyplot as plt
from zepid.graphics import EffectMeasurePlot
labs = ["Method 01(Isq=41.37% Tausq=0.146 pvalue=0.039 )",
        "Method 02(Isq=25.75% Tausq=0.092 pvalue=0.16 )",
        "Method 03(Isq=60.34% Tausq=0.121 pvalue=0.00 )",
        "Method 04(Isq=25.94% Tausq=0.083 pvalue=0.16 )",
        "Method 05(Isq=74.22% Tausq=0.465 pvalue=0.00 )"]
measure = [2.09,2.24,0.82,2.71,1.97]
lower = [1.49,1.63,0.36,2.00,1.25]
upper = [2.92,3.07,1.42,3.66,3.11]
p = EffectMeasurePlot(label=labs, effect_measure=measure,
                      lcl=lower, ucl=upper)
p.labels(effectmeasure='OR')
p.colors(pointshape="D")
ax = p.plot(figsize=(8,4), t_adjuster=0.09, max_value=4,
```

```
            min_value=0.35)
plt.title("Random Effect Model(Odds Ratio)",loc="right",
          x=1, y=1.045)
plt.suptitle("Study ID",x=0.2,y=.86,fontsize=14,
             fontweight="normal")
ax.set_xlabel("Favours Control        Favours Haloperidol
               ", fontsize=10)
ax.grid(False)
ax.spines['top'].set_visible(False)
ax.spines['left'].set_visible(False)
plt.tight_layout()
```

使用场景

森林图的使用场景大多出现在需要 Meta 分析的学术研究中，如生物学中对物种或研究目标进行亚组分析，即先将年龄、性别等研究目标分成不同的亚组，再在不同亚组之间分别进行分析和比较，然后可使用森林图展示各亚组内实验因素的效应量大小；在医学研究中，对某一疾病发生风险与潜在影响因素之间关联性的研究，如探讨 CRP（C-reactive protein，C 反应蛋白）水平与骨折发生风险之间的关联性，将 CRP 水平按照临床相关的切点分为 6 组，分别分析对骨折发生风险的影响，并使用森林图进行展示。

7.6 漏斗图

漏斗图（funnel plot）是一种在 Meta 分析中用于某个分析结果偏倚检测的可视化图类型，由 Light 等人与 1984 年提出。漏斗图一般以单个研究的效应量为横坐标，样本含量以纵坐标的散点图样式出现。其中，效应量可以为 RR（Relative Risk 相对风险度）、OR、死亡比或者其对数值等。从理论上来讲，被纳入 Meta 分析的各独立研究效应的点估计在平面坐标系中的集合应为一个倒置的“漏斗”，因此这类图称为漏斗图。在漏斗图中，样本量小且精度较低的散点分布在漏斗图的底部，向周围分散；样本量大且研究精度高的散点则分布在漏斗图的顶部，向中间集中。漏斗图中的各点为纳入的各个研究，横轴表示效应量，值越小，研究点越向左，反之，则研究点越向右，纵轴表示标准误，中间的竖线为合并的效应量值，理想状态下，各个研究点应均匀分布在竖线的两侧。需要注意的是，在实际的 Meta 分析中，想要绘制漏斗图，研究个数最好 10 个及 10 个以上。在研究个数较少的情况下，检验效能不足，难以实现对漏斗图的对称性的评价。研究的准确性与样本量有关，样本量增大，准确性提高，且研究应集中分布在漏斗图的中部和顶部，而小样本的研究因离真值较远，所以位于漏斗图底部且分散分布。

由于常规的漏斗图只能判断纳入研究分布的范围，不能判断哪些研究落在无统计学意义的区域，需要一种新的、更为准确的方法判断漏斗图的不对称到底是不是由发表偏倚所引起的，等值线增强漏斗图（contour enhanced funnel plot）则可以很好地解决上述问题，该种漏斗图在常规漏斗图的基础上分别为 3 个水平（$1\%<p<5\%$、$5\%<p<10\%$ 和 $p>10\%$）增加了识别统计学差异的区域，有利于判断是否真正对称或不对称，以及哪些研究分布在无统计学意义区域。图 7-6-1 为使用 Python 绘制的常规漏斗图和等值线增强漏斗图示例。

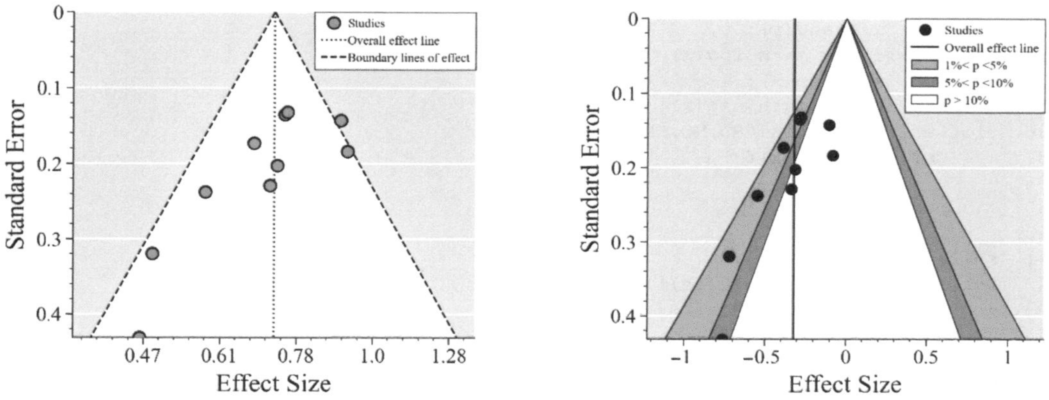
Studies
Overall effect line
Boundary lines of effect
Standard Error
Effect Size
0
0.1
0.2
0.3
0.4
0.47
0.61
0.78
1.0
1.28
Studies
Overall effect line
1%< p <5%
5%< p <10%
p > 10%
Standard Error
Effect Size
−1
−0.5
0
0.5
1

（a）常规漏斗图绘制示例　　（b）等值线增强漏斗图绘制示例

图 7-6-1　常规漏斗图和等值线增强漏斗图绘制示例

技巧：漏斗图的绘制

可先使用 Python 的第三方 Meta- 分析（Meta-analysis.）工具 PythonMeta 库计算漏斗图绘制时所需的 Meta 分析结果，再使用 Matplotlib 选择合适数据进行漏斗图的绘制。在绘制等值线增强漏斗图时，可使用 Matplotlib 库中的 axes.Axes.fill() 函数并结合自定义的水平区间计算结果数值。图 7-6-1 的核心绘制代码如下。

```
import PythonMeta as PMA
# 样例数据
samp_cate = [
        "Fang 2015,15,40,24,37",
        "Gong 2012,10,40,18,35",
        "Liu 2015,30,50,40,50",
        "Long 2012,19,40,26,40",
        "Wang 2003,7,86,15,86",
        "Chen 2008,20,60,28,60",
        "Guo 2014,31,51,41,51",
        "Li 2015,29,61,31,60",
        "Yang 2006,21,40,31,40",
        "Zhao 2012,27,40,30,40",]
settings = { "datatype": "CATE",
             "models": "Fixed",
             "algorithm": "MH",
             "effect": "RR" }
d = PMA.Data()   # 导入数据类
m = PMA.Meta()   # 导入Meta类
d.datatype = settings["datatype"]
studies = d.getdata(samp_cate)  # 导入数据
m.subgroup = d.subgroup
m.datatype = d.datatype  # 设置Meta分析所需数据的类型
m.models = settings["models"]  # 设置effect模型
m.algorithm = settings["algorithm"] # 设置计算算法
m.effect = settings["effect"]  # 设置effect
# 获取绘图所需结果
results = m.meta(studies) # Meta计算
# Meta结果处理
effs = results
```

```
if effs[0][0] in "OR,RR" :
    def _x_tran0(x):
        return math.log(x)
    def _x_tran1(x):
        return math.exp(x)
elif effs[0][0] in "RD,MD,SMD" :
    def _x_tran0(x):
        return x
    def _x_tran1(x):
        return x
x=[];y=[];ci=[]
for i in range(1,len(effs)):
    x.append(_x_tran0(effs[i][1]))
    y.append(effs[i][6])
    ci.append(_x_tran0(effs[i][1])-effs[i][6]*1.96)
    ci.append(_x_tran0(effs[i][1])+effs[i][6]*1.96)
# 图7-6-1(a) 的绘制代码
ymax = max(y)
cimax = max(ci)
ax.set_ylim((ymax*1,0))
x0 = _x_tran0(effs[0][1])
fig,ax = plt.subplots(figsize=(4,3.5),dpi=100,)
# 绘制研究点
ax.plot(x,y,"o",markersize=7,color="r",mec="k",
        label = "Studies",zorder=10)
ax.plot([x0,x0],[0,ymax],color="k",
       linestyle=":", lw=1,label="Overall effect line")
ax.plot([x0,2*x0-cimax],[0,ymax],color="k",
       linestyle="--", lw=1)
ax.plot([x0,cimax],[0,ymax],color="k",
    linestyle="--", label="Boundary lines of effect",lw=1)
# 绘制三角形以进行填充
trianglex = [2*x0-cimax, x0,cimax]
triangley = [ ymax,0, ymax]
ax.fill(trianglex, triangley,"white")
# 定制化修改
ax.grid(False,axis="x")
ax.grid(axis="y",linewidth=.8,color="w",alpha=1)
ax.set_facecolor("#D3D3D3")
ax.spines['right'].set_color('none')
ax.spines['top'].set_color('none')
ax.xaxis.set_ticks_position('bottom')
ax.yaxis.set_ticks_position('left')
ax.set_xticklabels([round(_x_tran1(x),2)
                    for x in ax.get_xticks()])

# 图7-6-1(b) 的绘制代码
fig,ax = plt.subplots(figsize=(4,3.5),dpi=100,)
# 绘制研究点
ax.plot(x,y,"o",markersize=6,color="k",
        label = "Studies",zorder=10)
ax.plot([x0,x0],[0,ymax],color="k", linestyle="-", lw=1,
        label="Overall effect line",zorder=12)
# 绘制等值线增强（contour enhanced）结果
# 1%<p<5%
trianglex = [ -2.58*max(y), 0, 2.58*max(y)]
triangley = [ max(y),0, max(y)]
ax.fill(trianglex, triangley,color="#FDA429",lw=.5,ec="k",
        label="1%< p <5%")
# 5%<p<10%
trianglex = [ -1.96*max(y), 0,1.96*max(y)]
triangley = [ max(y),0, max(y)]
```

```
ax.fill(trianglex, triangley,color="#FC0D1B",lw=.5,ec="k",
        label="5%< p <10%")
# p>10%
trianglex = [ -1.65*max(y), 0,1.65*max(y)]
triangley = [ max(y),0, max(y)]
ax.fill(trianglex, triangley,color="w",lw=.5,ec="k",
        label="p > 10%")
```

提示：Meta 库自带绘制漏斗图的函数 Fig.funnel(results)（results 为计算结果）和绘制森林图的函数 Fig.forest(results)，上述绘制代码中单独使用了 Meta 分析结果结合 Matplotlib 进行定制化的漏斗图绘制，其他如 funnelplot 库则更倾向于普遍漏斗图的绘制，适用范围较广。需要注意的是，本书强调可视化技巧的学习，在 Meta 分析等多个专业分析方法的介绍上可能存在不足。

使用场景

漏斗图作为 Meta 分析中常用结果表示图之一，常用于流行病学、生物统计学等学科或研究领域中对照组实验数据、实验分析报告、研究实验的效应分析和研究方法的特定条件是否满足的判定中。

7.7 史密斯图

史密斯图（Smith chart）是一种用于电机学与电子工程学的图，主要用在传输线的阻抗匹配上。史密斯图是对二维直角坐标系的复平面的数学变换，由 3 个圆系构成，用于在传输线和某些波导问题中利用图解法求解，以避免烦琐的运算。一条传输线（transmission line）的阻抗（impedance）会因其长度的改变而改变。史密斯图绘制的基础在于以下公式：

$$\Gamma = \frac{Z_1 - 1}{Z_1 + 1}$$

公式中，Γ 表示线路的反射系数（Reflection Coefficient，RC），即 S 参数（S-parameter）里的 S_{11}；Z_1 是归一化阻抗值，即 Z_L/Z_0，Z_L 是线路本身的负载阻抗值，Z_0 是传输线的特征阻抗（本征阻抗）值，默认为 50Ω。图 7-7-1 为史密斯图绘制示例。

史密斯图中的圆形线表示阻抗的实数值，即电阻值，也可叫作等电阻圆。圆图最左侧点电阻值为 0，最右侧点电阻值为 +∞，中间的横线以及向上和向下散出的线表示阻抗的虚数值，即由电容或电感在高频下所产生的阻力，其中，向上的线表示正数，向下的线表示负数。图 7-7-1 所示史密斯图中间的红点 $Z_0(1+0j)$ 表示一个已匹配（matched）的电阻数值，同时反射系数的值会是 0，红线标记的圆即为等电阻圆。史密斯图的边缘表示反射系数是 1，即 100% 反射。

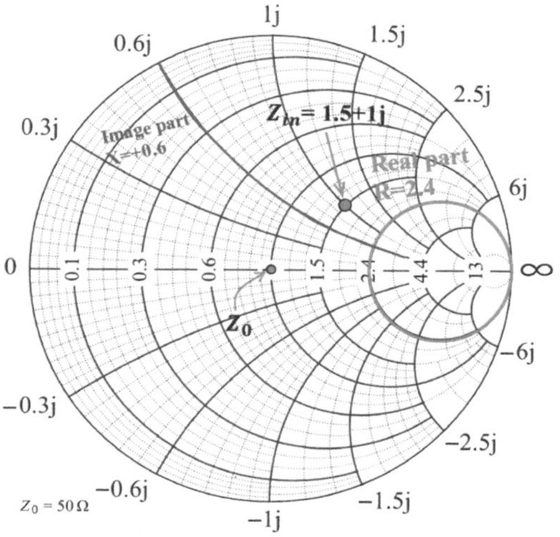
1j
0.6j
1.5j
2.5j
0.3j
Image part
X=+0.6
Zin= 1.5+1j
Real part
R=2.4
6j
0
0.1
0.3
0.6
1.5
2.4
4.4
13
∞
Z0
-6j
-0.3j
-2.5j
-0.6j
-1.5j
Z0 = 50 Ω
-1j
图 7-7-1 史密斯图示例

假如有电阻负载阻抗 Z_L=100+25.5j，特征阻抗 Z_0=50，那么入射端的反射率应该为多少呢？首先，在将 Z_0 作为基准之后，所有负载阻抗值都会先除以 Z_0，则负载阻抗 Z_L=100+25.5j 在处理完后就会变成 $Z_L=R+X$j=2+0.5j，接着就可以在史密斯图中找到 R=2 的等电阻圆和 X=0.5 的曲线，二者交点即为阻值表示点。负载阻抗与在史密斯图上对应显示的归一化阻抗值（Z_0=50）见表 7-7-1。

表 7-7-1　负载阻抗与在史密斯图上对应显示的归一化阻抗值（Z_0=50）

负载阻抗	Z_1=100+50j	Z_2=75−100j	Z_3=200j	Z_4=150
归一化阻抗值	Z_1=2+j	Z_2=1.5−2j	Z_3=4j	Z_4=3

可使用 Python 第三方工具 pySmithPlot 库进行史密斯图的绘制，该工具以 Python 绘图工具 Matplotlib 为基础，自定义了一个投影类（projection class）用于进行高质量史密斯图的绘制，生成的图可无缝融入 Matplotlib 的绘图风格，并支持几乎所有的自定义选项。图 7-7-2 为利用 pySmithPlot 库绘制的史密斯图散点样式示例。

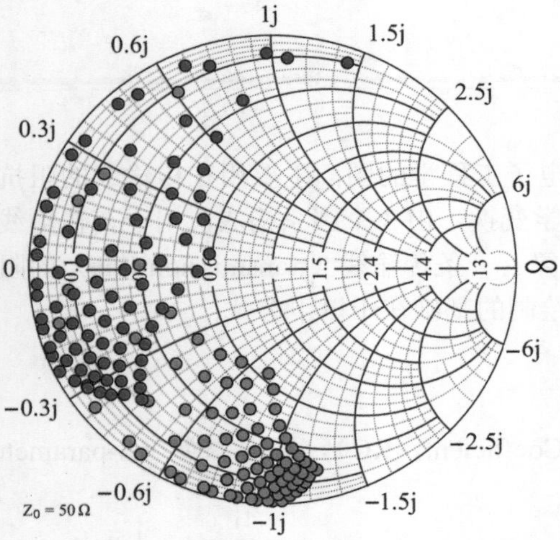

0.6j
1j
1.5j
2.5j
0.3j
6j
0
0.1
0.3
0.6
1
1.5
2.4
4.4
13
∞
−6j
−0.3j
−2.5j
−0.6j
−1.5j
−1j
Z₀ = 50 Ω

（a）史密斯图散点样式示例一

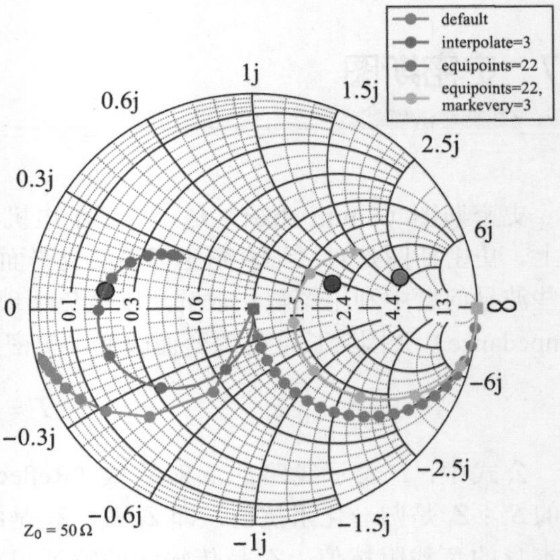

default
interpolate=3
equipoints=22
equipoints=22, markevery=3
0.6j
1j
1.5j
2.5j
0.3j
6j
0
0.1
0.3
0.6
1.5
2.4
4.4
13
∞
−6j
−0.3j
−2.5j
−0.6j
−1.5j
−1j
Z₀ = 50 Ω

（b）史密斯图散点样式示例二

图 7-7-2　史密斯图绘制示例

技巧：史密斯图的绘制

在 pySmithPlot 库中，通过设置子图函数 plt.subplot() 中的参数 projection='smith'，即可绘制 smith 投影下的图类型，其他如散点和线的绘制与 Matplotlib 基本保持一致。需要注意的是，在对 smith 投影坐标系下的 ax.plot() 函数输入数值参数时，需要将实部值和虚部值分别乘以特征阻抗 Z_0，即转变成 RZ_0+XZ_0j 样式。图 7-7-2（a）的核心绘制代码如下。

```
import pandas as pd
import numpy as np
import smithplot
from smithplot import SmithAxes
```

```
import matplotlib.pyplot as plt
from matplotlib import rcParams
rcParams["font.family"] = "Times New Roman"
rcParams["xtick.labelsize"] =12
rcParams["ytick.labelsize"] =15
smith_data = pd.read_excel(r" smith plot data.xlsx")
Real_01 = smith_data["Real01"].values
Imag_01 = smith_data["Imag01"].values
Real_02 = smith_data["Real02"].values
Imag_02 = smith_data["Imag02"].values

plt.figure(figsize=(5, 5),dpi=100,facecolor="w")
ax = plt.subplot(projection='smith')
for Real,image in zip(Real_01,Imag_01):
    ax.plot(Real*50+image*50j,
            datatype=SmithAxes.Z_PARAMETER,marker="o",
            markersize=7,color="r",mec="k")
for Real,image in zip(Real_02,Imag_02):
    ax.plot(Real*50+image*50j,
            datatype=SmithAxes.Z_PARAMETER,marker="o",
            markersize=7,color="b",mec="k")
plt.tight_layout()
```

提示：本节只演示了基础且常用的史密斯图的绘制方法，其实 pySmithPlot 库还可以绘制带导纳值、不同特征阻值 Z_0 等的史密斯图。

使用场景

史密斯图的使用场景较为集中，主要涉及电磁学、微波工程和射频电子学等学科的研究任务中，如计算电路中电容器、电感器参数值。

7.8 本章小结

本章介绍了几种在特定研究领域、特定专业中经常出现的统计图形，如气象领域模型评估中常用的泰勒图、生物医疗领域 Meta 分析中的森林图等。从图形含义、绘制方法以及使用场景等几个方面进行讲解，目的是为了丰富图形类型和尽可能地涉及多个研究领域。需要指出的是，由于本书的重点是关于统计图形的可视化技巧介绍，所以在某些特定领域的专有名词介绍过程中，难免会出现介绍不完整、不够准确等问题，读者发现后可第一时间联系笔者，笔者会进行更正。

第 8 章　学术图绘制案例

科研论文配图绘制的重点在于如何选择合适的图来表达某一环节目标数据的情况，如大多数理工类学科中的目标数据探索环节、数据处理环节以及采用新研究方法后的性能评估环节，每一个操作过程都需要选择合适的配图对结果进行有效表示。本章将结合具体的科研案例，为研究实验不同阶段选择合适的表达配图，并提供详细绘制代码，同时给出相关依据和作者绘图经验总结。

本章所选案例主题为大气、地理、GIS 等学科或系统中经常研究的一个主题——蒸散发（Evapotranspiration，ET）。与常规估算方法不同，本章所选案例在基于研究目标大量数据集的前提下，结合近年来非常热门的机器学习（Machine Learning，ML）方法，构建出新的蒸散发估算算法，实现对研究目标的高效估算处理。这也是大多数据理工类学科基于“方法创新”构建的常用论文写作模式。

在本案例中，我们只关注构建完成的算法的性能评价环节，对前期的数据处理、模型构建等操作不进行介绍。对于多变量特征构建的 4 个机器学习算法估算的研究目标 ET 估算值和对应 ET 观测值（真实值），可以通过数据分布、相关性分析和模型精度评价等方面实现评估与相应配图的绘制。

8.1 数据观察期

数据观察期主要是对不同模型的估算值和观测值进行探索性分析，特别是在对数据基本情况不了解的情形下，利用相应的统计图实现对分析数据进行如数值分布、频数统计等操作。对应的统计图可选择直方图或者箱线图，直方图不但可以展示数据集在不同数值阶段出现的次数，而且可以很好地表示其占比；箱线图则可以显示数据集的上下四分位数、中位数和异常值。

图 8-1-1 为 ET 观测值和 3 种模型估算值的直方图绘制示例，可以看出，SVR 模型估算结果直方图与观测值直方图在外观上最为接近，特别是在数值范围 −5 ～ 15；其他两种模型结果则较为接近，且在数值范围 15 ～ 75，外观相似度更高。

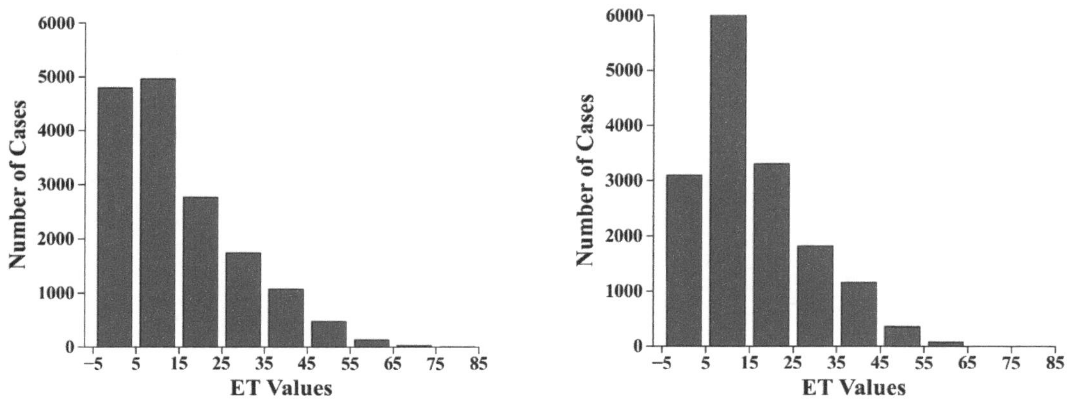
6000
5000
4000
3000
2000
1000
0
Number of Cases
−5 5 15 25 35 45 55 65 75 85
ET Values
6000
5000
4000
3000
2000
1000
0
Number of Cases
−5 5 15 25 35 45 55 65 75 85
ET Values

（a）ET 观测值直方图　　（b）DNN 模型估算值直方图

图 8-1-1　ET 观测值与 3 种模型估算值直方图绘制示例

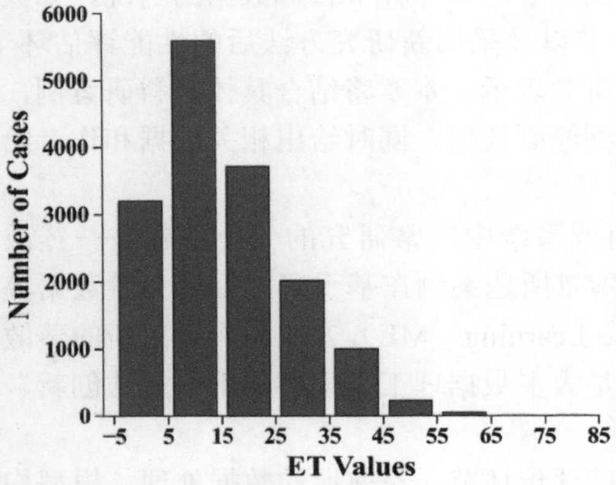
Number of Cases
6000
5000
4000
3000
2000
1000
0
−5
5
15
25
35
45
55
65
75
85
ET Values

（c）LR 模型估算值直方图

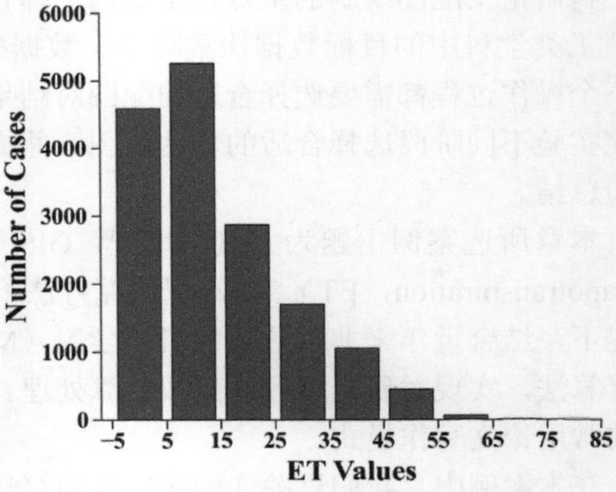
Number of Cases
6000
5000
4000
3000
2000
1000
0
−5
5
15
25
35
45
55
65
75
85
ET Values

（d）SVR 模型估算值直方图

图 8-1-1　ET 观测值与 3 种模型估算值直方图绘制示例（续）

图 8-1-1 的核心绘制代码如下。

```
import numpy as np
import pandas as pd
import Seaborn as sns
import proplot as pplt
import matplotlib.pyplot as plt
from proplot import rc
rc["font.family"] = "Times New Roman"
rc["axes.labelsize"] = 14
rc["tick.labelsize"] = 11
rc["suptitle.size"] = 15
rc["title.size"] = 14
rc["font.weight"] = "bold"
rc["axes.labelweight"] = "bold"
rc["axes.titleweight"] = "bold"
rc["tick.minor"] = False
# 解决子图显示不全等问题
rc['figure.constrained_layout.use'] = True
scatter_data = pd.read_excel(r"\科研绘图绘制案例
                              \scatter_data.xlsx")
obser = scatter_data.obser_all
dnn = scatter_data.DNN_all
lr = scatter_data.LR_all
svm = scatter_data.SVM_all
# 构建bins
bins = np.arange(-5,90,10)
# 图8-1-1(a) 的绘制代码
fig,ax = plt.subplots(figsize=(4,3.3),dpi=100)
ax.hist(x=obser, bins=bins,color="#3F3F3F",alpha=0.85,
        edgecolor ='black',rwidth = 0.8)
ax.grid(False)
ax.spines['top'].set_visible(False)
ax.spines['right'].set_visible(False)
ax.set(xlabel="ET Values",ylabel="Number of Cases",
   xlim=(-7,85),ylim=(0,6000),xticks=np.arange(-5,90,10))
# 图8-1-1(b) 的绘制代码
fig,ax = plt.subplots(figsize=(4,3.3),dpi=100)
ax.hist(x=dnn, bins=bins,color="#3F3F3F",alpha=0.85,
        edgecolor ='black',rwidth = 0.8)
ax.grid(False)
```

```
ax.spines['top'].set_visible(False)
ax.spines['right'].set_visible(False)
ax.set(xlabel="ET Values",ylabel="Number of Cases",
  xlim=(-7,85),ylim=(0,6000),xticks=np.arange(-5,90,10))
# 图8-1-1(c) 的绘制代码
fig,ax = plt.subplots(figsize=(4,3.3),dpi=100,)
ax.hist(x=lr, bins=bins,color="#3F3F3F",alpha=0.85,
        edgecolor ='black',rwidth = 0.8)
ax.grid(False)
ax.spines['top'].set_visible(False)
ax.spines['right'].set_visible(False)
# 图8-1-1(d) 的绘制代码
fig,ax = plt.subplots(figsize=(4,3.3),dpi=100)
ax.hist(x=svm, bins=bins,color="#3F3F3F",alpha=0.85,
        edgecolor ='black',rwidth = 0.8)
ax.grid(False)
ax.spines['top'].set_visible(False)
ax.spines['right'].set_visible(False)
```

提示：对于使用统计直方图对实验数据集的基本情况进行表示，除用在上述介绍的对不同方法估算结果进行表示以外，还常应用在数据集的探索过程中，特别是需要对实验数据有一个大致了解的需求下，一般出现在学术论文的数据介绍或者实验初始阶段的数据介绍中。此外，对数据进行不同阶段具体数据值的统计，在某些研究课题中，也是不可忽略的一环，如在大气、地理、生态、化学等学科中，实验持续进行的前提就是某一研究目标的数据量或数据值浮动范围在一定数值区间、某一范围内的数值量要在占整体数据样本的某一比例限制条件下等。在诸如此类的学科研究中，在数据不同处理操作前后进行直方图的绘制是非常必要的。

图 8-1-2 为利用 Matplotlib 和 Seaborn 绘制的箱线图示例，从中可以看出，不同模型估算结果和观测值分布基本相同，DNN 模型估算结果在上四分位数范围与观测值较为接近，SVR 模型估算结果则在下四分位数范围与观测值较为接近。

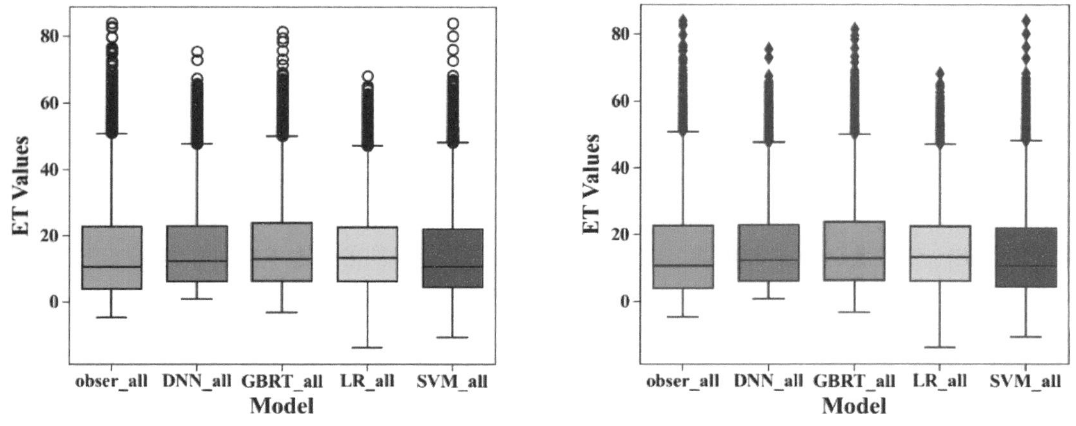
80
60
40
20
0
ET Values
obser_all
DNN_all
GBRT_all
LR_all
SVM_all
Model

（a）不同模型估算值箱线图绘制（Matplotlib）　（b）不同模型估算值箱线图绘制（Seaborn）

图 8-1-2　观测值与不同模型估算值箱线图绘制示例

图 8-1-2 的核心绘制代码如下。

```
import numpy as np
import pandas as pd
import Seaborn as sns
```

```
import proplot as pplt
import matplotlib.pyplot as plt
from proplot import rc
rc["font.family"] = "Times New Roman"
rc["axes.labelsize"] = 14
rc["tick.labelsize"] = 11
rc["suptitle.size"] = 15
rc["title.size"] = 14
rc["font.weight"] = "bold"
rc["axes.labelweight"] = "bold"
rc["axes.titleweight"] = "bold"
rc["tick.minor"] = False
# 解决子图显示不全等问题
rc['figure.constrained_layout.use'] = True
scatter_data = pd.read_excel(r"\科研绘图绘制案例
                               \scatter_data.xlsx")
obser = scatter_data.obser_all
dnn = scatter_data.DNN_all
gbrt = scatter_data.GBRT_all
lr = scatter_data.LR_all
svm = scatter_data.SVM_all
colors = ["#2FBE8F","#459DFF","#FF5B9B",
          "#FFCC37","#751DFE"]
# 图8-1-2(a) 的绘制代码
labels = scatter_data.columns.to_list()
all_data = [obser,dnn,gbrt,lr,svm]
fig,ax = plt.subplots(figsize=(4,3.5),dpi=100)
bplot = ax.boxplot(all_data,vert=True,
   patch_artist=True,labels=labels,widths=.7,
   medianprops={"color":"k"})
ax.grid(False)
for patch, color in zip(bplot['boxes'], colors):
    patch.set_facecolor(color)
ax.set_xlabel("Model")
ax.set_ylabel("ET Values")
# 图8-1-2(b) 的绘制代码
fig,ax = plt.subplots(figsize=(4,3.5),dpi=100)
box = sns.boxplot(data=scatter_data, palette=colors,
                  saturation=1,width=.7,linewidth=1.2)
ax.grid(False)
```

提示： 使用箱线图对不同组数据集进行相似性判定操作是一种在学术研究中经常使用的方式。一般情况下，当研究的课题涉及多组对照分析、总样本数据集划分成不同数据集时，如生态学中记录不同条件下研究目标的数值变化、地理遥感学中对不同地物类型的数值统计，以及机器学习中随机划分训练数据集、测试数据集、验证数据集等，我们都需要考虑不同组数据、不同类型模型构建数据之间形状分布和值范围的相似性要保持一致，特别是在采用机器学习模型的研究课题中，不同数据集的相似性一致，可以确保基于训练数据集构建的模型能够得到充分训练，使得构建的模型在测试和验证过程中能够覆盖整个测试或验证样本的全部值范围。

8.2 相关性分析（多子图）

除了在数据分布上观察不同计算结果的差异以外，还可以依次将模型估算结果与对应的观测值进行相关性分析。相关性散点图是相关性分析中常用的一种图，作者在 4.2 节和 4.3 节中详细介绍了该图的绘制技巧。但需要注意的是，在实际的科研论文写作中（如本案例），一般都是以多个子图相关性散点图形式出现，即先绘制多个单图，再在 Photoshop 等绘图工具中进行拼接，这样做虽然能完成绘制需求，但在面对多个（通常个数超过 4）相关性散点图绘制要求时，难免会造成时间上的浪费以及图细节拼接上的错误，更有可能无法满足特定期刊的图表绘制需求，如为多个子图绘制有共同数值映射的 colorbar。此外，通过添加判定系数 R^2、均方根误差等统计指标，我们可以直接从数值上观察模型估算结果与观测值的关系。

由于本案例涉及 4 种生态类型的 4 种机器学习算法的估算结果，因此我们绘制一个 4 行 4 列的多子图样式，用于对比分析每个生态类型对应的每种模型估算结果与观测值之间的相关性程度。作为模型精度的评价指标，均方根误差用于对比指定数据集不同模型的预测误差，其值越小，拟合模型估算值和观测值之间的误差越小，拟合模型效果越好；判定系数 R^2 可以更好地表示参数相关的密切程度，R^2 越接近于 1，相关性越高，R^2 越接近于 0，相关性越低。图 8-2-1 为本案例对应的多子图相关性散点图绘制示例，该图中设置了散点透明度和对应的模型结果的不同点样式，还使用了字母顺序依次为每个子图添加序号。

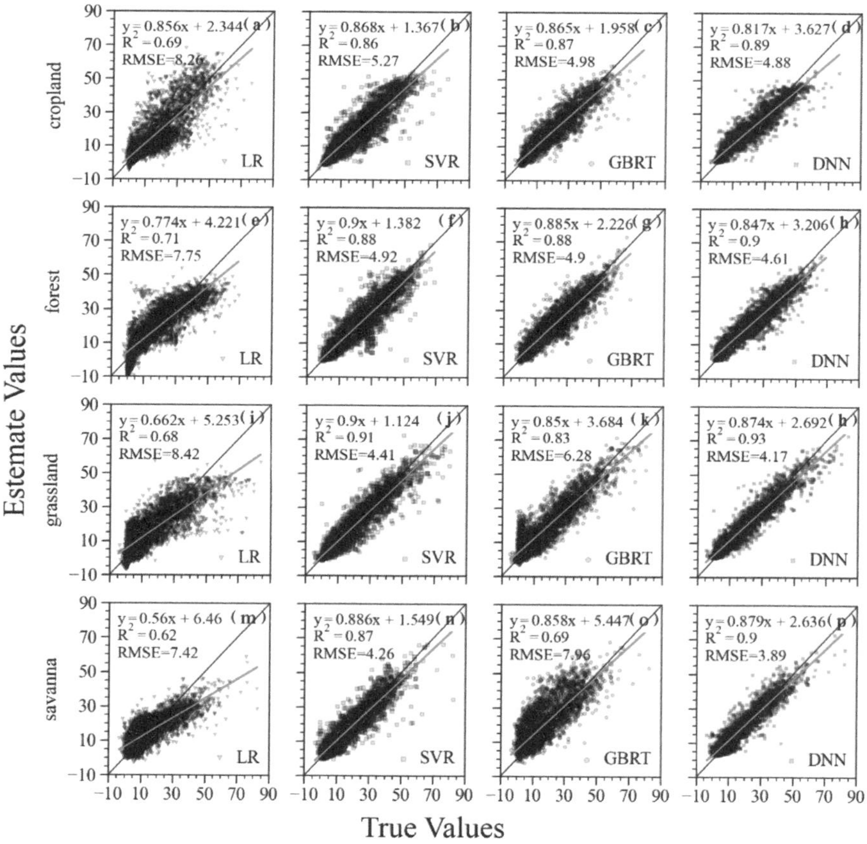

Estemate Values
True Values
cropland
forest
grassland
savanna
y = 0.856x + 2.344 (a)
R2 = 0.69
RMSE=8.26
y = 0.868x + 1.367 (b)
R2 = 0.86
RMSE=5.27
y = 0.865x + 1.958 (c)
R2 = 0.87
RMSE=4.98
y = 0.817x + 3.627 (d)
R2 = 0.89
RMSE=4.88
y = 0.774x + 4.221 (e)
R2 = 0.71
RMSE=7.75
y = 0.9x + 1.382 (f)
R2 = 0.88
RMSE=4.92
y = 0.885x + 2.226 (g)
R2 = 0.88
RMSE=4.9
y = 0.847x + 3.206 (h)
R2 = 0.9
RMSE=4.61
y = 0.662x + 5.253 (i)
R2 = 0.68
RMSE=8.42
y = 0.9x + 1.124 (j)
R2 = 0.91
RMSE=4.41
y = 0.85x + 3.684 (k)
R2 = 0.83
RMSE=6.28
y = 0.874x + 2.692 (l)
R2 = 0.93
RMSE=4.17
y = 0.56x + 6.46 (m)
R2 = 0.62
RMSE=7.42
y = 0.886x + 1.549 (n)
R2 = 0.87
RMSE=4.26
y = 0.858x + 5.447 (o)
R2 = 0.69
RMSE=7.96
y = 0.879x + 2.636 (p)
R2 = 0.9
RMSE=3.89
LR
SVR
GBRT
DNN

图 8-2-1　多子图相关性散点图绘制示例

图 8-2-1 的核心绘制代码如下。

```
import string
import numpy as np
import pandas as pd
```

```
from scipy import stats
import Seaborn as sns
import proplot as pplt
import matplotlib.pyplot as plt
from sklearn.metrics import mean_squared_error
from proplot import rc
rc["font.family"] = "Times New Roman"
rc["axes.labelsize"] = 15
rc["tick.labelsize"] = 9
rc["suptitle.size"] = 15
rc["title.size"] = 14
multiple_data = pd.read_excel(r" multiple_data.xlsx")
models = ["LR","SVR","GBRT","DNN"] * 4
names = ["cropland","forest","grassland","savanna"]
names_4 = [item for s in names for item in [s]*4]
makers = ['v','s','o','X'] * 4
label_list = ["("+i+")" for i in
                 list(string.ascii_lowercase)[:16]]
# 图8-2-1多子图相关性散点图绘制示例
fig,axs = plt.subplots(4,4,figsize=(6,6),dpi=100,
        sharex=True, sharey=True,constrained_layout=True)
for ax, row in zip(axs[:,0], names):
     ax.set_ylabel(row, rotation=90, size=10)
for model,name,marker,ax,label in
          zip(models,names_4,makers,axs.flat,label_list):
      x = multiple_data[name+model+"_0"].dropna()
      y = multiple_data[name+model+"_1"].dropna()
      # 计算所需指标
      slope, intercept, r_value, p_value, std_err =
                                    stats.linregress(x,y)
      rmse = np.sqrt(mean_squared_error(x,y))
      # 绘制最佳拟合线
      best_line_x = np.linspace(-10,90)
      best_line_y=best_line_x
      # 绘制散点
      scatter = ax.scatter(x,y,s=3,marker=marker,
                          color="k",alpha=.2,label=model)
      bestline = ax.plot(best_line_x,best_line_y,
                  color='k',linewidth=.6,alpha=.8,ls='-')
      regline = ax.plot(x, intercept + slope*x, 'r',
                         linewidth=.8)
      ax.grid(False)
      # 添加文本信息
      ax.text(-5.,78,r'$y=$'+str(round(slope,3))+'$x$'+"
            + "+str(round(intercept,3)),fontsize=8)
      ax.text(-5, 68,r'$R^2=$'+str(round(r_value**2,2)),
           fontsize=8)
      ax.text(-5, 58,"RMSE="+str(round(rmse,2)),
           fontsize=8)
      ax.text(0.85, 0.95, label, transform=ax.transAxes,
          fontsize=10, fontweight='bold', va='top')
      ax.set(xlim=(-10, 90),ylim=(-10, 90),
           xticks=np.arange(-10, 100, step=20),
           yticks=np.arange(-10, 100, step=20))
     ax.legend(loc="lower right",markerscale=1.5,
            frameon=False,handletextpad=-.1)
fig.supxlabel('True Values',fontsize=15,
           fontweight="normal")
fig.supylabel('Estemate Values',fontsize=15,
          fontweight="normal")
```

提示：对模型估算结果与观测值进行相关性分析是大多数数值类模型（方法）精度评价中常用的一种方式，不但可以从构建的散点分布上发现二者的相关性程度，而且统计指标的标注能在数值量化层面体现二者关系的强弱。

在上述的多子图相关性散点图的绘制中，只是对绘制的散点进行了透明度和基本颜色（黑色）的设置，虽能较好地体现对比数据集间的关系和符合部分学术期刊的绘制需求，但在一些使用场景中，还需要通过添加另一个数据维度来体现数据集密集程度，即添加数值映射colorbar，用单一系列颜色的深浅表示特定数值区域散点出现的频次，帮助用户更好地发掘数据分布情况。图8-2-2为在图8-2-1的基础上添加散点频数映射colorbar的绘制示例，需要注意的是，想要在Matplotlib中实现为多子图添加公用colorbar操作，可使用axes_grid.ImageGrid()函数进行高效绘制，该方法不但可以实现colorbar的添加，而且可以对其模式（each、single、edge）、位置（left、right、bottom、top）和大小等属性进行灵活设置。

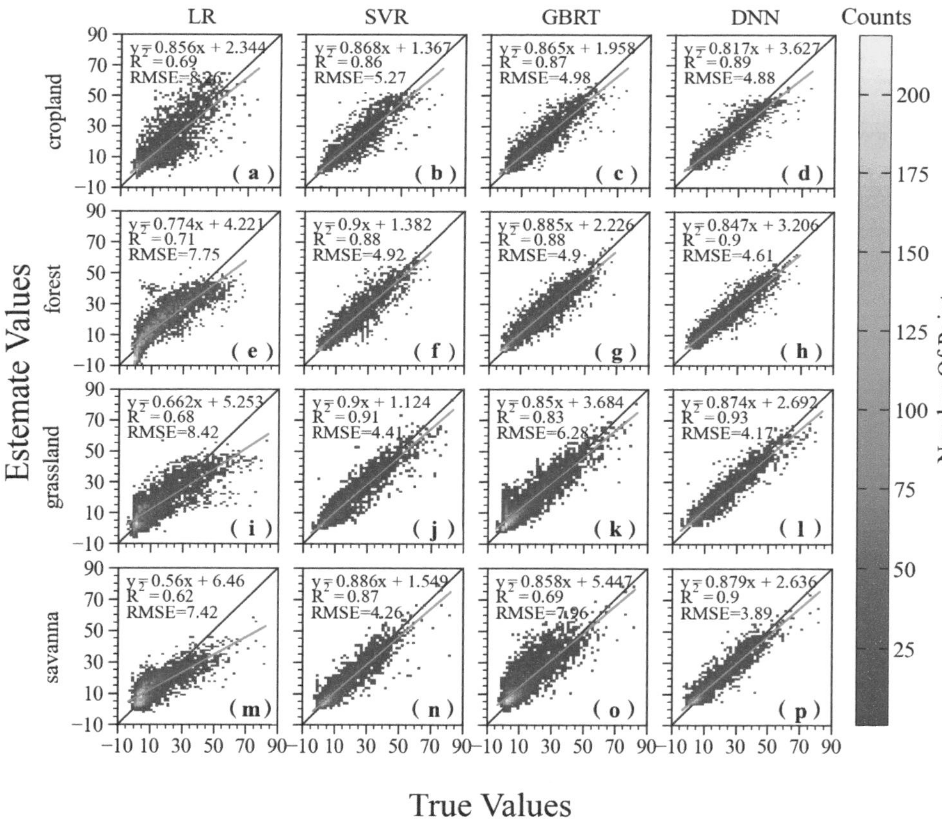
LR
SVR
GBRT
DNN
Counts
cropland
forest
grassland
savanna
Estimate Values
True Values
Number Of Point
y = 0.856x + 2.344
R^2 = 0.69
RMSE=8.26
y = 0.868x + 1.367
R^2 = 0.86
RMSE=5.27
y = 0.865x + 1.958
R^2 = 0.87
RMSE=4.98
y = 0.817x + 3.627
R^2 = 0.89
RMSE=4.88
y = 0.774x + 4.221
R^2 = 0.71
RMSE=7.75
y = 0.9x + 1.382
R^2 = 0.88
RMSE=4.92
y = 0.885x + 2.226
R^2 = 0.88
RMSE=4.9
y = 0.847x + 3.206
R^2 = 0.9
RMSE=4.61
y = 0.662x + 5.253
R^2 = 0.68
RMSE=8.42
y = 0.9x + 1.124
R^2 = 0.91
RMSE=4.41
y = 0.85x + 3.684
R^2 = 0.83
RMSE=6.28
y = 0.874x + 2.692
R^2 = 0.93
RMSE=4.17
y = 0.56x + 6.46
R^2 = 0.62
RMSE=7.42
y = 0.886x + 1.549
R^2 = 0.87
RMSE=4.26
y = 0.858x + 5.447
R^2 = 0.69
RMSE=7.96
y = 0.879x + 2.636
R^2 = 0.9
RMSE=3.89
(a)
(b)
(c)
(d)
(e)
(f)
(g)
(h)
(i)
(j)
(k)
(l)
(m)
(n)
(o)
(p)

图 8-2-2　多子图相关性散点图添加colorbar绘制示例（位置属性为right）

图8-2-2的核心绘制代码如下。

```
import string
import numpy as np
import pandas as pd
from scipy import stats
import Seaborn as sns
```

```
import proplot as pplt
import matplotlib.pyplot as plt
from sklearn.metrics import mean_squared_error
from proplot import rc
from mpl_toolkits.axes_grid1 import ImageGrid
from colormaps import parula
multiple_data = pd.read_excel(r"\multiple_data.xlsx")
fig = plt.figure(figsize=(6, 6.2))
models = ["LR","SVR","GBRT","DNN"] * 4
names = ["cropland","forest","grassland","savanna"]
names_4 = [item for s in names for item in [s]*4]
makers = ['v','s','o','X'] * 4
label_list = ["("+i+")" for i in
                        list(string.ascii_lowercase)[:16]]
rmse = np.sqrt(mean_squared_error(x,y))
grid = ImageGrid(fig, 111,  # similar to subplot(111)
                 nrows_ncols=(4, 4),
                 axes_pad=0.15,
                 cbar_mode="single",
                 cbar_location="right")
for ax, row in zip(grid.axes_column[0], names):
    ax.set_ylabel(row, rotation=90, size=10)
cols = ["LR","SVR","GBRT","DNN"]
for ax, col in zip(grid.axes_row[0], cols,):
    ax.set_title(col,size=10)
for model,name,marker,ax,label in
            zip(models,names_4,makers,grid,label_list):
    x = multiple_data[name+model+"_0"].dropna()
    y = multiple_data[name+model+"_1"].dropna()
    # 计算所需指标
    slope, intercept, r_value, p_value, std_err =
                            stats.linregress(x,y)
    rmse = np.sqrt(mean_squared_error(x,y))
    # 绘制最佳拟合线
    best_line_x = np.linspace(-10,90)
    best_line_y=best_line_x
    # 绘制散点
    hist2d = ax.hist2d(x=x,y=y,bins=50,cmap=parula,
                        cmin=.0001)
    bestline = ax.plot(best_line_x,best_line_y,color='k',
        linewidth=.8,alpha=.8,linestyle='-',zorder=-1)
    regline = ax.plot(x, intercept + slope*x, 'r',
                    linewidth=.8)
    ax.grid(False)
    # 添加文本信息
    ax.text(-5.,78,r'$y=$'+str(round(slope,3))+'$x$'+" +
            "+str(round(intercept,3)),fontsize=8)
    ax.text(-5, 68,r'$R^2=$'+str(round(r_value**2,2)),
            fontsize=8)
    ax.text(-5, 58,"RMSE="+str(round(rmse,2)),fontsize=8)
    ax.text(0.8, 0.15, label, transform=ax.transAxes,
            fontsize=10, fontweight='bold', va='top')
    ax.set(xlim=(-10, 90),ylim=(-10, 90),
        xticks=np.arange(-10, 100, step=20),
        yticks=np.arange(-10, 100, step=20))
fig.subplots_adjust(right=0.8)
cbar_ax = fig.add_axes([0.85, 0.13, 0.03, 0.7])
cbar = fig.colorbar(hist2d[3],cax=cbar_ax)
cbar.set_label(label="Number Of Point",fontsize=11)
cbar.ax.tick_params(left=True,labelright=True,
                direction="in",width=.4,labelsize=10)
cbar.ax.tick_params(which="minor",right=False)
```

```
cbar.ax.set_title("Counts",fontsize=11)
cbar.outline.set_linewidth(.4)
fig.supxlabel('True Values',fontsize=15,
              fontweight="normal")
fig.supylabel('Estemate Values',x=.01,fontsize=15,
              fontweight="normal")
plt.show()
```

提示：带有数值映射 colorbar 的多子图绘制样式在很多理工类科研论文中经常出现。读者可根据绘图数据进行合理选择，对于数据量为万级以上的情况，建议添加数值映射 colorbar；对于其他情况，可根据具体使用场景选择添加或不添加。

图 8-2-3 是将 colorbar 添加至多子图相关性散点图上方的绘制示例。

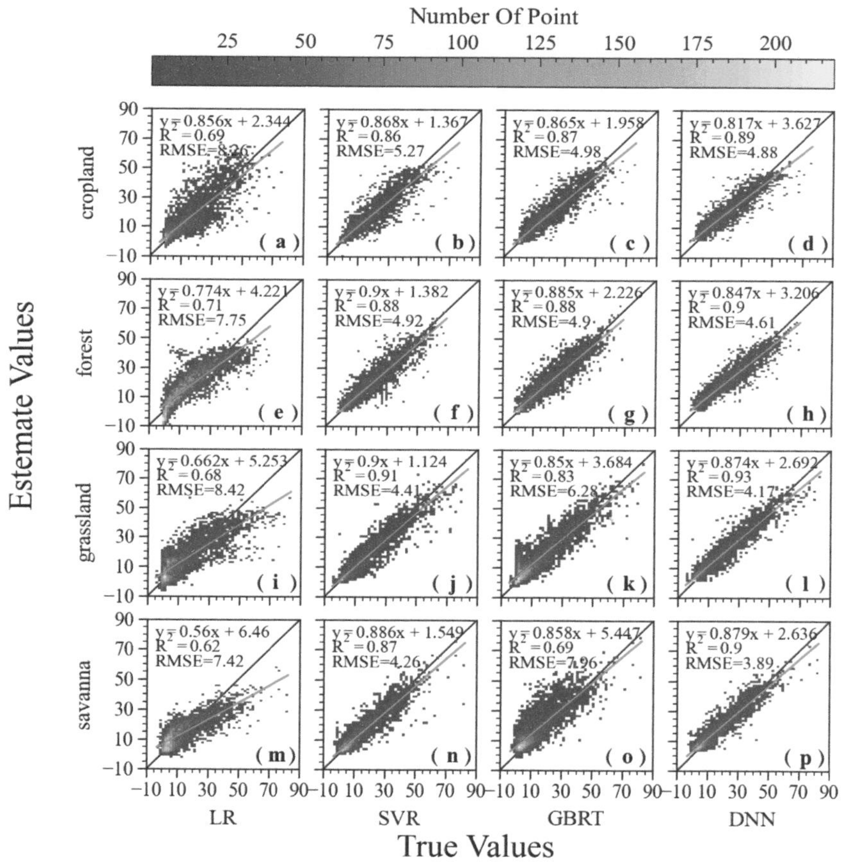
Number Of Point
25 50 75 100 125 150 175 200
Estemate Values
True Values
cropland
forest
grassland
savanna
LR
SVR
GBRT
DNN
y = 0.856x + 2.344
y = 0.868x + 1.367
y = 0.865x + 1.958
y = 0.817x + 3.627
y = 0.774x + 4.221
y = 0.9x + 1.382
y = 0.885x + 2.226
y = 0.847x + 3.206
y = 0.662x + 5.253
y = 0.9x + 1.124
y = 0.85x + 3.684
y = 0.874x + 2.692
y = 0.56x + 6.46
y = 0.886x + 1.549
y = 0.858x + 5.447
y = 0.879x + 2.636
(a) (b) (c) (d) (e) (f) (g) (h) (i) (j) (k) (l) (m) (n) (o) (p)

图 8-2-3　多子图相关性散点图添加 colorbar 绘制示例（位置属性为 top）

8.3　模型精度评估分析

在对比分析模型估算结果和观测值在数值分布、相关性程度上的结果后，对于一般的数值类模型精度评价要求，基本上是可以满足的。但当涉及的模型较多（一般在 5 个以上）时，可使用泰勒图对模型表现情况进行展示，此时同样需要观测值进行相关统计指标的计算。关于泰勒图的详细介绍，读者可参考 7.4 节。在进行绘制之前，首先需要根据数据集计算相关系数、均方根误差（RMSE），以及观测值和模型估算值的标准差（SD），表 8-3-1 ～表 8-3-4 为 4 种不同地物类型对应的指标统计数据（OBSER 为观测对比数据，用于模型对比）。

表 8-3-1　cropland 地物类型泰勒图绘制指标统计

模型	相关系数	RMSE	SD
OBSER	1	0	13.932
DNN	0.942	4.876	12.088
GBRT	0.934	4.98	12.896
LR	0.83	8.261	14.361
SVM	0.927	5.269	13.047

表 8-3-2　forest 地物类型泰勒图绘制指标统计

模型	相关系数	RMSE	SD
OBSER	1	0	14.361
DNN	0.949	4.61	12.804
GBRT	0.94	4.902	13.526
LR	0.845	7.747	13.159
SVM	0.94	4.924	13.756

表 8-3-3　grassland 地物类型泰勒图绘制指标统计

模型	相关系数	RMSE	SD
OBSER	1	0	14.775
DNN	0.963	4.174	13.413
GBRT	0.911	6.279	13.773
LR	0.823	8.418	11.893
SVM	0.955	4.413	13.932

表 8-3-4　savanna 地物类型泰勒图绘制指标统计

模型	相关系数	RMSE	SD
OBSER	1	0	11.931
DNN	0.95	3.889	11.046
GBRT	0.829	7.962	12.351
LR	0.789	7.42	8.461
SVM	0.934	4.258	11.311

提示：上述表中各指标可通过 Excel 进行计算，也可通过 pandas 的 DataFrame 类型的 corr()、std() 函数以及结合 NumPy 自定义函数分别计算。

图 8-3-1 为针对上述 4 种地物类别的指标统计结果绘制的用于评价模型精度的泰勒图，绘

制代码为笔者根据具体绘图要求进行修改的代码，如在添加 colorbar 数值映射时，可灵活修改泰勒图中表示模型的点样式（marker）；添加对应点的识别标签（label）且自动避免多模型产生的文本重叠问题。此外，还为每个文本标签赋予与 colorbar 映射对应的颜色数值，使图的阅读更加方便。

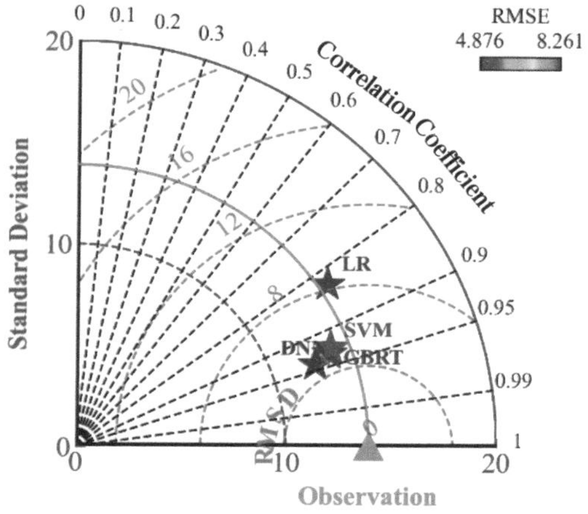
RMSE
4.876 8.261
Correlation Coefficient
Standard Deviation
LR
SVM
GBRT
RMSD
Observation

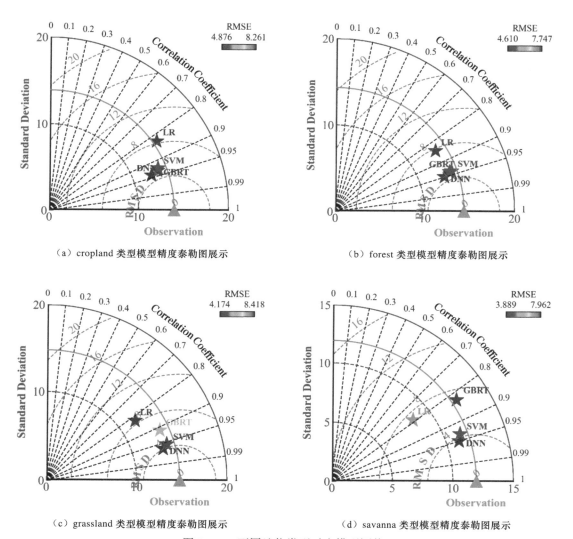

（a）cropland 类型模型精度泰勒图展示

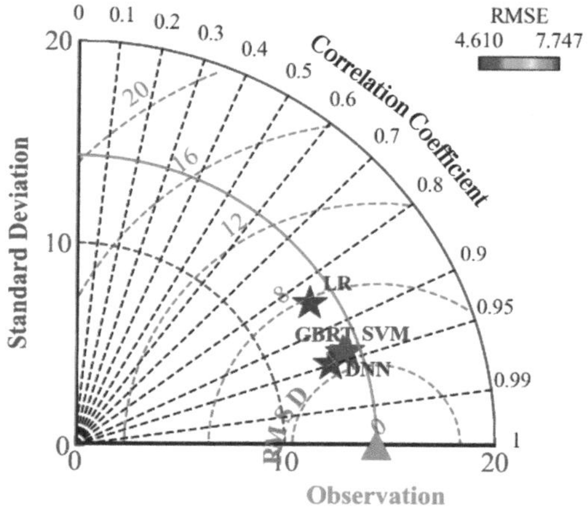
RMSE
4.610 7.747
Correlation Coefficient
Standard Deviation
LR
GBRT
SVM
DNN
RMSD
Observation

（b）forest 类型模型精度泰勒图展示

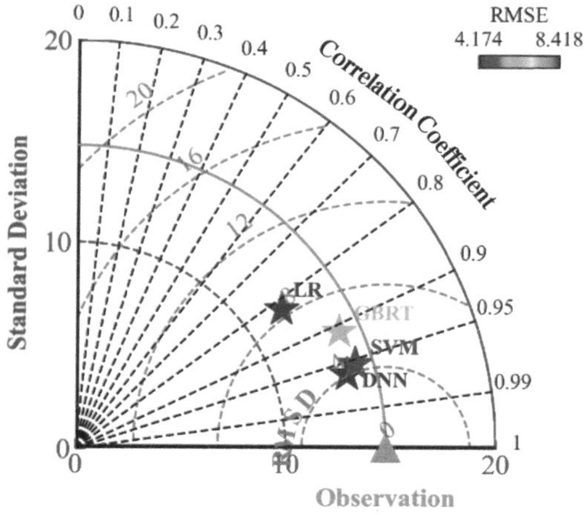
RMSE
4.174 8.418
Correlation Coefficient
Standard Deviation
LR
GBRT
SVM
DNN
RMSD
Observation

（c）grassland 类型模型精度泰勒图展示

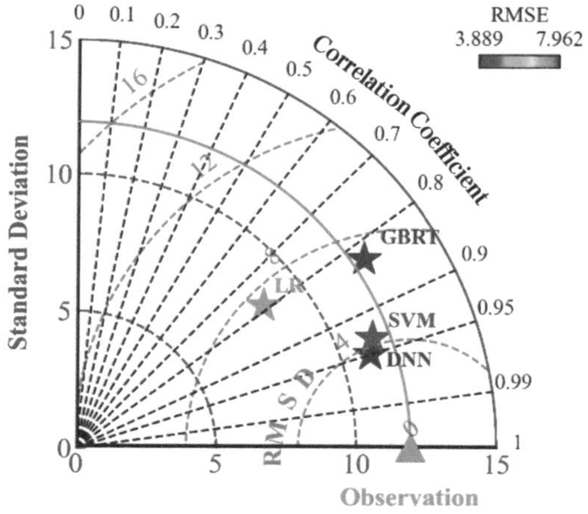
RMSE
3.889 7.962
Correlation Coefficient
Standard Deviation
GBRT
LR
SVM
DNN
RMSD
Observation

（d）savanna 类型模型精度泰勒图展示

图 8-3-1 不同地物类型对应模型评价

对图 8-3-1（d）进行解读，可知：在泰勒图中，colorbar 映射的为均方根误差，可直接通过颜色深浅判断数值大小，可以看出，DNN 模型的数值最小，模型效果最好；从相关性角度来看，DNN 模型估算结果与观测值的相关性最高；从标准差来看，观测值的标准差为 11.931，LR 模型估算结果最小，DNN 模型结果次之。综合来看，DNN 模型的表现最优。

图 8-3-1（a）的核心绘制代码如下。

```
import numpy as np
import pandas as pd
import proplot as pplt
```

```
import matplotlib.pyplot as plt
import skill_metrics as sm
from proplot import rc
rc["font.family"] = "Times New Roman"
rc["axes.labelsize"] = 15
rc["tick.labelsize"] = 12
rc["suptitle.size"] = 15
rc["title.size"] = 14
rc["xtick.minor.visible"] = False
rc["ytick.minor.visible"] = False
rc["xtick.direction"] = "in"
rc["ytick.direction"] = "in"
rc["image.cmap"] ="jet"

# 图8-3-1(a) 的绘制代码
tay_data = pd.read_excel(r"\cropland_tay.xlsx")
sdev = tay_data["SD"].to_numpy()
crmsd = tay_data["RMSE"].to_numpy()
ccoef = tay_data["Correlation Coefficient"].to_numpy()
label = tay_data["Model"].to_list()
fig,ax = plt.subplots(figsize=(4,3.5),dpi=100)
sm.taylor_diagram(sdev,crmsd,ccoef,markerLabel = label,
 markerSize=15,markerSymbol="*",markerdisplayed="colorBar",
 titleColorbar='RMSE',cmapzdata=crmsd,colormap="off",
 axismax = 20.0,widthCOR=.9,colOBS="r",colCOR="k",
 styleCOR="--",colSTD="b",widthSTD=.9,
 styleSTD="--",widthRMS=.9,tickRMS=np.arange(0,22,4),
 styleOBS="-",widthOBS=1,markerObs="^",
 titleOBS="Observation")
ax.grid(False)
plt.show()
```

8.4 本章小结

本章从一个具体的科研任务出发，从数据分布、模型结果对比、模型精度评价这 3 个方面详细介绍了不同阶段中常用配图的选择、绘制，并给论文作者一些相关建议。在大多数情况下，统计直方图用在数据探索和数据处理过程中，特别是某些需要定量分析的科研任务中。相关性散点图和泰勒图是数值类模型（方法）构建对比研究中必不可少的图类型。在具有多模型（方法）对比的分析中，相比相关性散点图，泰勒图更直观地体现了对比模型的优劣。此外，对于本案例中构建模型（方法）的精度评价，我们还可以使用不同时间段观测值和对应模型估算值绘制折线图，从时间角度观测不同模型估算结果与观测值之间的差距。

附录　部分英文期刊关于投稿插图的标准和要求

1. Nature Communications

（1）图片分辨率

Nature Communications 对论文中的插图分辨率没有特别高的要求，只需要确保图像具有足够的分辨率，以便用于评估数据的正确与否。

（2）插图基本要求

为了避免后期修订，期刊会在论文初始提交阶段对插图有一些基本绘制要求，具体如下。

1）模式：提供 RGB 模式的图片和 300dpi 或更高分辨率的图像。

2）字体：对所有图形使用相同的字体（Arial 或 Helvetica），若是希腊字母，则使用符号字体。

3）颜色：使用具有相似可见度的不同颜色，避免使用红色和绿色进行对比。强烈建议将原始数据（如荧光图像）重新着色为颜色安全的组合，如绿色和洋红色或其他可访问的调色板。应避免使用彩虹色模式。

4）插图和文本大小：最好按照印刷品版本的尺寸来准备图片。在此大小下，最佳字体大小设置在 5pt 到 8pt 之间。

（3）插图格式

提供图片的格式倾向于可编辑的矢量文件，如 .ai、.eps、.pdf、.ps 和 .svg；包含可编辑图层的 .psd 和 .tif 文件；.psd、.tif、.png 和 .jpg 格式的位图图像；.ppt 格式文件，如果可完全编辑，则没有具体类型限制；ChemDraw（.cdx）用于化学结构。

（4）插图标注

每个插图的标注字数应小于 350 字（< 350 words）。首先用简短标题概括整个图的情况，然后对图中所描绘内容进行简短陈述，但不是实验的结果（或数据）或所用的方法。图注应足够详细，以便使每个图片和标题能在单独出现时可以被很好理解。

其他插图要求详见 Nature 官网。

2. Proceedings of the National Academy of Sciences（PNAS）

（1）图片分辨率

PNAS 要求作者尽可能地提供高分辨率的图片文件。

（2）插图基本要求

1）插图大小：所有图像按最终大小提供。虽然为了节省页面空间，图片的尺寸可能会比较保守，但 PNAS 保留最终决定权，如果超过规定的长度要求，作者可能会被要求进行修改。

- 小号版面：大约 9 cm×6 cm。
- 中号版面：大约 11 cm×11 cm。
- 大号版面：大约 18 cm×22 cm。

2）数字、字母和符号尺寸：确保所有对象在缩减后不小于 6pt（2mm）且不大于 12pt（6mm），且每个插图中的数字、字母和符号大小一致。

（3）插图格式

- 提交以下文件格式的图像：TIFF、EPS、PDF 或 PPT。
- 三维图像以 PRC 或 U3D 格式提交。对于每个三维图像，应同时包括二维的 TIFF、EPS 或 PDF 格式文件。

（4）插图标注

- 对于有多个面板的图形，图注的第一句话应该是对整个图片的简要概述。在图注中，至少应对每个面板图片明确引用和描述一次。

- 所有图中需要包含标记清楚的误差线，并在图注中描述。
- 标明在符号“±”后面的数字是标准误（SE）还是标准差（SD）。
- 提供 p 值、放大或标尺等信息。
- 表示图中独立数据点（*N*）的数量。
- 除对数轴以外，确保所有图形上的数值轴都为 0。

其他插图要求详见 PNAS 官网。

3. Journal of the American Chemical Society（JACS）

（1）图片分辨率

提供图片的最小分辨率应符合如下要求。

- 黑白线图：1200dpi。
- 灰度图：600dpi。
- 彩图：300dpi。

（2）插图基本要求

1）插图大小：图片必须符合一栏或两栏的格式。单栏图形的宽度可以达到 240pt（约 3.33in），而双栏必须在 300 ～ 504pt（约 4.167 ～ 7in）范围之内。所有图片，包括图注在内，最大高度为 660pt（约 9.167in，图注允许 12pt）。

2）字体大小：在最终发表版本中，字体不应小于 4.5pt。当图片以全尺寸观看时，文本应清晰可辨。推荐 Helvetica 或 Arial 字体。线条不应小于 0.5pt。

3）颜色：彩色可用来增强复杂结构、图片、光谱和方案等的清晰度，并免费为作者提供图形的颜色再现。旨在以黑白或灰度显示的图形不应以彩色形式提交。

（3）插图标注

每个插图必须附有具有编号和简要说明图片内容的图注，且要求不需要参考正文就可以使读者理解图片内容。最好把任何关键符号体现在图片中，而不是插图标题中。确保文本中使用的任何符号和缩写与插图中的一致。

其他插图要求详见 ACS 官网中的 Author Guidelines。

4. Elsevier

（1）图片格式及分辨率

- EPS（或 PDF）：矢量文件。
- TIFF（或 JPEG）：彩色或灰度照片，最低分辨率为 300dpi。
- TIFF（或 JPEG）：位图（纯黑色和白色像素）线图，最小分辨率为 1000dpi。
- TIFF（或 JPEG）：组合位图线 / 半色调（彩色或灰度），最小分辨率为 500dpi。

（2）插图基本要求

- 使用统一的字体和文本大小。
- 插图使用以下字体：Arial、Courier、Times New Roman、Symbol，或者相似字体。
- 根据插图在正文中的顺序进行编号。
- 插图单独提供图注。
- 将插图的尺寸调整到接近出版所需的尺寸。
- 每个插图提交时须作为一个单独的文件上传。
- 确保所有人都能看到彩色图像，包括色觉受损者。

（3）插图标注

- 确保每个插图都有一个标题。
- 需要单独提供说明，不附在图上。
- 标题应该包括一个简短的标题和对插图的描述。
- 尽量减少插图中的文字，但需要对所有出现的符号和缩写都予以相应的说明。

其他插图要求详见 Elsevier 官网。

5. Journal of Molecular Histology

（1）插图颜色

- 如果打印版本中有黑白色块，那么需要确保主要信息仍然可见。
- 如果图片将以黑白打印，那么不用在标题中提及颜色。
- 彩色插图应以 8 位 RGB 格式提交。

（2）插图文本

- 字体最好使用 Helvetica 和 Arial（无衬线字体）。
- 保持整个图片字体一致，字体大小通常为 2 ～ 3mm（8 ～ 12pt）。
- 避免使用阴影、轮廓等效果。
- 图片中不要包含标题或说明。

（3）插图编号

- 所有数据都使用阿拉伯数字编号。
- 图片编号由“图”和从 1 开始的连续数字组成，例如，图 1、图 2。
- 图中包含的各部分应该用小写字母（如 a、b、c 等）。
- 如果文章包括附录且包含一个或多个图片，就接续正文中的编号，不要单独给附录中的图片编号。但在线附录（电子补充材料）中的图片，应单独编号。

（4）插图图注

- 每个图都应该有一个简洁的图注整体描述。图注包含在正文中，不在图片文件中。
- 以加粗的“Fig.+ 数字”形式对图注命名。
- 数字后面不加标点，图注结尾也不加任何标点符号。
- 图中的标识元素均在图注中说明。

（5）插图位置和大小

- 插图应在正文中一并提交。只有当稿件的文件大小导致上传出现问题时，大图才应与正文分开提交。
- 对于大版面期刊，插图应为 84mm（双栏文本区域）或 174mm（单栏文本区域），宽不大于 234mm。对于版面期刊，插图宽度应为 119mm，且不大于 195 mm。

其他插图要求详见 Springer 官网的 Artwork and Illustrations Guidelines。

参考文献

[1] 关小红，樊鹏，孙远奎，等 . 科技论文中图表的规范表达 [J]. 教育教学论坛，2020（24）：85-88.

[2] 董彩华，黄毅，肖唐华 . 科技期刊插图高效编辑加工整体解决方案 [J]. 湖北师范大学学报（自然科学版），2018，38（3）：186-192.

[3] 巫滨，曹卫群，杨波 . 平行坐标系聚类数据绑定绘制评价方法 [J]. 计算机辅助设计与图形学学报，2017，29（11）：2047-2056.

[4] 周芳芳，李俊材，黄伟，等 . 基于维度扩展的 Radviz 可视化聚类分析方法 [J]. 软件学报，2016（5）：13-16.

[5] 张杰 . Python 数据可视化之美：专业图表绘制指南 [M]. 北京：电子工业出版社，2020.

[6] 李莉，胡建平 . 克里金插值算法在等高线绘制中的应用 [J]. 天津：天津城市建设学院学报，2008，14（1）：68-71.

[7] 许敏，江鹏 . 基于 MODIS 和 ERA-Interim 的安徽省地表蒸散发及其受植被覆盖度影响研究 [J]. 水资源与水工程学报，2020，31（2）：253-260.